"十二五"普通高等教育本科国家级规划教材

新世纪土木工程系列教材

混凝土结构设计原理

（第6版）

主　编　沈蒲生

副主编　梁兴文

中国教育出版传媒集团

高等教育出版社·北京

内容提要

本书是 2008 年度普通高等教育精品教材,高等学校土木工程学科专业指导委员会"十一五"推荐教材,普通高等教育"十一五"国家级规划教材和"十二五"普通高等教育本科国家级规划教材,是新世纪土木工程系列教材之一,第 5 版于 2021 年获得首届全国教材建设奖全国优秀教材二等奖。本次修订保持了第 5 版教材的特点,根据 GB 55008—2021《混凝土结构通用规范》、GB/T 50010—2010《混凝土结构设计标准》等国家规范和标准进行了修改,许多论述更加深入,更具有教学适用性。

本书除绪论外共分为 9 章,内容包括:混凝土结构材料的性能,混凝土结构设计方法,钢筋混凝土轴心受力构件正截面承载力计算,钢筋混凝土受弯构件正截面承载力计算,钢筋混凝土受弯构件斜截面承载力计算,钢筋混凝土受扭构件承载力计算,钢筋混凝土偏心受力构件承载力计算,钢筋混凝土构件的裂缝、变形和耐久性,预应力混凝土构件设计。为了便于教学,方便学生自学、自检和自测,设有学习目标、小结、思考题和习题。本书采用蓝黑双色印刷,图文并茂,便于阅读,并有与之配套的电子教案,方便教师选用。

本书可作为高等学校土木类专业建筑工程方向的教材,也可供工程技术人员和科研人员参考。

图书在版编目(CIP)数据

混凝土结构设计原理 / 沈蒲生主编;梁兴文副主编.
6 版. -- 北京:高等教育出版社,2025. 6. --(新世纪土木工程系列教材). -- ISBN 978-7-04-064551-4

Ⅰ. TU370.4

中国国家版本馆 CIP 数据核字第 202553D6D0 号

HUNNINGTU JIEGOU SHEJI YUANLI

策划编辑	元　方	责任编辑	元　方	封面设计	李小璐	版式设计	曹鑫怡
责任绘图	黄云燕	责任校对	高　歌	责任印制	存　怡		

出版发行	高等教育出版社	网　　址	http://www.hep.edu.cn	
社　　址	北京市西城区德外大街 4 号		http://www.hep.com.cn	
邮政编码	100120	网上订购	http://www.hepmall.com.cn	
印　　刷	保定市中画美凯印刷有限公司		http://www.hepmall.com	
开　　本	787mm×1092mm　1/16		http://www.hepmall.cn	
印　　张	20	版　　次	2002 年 10 月第 1 版	
字　　数	500 千字		2025 年 6 月第 6 版	
购书热线	010-58581118	印　　次	2025 年 8 月第 2 次印刷	
咨询电话	400-810-0598	定　　价	47.50 元	

本书如有缺页、倒页、脱页等质量问题,请到所购图书销售部门联系调换
版权所有　侵权必究
物　料　号　64551-00

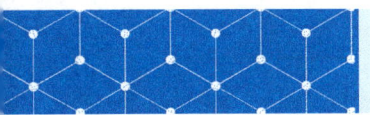

新形态教材网使用说明

混凝土结构
设计原理
（第6版）

主　编　沈蒲生
副主编　梁兴文

1　计算机访问 https://abooks.hep.com.cn/64551 或手机微信扫描下方二维码进入新形态教材网。

2　注册并登录后，计算机端进入"个人中心"，点击"绑定防伪码"，输入图书封底防伪码（20位密码，刮开涂层可见），完成课程绑定；或手机端点击"扫码"按钮，使用"扫码绑图书"功能，完成课程绑定。

3　在"个人中心"→"我的学习"或"我的图书"中选择本书，开始学习。

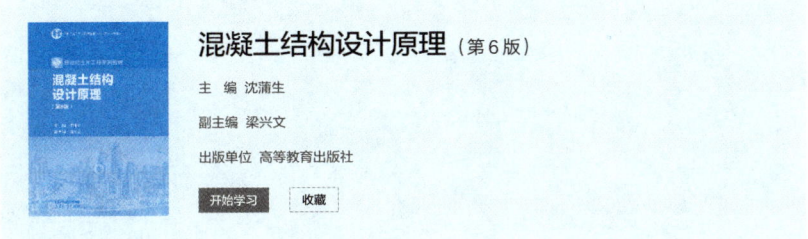

受硬件限制，部分内容可能无法在手机端显示，请按照提示通过计算机访问学习。如有使用问题，请直接在页面点击答疑图标进行咨询。

https://abooks.hep.com.cn/64551

出版者的话

根据 1998 年教育部颁布的《普通高等学校本科专业目录(1998 年)》,我社从 1999 年开始进行土木工程专业系列教材的策划工作,并于 2000 年成立了由具丰富教学经验、有较高学术水平和学术声望的教师组成的"高等教育出版社土建类教材编委会",组织出版了新世纪土木工程系列教材,以适应当时"大土木"背景下的专业、课程教学改革需求。系列教材推出以来,几经修订,陆续完善,较好地满足了土木工程专业人才培养目标对课程教学的需求,对我国高校土木工程专业拓宽之后的人才培养和课程教学质量的提高起到了积极的推动作用,教学适用性良好,深受广大师生欢迎。至今,共出版 37 本,其中 22 本纳入普通高等教育"十一五"国家级规划教材,10 本纳入"十二五"普通高等教育本科国家级规划教材,5 本被评为普通高等教育精品教材,2 本获首届全国教材建设奖,若干本获省市级优秀教材奖。

2020 年,教育部颁布了新修订的《普通高等学校本科专业目录(2020 年版)》。新的专业目录中,土木类在原有土木工程,建筑环境与能源应用工程,给排水科学与工程,建筑电气与智能化等 4 个专业及城市地下空间工程和道路桥梁与渡河工程 2 个特设专业的基础上,增加了铁道工程,智能建造,土木、水利与海洋工程,土木、水利与交通工程,城市水系统工程等 5 个特设专业。

为了更好地帮助各高等学校根据新的专业目录对土木工程专业进行设置和调整,利于其人才培养,与时俱进,编委会决定,根据新的专业目录精神对本系列教材进行重新审视,并予以调整和修订。进行这一工作的指导思想是:

一、紧密结合人才培养模式和课程体系改革,适应新专业目录指导下的土木工程专业教学需求。

二、加强专业核心课程与专业方向课程的有机沟通,用系统的观点和方法优化课程体系结构。具体如,在体系上,将既有的一个系列整合为三个系列,即专业核心课程教材系列、专业方向课程教材系列和专业教学辅助教材系列。在内容上,对内容经典、符合新的专业设置要求的课程教材继续完善;对因新的专业设置要求变化而必须对内容、结构进行调整的课程教材着手修订。同时,跟踪已推出系列教材使用情况,以适时进行修订和完善。

三、各门课程教材要具有与本门学科发展相适应的学科水平,以科技进步和社会发展的最新成果充实、更新教材内容,贯彻理论联系实际的原则。

四、要正确处理继承、借鉴和创新的关系,不能简单地以传统和现代划线,决定取舍,而应根据教学需求取舍。继承、借鉴历史和国外的经验,注意研究结合我国的现实情况,择善而从,消化创新。

五、随着高新技术,特别是数字化和网络技术的发展,在本系列教材建设中,要充分考虑纸质教材与多种形式媒体资源的一体化设计,发挥综合媒体在教学中的优势,提高教学质量与效率。在开发研制数字化教学资源时,要充分借鉴和利用精品课程建设、精品资源共享课建设和一流本科课程尤其是线上一流本科课程建设的优质课程教学资源,要注意纸质教材与数字化资源的结合,明确二者之间的关系是相辅相成、相互补充的。

六、融入课程思政元素,发挥课程育人作用。要在教材中把马克思主义立场观点方法的教育与科学精神的培养结合起来,提高学生正确认识问题、分析问题和解决问题的能力。要注重强化学生工程伦理教育,培养学生精益求精的大国工匠精神,激发学生科技报国的家国情怀和使命担当。

七、坚持质量第一。图书是特殊的商品,教材是特殊的图书。教材质量的优劣直接影响教学质量和教学秩序,最终影响学校人才培养的质量。教材不仅具有传播知识、服务教育、积累文化的功能,也是沟通作者、编辑、读者的桥梁,一定程度上还代表着国家学术文化或学校教学、科研水平。因此,遴选作者、审定教材、贯彻国家标准和规范等方面需严格把关。

为此,编委会在原系列教材的基础上,研究提出了符合新专业目录要求的新的土木工程专业系列教材的选题及其基本内容与编审或修订原则,并推荐作者。希望通过我们的努力,可以为新专业目录指导下的土木工程专业学生提供一套经过整合优化的比较系统的专业系列教材,以期为我国的土木工程专业教材建设贡献自己的一份力量。

本系列教材的编写和修订都经过了编委会的审阅,以求教材质量更臻完善。如有疏漏之处,恳请读者批评指正!

高等教育出版社
高等教育工科出版事业部
力学土建分社
2021 年 10 月 1 日

新世纪土木工程系列教材

第 6 版前言

2024 年，《混凝土结构设计规范》编制组对 GB 50010—2010《混凝土结构设计规范（2015 年版）》进行了局部修订，并将修订后的规范名称改为《混凝土结构设计标准》，将编号改为 GB/T 50010—2010。为了能够及时地反映规范的局部修订内容，我们对本教材第 5 版进行了修订。

本书是 2008 年度普通高等教育精品教材，高等学校土木工程学科专业指导委员会"十一五"推荐教材，普通高等教育"十一五"国家级规划教材和"十二五"普通高等教育本科国家级规划教材，是新世纪土木工程系列教材之一，第 5 版于 2021 年被评为首届全国教材建设奖全国优秀教材二等奖。本次修订保持了第 5 版教材的特点，根据 GB 55008—2021《混凝土结构通用规范》、GB/T 50010—2010《混凝土结构设计标准》等国家规范和标准进行了修改，许多论述更加深入，更具有教学适用性。

本书根据国家现行的与混凝土结构有关的各设计规范和设计标准编写，这些设计规范和设计标准以后如果进行修订，按修订后的规定采用。

本次修订由原作者进行，他们是湖南大学沈蒲生（绪论、第 4 章、第 5 章、附录）和廖莎（第 7 章），西安建筑科技大学梁兴文（第 2 章）和李方圆（第 9 章），兰州理工大学朱彦鹏（第 1 章、第 3 章、第 8 章），哈尔滨工业大学邹超英（第 6 章）。全书由沈蒲生和梁兴文统稿。中南大学余志武教授对本书进行了审阅，提出了许多宝贵意见，特此致谢。

由于我们的水平所限，不妥之处在所难免，欢迎批评指正。

编 者
2024 年 9 月

第 5 版前言

本教材第 4 版自 2012 年出版以来,已经有 7 年时间了。这 7 年来,GB 50010—2010《混凝土结构设计规范》已经在 2015 年进行了局部修订,GB 50068—2018《建筑结构可靠性设计统一标准》已经将恒载分项系数由 1.2 提高到 1.3,将活荷载分项系数由 1.4 提高到 1.5 等,因此,我们对本教材第 4 版进行了修订。

本次修订由原作者进行。他们是湖南大学沈蒲生(绪论、第 4 章、第 5 章)和廖莎(第 7 章)、西安建筑科技大学梁兴文(第 2 章)和李方圆(第 9 章)、兰州理工大学朱彦鹏(第 1 章、第 3 章、第 8 章),以及哈尔滨工业大学邹超英、胡琼(第 6 章)。全书由沈蒲生和梁兴文统稿。

中南大学余志武教授对本教材进行了审阅,提出了许多宝贵意见,特此致谢。

由于我们的水平所限,不妥之处在所难免,欢迎批评指正。

编　者

2019 年 3 月

第 4 版前言

GB 50010—2010《混凝土结构设计规范》已经在 2011 年 7 月 1 日实施。新规范总结了近十年我国在混凝土结构设计领域的研究成果与工程经验。为了及时反映这些成果与经验，我们对本教材第 3 版进行了修订。第 4 版教材除了保持前三版教材的特点外，还具有以下特点：

1. 按 GB 50010—2010《混凝土结构设计规范》进行修订。

2. 考虑到高等学校土木工程学科专业指导委员会关于专业人才的培养淡化专业方向一主一辅或一主多辅的要求，将原教材中有关公路桥涵的内容删除，只保留了建筑工程混凝土结构设计的内容。

3. 对许多问题的论述更加深入，更便于教学。

参加本次修订的人员为：湖南大学沈蒲生（绪论、第 3 章、第 4 章、第 5 章、附录和各章三级英文标题）、廖莎（第 7 章），西安建筑科技大学梁兴文（第 2 章）、李方圆（第 9 章），兰州理工大学朱彦鹏（第 1 章、第 8 章），以及哈尔滨工业大学胡琼（第 6 章）。全书由沈蒲生和梁兴文统稿。

由于我们的水平所限，不妥之处在所难免，欢迎批评指正。

编　者
2011 年 7 月

第 3 版前言

本书于 2006 年被评为普通高等教育"十一五"国家级规划教材,这是对我们的鞭策与鼓励。一本教材只有在长期的教学过程中不断总结与完善,才能真正成为好的教材,我们将继续朝着这个目标迈进。此次修订,对第 2 版的一些章节作了较大的修改。

参加修订工作的仍为第 2 版各章作者。清华大学江见鲸教授审阅了书稿,在此表示衷心感谢。由于我们的水平所限,不妥之处在所难免,欢迎读者批评指正。

编　者
2007 年 1 月

第 2 版前言

本书第 1 版问世以来，经过两年多时间的试用，受到广大师生的好评。本书还于 2003 年被确定为"高等教育百门精品课程教材建设计划"立项项目之一，本项目已整体列入新闻出版总署"十五"国家重点图书出版规划。与第 1 版相比，第 2 版的主要修改之处是：

1. 考虑到高等学校土木工程专业指导委员会将"荷载与结构设计方法"单独作为一门课程列出，并且编写了专门的教材，因此，在本书第 1 版中未对荷载与结构设计方法作介绍。近来有许多老师反映，他们不打算一开始就给学生介绍过多的荷载与结构设计方法知识，要求本书专列一章，扼要进行介绍。为了方便教学，在这一版中，将"混凝土结构设计方法"作为一章进行简要介绍。

2. 编写本书第 1 版时，《公路钢筋混凝土及预应力混凝土桥涵设计规范》只有征求意见稿，第 1 版有关公路桥涵的设计是按征求意见稿编写的。现在，该规范已正式出版。本书第 2 版已按新规范对相关内容作了修改。

3. 为了帮助学生学习专业英语，作为一种尝试，本书第 2 版在各章的章、节、小节三级标题后附有对应的英文。

为了方便教学，高等教育出版社还出版了与本教材配套的电子教案。

本书由原作者进行修订，他们是：湖南大学沈蒲生（绪论、第 4 章、第 5 章、附录和各章三级英文标题）、廖莎（第 7 章）、西安建筑科技大学梁兴文（第 2 章）、李方圆（第 9 章部分）、张平生（第 9 章部分），兰州理工大学（原甘肃工业大学）朱彦鹏（第 1 章、第 3 章、第 8 章）和哈尔滨工业大学胡琼（第 6 章部分）、杨熙坤（第 6 章部分）。第 2 版仍由沈蒲生担任主编，梁兴文担任副主编，沈蒲生和梁兴文统稿。清华大学江见鲸教授审阅了全部书稿，在此表示衷心感谢。由于我们的水平所限，错误之处在所难免，欢迎批评指正。

编　者
2004 年 10 月

第 1 版前言

为了适应我国经济体制改革的需要,同时也是为了与国际教育体制接轨,近年来,我国的原建筑工程、交通土建、地下工程、铁道工程、隧道工程、矿井建设等专业已调整归并为土木工程专业。高等学校土木工程专业指导委员会也相继成立。

根据高等学校土木工程专业指导委员会制定的该专业培养方案,"混凝土结构设计原理"为该专业的一门专业基础课或称为平台课,它是这个专业的每一位学生必修的课程。根据该专业委员会关于这一门课程的教学大纲要求,在本教材中安排了混凝土结构材料的基本性能,钢筋混凝土轴心受力构件正截面承载力计算,钢筋混凝土受弯构件正截面承载力计算,钢筋混凝土受弯构件斜截面承载力计算,钢筋混凝土受扭构件承载力计算,钢筋混凝土偏心受力构件承载力计算,钢筋混凝土构件的裂缝、变形和耐久性以及预应力混凝土构件设计等内容。

考虑到"荷载与结构设计方法"已单独作为一门课程,并且编写了专门的教材,因此,在本教材中未对荷载与结构设计方法作详细介绍。未开设过这一门课的学校,可以在学习本课程之前或者在学完本教材第 1 章混凝土结构用材料的性能之后,对它们做一些简要介绍。

考虑到我国建筑、公路、铁道、桥梁等工程的混凝土结构设计规范尚未统一,为了节省篇幅,本教材只将建筑工程和公路桥涵工程的有关规范内容作了介绍。各类工程有关混凝土结构的设计原理大同小异,读者在掌握了建筑工程和公路桥涵工程混凝土结构的设计原理之后,通过自学,不难掌握其他工程的混凝土结构设计原理。鉴于目前许多规范都在修订之中,本书中与建筑工程有关的内容是按 GB 50010—2002《混凝土结构设计规范》编写的,而与公路桥涵工程有关的内容则是按《公路钢筋混凝土及预应力混凝土桥涵设计规范》(征求意见稿)编写的。

本书是由湖南大学沈蒲生(绪论、第 3 章、第 4 章)、廖莎(第 6 章),甘肃工业大学朱彦鹏(第 1 章、第 2 章、第 7 章),西安建筑科技大学李方圆、张平生(第 8 章)和哈尔滨工业大学胡琼(第 5 章)、杨熙坤(第 5 章)编写,沈蒲生和西安建筑科技大学梁兴文统稿。清华大学江见鲸教授审阅了全部书稿,在此表示衷心感谢。由于我们的水平所限,同时,将两本不同的混凝土结构设计规范结合在一起撰写这本书,也是我们的初次尝试,书中错误之处在所难免,欢迎批评指正。

编　者

2002 年 7 月

目　　录

绪　　论
Introduction

§0.1　混凝土结构的基本概念
Basic Concepts of Concrete Structures

绪论 课件

以混凝土为主要材料制作的结构称为混凝土结构。它包括素混凝土结构、钢筋混凝土结构和预应力混凝土结构等。

素混凝土结构是指无筋或不配置受力钢筋的混凝土结构。

钢筋混凝土结构是指配置受力普通钢筋的混凝土结构。图 0-1 为建筑工程中常见的钢筋混凝土结构和构件的配筋实例。其中,图 0-1a 为钢筋混凝土简支梁的配筋,图 0-1b 为钢筋混凝土简支平板的配筋,图 0-1c 为装配式钢筋混凝土单层工业厂房边柱的配筋,图 0-1d 为钢筋混凝土杯形基础的配筋,图 0-1e 为两层单跨钢筋混凝土框架的配筋。由图 0-1 可见,在不同的结构和构件中,钢筋的位置及形式不完全相同。因此,在钢筋混凝土结构和构件中,钢筋不是随意布置的,而是根据结构构件的形式和受力特点,主要布置在其受拉部位。

预应力混凝土结构是指配置受力的预应力筋,通过张拉或其他方法建立预应力的混凝土结构。

素混凝土结构由于承载力低、性质脆,很少用作建筑工程的承力结构。我国目前的混凝土结构以钢筋混凝土结构为主。对于一些对变形和裂缝控制要求较高的结构,可采用预应力混凝土结构。

本书重点讲述钢筋混凝土结构的材料性能、设计原理、计算方法和构造措施。对于预应力混凝土结构,将在本书的第 9 章进行介绍。

之所以将钢筋和混凝土结合在一起做成钢筋混凝土结构和构件,其原因可通过下面的试验看出。图 0-2a 为一根未配置钢筋的素混凝土简支梁,跨度为 4 m,截面尺寸为 $b \times h = 200 \text{ mm} \times 300 \text{ mm}$,混凝土强度等级为 C30,梁的跨中作用一个集中荷载 F。对其进行破坏性试验,结果表明,当荷载较小时,截面上的应变如同弹性材料的梁一样,沿截面高度呈三角形分布;当荷载增大使截面受拉区边缘纤维拉应变达到混凝土抗拉极限应变时,该处的混凝土被拉裂,裂缝沿截面高度方向迅速开展,试件随即发生断裂破坏。这种破坏是突然发生的,没有明显的预兆。这种没有明显预兆的破坏,称为脆性破坏。尽管混凝土的抗压强度是其抗拉强度的 10 倍左右,但得不到充分利用,因为该试件的破坏由混凝土的抗拉强度控制,破坏荷载值很小,只有 10 kN 左右。

混凝土的抗压强度高,抗拉强度低。钢筋的抗拉和抗压强度都很高。如果在该梁的受拉区布置 3 根直径为 14 mm 的 HPB300 热轧光圆钢筋(记作 3ϕ14),并在受压区布置 2 根直径为 10 mm 的 HPB300 热轧光圆架立钢筋和适量的箍筋,再进行同样的荷载试验(图 0-2b),则可以

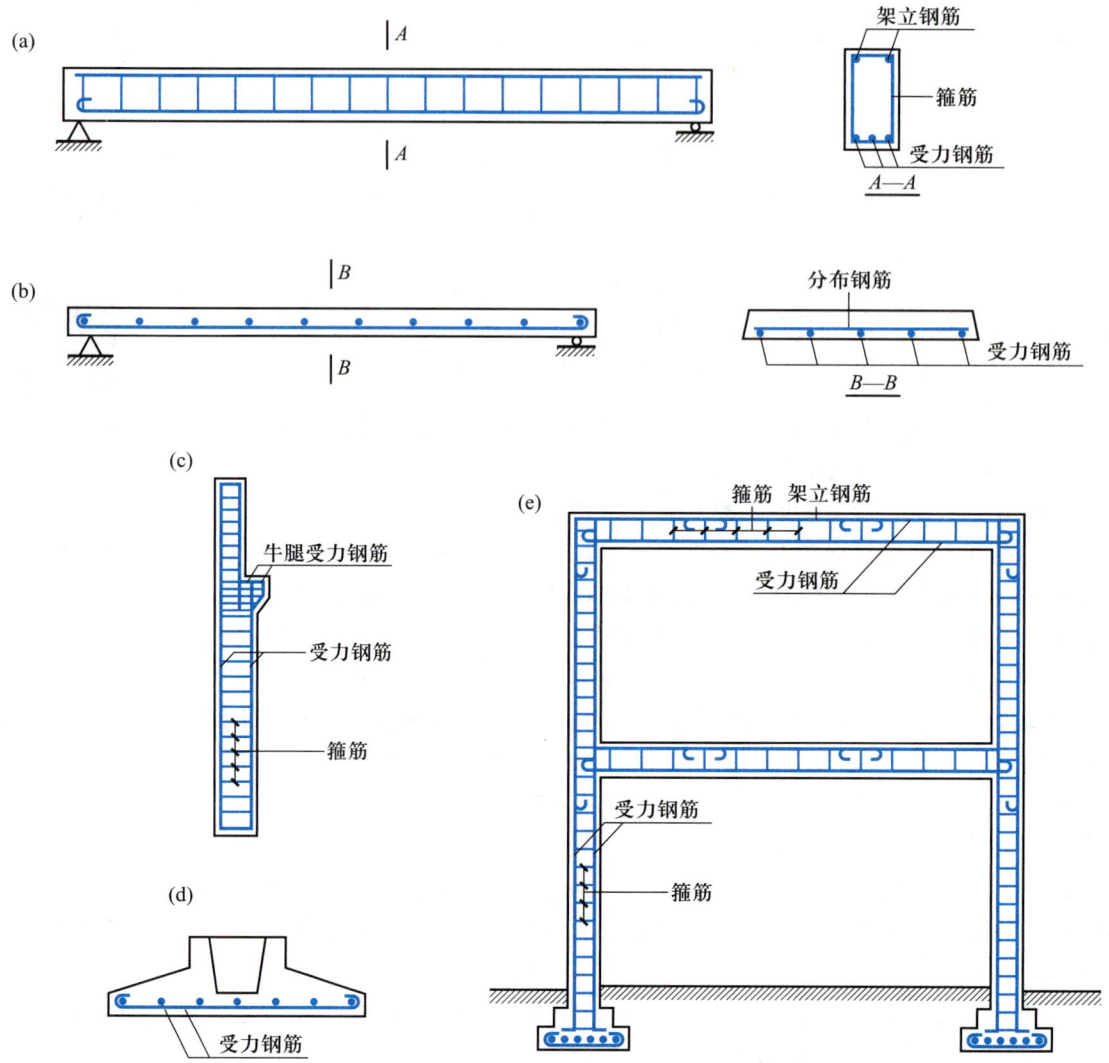

图 0-1　建筑工程中常见的钢筋混凝土结构和构件的配筋实例

（a）钢筋混凝土简支梁的配筋；（b）钢筋混凝土简支平板的配筋；（c）装配式钢筋混凝土单层工业厂房边柱的配筋；

（d）钢筋混凝土杯形基础的配筋；（e）两层单跨钢筋混凝土框架的配筋

看到,当加载到一定阶段使截面受拉区边缘纤维拉应变达到混凝土极限拉应变时,混凝土虽被拉裂,但裂缝不会沿截面的高度迅速开展,试件也不会随即发生断裂破坏。混凝土开裂后,裂缝截面的混凝土拉应力由纵向受拉钢筋承受,故荷载还可进一步增加。此时,变形将相应发展,裂缝的数量增多,宽度也将增大,直到受拉钢筋抗拉强度和受压区混凝土抗压强度被充分利用时,试件才发生破坏。试件破坏前,变形和裂缝都发展得很充分,呈现出明显的破坏预兆。这种有明显预兆的破坏,称为塑性破坏。虽然试件中纵向受拉钢筋的截面面积只占整个截面面积的0.84%,但是由于利用混凝土抗压和钢筋抗拉,材料的性能得到了合理和有效的结合与利用,梁的破坏荷载却可以提高到35 kN左右。因此,在素混凝土结构构件中配置一定形式和数量的钢

筋,可以收到下列效果:

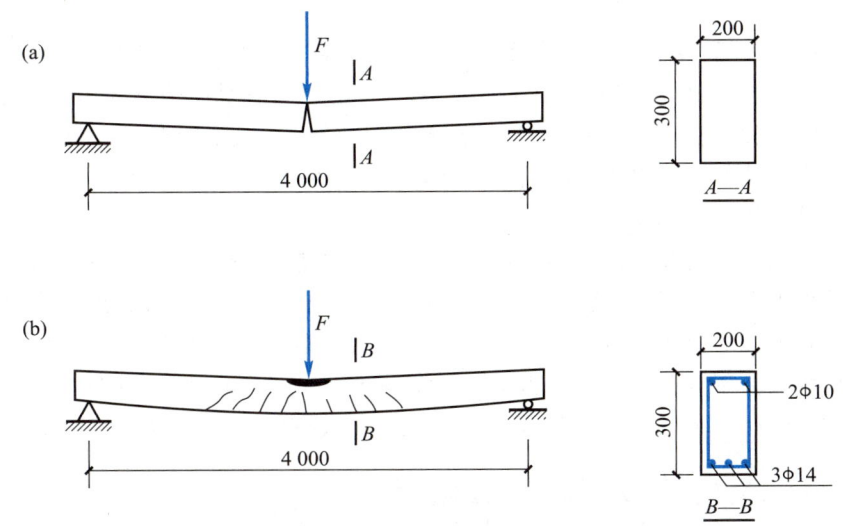

图 0-2 素混凝土梁与钢筋混凝土梁的破坏情况对比

① 承载能力有很大的提高;

② 脆性性能得到显著的改善。

钢筋和混凝土是两种物理和力学性能很不相同的材料,它们可以相互结合共同工作的主要原因是:

① 混凝土结硬后,能与钢筋牢固地黏结在一起,相互传递内力。黏结力是这两种性质不同的材料能够共同工作的基础。

② 钢筋的线膨胀系数为 $1.2 \times 10^{-5} ℃^{-1}$,混凝土的线膨胀系数为 $(1.0 \times 10^{-5} \sim 1.5 \times 10^{-5}) ℃^{-1}$,二者数值相近。因此,当温度发生变化时,钢筋与混凝土之间不会出现较大的相对变形和温度应力引起的黏结破坏。

钢筋混凝土结构除了比素混凝土结构具有较高的承载力和较好的受力性能以外,还具有下列优点:

① 就地取材。钢筋混凝土结构中,砂和石料所占比例很大,水泥和钢筋所占比例较小,砂和石料一般可以由建筑工地附近供应。

② 节约钢材。钢筋混凝土结构的用钢量很小,承载能力却很高。与钢结构相比,可以节约大量钢材。因此,钢筋混凝土结构的造价比钢结构的造价低。

③ 耐久、耐火。钢筋埋放在混凝土中,受混凝土保护,不易发生锈蚀,因而提高了结构的耐久性。当火灾发生时,钢筋混凝土结构不会像木结构那样被燃烧,也不会像钢结构那样很快软化而破坏。

④ 可模性好。钢筋混凝土结构可以根据需要浇捣成任何形状。

⑤ 整体性好,刚度大,变形小。

钢筋混凝土结构也具有下述主要缺点:

① 自重大。普通钢筋混凝土的重度约为 $25 \ \text{kN/m}^3$,比砌体和木材的重度都大。尽管比钢

材的重度小,但钢材的强度高,在相同的内力下,钢筋混凝土结构构件的截面面积比钢结构构件的截面面积大,因而其自重远远超过相同跨度或高度的钢结构。

② 抗裂性差。如前所述,混凝土的抗拉强度只是其抗压强度的 1/10 左右。因此,普通钢筋混凝土结构经常带裂缝工作。尽管裂缝的存在并不一定意味着结构发生破坏,但是它影响结构的耐久性和美观。当裂缝数量较多和开展较宽时,还将给人造成不安全感。

③ 性质较脆。混凝土结构破坏前的预兆较小,特别是抗剪切、抗冲切和小偏心受压构件破坏时,破坏往往是突然发生的。

综上所述不难看出,钢筋混凝土结构的优点多于其缺点,因此它已经在房屋建筑、地下结构、桥梁、铁路、隧道、水利、港口等工程中得到广泛应用。而且,人们已经研究出许多克服其缺点的有效措施。例如,为了克服钢筋混凝土自重大的缺点,已经研究出许多重量轻、强度高的混凝土和强度很高的钢筋;为了克服普通钢筋混凝土容易开裂的缺点,可以对它施加预应力;为了克服其性质较脆的特点,可以采取加强配筋或在混凝土中掺入短段纤维等措施。

§0.2 混凝土结构的应用与发展概况
Application and Historical Background of Concrete Structures

现代混凝土结构是随着水泥和钢铁工业的发展而发展起来的,至今约有 200 年的历史。1824 年,英国的约瑟夫·阿斯匹丁(Joseph Aspdin)发明了波特兰水泥并取得了专利。1850 年,法国的兰波特(L. Lambot)制成了铁丝网水泥砂浆结构的小船。1861 年,法国的约瑟夫·莫尼尔(Joseph Monier)获得了制造钢筋混凝土板、管道和拱桥的专利。

1866 年,德国学者发表了混凝土结构的计算理论和计算方法,在 1887 年又发表了试验结果,提出了钢筋应配置在受拉区的概念和板的计算方法。在此之后,钢筋混凝土的推广应用才有了较快的发展。1891—1894 年,欧洲各国的研究者发表了一些理论和试验研究结果。但是在1850—1900 年的整整 50 年内,由于工程师们将钢筋混凝土的施工和设计方法视为商业机密,这个时期公开发表的研究成果不多。

1850 年,美国学者进行过钢筋混凝土梁的试验,但其研究成果直到 1877 年才发表。19 世纪70 年代初,有的学者曾使用过某些形式的钢筋混凝土,并且于 1884 年第一次使用变形(扭转)钢筋并获得专利。1890 年,旧金山建造了一幢两层高、312 ft(约 95 m)长的钢筋混凝土美术馆。从此以后,钢筋混凝土在美国得到了迅速的发展。

从 1850 年到 20 世纪 20 年代,可以算是钢筋混凝土发展的初步阶段。20 世纪 30 年代开始,学者们从材料性能的改善、结构形式的多样化、施工方法的革新、计算理论和设计方法的完善等多方面开展了大量研究工作,使钢筋混凝土结构进入了广泛运用的阶段。

世界各国使用的混凝土平均强度,在 20 世纪 30 年代约为 10 MPa,到 20 世纪 50 年代已提高到 20 MPa,20 世纪 60 年代约为 25 MPa,20 世纪 70 年代已提高到 30 MPa。20 世纪 80 年代初,在发达国家,C50 级混凝土已经普遍采用。高效能减水剂的应用更加促进了混凝土强度的提高。近年来,国内外采用附加减水剂的方法已制成强度超过 200 MPa 的混凝土。高强混凝土的出现更加扩大了混凝土结构的应用范围,为钢筋混凝土在防护工程、压力容器、海洋工程等领域的应用创造了条件。

改善混凝土性能的另一个重要方面是减轻混凝土的自重。从 20 世纪 60 年代以来,轻骨料

(陶粒、浮石等)混凝土和多孔(主要是加气)混凝土得到迅速发展,其重度一般为 14~18 kN/m³,比普通混凝土(重度约为 25 kN/m³)轻很多。用轻骨料混凝土制作墙、板不但可以减轻重量,而且其建筑物理性能也优于普通混凝土。

预应力混凝土的概念在 19 世纪 80 年代已提出,但是当时因钢筋强度偏低及对预应力损失缺乏深入研究,预应力混凝土未能成功地实现。1928 年,法国工程师弗耐西涅(E. Freyssinet)成功地将高强钢丝用于预应力混凝土,使预应力混凝土在工程实践中的应用成为现实。预应力混凝土的广泛应用是在 1938 年弗耐西涅发明锥形楔式锚具(弗式锚具)和 1940 年比利时的门格尔(G. Magnel)发明门格尔体系之后。预应力混凝土使混凝土结构的抗裂性得到根本的改善,使高强钢筋能够在混凝土结构中得到有效的利用,使混凝土结构能够用于大跨结构、压力贮罐、核电站容器等领域。

我国是混凝土结构使用量最大的国家。我国的水泥和钢材产量遥遥领先于世界各国,混凝土结构是我国建筑工程的主要结构形式。改革开放以来,混凝土结构在我国得到了高速的发展。

材料方面:GB/T 50010—2010《混凝土结构设计标准》中规定的混凝土最高强度等级由 C60 提高到了 C80,热轧钢筋的最高强度等级由 HRB400 提高到了 HRB500。

设计方法方面:1950 年前后采用三系数极限状态设计方法设计,1974 年起改用单一安全系数极限状态设计方法设计,1989 年起改用以概率理论为基础、用多个分项系数表达的极限状态设计方法设计。

工程应用方面:混凝土结构在我国不但用于一般的工业与民用建筑,还广泛地用于高层、超高层建筑和大跨建筑。“十三五”期间,全国建筑业增加值年均增长 5.1%,占国内生产总值 6.9%以上。2020 年,全国建筑业总产值达 26.39 万亿元,房屋施工面积为 149.47 亿 m²,建筑业从业人数达 5 366 万人。建筑业作为国民经济支柱产业的作用不断增强,为促进经济增长、缓解社会就业压力、推进新型城镇化建设、保障和改善人民生活、决胜全面建成小康社会作出了重大贡献,这其中也包含混凝土结构的贡献。

住房城乡建设部提出的“十四五”建筑业发展规划是:

① 完善智能建造政策和产业体系。

② 夯实标准化和数字化基础。

③ 推广数字化协同设计。

④ 大力发展装配式建筑。

⑤ 打造建筑产业互联网平台。

⑥ 加快建筑机器人开发和应用。

⑦ 推广绿色建造方式。

混凝土结构应该从完善适用不同建筑类型的装配式混凝土结构体系,加大高性能混凝土、高强钢筋和消能减震、预应力技术集成应用等方面创新发展。

§0.3　混凝土结构设计原理课程的特点与学习方法
The Features and Study Methods of the Course

混凝土结构设计原理课程主要是对建筑工程中混凝土结构构件的受力性能、计算方法和构造要求等问题进行讨论。首先介绍混凝土结构的材料性能,它是学习后续各章内容的基础;其次介绍混凝土结构设计方法,轴心受力构件正截面承载力计算,受弯构件正截面承载力计算,受弯构件斜截面承载力计算,受扭构件承载力计算,偏心受力构件承载力计算,混凝土构件的裂缝、变形和耐久性;最后介绍预应力混凝土构件设计。本书只讨论混凝土结构在荷载作用下的设计计算,有关地震作用的设计计算,将在其他课程中介绍。

在学习混凝土结构设计原理课程时,应该注意以下几点:

(1)混凝土结构是由钢筋和混凝土结合而成的一种结构,钢筋混凝土材料与力学中的理想弹性材料或理想弹塑性材料有很大的区别。为了对混凝土结构的受力性能与破坏特征有较好的了解,首先要求对钢筋和混凝土的力学性能有很好的认识。

(2)混凝土结构在裂缝出现以前的抗力行为与理想弹性结构相近,但是,在裂缝出现以后,特别是临近破坏时,其受力和变形状态与理想弹性材料和理想弹塑性材料做成的结构有显著不同。混凝土结构的受力性能还与结构的受力状态、配筋方式和配筋数量等多种因素有关,暂时难以用一种简单的数学力学模型来描述。因此,目前主要以混凝土结构构件的试验与工程实践经验为基础进行分析,许多计算公式都带有试验统计与经验性质。它们虽然不如用理想弹性材料和理想弹塑性材料做成的结构构件的计算公式那样严谨,却能够较好地反映结构的真实受力性能。在学习本课程时,应该注意各计算公式与力学公式的联系与区别。

(3)我国科技工作者在进行大量的试验、调查与统计的基础上,对土木工程结构可能承受的各种荷载大小有着明确的规定。我国的混凝土结构设计标准也给出了各种常用钢筋和混凝土的强度、弹性模量等指标。鉴于实际情况的复杂性,建筑结构上的实际荷载和实际材料指标与标准规定的大小会有一定的出入。它们可能高于标准规定的数值,也可能低于标准规定的数值。此外,不同结构的重要性也不一样,它们对于结构的安全、适用和耐久的要求各不相同。为了使混凝土结构设计满足技术先进、经济合理、安全适用、确保质量的要求,将混凝土结构各种分析公式用于设计时,要考虑上述各种因素的影响,应具有一定的安全储备。学习本课程时,应该注意分析公式与设计公式之间的联系与区别,了解和掌握我国当前有关混凝土结构设计的技术和经济政策。

(4)进行混凝土结构设计时离不开计算。但是,现行的计算方法一般只考虑荷载效应,其他影响因素,如混凝土收缩、温度影响及地基不均匀沉陷等,难以用计算公式来表达。我国的 GB/T 50010—2010《混凝土结构设计标准》(以下简称《标准》)根据长期的工程实践经验,总结出一些构造措施来考虑这些因素的影响。因此,在学习本课程时,除了要了解和掌握各种计算公式以外,对于各种构造措施也必须给予足够的重视。在设计混凝土结构时,除了进行各种计算之外,还必须检查各项构造要求是否得到满足。

(5)为了指导混凝土结构的设计工作,各国都制定了专门的设计标准。这些标准是各国在一定时期内理论研究成果和实际工程经验的总结,在学习混凝土结构时,应该很好地熟悉、掌握和运用它们。但是也要了解,混凝土结构是一门比较年轻和迅速发展的学科,许多计算方法和构造措施还不一定完善。也正因为如此,各国每隔一段时间都要对其结构设计标准进行修订,使之更加合理。因此,在很好地学习和运用标准的过程中,也要善于总结和发现问题,灵活运用,并且要勇于进行探索与创新。

0-1 什么是混凝土结构?

0-2 什么是素混凝土结构?

0-3 什么是钢筋混凝土结构?

0-4 什么是预应力混凝土结构?

0-5 在素混凝土结构中配置一定形式和数量的受力钢筋以后,结构的性能将发生什么样的变化?

0-6 钢筋和混凝土是两种物理、力学性能很不相同的材料,它们为什么能结合在一起共同工作?

0-7 钢筋混凝土结构有哪些主要优点?

0-8 钢筋混凝土结构有哪些主要缺点?

0-9 人们正在采取哪些措施来克服钢筋混凝土结构的主要缺点?

0-10 混凝土结构是何时出现的?

0-11 近 50 年来,我国的混凝土结构有哪些发展?

0-12 根据结构的受力特点并参照图 0-1a,绘出图 0-3 所示各梁在均布荷载作用下的弯矩图,根据弯矩图绘出它们的纵向受拉钢筋草图。

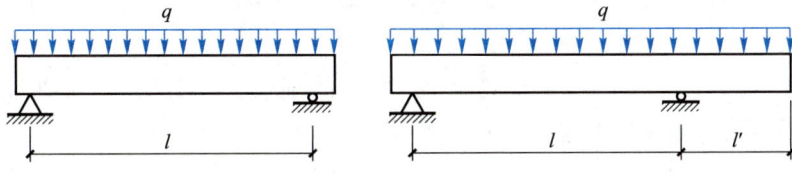

图 0-3 思考题 0-12 图

第 1 章
Chapter 1

混凝土结构材料的性能
Mechanical Properties of Concrete Structure Materials

本章学习目标：

熟悉土木工程用钢筋的品种、级别及其性能，掌握钢筋的选用原则；

熟悉混凝土在各种受力状态下的强度与变形性能，掌握混凝土的选用原则；

了解钢筋与混凝土的共同工作原理，熟悉保证钢筋与混凝土之间协同工作的构造措施。

本章的重点是熟悉钢筋和混凝土的材料性能，掌握它们的选用原则；难点是混凝土在各种受力状态下的强度与变形性能。

第 1 章 课件

混凝土结构主要用钢筋和混凝土材料制作而成。为了合理地进行混凝土结构设计，需要深入地了解混凝土和钢筋的受力性能。对混凝土和钢筋力学性能、相互作用和共同工作的了解，是掌握混凝土结构构件性能并对其进行分析与设计的基础。

§1.1 钢筋
Steel Reinforcement/Steel Bar

1.1.1 钢筋的品种与性能
The Types and Properties of Steel Reinforcement

我国的钢筋产品分为四大系列：热轧钢筋，中、高强钢丝和钢绞线，预应力螺纹钢筋，冷加工钢筋。

1. 热轧钢筋

（1）热轧钢筋的种类

热轧钢筋是钢厂用普通低碳钢（碳含量不大于 0.25%）和普通低合金钢（合金元素含量不大于 5%）制成的。其常用种类、代表符号和直径范围如表 1-1 所示。

表 1-1　常用热轧钢筋的种类、代表符号和直径范围

牌号	符号	d/mm
HPB300	φ	6～14
HRB400	Φ	
HRBF400	$Φ^F$	
RRB400	$Φ^R$	6～50
HRB400E	$Φ^E$	
HRB500	Φ	
HRBF500	$Φ^F$	6～50
HRB500E	$Φ^E$	

表 1-1 中,HPB300 为热轧光圆钢筋,HRB400 和 HRB500 是热轧带肋钢筋,HRBF400 和 HRBF500 是采用温控工艺生产的细晶粒带肋钢筋,RRB400 是余热处理钢筋。余热处理钢筋是将屈服强度相当于 335 MPa 的钢筋在轧制后穿水冷却,然后利用心部的余热对钢筋表面的淬水硬壳回火处理而成的变形钢筋,其性能接近于 HRB400 钢筋,但不如 HRB400 钢筋稳定,焊接时钢筋回火强度有所降低,因此应用范围受到限制。HRB400E 和 HRB500E 钢筋是强度等级与同类钢筋相同,但延伸率比同类钢筋更好的钢筋(见附表 2-5),它们适用于对抗震性能有较高要求的结构构件。

为了简化起见,在设计计算书和施工图纸上,各种强度等级的热轧钢筋均以表 1-1 中的符号代表。因此,要记住各个符号代表的钢筋级别,不要将它们混淆。

钢筋的直径范围并不表示在此范围内任何直径的钢筋都能由钢厂生产。钢厂提供的钢筋直径为 6 mm,8 mm,10 mm,12 mm,14 mm,16 mm,18 mm,20 mm,22 mm,25 mm,28 mm,32 mm,36 mm,40 mm 和 50 mm。设计时,应在表 1-1 的直径范围和上述提供的直径内选择钢筋。直径大于 40 mm 的钢筋主要用于大坝一类大体积混凝土结构中。当采用直径大于 40 mm 的钢筋时,应有可靠的工程经验。

钢筋表面形状的选择取决于钢筋的强度。为了使钢筋的强度能够被充分地利用,强度越高的钢筋要求与混凝土黏结的强度越高。提高黏结强度的办法是将钢筋表面轧成有规律的凸出花纹,称为带肋钢筋。HPB300 钢筋的强度低,表面做成光面即可(图 1-1a),其余级别的钢筋强度较高,表面均应做成带肋形式,也称为变形钢筋。变形钢筋的表面形状,我国以往长期采用螺旋纹和人字纹两种(图 1-1b,c),表面花纹由两条纵肋和螺旋形横肋或人字形横肋组成。鉴于这种形式的横肋较密,消耗于肋纹的钢材较多,且纵肋和横肋相交,容易造成应力集中,对钢筋的动力性能

(a)
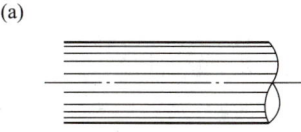

(b)

(c)

(d)

图 1-1　钢筋的形式

不利,我国已将变形钢筋的肋纹改为月牙纹(图 1-1d)。月牙纹钢筋的特点是横肋呈月牙形,与纵肋不相交,且横肋的间距比老式变形钢筋大,故可克服老式钢筋的缺点,而黏结强度降低不多。

（2）热轧钢筋的力学性能

① 应力-应变曲线的一般特征

热轧钢筋具有明显的屈服点和屈服台阶(图 1-2)。根据热轧钢筋应力-应变曲线的基本特征,在建立钢筋混凝土构件截面承载力计算理论时,作了如下两点简化:

A. 忽略从比例极限到屈服点之间钢筋微小的塑性应变,即假设钢筋应力不大于屈服点时其应力-应变关系一直服从胡克定律,处于理想弹性阶段。

B. 强化阶段的应力-应变关系为上升的直线。

经上述简化后,热轧钢筋的应力-应变关系可简化为图 1-3 所示的曲线(图中 $f_{y,r}$ 为钢筋抗拉强度设计值)。

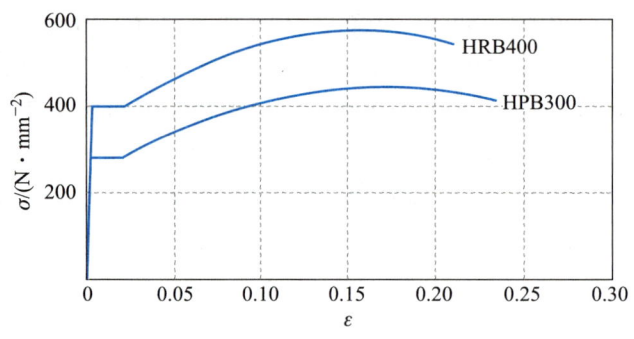

图 1-2　热轧钢筋的应力-应变曲线

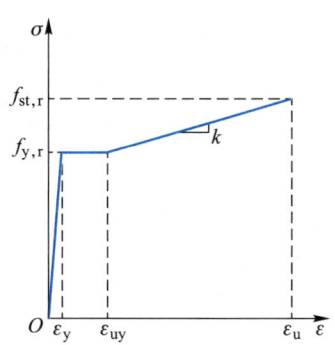

图 1-3　热轧钢筋的简化
应力-应变曲线

② 塑性性能

钢筋的塑性性能可以通过最大力总延伸率和冷弯性能两个指标来衡量。

A. 最大力总延伸率。最大力总延伸率是衡量钢筋塑性性能的一个指标,最大力总延伸率越大,塑性越好。最大力总延伸率用 δ_{gt} 表示。

混凝土结构对钢筋的最大力总延伸率的要求见附表 2-5。

我国标准 GB/T 228.1—2021《金属材料　拉伸试验　第 1 部分:室温试验方法》要求在试验中绘制应力-应变曲线,按量测并计算钢筋的最大力总延伸率 δ_{gt} 作为钢筋塑性的指标。在一般试验条件下,可以按图 1-4 量测试验后非颈缩断口区域标距 l_0 内的残余应变 $\varepsilon_r = (l'-l_0)/l_0$($l'$ 为残余长度),加上已回复的弹性应变 $\varepsilon_e = \sigma_b^0/E_s$($\sigma_b^0$ 为实测钢筋拉断强度,E_s 为弹性模量,$E_s = \tan\theta$)而得:

$$\delta_{gt} = \frac{l'-l_0}{l_0} + \frac{\sigma_b^0}{E_s} \tag{1-1}$$

式中　l_0——钢筋拉伸试验试样的应变量测标距;

　　　　l'——试样经拉断产生残留伸长后的标距。

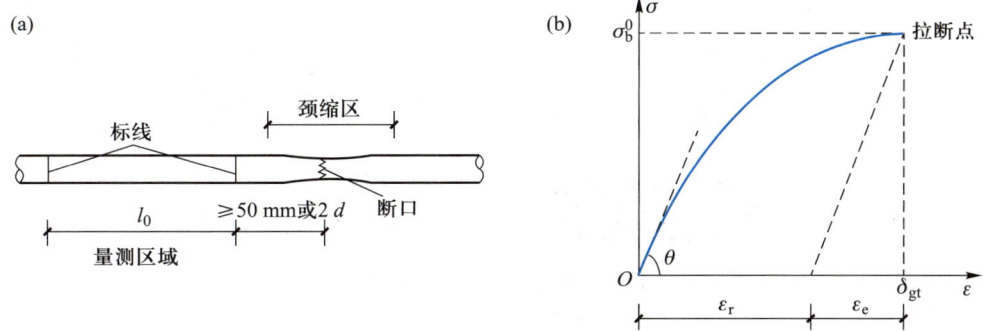

图 1-4 钢筋最大力总延伸率的测定

（a）试样与量测标距；（b）拉伸曲线与最大力总延伸率

B．冷弯性能。冷弯性能是检验钢筋塑性的另一项指标。最大力总延伸率一般不能反映钢材脆化的倾向。为了使钢筋在弯折加工时不致断裂和在使用过程中不致脆断，应进行冷弯试验，并保证满足规定的指标。冷弯试验如图 1-5 所示，图中 D 称为弯心直径；α 为冷弯角度。冷弯试验的合格标准为在规定的 D 和 α 下冷弯后的钢筋应无裂纹、鳞落或断裂现象。在实际应用中，钢筋往往会遇到在弯折后再回弯的情况。实践表明，对于变形钢筋，经冷弯试验合格，而在反弯时断裂的现象常有发生，因此对钢筋仅规定上述冷弯试验可能是不够的。一些欧洲国家如荷兰、英国、法国等，从 20 世纪 60 年代以来，先后增加了对钢筋的反弯性能要求。例如英国标准 BS 4449—1978 规定的反弯试验方法为：钢筋在弯心直径 $D=3d$（d 为钢筋直径）的条件下，正弯 45°后，进行人工时效处理（将试样浸入 100 ℃沸水中

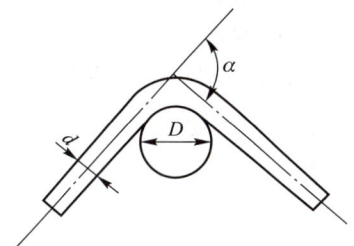

图 1-5 钢筋的冷弯试验

保温 30 min 以上，然后在空气中冷却至室温），再反弯不小于 23°，弯曲部位不得出现肉眼可见的横向裂缝。我国近年来也对变形钢筋的反弯性能进行了一些试验研究，呈现出对钢筋增加反弯性能要求的趋势。

③ 强度及弹性模量

热轧钢筋的强度以屈服点应力为依据。这是因为钢筋应力超过屈服点后将产生过大的应变，在钢筋混凝土构件中，由于受到混凝土极限应变的制约，截面达到破坏时，钢筋不大可能进入这样大的应变状态。但是作为一种安全储备，钢筋的极限抗拉强度仍有重要意义，即通常希望构件的某个（或某些）截面已经破坏时，钢筋仍不致被拉断而造成整个结构倒塌。因此，在力学性能方面，要求钢筋的屈服应力不低于规定值。而且"屈服应力/极限抗拉强度"值（通常称为"屈强比"）不宜过大。

2．中、高强钢丝和钢绞线

中、高强钢丝的直径为 4～10 mm，捻制成钢绞线后也不超过 21.6 mm。钢丝外形有光面、月牙肋及螺旋肋几种，而钢绞线则为绳状，由 2 股、3 股或 7 股钢丝捻制而成，均可盘成卷状。螺旋肋钢丝和绳状钢绞线的形状如图 1-6 所示。

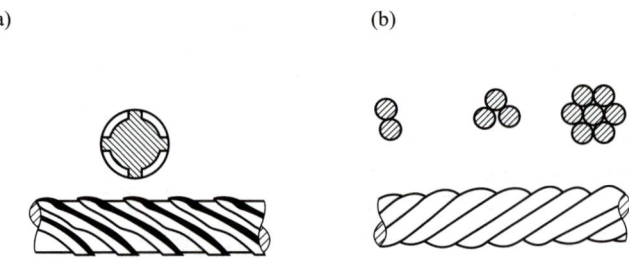

图 1-6   螺旋肋钢丝和绳状钢绞线

（a）螺旋肋钢丝；（b）绳状钢绞线

中、高强钢丝和钢绞线均无明显的屈服点和屈服台阶，其抗拉强度很高：中强钢丝的抗拉强度为 800~1 270 MPa，高强钢丝、钢绞线的抗拉强度为 1 470~1 960 MPa。中、高强钢丝和钢绞线的应力-应变特征如图 1-7 所示。图中 $\sigma_{0.2}$ 为对应于残余应变为 0.2% 的应力，称为无明显屈服点钢筋的条件屈服点。

3. 预应力螺纹钢筋

预应力螺纹钢筋是一种大直径、高强度钢筋，直径为 18~50 mm，屈服强度标准值为 785~1 080 N/mm²，极限强度标准值为 980~1 230 N/mm²，用于预应力混凝土结构构件的配筋。

4. 冷加工钢筋

冷加工钢筋是指在常温下采用某种工艺对热轧钢筋进行加工得到的钢筋。常用的加工工艺有冷拉、冷拔、冷轧和冷轧扭四种，其目的都是提高钢筋的强度，以节约钢材。但是，经冷加工后的钢筋在强度提高的同时，最大力总延伸率显著降低。GB 55008—2021《混凝土结构通用规范》允许冷轧带肋钢筋用于钢筋混凝土结构和预应力混凝土结构。

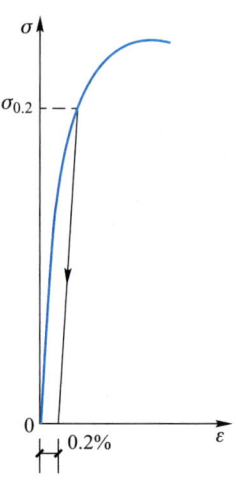

图 1-7   无明显屈服点钢筋的应力-应变曲线

1.1.2 混凝土结构对钢筋性能的要求
The Requirement of Concrete Structures to Properties of Steel Reinforcement

1. 强度高

强度指钢筋的屈服强度和极限强度。钢筋的屈服强度是混凝土结构构件计算的主要依据之一（对无明显屈服点的钢筋取条件屈服强度 $\sigma_{0.2}$）。采用较高强度的钢筋可以节省钢材，获得较好的经济效益。

2. 塑性好

钢筋混凝土结构要求钢筋在断裂前有足够的变形，能给人以破坏的预兆。因此，钢筋的塑性应保证钢筋的最大力总延伸率和冷弯性能合格。

3. 可焊性好

在很多情况下，钢筋的接长和钢筋之间的连接需通过焊接。因此，要求在一定的工艺条件下钢筋焊接后不产生裂纹及过大的变形，保证焊接后的接头性能良好。

4. 与混凝土的黏结锚固性能好

为了使钢筋的强度能够充分被利用和保证钢筋与混凝土共同工作,二者之间应有足够的黏结力。

在寒冷地区,对钢筋的低温性能也有一定的要求。

1.1.3 钢筋的选用原则
Selection Principle of Steel Reinforcement

钢筋混凝土结构及预应力混凝土结构的钢筋,应按下列规定选用:

① 钢筋混凝土结构中的钢筋和预应力混凝土结构中的非预应力钢筋宜优先采用 HRB400、HRB500、HRBF400、HRBF500 钢筋,以节省钢筋用量,改善我国建筑结构的质量。除此之外,也可以采用 HPB300、RRB400 钢筋和冷轧带肋钢筋。

② 预应力筋宜采用预应力钢丝、钢绞线、预应力螺纹钢筋和冷轧带肋钢筋。

在我国经济困难、物资短缺的年代,冷加工钢筋为我国的基础建设事业作出过极大的贡献。但是,冷加工钢筋在强度提高的同时,塑性大幅度地降低,导致结构构件的塑性减小,脆性加大。当前,我国的钢产量已位于世界之首,质优、价廉的钢材不断出现,为了提高结构构件的质量,应尽量选用强度较高、塑性较好、价格较低的钢材。

§1.2 混凝土
Concrete

1.2.1 混凝土的强度
Strength of Concrete

在实际工程中,单向受力构件是极少见的,一般混凝土均处于复合应力状态。研究复合应力作用下混凝土的强度必须以单向应力作用下的强度为基础,因此单向受力状态下的混凝土的强度指标就很重要,它是结构构件分析和建立强度理论公式的重要依据。

混凝土的强度与水泥强度、水胶比、骨料品种、混凝土配合比、硬化条件和龄期等有很大关系。此外,试件的尺寸及形状、试验方法和加载时间不同,所测得的强度也不同。

1. 混凝土的抗压强度

(1) 立方体抗压强度标准值 $f_{cu,k}$

混凝土主要用于抗压,其抗压性能比较稳定。我国采用边长为 150 mm 的立方体作为混凝土抗压强度的标准尺寸试件,并以立方体抗压强度作为混凝土各种力学指标的代表值。《标准》规定,以边长为 150 mm 的立方体在(20±3)℃的温度和相对湿度在 90% 以上的潮湿空气中养护28 d 或设计规定龄期,依照标准试验方法测得的具有 95% 保证率的抗压强度(以 N/mm² 计)作为混凝土的强度等级,并用符号 $f_{cu,k}$ 表示。$f_{cu,k}$ 与平均值 μ_f 和标准差 σ_f 的关系为

$$f_{cu,k} = \mu_f - 1.645\sigma_f \tag{1-2}$$

混凝土强度等级一般可划分为:C20,C25,C30,C35,C40,C45,C50,C55,C60,C65,C70,C75,C80,C 代表混凝土,C 后的数字即为混凝土立方体抗压强度的标准值,其单位为 N/mm²,例如

C60 表示混凝土的立方体抗压强度标准值 $f_{cu,k} = 60 \ N/mm^2$。

试验方法对混凝土的 $f_{cu,k}$ 值有较大影响。试件在试验机上受压时,纵向会压缩,横向会膨胀,由于混凝土与压力机垫板弹性模量与横向变形的差异,压力机垫板的横向变形明显小于混凝土的横向变形。当试件承压接触面上不涂润滑剂时,混凝土的横向变形受到摩擦力的约束,形成"箍套"作用。在"箍套"作用下,试件与垫板的接触面局部混凝土处于三向受压应力状态,试件破坏时形成两个对顶的角锥形破坏面,如图 1-8a 所示。如果在试件承压面上涂一些润滑剂,这时试件与压力机垫板间的摩擦力大大减小,试件沿着力的作用方向平行地产生几条裂缝而破坏,所测得的抗压极限强度较低,如图 1-8b 所示。标准试验方法不涂润滑剂。

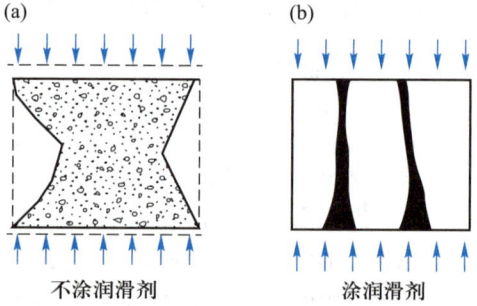

图 1-8　混凝土立方体试件的破坏情况

试件尺寸对混凝土 $f_{cu,k}$ 也有影响。试验结果表明,采用相同的混凝土进行试验时,立方体尺寸越小则试验测出的抗压强度越高,这个现象称为尺寸效应。我国过去曾长期采用以边长为 200 mm 的立方体作为标准试件,有的也采用 100 mm 的立方体试件。用这两种尺寸试件测得的强度与用 150 mm 立方体标准试件测得的强度有一定差距,乘以一个换算系数后,就可变成标准试件强度 $f_{cu,k}$。根据大量实测数据,如采用 200 mm 或 100 mm 的立方体试件时,其换算系数分别取 1.05 和 0.95。日本、美国等国采用 6 in×12 in(1 in = 25.4 mm)圆柱体作为试件,圆柱体抗压强度与标准立方体抗压强度之比为 0.83,换算系数为 1.2。

混凝土抗压试验时加载速度对立方体抗压强度也有影响,加载速度越快,测得的强度越高。通常规定的加载速度:混凝土的强度等级低于 C30 时,取每秒钟 $0.3 \sim 0.5 \ N/mm^2$;混凝土的强度等级高于或等于 C30 时,取每秒钟 $0.5 \sim 0.8 \ N/mm^2$。

随着试验时混凝土的龄期增长,混凝土的极限抗压强度逐渐增大,开始时强度增长速度较快,然后逐渐减缓,这个强度增长的过程往往要延续几年,在潮湿环境中延续的增长时间更长。

（2）轴心抗压强度标准值 f_{ck}

由于实际结构和构件往往不是立方体,而是棱柱体,所以采用棱柱体试件比立方体试件能更好地反映混凝土的实际抗压能力。试验证明,轴心抗压钢筋混凝土短柱中的混凝土抗压强度基本上和棱柱体抗压强度相同。可以用棱柱体测得的抗压强度作为轴心抗压强度,又称为棱柱体抗压强度标准值,用 f_{ck} 表示。

棱柱体试件是在与立方体试件相同的条件下制作的,试件承压面不涂润滑剂且高度比立方体试件高,因而受压时试件中部横向变形不受端部摩擦力的约束,代表了混凝土处于单向全截面均匀受压的应力状态。试验量测到的 f_{ck} 值比 $f_{cu,k}$ 值小,并且棱柱体试件高宽比(即 h/b)越大,它的强度越小。我国采用 150 mm×150 mm×300 mm 或 150 mm×150 mm×450 mm 的棱柱体作为轴心抗压强度的标准试件。

轴心抗压强度(棱柱体强度)标准值 f_{ck} 与立方体抗压强度标准值 $f_{cu,k}$ 之间存在以下折算关系:

$$f_{ck} = 0.88 \alpha_{c1} \alpha_{c2} f_{cu,k} \tag{1-3}$$

式中 α_{c1}——棱柱体强度与立方体强度的比值,当混凝土的强度等级不大于 C50 时, $\alpha_{c1}=0.76$;当混凝土的强度等级为 C80 时, $\alpha_{c1}=0.82$;当混凝土的强度等级为中间值时,在 0.76 和 0.82 之间线性插入。

 α_{c2}——混凝土的脆性系数,当混凝土的强度等级不大于 C40 时, $\alpha_{c2}=1.0$;当混凝土的强度等级为 C80 时, $\alpha_{c2}=0.87$;当混凝土的强度等级为中间值时,在 1.0 和 0.87 之间线性插入。

0.88——考虑结构中的混凝土强度与试件混凝土强度之间的差异等因素的修正系数。

混凝土的抗压强度远低于砂浆和粗骨料任一单体材料的强度,例如:粗骨料的抗压强度为 90 N/mm²,砂浆抗压强度为 48 N/mm²,由这两种材料组成的混凝土抗压强度只有 24 N/mm²,其原因可从混凝土受压破坏的机理来分析。由水泥、水、骨料组成的混凝土,在硬化过程中水泥和水形成的水泥石与骨料黏结在一起。凝结初期由于水泥石收缩、骨料下沉等原因,在水泥石和骨料之间的交界面上形成微裂缝,它是混凝土中最薄弱的环节,加载前已存在这种微裂缝。在外力作用下,微裂缝将有一个发展过程。混凝土的破坏过程是裂缝不断产生、扩展和失稳的过程(图 1-9),这些过程可用超声波、X 光、电子显微镜进行直接或间接观测。

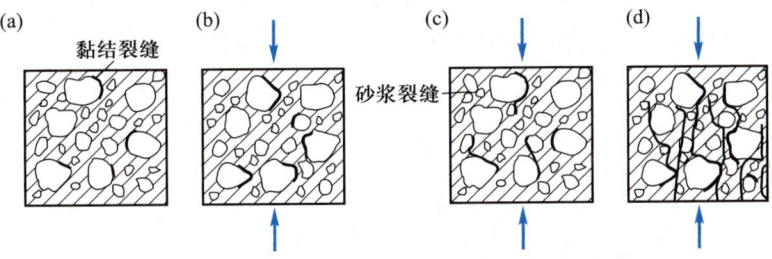

图 1-9 X 光观测的裂缝发展示意

(a) 加载前;(b) 破坏荷载的 65%;(c) 破坏荷载的 85%(临界荷载时);(d) 破坏荷载

研究结果表明,混凝土从开始加载到破坏的全过程可分为三个阶段,如图 1-10 所示。

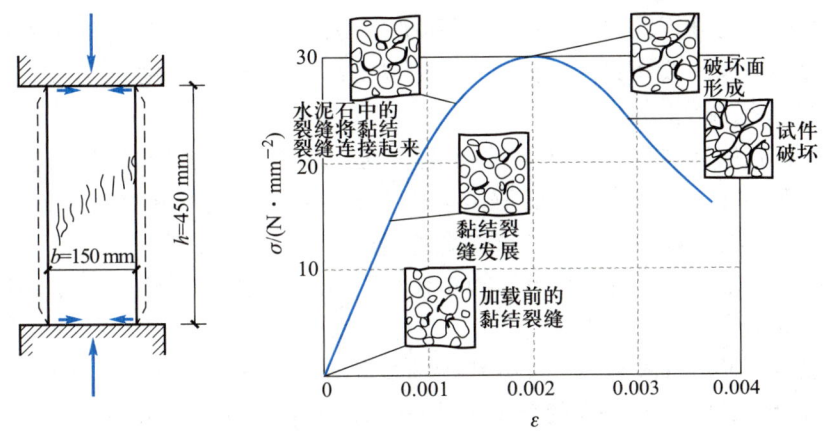

图 1-10 混凝土的应力-应变曲线与微裂缝的发展过程

　　第 I 阶段，应力较小时，$\sigma \leqslant (0.3 \sim 0.4)f_{ck}$，微裂缝没有明显的发展，在砂浆和骨料的结合面上的某些点上产生拉应力集中，当拉应力超过了结合面的黏结强度时，这些点就开裂，从而缓和了应力集中并恢复平衡。当应力不增大时，不再出现新的裂缝，分散的细微裂缝处于稳定状态。

　　第 II 阶段，$(0.3 \sim 0.4)f_{ck} \leqslant \sigma \leqslant (0.7 \sim 0.9)f_{ck}$，随着荷载的增大，水泥石中的裂缝与骨料处的微裂缝不断产生、发展着。这些裂缝仍然处于稳定状态，即荷载不增大裂缝不会持续发展。由于不可恢复的变形明显增加，应力-应变曲线弯向应变轴，横向变形系数增大。

　　第 III 阶段，$(0.7 \sim 0.9)f_{ck} \leqslant \sigma \leqslant f_{ck}$，随着荷载的增大，裂缝宽度和数量急剧增加，水泥石中的裂缝与骨料结合处的微裂缝连接成通缝。即使应力不增加，裂缝也会持续开展，裂缝已进入非稳定状态。应力再增加，混凝土内裂缝大量扩展，骨料与混凝土之间的黏结作用基本消失。当应力达到 f_{ck} 后，混凝土内裂缝形成了破坏面，将混凝土分成若干个小柱体，但混凝土的强度并未完全丧失。沿破坏面上的剪切滑移和裂缝的不断延伸扩大，使应变急剧增大，承载能力下降，试件表面出现不连续的纵向裂缝，应力-应变曲线出现下降段。最后，骨料与水泥石的黏结基本丧失，滑移面上的摩擦咬合力耗尽，试件被压酥破坏。

　　上述破坏过程可以分别从横向应变（ε_2 和 ε_3）、纵向应变（ε_1）、横向变形系数（μ）、平均体积应变 $\varepsilon = (\varepsilon_1 + \varepsilon_2 + \varepsilon_3)/3$ 与应力的关系得到反映，如图 1-11 所示。从图中明显地看出，当 $\sigma \approx 0.8\sigma_{cu}$ 时，平均体积应变从压缩转向膨胀，横向变形系数增大，横向和纵向应变都有相应的突变。

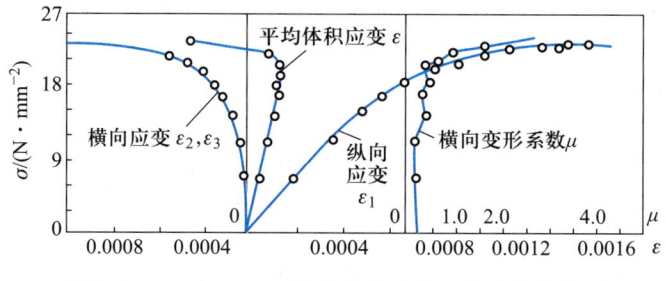

图 1-11　$\varepsilon_1,\varepsilon_2,\varepsilon_3,\mu$，平均体积应变 ε 与应力的关系

　　以上对破坏机理的分析，说明了混凝土受压破坏是由于混凝土内裂缝的扩展所致。如果对混凝土的横向变形加以约束，限制裂缝的开展，可以提高混凝土的纵向抗压强度。

　　2. 混凝土的抗拉强度标准值 f_{tk}

　　混凝土的抗拉强度标准值 f_{tk} 比抗压强度标准值低得多，一般只有抗压强度的 5% ~ 10%，$f_{cu,k}$ 越大 $f_{tk}/f_{cu,k}$ 值越小。混凝土的抗拉强度取决于水泥石的强度和水泥石与骨料的黏结强度。采用表面粗糙的骨料及较好的养护条件可提高 f_{tk} 值。

　　轴心抗拉强度标准值是混凝土的基本力学性能，也可间接地衡量混凝土的其他力学性能，如混凝土的抗冲切强度。

　　轴心抗拉强度标准值可采用图 1-12a 所示的试验方法，试件为 100 mm×100 mm×500 mm 的柱体，两端埋有伸出长度为 150 mm 的变形钢筋（$d = 16$ mm），钢筋位于试件轴线上。试验机夹紧两端伸出的钢筋，对试件施加拉力，破坏时裂缝产生在试件的中部，此时的平均破坏应力为轴心抗拉强度 f_{tk}。

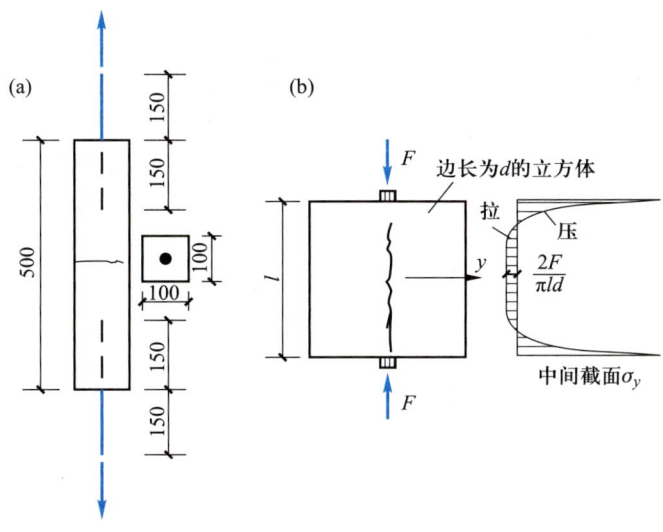

图 1-12 混凝土抗拉强度试验方法

(a) 拉伸试验；(b) 劈裂试验

在测定混凝土抗拉强度时，上述试验方法存在对中的困难，故国内外多采用立方体或圆柱体劈裂试验测定混凝土的抗拉强度。如图 1-12b 所示，在立方体（或平放的圆柱体）试件的垫条上施加一条压力线荷载，这样试件中间垂直截面除加力点附近很小的范围外，有均匀分布的水平拉应力。当拉应力达到混凝土的抗拉强度时，试件被劈成两半。根据弹性理论，劈裂抗拉强度 f_{ts} 可按下式计算：

$$f_{ts} = \frac{2F}{\pi l d} \tag{1-4}$$

式中　F ——破坏荷载；

　　　d ——圆柱体直径或立方体边长；

　　　l ——圆柱体长度或立方体边长。

抗拉强度标准值 f_{tk} 与立方体抗压强度标准值 $f_{cu,k}$ 之间的折算关系为

$$f_{tk} = 0.88\alpha_{c2} \times 0.395 f_{cu,k}^{0.55} (1 - 1.645\,\delta)^{0.45} \tag{1-5}$$

式中，系数 0.88 和 α_{c2} 的意义同式(1-3)。$0.395 f_{cu,k}^{0.55}$ 为轴心抗拉强度与立方体抗压强度的折算关系，而 $(1 - 1.645\,\delta)^{0.45}$ 则反映了试验离散程度对标准值保证率的影响。

3. 混凝土在复合应力作用下的强度

混凝土结构和构件通常受到轴力、弯矩、剪力和扭矩的不同组合作用，混凝土很少处于理想的单向受力状态，而更多处于双向或三向受力状态，因此，分析混凝土在复合应力作用下的强度就很有必要。

由于混凝土的特点，至今尚未建立起其在复合应力作用下完善的强度理论，目前仍只能借助有限的试验资料，推荐一些近似方法作为计算的依据。

（1）混凝土的双向受力强度

图 1-13 为混凝土双向受力试验结果（混凝土二轴应力的强度包络图）。微分体在两个方

向受到法向应力的作用,另一方向法向应力为零。第三象限为双向受拉情况,无论应力比值 f_1/f_2 如何,f_1 与 f_2 的相互影响不大,双向受拉强度均接近于单向受拉强度。第二、四象限为拉、压应力状态,在这种情况下,混凝土强度均低于单向拉伸或压缩的强度,即双向异号应力使强度降低,这一现象符合混凝土的破坏机理。第一象限为双向受压区,最大受压强度发生在 $f_1/|f_{c,r}|$ 和 $f_2/|f_{c,r}|$ 等于 $0.2\sim1.0$ 时($|f_{c,r}|$ 为混凝土单轴抗压强度代表值),混凝土双向受压强度比单向受压强度最多可提高 20%。

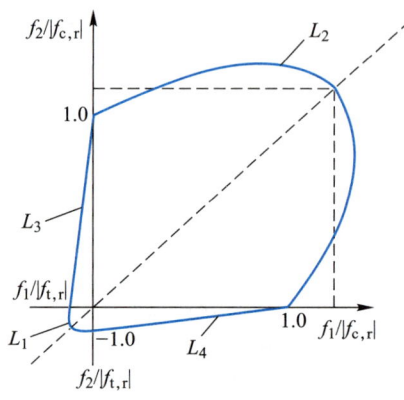

图 1-13   混凝土二轴应力的强度包络图

在二轴应力状态下,混凝土的强度包络曲线方程应符合下列公式的规定:

$$
\left.
\begin{array}{ll}
L_1: & f_1^2+f_2^2-2\nu f_1 f_2 = (f_{t,r})^2 \\[2mm]
L_2: & \sqrt{f_1^2+f_2^2-f_1 f_2}-\alpha_s(f_1+f_2) = (1-\alpha_s)\,|f_{c,r}| \\[2mm]
L_3: & \dfrac{f_2}{|f_{c,r}|}-\dfrac{f_1}{|f_{t,r}|} = 1 \\[3mm]
L_4: & \dfrac{f_1}{|f_{c,r}|}-\dfrac{f_2}{|f_{t,r}|} = 1
\end{array}
\right\}
\tag{1-6}
$$

$$
\alpha_s = \frac{r-1}{2r-1} \tag{1-7}
$$

式中 α_s——受剪屈服参数;

　　　　ν——混凝土泊松比,可取 $0.18\sim0.22$;

　　　　r——双轴受压强度提高系数,取值范围为 $1.15\sim1.30$,可根据试验数据确定,在缺乏试验数据时可取 1.2。

(2)混凝土在法向应力和剪应力(切应力)作用下的复合强度

当混凝土受到剪力、扭矩引起的剪应力和轴力引起的法向应力共同作用时,形成"拉剪"和"压剪"复合应力状态,图 1-14 为混凝土在法向应力和剪应力共同作用下的复合强度曲线。从图中可以看出:抗剪强度随拉应力的增大而减小;随着压应力的增大,抗剪强度增大,但大约在 $\sigma/f_c^* > 0.6$ 时,由于内裂缝的明显发展,抗剪强度反而随压应力的增大而减小。从抗压强度的角度来分析,由于剪应力的存在,混凝土的抗压强度要低于单向抗压强度。

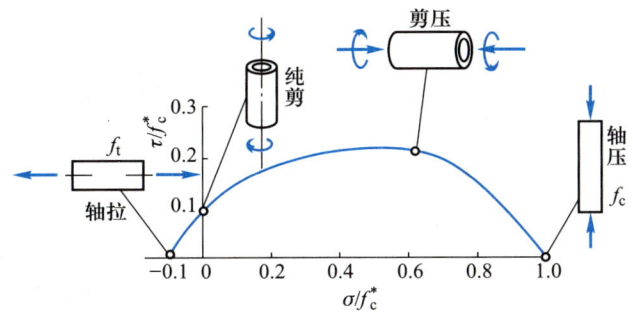

图 1-14　混凝土在法向应力和剪应力共同作用下的复合强度曲线

（3）混凝土的三向受压强度

混凝土在三向受压的情况下,其最大主压应力方向的抗压强度取决于侧向压应力的约束程度。图 1-15 所示为圆柱体三轴受压(侧向压应力均为 σ_1)的试验曲线,随着侧向压应力的增加,微裂缝的发展受到了极大的限制,大大地提高了混凝土纵向抗压强度,此时混凝土的变形性能接近理想的弹塑性体。我国《标准》规定,在三轴受压应力状态下,混凝土的抗压强度(f_1)可根据应力比 σ_3/σ_1 和 σ_2/σ_1 按图 1-16 或根据表 1-2 的插值确定,其最高强度值不宜超过单轴抗压强度 $f_{c,r}$ 的 5 倍。

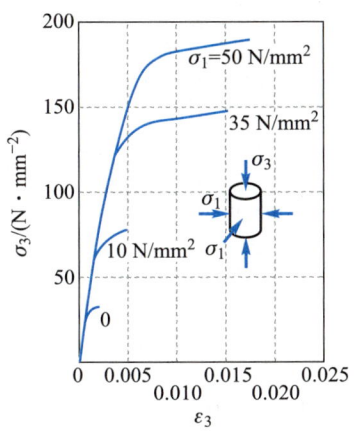

图 1-15　圆柱体三轴受压的试验曲线(受液压作用)

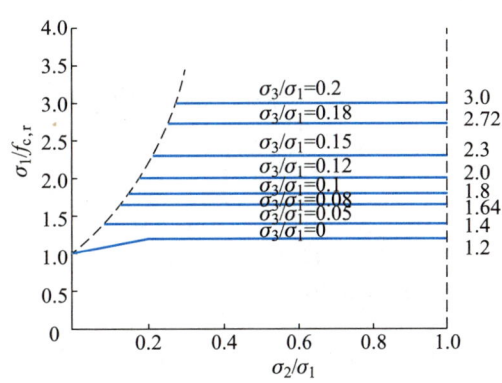

图 1-16　三轴受压状态下混凝土的三轴抗压强度

表 1-2　混凝土在三轴受压状态下抗压强度的提高系数($f_1/f_{c,r}$)

σ_3/σ_1	σ_2/σ_1										
	0	0.05	0.10	0.15	0.20	0.25	0.30	0.40	0.60	0.80	1.00
0	1.00	1.05	1.10	1.15	1.20	1.20	1.20	1.20	1.20	1.20	1.20
0.05	—	1.40	1.40	1.40	1.40	1.40	1.40	1.40	1.40	1.40	1.40
0.08	—	—	1.64	1.64	1.64	1.64	1.64	1.64	1.64	1.64	1.64
0.10	—	—	1.80	1.80	1.80	1.80	1.80	1.80	1.80	1.80	1.80

续表

σ_3/σ_1	σ_2/σ_1										
	0	0.05	0.10	0.15	0.20	0.25	0.30	0.40	0.60	0.80	1.00
0.12	—	—	—	2.00	2.00	2.00	2.00	2.00	2.00	2.00	2.00
0.15	—	—	—	2.30	2.30	2.30	2.30	2.30	2.30	2.30	2.30
0.18	—	—	—	2.72	2.72	2.72	2.72	2.72	2.72	2.72	2.72
0.20	—	—	—	3.00	3.00	3.00	3.00	3.00	3.00	3.00	3.00

对于纵向受压的混凝土,如果约束混凝土的侧向变形,也可使混凝土的抗压强度有较大提高。如采用钢管混凝土柱、螺旋钢箍柱等,能有效约束混凝土的侧向变形,使混凝土的抗压强度、延性(承受变形的能力)有相应的提高,参见图 1-17。

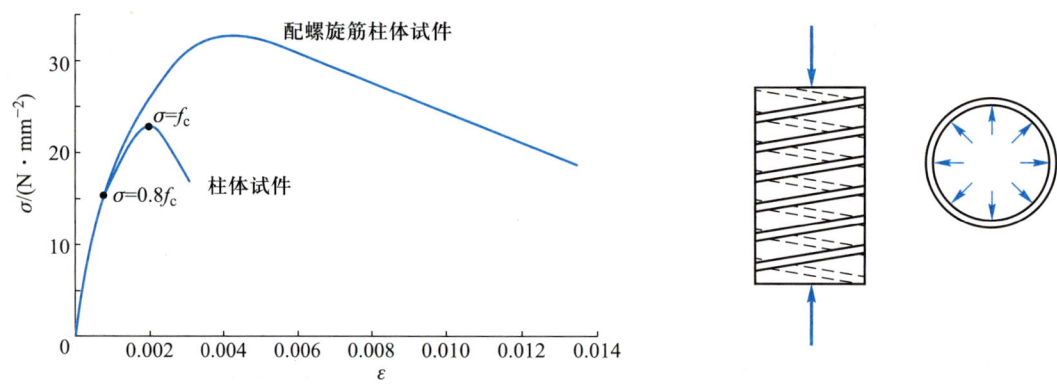

图 1-17　配螺旋筋柱体试件的应力-应变曲线

1.2.2　混凝土的变形
Deformation of Concrete

混凝土的变形可以分为两类:一类为混凝土的受力变形,另一类为混凝土的非受力变形。

1. 混凝土的受力变形

(1)受压混凝土一次短期加载的 σ-ε 曲线

混凝土的 σ-ε 曲线是混凝土力学性能的一个重要方面,它是钢筋混凝土构件应力分析、建立强度和变形计算理论必不可少的依据。图 1-18 是天津大学实测的典型受压混凝土棱柱体的 σ-ε 曲线。在第 I 阶段,即从开始加载至 A 点($\sigma = 0.3f_{ck} \sim 0.4f_{ck}$),由于试件应力较小,混凝土的变形主要是骨料和水泥结晶体的弹性变形,应力-应变关系接近直线,A 点称为比例极限点。超过 A 点后,进入稳定裂缝扩展的第 II 阶段,至临界点 B,临界点 B 对应的应力可作为长期受压强度的依据(一般取为 $0.8f_{ck}$)。此后试件中所积蓄的弹性应变能始终保持大于裂缝发展所需的能量,形成裂缝快速发展的不稳定状态直至 C 点,即第 III 阶段,应力达到的最高点为 f_{ck},f_{ck} 相对应的应变称为峰值应变 ε_0,一般 $\varepsilon_0 = 0.0015 \sim 0.0025$,平均取 $\varepsilon_0 = 0.002$。在 f_{ck} 以后,裂缝迅速发展,结构内部的整体性受到越来越严重的破坏,试件的平均应力强度下降,当曲线下降到拐点 D 后,$\sigma\text{-}\varepsilon$ 曲线由凸向水平方向发展为凹向,在拐点 D 之后 $\sigma\text{-}\varepsilon$ 曲线中曲率最大点 E 称为收敛点。E 点以后主裂缝已很宽,结构内聚力已几乎耗尽,对于无侧向约束的混凝土已失去结构的意义。

　　不同强度等级混凝土的 $\sigma\text{-}\varepsilon$ 曲线如图 1-19 所示。

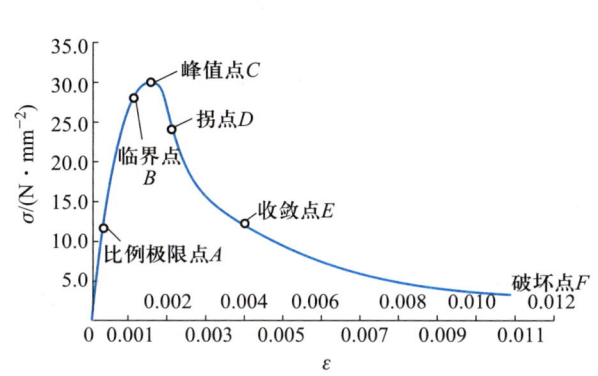

图 1-18　受压混凝土棱柱体的 $\sigma\text{-}\varepsilon$ 曲线

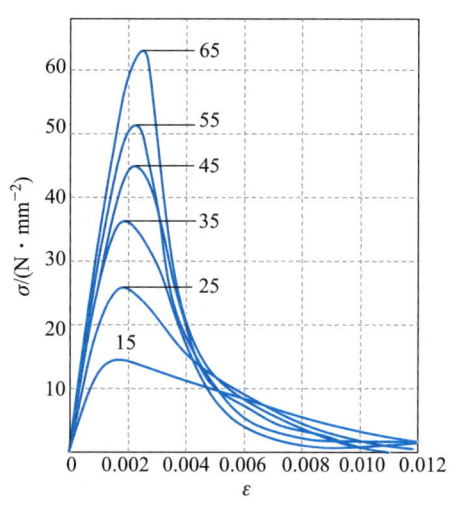

图 1-19　不同强度等级的受压
混凝土棱柱体 $\sigma\text{-}\varepsilon$ 曲线

（2）混凝土的弹性模量、变形模量

　　在计算混凝土构件的截面应力、变形、预应力混凝土构件的预压应力,以及由于温度变化、支座沉降产生的内力时,需要利用混凝土的弹性模量。由于一般情况下受压混凝土的 $\sigma\text{-}\varepsilon$ 曲线是非线性的,应力和应变的关系并不是常量,这就产生了"模量"的取值问题。图 1-20 中通过原点的受压混凝土的 $\sigma\text{-}\varepsilon$ 曲线切线的斜率为混凝土的初始弹性模量 E_0,但是它的稳定数值不易从试验中测得。

　　目前我国《标准》中弹性模量 E_c 值是用下列方法确定的:采用棱柱体试件,取应力上限为 $0.5f_c$,重复加载 5~10 次。由于混凝土的塑性性质,每次卸载为零时,存在有残余变形。但随着荷载多次重复,残余变形逐渐减小,重复加载 5~10 次后,变形趋于稳定,混凝土的 $\sigma\text{-}\varepsilon$ 曲线接近于直线（图 1-20）,自原点至 $\sigma\text{-}\varepsilon$ 曲线上 $\sigma=0.5f_c$ 对应的点的连线的斜率为混凝土的弹性模量。根据混凝土不同强度等级的弹性模量试验值的统计分析,E_c 与 f_{cu} 的经验关系为

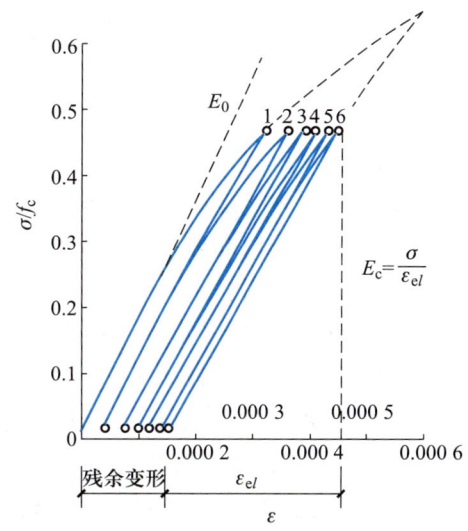

图 1-20　混凝土弹性模量 E_c 的测定方法

$$E_c = \frac{10^5}{2.2 + \dfrac{34.7}{f_{cu}}} \tag{1-8}$$

混凝土弹性模量取值见附表 1-3。

混凝土的泊松比(横向应变与纵向应变之比)$\nu_c = 0.2$。

混凝土的切变模量 $G_c = 0.4\,E_c$。

(3) 受拉混凝土的变形

受拉混凝土的 σ-Δ 曲线的测试比受压时要难得多,图 1-21 为天津大学测出的不同强度轴心受拉混凝土的 σ-Δ 曲线,曲线形状与受压时相似,也有上升段和下降段。受拉 σ-Δ 曲线的原点切线斜率与受压时基本一致,因此混凝土受拉和受压均可采用相同的弹性模量 E_c。峰值应力 f_t 时的相对应变 $\varepsilon_0 = 7.5 \times 10^{-6} \sim 115 \times 10^{-6}$,变形模量 $E'_t = (76\% \sim 86\%)E_c$。考虑到应力达到 f_t 时的受拉极限应变与混凝土强度、配合比、养护条件有着密切的关系,变化范围大,取相应于抗拉强度 f_t 时的变形模量 $E'_t = 0.5E_c$,即应力达到 f_t 时的弹性系数 $\nu = 0.5$。

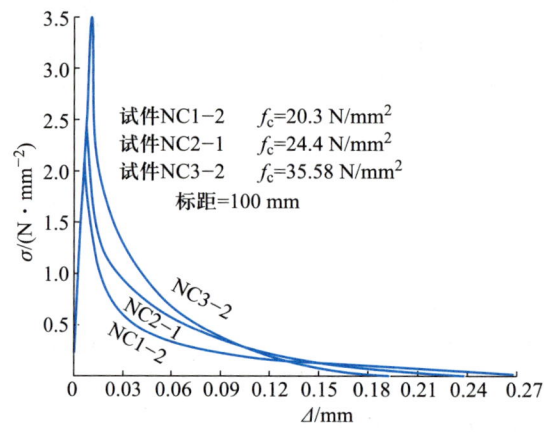

图 1-21　不同强度轴心受拉混凝土的 σ-Δ 曲线

(4) 混凝土的徐变

试验表明,把混凝土棱柱体加压到某个应力之后维持荷载不变,则混凝土会在加载瞬时变形的基础上,产生随时间而增长的应变。这种在荷载保持不变的情况下随时间而增长的变形称为徐变。徐变对于结构的变形和预应力混凝土中的钢筋应力都将产生重要的影响。

根据我国铁道部科学研究院的试验结果,将典型的徐变与时间的关系(图 1-22)加以说明:从图中看出,某一组棱柱体试件,当加载应力达到 $0.5f_c$ 时,其加载瞬间产生的应变为瞬时应变 ε_{ela}。若荷载保持不变,随着加载时间的增加,应变也将继续增长,这就是混凝土的徐变应变 ε_{cr}。徐变在开始半年内增长较快,以后逐渐减慢,经过一定时间后,徐变趋于稳定。徐变应变值约为瞬时弹性应变的 1~4 倍。两年后卸载,试件瞬时恢复的应变 ε'_{ela} 略小于瞬时应变 ε_{ela}。卸载后经过一段时间量测,发现混凝土并不处于静止状态,而是经历着逐渐的恢复过程,这种恢复变形称为弹性后效 ε''_{ela}。弹性后效的恢复时间为 20 d 左右,其值约为徐变应变的 1/12,最后剩下的大部分不可恢复变形为 ε'_{cr}(残余变形)。

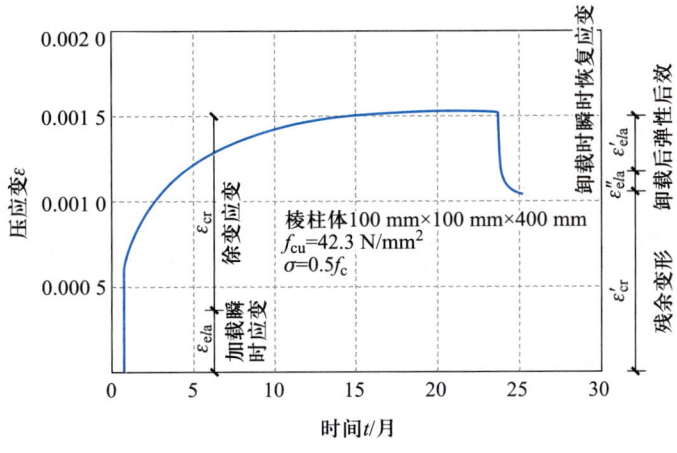

图 1-22 混凝土的徐变

混凝土的组成和配合比是影响徐变的内在因素。水泥用量越多和水胶比越大,徐变也越大。骨料越坚硬、弹性模量越高,徐变就越小。骨料的相对体积越大,徐变越小。另外,构件形状及尺寸、混凝土内钢筋的面积和钢筋应力性质,对徐变也有不同的影响。

养护及使用条件下的温湿度是影响徐变的环境因素。养护时温度高、湿度大、水泥水化作用充分,徐变就小,采用蒸汽养护可使徐变减小约 20%~35%。受载后构件所处环境的温度越高、湿度越低,则徐变越大。如环境温度为 70 ℃的试件受载一年后的徐变,要比温度为 20 ℃的试件大 1 倍以上,因此,高温干燥环境将使徐变显著增大。

混凝土的应力条件是影响徐变的重要因素。加载时混凝土的龄期越长,徐变越小。混凝土的应力越大,徐变越大。随着混凝土应力的增加,徐变将发生不同的情况,图 1-23 展示了不同应力水平下的徐变变形增长曲线。由图可见,当应力较小时($\sigma \leqslant 0.5 f_c$),曲线接近等距离分布,说明徐变与初应力成正比,这种情况称为线性徐变。一般的分析认为是水泥胶体的黏性流动所致。当施加于混凝土的应力 $\sigma = (0.5 \sim 0.8) f_c$ 时,徐变与应力不成正比,徐变相比应力增长较快,这种情况称为非线性徐变,一般认为发生这种现象的原因是,水泥胶体的黏性流动的增长速度已比较稳定,而应力集中引起的微裂缝开展则随应力的增大而发展。

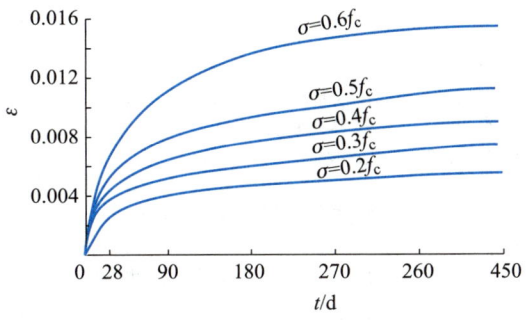

图 1-23 初应力对徐变的影响

当应力 $\sigma > 0.8f_c$ 时,徐变的发展是非收敛的,最终将导致混凝土破坏。实际上 $\sigma = 0.8f_c$ 即为混凝土的长期抗压强度。不同加载时间的应变增长曲线与徐变极限和强度破坏时的应变极限关系如图 1-24 所示。

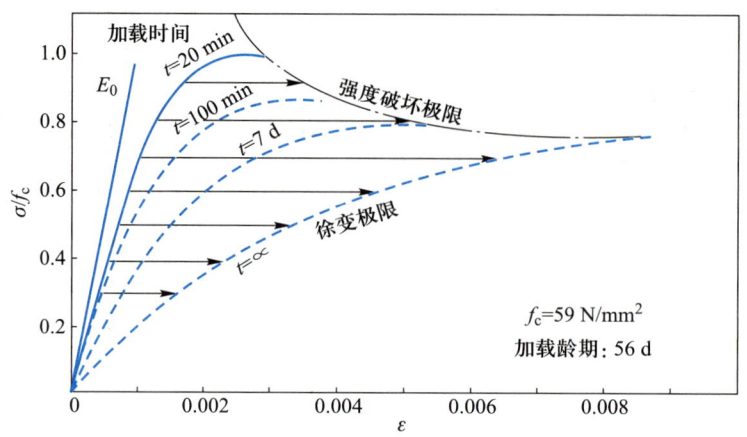

图 1-24　加载时间与徐变极限及强度破坏极限的关系

2. 混凝土的非受力变形

（1）混凝土的收缩与膨胀

混凝土在空气中结硬时体积减小的现象称为收缩;混凝土在水中或处于饱和湿度情况下结硬时体积增大的现象称为膨胀。一般情况下混凝土的收缩值比膨胀值大很多,所以分析研究收缩和膨胀的现象以收缩为主。

我国铁道部科学研究院的收缩试验结果如图 1-25 所示。混凝土的收缩是随时间而增长的变形,结硬初期收缩较快,1 个月大约可完成 1/2 的收缩,3 个月后增长缓慢,一般 2 年后趋于稳定,最终收缩应变大约为 $(2\sim5)\times10^{-4}$,一般取收缩应变值为 3×10^{-4}。

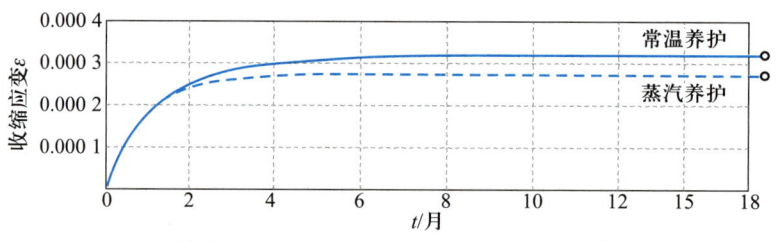

试件尺寸 100 mm×100 mm×400 mm,f_{cu}=42.3 N/mm²

水胶比 =0.45,52.5 级硅酸盐水泥

恒温:(20±1)℃;恒湿:(65±5)%

图 1-25　混凝土的收缩

干燥失水是引起收缩的重要因素,所以构件的养护条件、使用环境的温湿度及影响混凝土水分保持的因素,都对收缩有影响。使用环境的温度越高、湿度越小,收缩越大。蒸汽养护的收缩值要小于常温养护的收缩值,这是因为高温高湿可加快水化作用,减少混凝土的自由水分,加速了凝结与硬化的时间。

通过试验还表明,水泥用量越多、水胶比越大,收缩越大;骨料的级配好、弹性模量大,收缩小;构件的体积与表面积比值大时,收缩小。

对于养护不好的混凝土构件,表面在受载前可能产生收缩裂缝。需要说明,混凝土的收缩对处于完全自由状态的构件,只会引起构件的缩短而不开裂。对于周边有约束而不能自由变形的构件,收缩会引起构件内混凝土产生拉应力,甚至会有裂缝产生。

在不受约束的混凝土结构中,钢筋和混凝土由于黏结力的作用,相互之间的变形是协调的。混凝土具有收缩的性质,而钢筋并没有这种性质,钢筋的存在限制了混凝土的自由收缩,使混凝土受拉、钢筋受压,如果截面的配筋率较高时会导致混凝土开裂。

(2)混凝土的温度变形

当温度变化时,混凝土的体积同样也有热胀冷缩的性质。混凝土的温度线膨胀系数一般为$(1.2 \sim 1.5) \times 10^{-5} \, ℃^{-1}$,用这个值去度量混凝土的收缩,则最终收缩量大致为温度降低 15 ~ 30 ℃ 时的体积变化。

当温度变形受到外界的约束而不能自由发生时,将在构件内产生温度应力。在大体积混凝土中,由于混凝土表面较内部的收缩量大,再加上水泥水化热使混凝土的内部温度比表面温度高,如果把内部混凝土视为相对不变形体,它将对试图缩小体积的表面混凝土形成约束,在表面混凝土形成拉应力,如果内外变形差较大,将会造成表层混凝土开裂。

1.2.3 混凝土的选用原则
Selection Principle of Concrete

建筑工程中,钢筋混凝土结构的混凝土强度等级不应低于 C25;当采用强度等级 500 MPa 及以上钢筋时,混凝土强度等级不应低于 C30。

预应力混凝土楼板结构的混凝土强度等级不应低于 C30,其他预应力混凝土结构的混凝土强度等级不应低于 C40。

承受重复荷载的钢筋混凝土构件,混凝土的强度等级不应低于 C30。

§1.3 钢筋与混凝土的黏结
Bond between Steel Reinforcement and Concrete

钢筋和混凝土之间的黏结,是保证钢筋和混凝土这两种力学性能截然不同的材料在结构中共同工作的基本前提。黏结包含了水泥胶体对钢筋的黏着力、钢筋与混凝土之间的摩擦力、钢筋表面凹凸不平与混凝土的机械咬合作用、钢筋端部在混凝土内的锚固作用。

1.3.1 黏结力的定义
Definition of Bond

若钢筋和混凝土有相对变形(滑移),就会在钢筋和混凝土交界面上产生沿钢筋轴线方向的相互作用力,这种力称为钢筋和混凝土的黏结力。

黏结力的存在使钢筋和混凝土能够共同工作。在设计中应尽量发挥材料各自的优点,也要使黏结力不超过黏结强度。如图 1-26 所示的钢筋混凝土轴心受拉构件,轴力 N 通过钢筋施加在构件端部截面,端部钢筋应力 $\sigma_s = N/A_s$,混凝土应力 $\sigma_c = 0$。轴力 N 进入构件以后,由于黏结

应力 τ 的存在限制了钢筋的自由拉伸,钢筋承受的部分拉力传给混凝土,使混凝土受拉。黏结应力 τ 的大小取决于钢筋与混凝土的应变差 $\varepsilon_s - \varepsilon_c$ 的大小。随着离开端部的距离增大,钢筋应力 σ_s 减小,混凝土的拉应力 σ_c 增大,二者的应变差逐渐减小,在距端部 l_t 处 $\varepsilon_s - \varepsilon_c$ 的值为零,钢筋和混凝土的相对变形(滑移)消失,黏结应力 $\tau = 0$。至构件端部 $x < l_t$ 处取 dx 微段的平衡图,设钢筋直径为 d,截面面积 $A_s = \pi d^2 / 4$,则

$$\pi d \tau \, dx = d\sigma_s \cdot \pi d^2 / 4$$

即

$$\tau = \frac{d}{4} \frac{d\sigma_s}{dx} \tag{1-9}$$

上式表明,黏结应力 τ 使钢筋应力 σ_s 发生变化,或者说没有 τ 就不会有 $d\sigma_s$;反之,没有钢筋应力的变化就不存在 τ。因此,在构件中间距离端部超过 l_t 的各个截面上 $\tau = 0$,σ_s 和 σ_c 均不再改变。

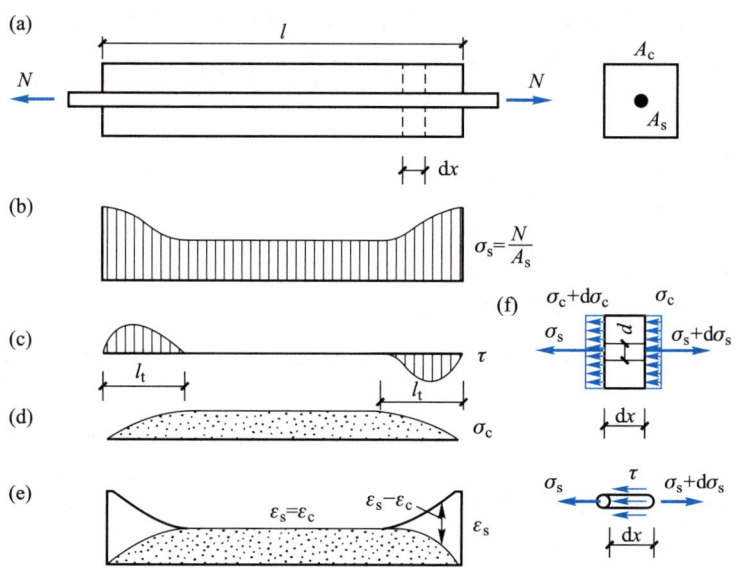

图 1-26 钢筋混凝土轴心受拉构件裂缝出现前的应力分布

图 1-27 所示的钢筋混凝土梁,荷载作用使混凝土的下部受拉,黏结应力 τ 将混凝土承受的部分拉力传给钢筋,使钢筋受拉。钢筋中的拉应力取决于沿钢筋长度方向黏结应力的积累,在梁中取微段 dx 来分析,同样可得式(1-9)。梁开裂后,混凝土开裂前承受的拉力通过黏结应力 τ 传递给钢筋,从而使裂缝处钢筋应力增大。这种黏结应力称为局部黏结应力,其作用是使裂缝之间的混凝土参与受拉。

钢筋在支座处的锚固黏结应力是构件承载力至关重要的影响因素。图 1-28 所示的梁、屋架和柱支座,受拉钢筋在支座处必须要有足够的锚固长度,才能通过在锚固长度上黏结应力的积累,使钢筋中建立能发挥钢筋强度的应力。如锚固黏结长度不够,将会造成锚固黏结应力的丧失,使构件提前破坏。

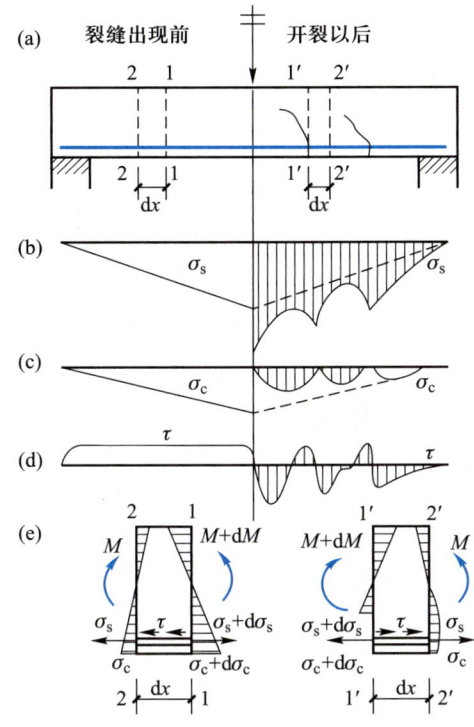

图 1-27　钢筋混凝土梁中 σ_s，σ_c 和 τ 的分布

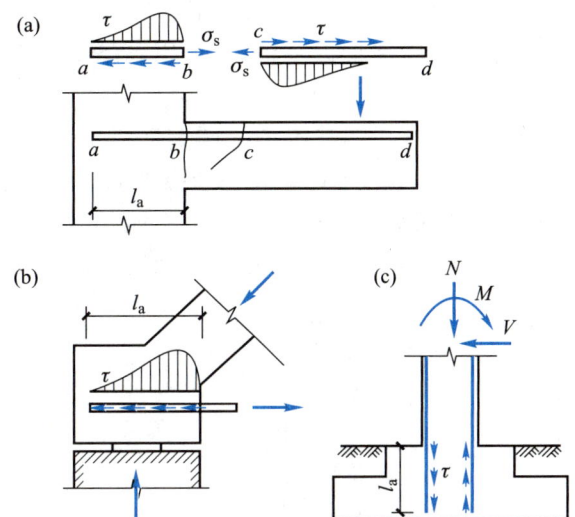

图 1-28　钢筋在支座中的锚固长度
（a）梁；（b）屋架；（c）柱

1.3.2　黏结力的分析
Analysis of Bond

1. 黏结力的组成

光圆钢筋的黏结性能试验表明,钢筋和混凝土的黏结力主要由以下四部分组成。

① 化学胶结力:钢筋与混凝土接触面上的化学吸附作用力。这种力一般很小,当接触面发生相对滑移时就消失,仅在局部无滑移区内起作用。

② 摩擦力:混凝土收缩后将钢筋紧紧地握裹住而产生的力。钢筋和混凝土之间的挤压力越大、接触面越粗糙,则摩擦力越大。光圆钢筋压入试验得到的黏结强度比拉拔试验要大,这是因为钢筋受压变粗,增大对混凝土的挤压力,从而使摩擦力增大。

③ 机械咬合力:钢筋表面凹凸不平与混凝土产生的机械咬合作用而产生的力。变形钢筋的横肋会产生这种咬合力,它的咬合作用往往很大,是变形钢筋黏结力的主要来源。

④ 钢筋端部的锚固力。一般通过在钢筋端部弯钩、弯折,在锚固区焊短钢筋、短角钢等方法来提供锚固力。

各种黏结力在不同的情况下(钢筋的截面形式、不同受力阶段和构件部位)发挥各自的作用。机械咬合力可提供很大的黏结应力,但如布置不当,会产生较大的滑移、裂缝和局部混凝土破碎等现象。

2. 光圆钢筋的黏结性能

直段光圆钢筋的黏结力主要来自于化学胶结力和摩擦力。

黏结强度通常采用图 1-29 所示的标准拔出试件来测定,设拔出力为 F,钢筋中的总拉力 $F = \sigma_s \cdot A_s$,则钢筋与混凝土界面上的平均黏结应力 τ 为

$$\tau = F/(\pi dl) \tag{1-10}$$

试验中可同时量测加载端滑移和自由端滑移,由于埋入长度 l 较短,可认为达到最大荷载时,黏结应力沿埋长近乎相等,可用黏结破坏时的最大平均黏结应力代表钢筋与混凝土的黏结强度 τ_u。

图 1-30 所示为典型的光圆钢筋拔出试验曲线($\tau - s_l$ 曲线)。光圆钢筋的黏结强度较低,$\tau_u = (0.4 \sim 1.4)f_t$,达到最大黏结应力后,加载端滑移 s_l 急剧增大,$\tau - s_l$ 曲线出现下降段。试件的破坏是钢筋被徐徐拔出的剪切破坏,滑移可达数毫米。τ_u 很大程度上取决于钢筋的表面状况,表面越凹凸不平,则 τ_u 越高。光圆钢筋的主要问题是强度低、滑移大。

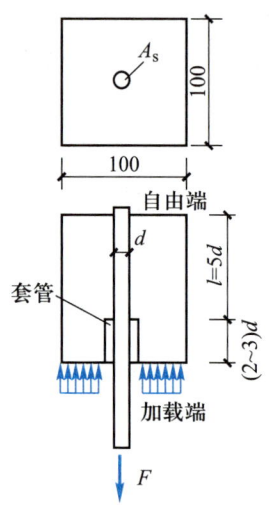

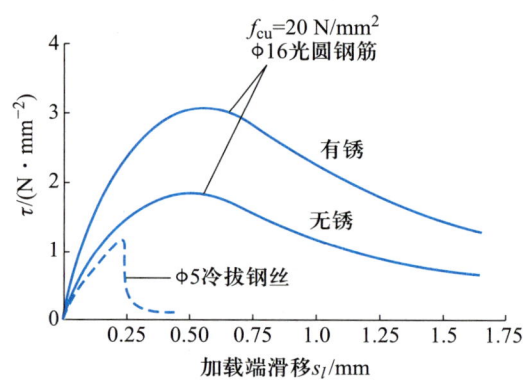

图 1-29　钢筋的拔出试验　　　　　图 1-30　光圆钢筋拔出试验曲线($\tau - s_l$ 曲线)

3. 变形钢筋的黏结性能

变形钢筋的黏结效果比光圆钢筋好得多,化学胶结力和摩擦力仍然存在,而机械咬合力是变形钢筋黏结强度的主要来源。

图 1-31 所示为变形钢筋的拔出试验 $\tau - s_l$ 曲线。加载初期($\tau < \tau_A$),钢筋肋对混凝土的斜向挤压力形成了滑动阻力,滑动的产生使肋根部混凝土出现局部挤压变形,黏结刚度较大,$\tau - s_l$ 曲线近似为直线。随着荷载的增大,斜向挤压力沿钢筋纵向分力产生如图 1-32 所示的内部斜裂缝;径向分力使混凝土环向受拉,从而产生内部径向裂缝。当内部径向裂缝到达试件表面时,相应的应力称为劈裂黏结应力 τ_σ,$\tau_\sigma = (0.8 \sim 0.85)\tau_u$。当 $\tau - s_l$ 曲线到达峰值应力 τ_u 时,相应的滑移 s_l 随混凝土强度的不同在 $0.35 \sim 0.45$ mm 之间波动。对于无横向配筋的一般保护层试件,到达 τ_u 后,在 s_l 增长不大的情况下出现脆性劈裂破坏。

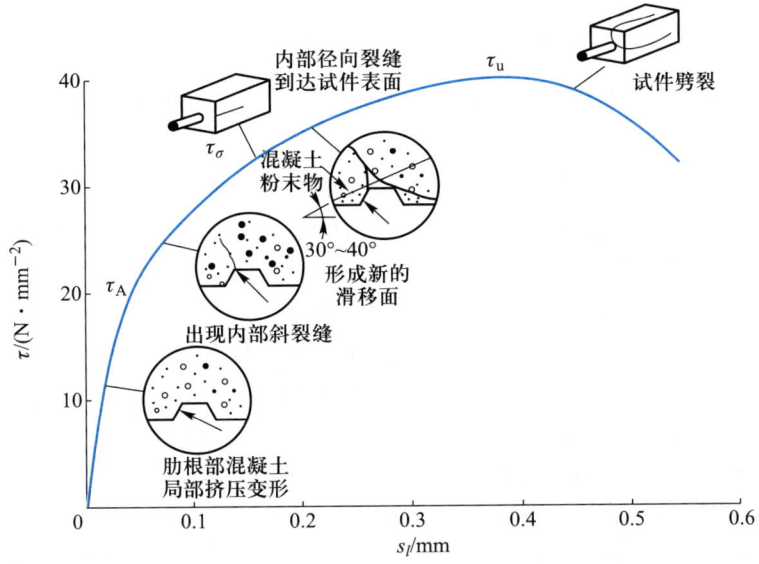

图 1-31　变形钢筋的拔出试验 $\tau - s_l$ 曲线

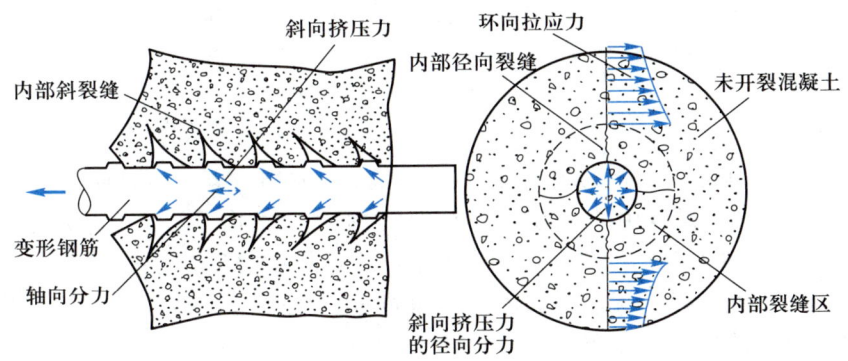

图 1-32　变形钢筋外围混凝土的内部斜裂缝

4. 影响黏结强度的因素

钢筋的黏结强度均随混凝土强度的提高而提高。试验表明:当其他条件基本相同时,黏结强度 τ_u 与混凝土的劈裂抗拉强度 $f_{t,s}$ 成正比。

混凝土保护层厚度 c 和钢筋之间净距离越大,劈裂抗力越大,因而黏结强度越高。但当 $l/d > 5$ 时,$\tau_u / f_{t,s}$ 不再增长。

横向钢筋限制了纵向裂缝的发展,可使黏结强度提高,因而在钢筋锚固区和搭接长度范围内,加强横向钢筋(如箍筋加密等)可提高混凝土的黏结强度。

钢筋端部的弯钩、弯折及附加锚固措施(如焊短钢筋和焊钢板等)可以提高锚固黏结能力,锚固区内侧向压力的约束对黏结强度也有提高作用。

1.3.3　保证可靠黏结的构造措施
Measures to Guarantee the Reliability of Bond

为了保证钢筋和混凝土的黏结强度,钢筋之间的距离和混凝土保护层不能太小。混凝土保护层的具体规定见附录 7。

构件裂缝间的局部黏结应力使裂缝间的混凝土受拉。为了增加局部黏结作用和减小裂缝宽度,在同等钢筋面积的条件下,宜优先采用小直径的变形钢筋。光圆钢筋黏结性能较差,应在钢筋末端设弯钩,增大其锚固黏结能力。

为保证钢筋伸入支座的黏结力,应使钢筋伸入支座足够的锚固长度,如支座长度不够时,可将钢筋弯折,弯折长度计入锚固长度内,也可通过在钢筋端部焊短钢筋、短角钢等方法加强钢筋和混凝土的黏结能力。实际工程中,由于材料的供应条件和施工条件的限制,钢筋常常需要搭接,钢筋的搭接要有一定长度才能满足黏结强度的要求。钢筋的锚固长度和搭接长度与混凝土的强度、钢筋的强度等级、抗震等级和钢筋直径等因素有关,一般为钢筋直径的若干倍,具体数值应按附录 8 的公式计算确定。

钢筋不宜在混凝土的受拉区截断,如必须截断,则应满足在理论上不需要钢筋的点和钢筋强度的充分利用点外伸一段长度进行截断。

横向钢筋的存在约束了径向裂缝的发展,使混凝土的黏结强度提高,故在大直径钢筋的搭接和锚固区域内设置横向钢筋(箍筋加密等),可增大该区段的黏结能力。

§1.4　小结
Summary

① 我国用于混凝土结构的钢筋主要有:热轧钢筋,中、高强钢丝,钢绞线和预应力螺纹钢筋。热轧钢筋用作普通混凝土结构中的受力钢筋和预应力混凝土结构中的非预应力钢筋,而中、高强钢丝,钢绞线和预应力螺纹钢筋用作预应力钢筋混凝土结构中的预应力筋。

② 有明显屈服点的钢筋和无明显屈服点的钢筋的应力-应变曲线不同。屈服强度是有明显屈服点钢筋强度设计的依据。对于无明显屈服点的钢筋,取条件屈服强度 $\sigma_{0.2}$ 作为强度设计依据。

③ 混凝土结构对钢筋的强度、塑性、可焊性和与混凝土的黏结性能等有较高的要求。

④ 混凝土立方体抗压强度指标是评定混凝土强度等级的标准,我国《标准》采用边长为 150 mm 的立方体作为标准试块。混凝土立方体抗压强度是混凝土结构最基本的强度指标,混凝土的轴心抗压强度、轴心抗拉强度、局部抗压强度及复合应力作用下的强度都与立方体抗压强度有关。

⑤ 混凝土的变形有荷载作用下的变形和非荷载作用下的变形。非荷载作用下的变形主要为混凝土的收缩变形。影响徐变和收缩的因素基本相同,但它们有本质的区别。混凝土的徐变会使结构产生应力重分布和使结构的变形增加,混凝土的徐变和收缩都会使预应力结构产生应力损失,收缩还会使混凝土产生裂缝。另外,混凝土在重复荷载作用下的变形与一次短期荷载作用下的变形不同。

⑥ 钢筋和混凝土之间的黏结力是二者共同工作的基础,应当采取必要的措施加以保证。

1-1　混凝土结构对钢筋性能有什么要求？各项性能指标有什么作用？

1-2　设计混凝土结构时如何选用钢筋？

1-3　混凝土立方体抗压强度是怎样确定的？为什么在试件承压面上抹涂润滑剂后测出的抗压强度比不涂润滑剂的低？

1-4　影响混凝土抗压强度的因素有哪些？

1-5　试述受压混凝土棱柱体一次加载的 σ-ε 曲线的特点。

1-6　混凝土的弹性模量是怎样测定的？

1-7　简述混凝土在三向受压情况下强度和变形的特点。

1-8　影响混凝土的收缩和徐变的因素有哪些？

1-9　混凝土的收缩和徐变有什么区别？

1-10　收缩和徐变对普通混凝土结构和预应力混凝土结构有何影响？

1-11　钢筋和混凝土之间的黏结力是怎样产生的？

1-12　"钢筋混凝土构件内,钢筋和混凝土随时都有黏结力。"这一论述正确吗？试简要解释说明。

1-13　伸入支座的锚固长度越长,黏结强度是否越高？为什么？

第 2 章
Chapter 2

混凝土结构设计方法
Design Methods of Concrete Structures

本章学习目标：

了解结构可靠度的概念；

掌握荷载和材料强度的取值方法；

了解极限状态设计法的基本原理，掌握极限状态设计方法。

本章的重点是极限状态设计方法，难点是与可靠度有关的知识。

§2.1 结构可靠度
Reliability Degrees of Structures

2.1.1 结构上的作用、作用效应及结构抗力
Action, Action Effect and Structural Resistance

第2章 课件

1. 结构上的作用和作用效应

结构上的作用是指施加在结构上的集中力或分布力，以及引起结构外加变形或约束变形的各种因素（如地震、基础差异沉降、温度变化、混凝土收缩等）。前者以力的形式作用于结构上，称为直接作用，习惯上称为荷载；后者以变形的形式作用在结构上，称为间接作用。

结构上的作用按随时间的变化，可分为三类：

① 永久作用：在设计所考虑的时期内始终存在且其量值变化与平均值相比可以忽略不计的作用；或其变化是单调的并趋于某个限值的作用。如结构自身的重力、土压力、水位不变的水压力、预应力、地基变形、混凝土收缩、钢材焊接变形、引起结构外加变形或约束变形的各种施工因素等。这种作用一般为直接作用，通常称为永久荷载或恒荷载（简称恒载）。应当注意，建筑物中的隔墙自重作为永久作用时，应符合位置固定的要求；位置可灵活布置的轻质隔墙的自重应按可变荷载考虑。

②可变作用:在设计工作年限内其量值随时间变化,且其变化与平均值相比不可忽略不计的作用。如楼面活荷载、桥面或路面上的行车荷载、风荷载、雪荷载、冰荷载、多遇地震、正常撞击、水位变化的水压力、温度变化等。这种作用如为直接作用,则通常称为可变荷载或活荷载。

③偶然作用:在设计工作年限内不一定出现,而一旦出现其量值很大,且持续期很短的作用。如爆炸、撞击、罕遇地震、龙卷风、火灾、极严重的侵蚀、洪水等引起的作用。这种作用多为间接作用,当为直接作用时,通常称为偶然荷载。

结构上的作用按随空间的变化,可分为两类:

①固定作用:在结构上具有固定空间分布的作用。当固定作用在结构某一点上的大小和方向确定后,该作用在整个结构上的作用即得以确定。例如,结构构件自身的重力、结构上的固定设备荷载等。

②自由作用:在结构上给定的范围内具有任意空间分布的作用。例如,房屋建筑中的人员和家具荷载、桥梁上的车辆荷载等。

结构上的作用按结构的反应特点,可分为两类:

①静态作用:使结构产生的加速度可以忽略不计的作用。例如,结构构件自身的重力、土压力、温度变化等。

②动态作用:使结构产生的加速度不可忽略不计的作用。例如,地震、风荷载、冲击和爆炸等。

结构上的作用按有无限值,可分为两类:

①有界作用:具有不能被超越的且可确切或近似掌握界限值的作用。例如,水坝最高水位的水压力、具有敞开泄压口的内爆炸荷载等。

②无界作用:没有明确界限值的作用。例如,地震、爆炸等作用。

结构上的作用除按随时间变化、随空间变化、反应特点和有无限值分为上述几类外,还有其他分类。例如,当进行结构构件的疲劳验算时,可按作用随时间变化的低周性和高周性分类;当考虑结构构件的徐变效应时,可按作用在结构上持续期的长短分类。

应当指出,上述的作用按不同性质进行分类,是出于结构设计规范化的需要。例如,作用于结构上的吊车荷载,按随时间变化的分类属于可变荷载,应考虑它对结构可靠性的影响;按随空间变化的分类属于自由作用,应考虑它在结构上的最不利位置;按结构反应特点的分类属于动态作用,还应考虑结构的动力响应。

2. 结构上的环境影响和效应

环境影响是指温、湿度及其变化,以及二氧化碳、氧、盐、酸等环境因素对结构的影响。这种影响可以具有机械的、物理的、化学的或生物的性质,并且有可能使结构的材料性能随时间发生不同程度的退化,向不利的方向发展,从而影响结构的安全性和适用性。

环境影响按时间的变异性,可分为永久影响、可变影响和偶然影响三类。例如,对处于海洋环境中的混凝土结构,氯离子对钢筋的腐蚀作用是永久影响;空气湿度对木材强度的影响是可变影响;等等。

环境影响对结构产生的效应主要是引起材料性能的降低,它与材料本身有密切关系。因此,环境影响的效应应根据材料特点予以确定。在多数情况下,环境影响的效应涉及化学的和生物的损害,其中环境湿度是最关键的因素。

如同作用一样,对结构的环境影响应尽量予以定量描述。但在多数情况下,这样做是比较困难的。因此,目前主要根据材料特点,通过环境对结构影响程度的分级(轻微、轻度、中度、严重等)等方法进行定性描述,并在设计中采取相应的技术措施。

直接作用或间接作用作用在结构构件上,由此对结构产生内力和变形(如轴力、剪力、弯矩、扭矩及挠度、转角和裂缝等),称为作用效应。当为直接作用(即荷载)时,其效应也称为荷载效应,通常用 S 表示。荷载与荷载效应之间一般近似地按线性关系考虑,二者均为随机变量或随机过程。

3. 结构抗力

结构抗力 R 是指整个结构或结构构件承受作用效应(即内力和变形)和环境影响的能力,如构件的承载能力、刚度、抗裂度及材料的抗劣化能力等。混凝土结构构件的截面尺寸、混凝土强度等级、钢筋的种类、配筋的数量及方式等确定后,构件截面便具有一定的抗力。抗力可按一定的计算模式确定。影响抗力的主要因素有材料性能(强度、变形模量等)、几何参数(构件尺寸等)和计算模式的精确性(抗力计算所采用的基本假设和计算公式不够精确等)。这些因素都是随机变量,因此由这些因素综合而成的结构抗力也是一个随机变量。

由上述可见,结构上的作用(特别是可变作用)与时间有关,结构抗力也随时间变化。为确定可变作用等取值而选用的时间参数,称为设计基准期。我国 GB 55001—2021《工程结构通用规范》和 GB 50068—2018《建筑结构可靠性设计统一标准》(以下简称《统一标准》)规定房屋建筑结构的设计基准期为 50 年。

2.1.2　结构的功能要求及结构可靠度
Required Performance Functions and Reliability Degrees of Structures

结构的设计、施工和维护应科学地解决结构物的可靠与经济这对矛盾,力求以最经济的途径,使结构在设计工作年限内以适当的可靠度满足各项功能要求。GB 55001—2021《工程结构通用规范》和《统一标准》明确规定了结构在规定的设计工作年限内应满足下列功能要求:

① 应能够承受在正常施工和正常使用期间预期可能出现的各种作用(包括荷载及外加变形或约束变形)。

② 在正常使用时应保障结构和结构构件的预定使用功能,如不发生过大的变形或过宽的裂缝等。

③ 在正常维护下应保障足够的耐久性要求,如结构材料的风化、腐蚀和老化不超过一定限度等。

④ 当发生火灾时,结构应能够在规定的时间内保持承载力和整体稳固性。

⑤ 当发生可能遭遇的爆炸、撞击、罕遇地震等偶然事件和人为失误时,结构能保持必需的整体稳固性,不出现与起因不相称的破坏后果,防止出现结构的连续倒塌。对重要的结构,应采取必要的措施,防止出现结构的连续倒塌;对一般的结构,宜采取适当的措施,防止出现结构的连续倒塌。

上述要求的第①、④、⑤项是指结构的承载能力和稳定性,关系到人身安全和结构安全,称为结构的安全性;第②项关系到结构的适用性;第③项为结构的耐久性。安全性、适用性和耐久性总称为结构的可靠性,也就是结构在规定的时间内、在规定的条件下完成预定功能的能力。而结构可靠度则是指结构在规定的时间内、在规定的条件下完成预定功能的概率,即结构可靠度是结构可靠性的概率度量。

结构可靠度定义中所说的"规定的时间",是指"设计工作年限"。设计工作年限是指设计规定的结构或结构构件不需进行大修即可按其预定目的使用的年限,即结构在规定的条件下所应达到的工作年限。设计工作年限并不等同于建筑结构的实际寿命或耐久年限,当结构的实际工作年限超过设计工作年限后,其可靠度可能较设计时的预期值减小,但结构仍可继续使用或经大修后可继续使用。若使结构保持一定的可靠度,则设计工作年限取得越长,结构所需要的截面尺寸或所需要的材料用量就越大。根据我国的国情,GB 55001—2021《工程结构通用规范》规定了各类房屋建筑结构的设计工作年限,如表 2-1 所示,设计时可按表 2-1 的规定采用。若业主提出更高的要求,经主管部门批准,也可按业主的要求采用。

表 2-1　房屋建筑结构的设计工作年限及荷载调整系数 γ_L

类别	设计工作年限/年	γ_L
临时性建筑结构	5	0.9
普通房屋和构筑物	50	1.0
特别重要的建筑结构	100	1.1

结构的防水层、电气和管道等附属设施的设计工作年限,应根据主体结构的设计工作年限和附属设施的材料、构造和使用要求等确定。

可靠度定义中的"规定的条件",是指正常设计、正常施工、正常使用和正常维护的条件,即不考虑人为失误的影响,人为失误应通过其他措施予以避免。

2.1.3　结构的安全等级
Safety Classes of Structures

结构设计时,应根据房屋的重要性采用不同的可靠度水准。GB 55001—2021《工程结构通用规范》和《统一标准》用结构的安全等级来表示房屋的重要性程度,如表 2-2 所示。其中,大量的一般房屋列入中间等级,重要的房屋提高一级,次要的房屋降低一级。重要房屋与次要房屋的划分,应根据结构破坏可能产生的后果,即危及人的生命、造成经济损失、对社会或环境产生影响等的严重程度确定。

表 2-2　房屋建筑结构的安全等级

安全等级	破坏后果	示　　例
一级	很严重:对人的生命、经济、社会或环境影响很大	大型的公共建筑等重要的结构
二级	严重:对人的生命、经济、社会或环境影响较大	普通的住宅和办公楼等一般的结构
三级	不严重:对人的生命、经济、社会或环境影响较小	小型的或临时性贮存建筑等次要的结构

注:房屋建筑结构抗震设计中的甲类建筑和乙类建筑,其安全等级宜规定为一级;丙类建筑,其安全等级宜规定为二级;丁类建筑,其安全等级宜规定为三级。

建筑物中各类结构构件的安全等级,宜与整个结构的安全等级相同,但允许对部分结构构件根据其重要程度和综合经济效益进行适当调整。如提高某一结构构件的安全等级所需额外费用很少,又能减轻整个结构的破坏,从而大大减少人员伤亡和财产损失,则可将该结构构件的安全等级比整个结构的安全等级提高一级。相反,如某一结构构件的破坏并不影响整个结构或其他结构构件的安全性,则可将其安全等级降低一级,但不得低于三级。对于结构中重要构件和关键传力部位,宜适当提高其安全等级。

基于上述分析,《统一标准》建议:

① 下列建筑结构的安全等级应采用一级:

a. 使用人数超过 8 000 人的各类建筑结构;

b. 使用人数超过 500 人的无柱室内空间的关联区域;

c. 建筑高度超过 250 m 的超高层建筑的主体部分;

d. 存放特别重要的物品、资料和设备的建筑结构;

e. 使用、生产和储存放射性物质、有毒物质和易燃易爆物质的建筑结构;

f. 其他对人的生命、经济、社会或环境影响很大的建筑结构。

② 下列建筑结构的安全等级可采用三级:

a. 规模小、储存物质价值低、人员活动少、无次生灾害的建筑结构;

b. 其他对人的生命、经济、社会或环境影响较小的建筑结构。

③ 不属于上述①和②所规定的建筑结构,安全等级可采用二级。

§2.2 荷载和材料强度
Loads and Material Strengths

结构所承受的荷载不是一个定值,而是在一定范围内变动。结构所用材料的实际强度或大或小,即材料的实际强度也在一定范围内波动。因此,结构设计时所取用的荷载值和材料强度值应采用概率统计方法来确定。

2.2.1 荷载标准值的确定
Characteristic Values of Loads

1. 荷载的统计特性

我国对建筑结构的各种恒荷载、民用房屋(包括办公楼、住宅、商店等)楼面活荷载、风荷载和雪荷载等进行了大量的调查和实测工作,对所取得的资料应用概率统计方法处理后,得到了这些荷载的概率分布和统计参数。

(1)永久荷载 G

建筑结构中的屋面、楼面、墙体(包括幕墙)、梁柱等构件的自重及找平层、保温层、防水层等的自重,以及土压力、预应力等都是永久荷载,通常称为恒荷载,其值不随时间变化或变化很小。永久荷载是根据构件体积和材料重力密度(重度)确定的。由于构件尺寸在施工制作中的允许误差及材料组成或施工工艺对材料重度的影响,构件的实际自重是在一定范围内波动的。根据在全国范围内实测的 2 667 块大型屋面板、空心板、平板等钢筋混凝土预制构件的自重,以及

20 000 多平方米找平层、保温层、防水层等约 10 000 个测点的厚度和部分重度,经数理统计分析后,认为永久荷载这一随机变量符合正态分布。

（2）可变荷载 Q

建筑结构的楼面活荷载、屋面活荷载、积灰荷载和积水荷载、吊车荷载,以及风荷载和雪荷载（包括覆水荷载）等属于可变荷载,其数值随时间而变化。

民用房屋楼面活荷载一般分为持久性活荷载和临时性活荷载两种。在设计基准期内,持久性活荷载是经常出现的,如家具等产生的荷载,其数量和分布随着房屋的用途、家具的布置方式而变化,并且是时间的函数;临时性活荷载是短暂出现的,如人员临时聚会的荷载等,它随着人员的数量和分布而异,也是时间的函数。同样,风荷载和雪荷载均是时间的函数。因此,可变荷载随时间的变异可统一用随机过程来描述。对可变荷载随机过程的样本函数进行处理后,可得到可变荷载在任意时点的概率分布和在设计基准期内最大值的概率分布。根据对全国范围内实测资料的统计分析,民用房屋楼面活荷载在上述两种情况下的概率分布及风荷载和雪荷载的概率分布均可认为是极值 I 型分布。

2. 荷载标准值

荷载标准值是建筑结构按极限状态设计时采用的荷载基本代表值。荷载标准值可由设计基准期（统一规定为 50 年）最大荷载概率分布的某一分位值确定,若为正态分布,则如图 2-1 中的 P_k 所示。荷载标准值理论上应为结构在工作期间,在正常情况下,可能出现的具有一定保证率的偏大荷载值。例如,若取荷载标准值为

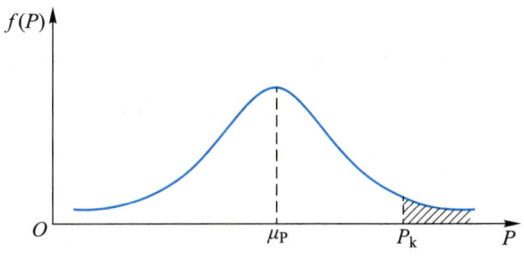

图 2-1　荷载标准值的概率含义

$$P_k = \mu_P + 1.645\sigma_P \tag{2-1}$$

则 P_k 具有 95% 的保证率,亦即在设计基准期内超过此标准值的荷载出现的概率为 5%。式（2-1）中的 μ_P 是荷载平均值,σ_P 是荷载标准差。

（1）永久荷载标准值 G_k

永久荷载（恒荷载）标准值 G_k 可按结构设计规定的尺寸和 GB 50009—2012《建筑结构荷载规范》（以下简称《荷载规范》）规定的材料重度（或单位面积的自重）平均值确定,一般相当于永久荷载概率分布的平均值。对于自重变异性较大的材料,尤其是制作屋面的轻质材料,在设计中应根据荷载对结构不利或有利,分别取其自重的上限值或下限值。

（2）可变荷载标准值 Q_k

目前,由于对很多可变荷载未能取得充分的资料,难以给出符合实际的概率分布,若统一按 95% 的保证率调整荷载标准值,会使结构设计与过去相比在经济指标方面引起较大的波动。因此,《荷载规范》规定的荷载标准值,除了对个别不合理者作了适当调整外,大部分仍沿用或参照了传统习用的数值。

垂直于建筑物表面上的风荷载标准值,应在基本风压、风压高度变化系数、风荷载体型系数、地形修正系数和风向影响系数的乘积基础上,考虑风荷载脉动的增大效应加以确定。其中基本风压是以当地比较空旷平坦地面上离地 10 m 高处统计得到的 50 年一遇 10 min 平均最大风速

v_0(单位为 m/s)为标准,按 $v_0^2/1\,600$ 计算确定的。

屋面水平投影面上的雪荷载标准值是由建筑物所在地的基本雪压乘以屋面积雪分布系数确定的。其中基本雪压应根据当地空旷平坦地形条件下的降雪资料,采用适当的概率分布模型,按 50 年重现期进行计算。对雪荷载敏感的结构,应按照 100 年重现期雪压与基本雪压的比值,提高雪荷载取值。

在结构设计中,各类可变荷载标准值及各种材料重度(或单位面积的自重)可由《荷载规范》查取。

2.2.2　材料强度标准值的确定
Characteristic Values of Material Strengths

1. 材料强度的变异性及统计特性

材料强度的变异性,主要是指材质及工艺、加载、尺寸等因素引起的材料强度的不确定性。例如,按同一标准生产的钢材或混凝土,各批之间的强度是常有变化的,即使是同一炉钢轧成的钢筋或同一次搅拌而得的混凝土试件,按照统一方法在同一试验机上进行试验,所测得的强度也不完全相同。

统计资料表明,钢筋强度的概率分布符合正态分布。图 2-2 所示为某钢厂某年生产的一批光圆钢筋,以取样试件的屈服强度为横坐标,频率和频数为纵坐标,直方图代表实测数据。图中曲线为实测数据的理论曲线,代表了钢筋强度的概率分布,它基本符合正态分布。

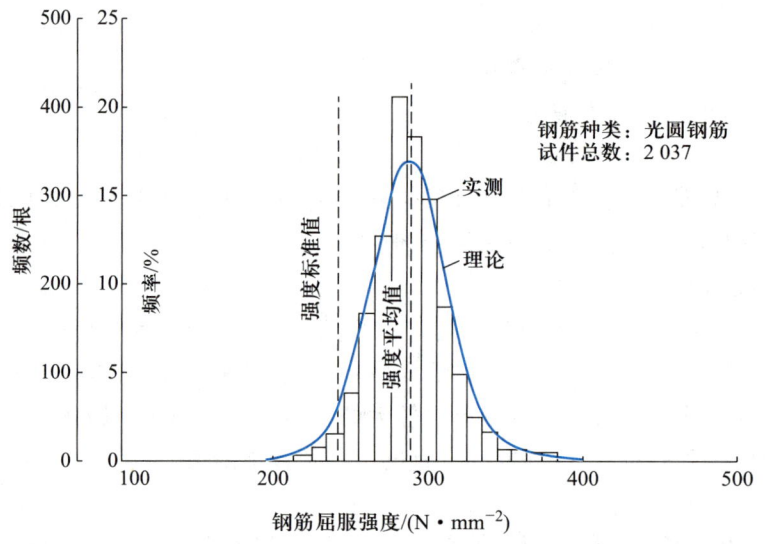

图 2-2　某钢厂钢材屈服强度统计资料

混凝土强度分布也基本符合正态分布。图 2-3 所示为某预制构件厂所做的一批试件的实测强度分布,试件总数为 889 个。图中横坐标为试件的实测强度,纵坐标为频数和频率,直方图为实测数据,曲线代表了试件实测强度的理论分布曲线。

根据全国各地的调查统计结果,热轧带肋钢筋强度的变异系数 δ_s 如表 2-3 所示;混凝土立方体抗压强度的变异系数 $\delta_{f_{cu}}$ 如表 2-4 所示。

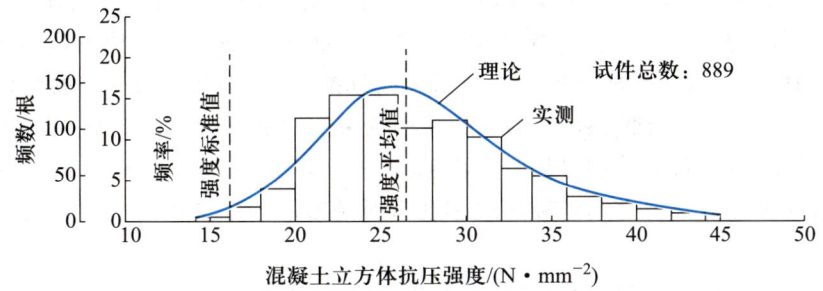

图 2-3 某预制构件厂一批试件的统计资料

表 2-3 热轧带肋钢筋强度的变异系数 δ_s

强度等级	HRB400		HRB500	
	屈服强度	抗拉强度	屈服强度	抗拉强度
δ_s	0.045	0.036	0.039	0.036

表 2-4 混凝土立方体抗压强度的变异系数 $\delta_{f_{cu}}$

强度等级	C20	C25	C30	C35	C40	C45	C50	C55	C60~C80
$\delta_{f_{cu}}$	0.18	0.16	0.14	0.13	0.12	0.12	0.11	0.11	0.10

2. 材料强度标准值

钢筋和混凝土的强度标准值是钢筋混凝土结构按极限状态设计时采用的材料强度基本代表值。材料强度标准值应根据符合规定质量的材料强度的概率分布的某一分位值确定,如图 2-4 所示。由于钢筋和混凝土强度均基本服从正态分布,故它们的强度标准值 f_k 可统一表示为

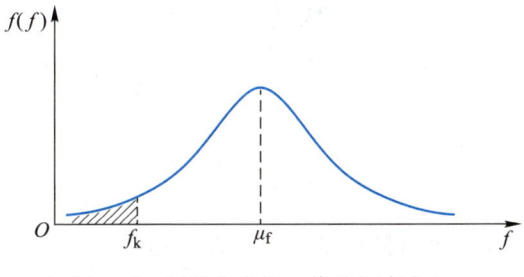

图 2-4 材料强度标准值的概率含义

$$f_k = \mu_f - \alpha \sigma_f \tag{2-2}$$

式中　α——与材料实际强度 f 低于 f_k 的概率有关的保证率系数;

　　μ_f, σ_f——材料强度平均值和标准差。

由此可见,材料强度标准值是材料强度概率分布中具有一定保证率的偏低的材料强度值。

(1) 钢筋的强度标准值

为了保证钢材的质量,国家有关标准规定钢材出厂前要抽样检查,检查的标准为"废品限值"。对于各级热轧钢筋,废品限值约相当于屈服强度平均值减去 2 倍标准差[即式(2-2)中的 $\alpha = 2$]所得的数值,保证率为 97.73%。《标准》规定,钢筋的强度标准值应具有不小于 95% 的保证率。可见,国家标准规定的钢筋强度废品限值符合这一要求,且偏于安全。因此,《标准》以国家标准规定值作为钢筋强度标准值的依据,具体取值方法如下:

① 对有明显屈服点的热轧钢筋,取国家钢筋标准规定的屈服强度特征值作为屈服强度标准值,钢筋强度特征值的保证率大于 95%。例如,热轧带肋钢筋强度特征值的保证率为 97.73%,取钢筋拉断前相应于最大力下的强度作为极限强度标准值,用于结构的抗倒塌设计。

② 对无明显屈服点的钢筋、钢丝、钢绞线和冷轧带肋钢筋,取国家钢筋标准规定的极限抗拉强度作为极限强度标准值,但结构设计时对消除应力钢丝、钢绞线和冷轧带肋钢筋取 $0.85\sigma_b$ 作为条件屈服点;对中强度预应力钢丝和螺纹钢筋有所调整。对于结构的抗倒塌设计,均采用极限强度标准值。

建筑工程中各类钢筋、钢丝、钢绞线和冷轧带肋钢筋的强度标准值见附表 2-1 和附表 2-2。

（2）混凝土的强度标准值

混凝土强度标准值为具有 95% 保证率的强度值,亦即式(2-2)中的保证率系数 $\alpha = 1.645$。

根据上述定义,立方体抗压强度标准值为

$$f_{cu,k} = \mu_{f_{cu}} - 1.645\sigma_{f_{cu}} = \mu_{f_{cu}}(1 - 1.645\delta_{f_{cu}}) \tag{2-3}$$

式中　$\mu_{f_{cu}}, \sigma_{f_{cu}}, \delta_{f_{cu}}$——立方体抗压强度的平均值、标准差和变异系数($\delta_{f_{cu}}$ 见表 2-4)。

如第 1 章所述,以 N/mm^2 为单位表示的混凝土立方体抗压强度标准值即为混凝土的强度等级。混凝土轴心抗压强度标准值和轴心抗拉强度标准值见式(1-3)和式(1-5)。

由式(1-3)和式(1-5)可知,f_{ck} 和 f_{tk} 均可由 $f_{cu,k}$ 求得,所以 $f_{cu,k}$ 为混凝土强度的基本代表值。

建筑工程中不同强度等级的混凝土强度标准值见附表 1-1。

§2.3　极限状态设计法
Design Methods of Limit States

2.3.1　结构的极限状态
Limit States of Structures

整个结构或结构的一部分超过某一特定状态(如承载力、变形、裂缝宽度,材料性能退化等超过某一限值)就不能满足设计规定的某一功能要求,此特定状态称为该功能的极限状态。极限状态实质上是区分结构可靠与失效的界限。

《统一标准》将结构的极限状态分为三类,即承载能力极限状态、正常使用极限状态和耐久性极限状态,分别规定有明确的标志和限值。

1. 承载能力极限状态

涉及人身安全及结构安全的极限状态应作为承载能力极限状态,其对应于结构或结构构件达到最大承载能力或达到不适于继续承载的变形。当结构或结构构件出现下列状态之一时,应认为超过了承载能力极限状态:

① 结构构件或连接因所受应力超过材料强度而破坏,或因过度变形而不适于继续承载;

② 整个结构或结构的一部分作为刚体失去平衡(如倾覆等);

③ 结构转变为机动体系;

④ 结构或结构构件丧失稳定(如压屈等);

⑤ 结构因局部破坏而发生连续倒塌(如初始的局部破坏,从构件到构件扩展,最终导致整个结构倒塌);

⑥ 地基丧失承载能力而破坏(如失稳等);

⑦ 结构或结构构件的疲劳破坏(如由于荷载多次重复作用而破坏)。

由上述可见,承载能力极限状态为结构或结构构件达到允许的最大承载功能的状态。其中,结构构件由于塑性变形而使其几何形状发生显著改变,虽未达到最大承载能力,但已丧失使用功能,故也属于承载能力极限状态。

承载能力极限状态主要考虑有关结构安全性的功能,出现的概率应该很低。对于任何承载的结构或构件,都需要按承载能力极限状态进行设计。

2. 正常使用极限状态

涉及结构或结构单元的正常使用功能、人员舒适性、建筑外观的极限状态应作为正常使用极限状态,其对应于结构或结构构件达到正常使用的某项规定限值。当结构或结构构件出现下列状态之一时,应认为超过了正常使用极限状态:

① 影响正常使用或外观的变形,如吊车梁变形过大使吊车不能平稳行驶,梁挠度过大影响外观等;

② 影响正常使用的局部损坏(包括裂缝),如水池开裂、漏水而不能正常使用,梁裂缝过宽使用户产生恐慌等;

③ 影响正常使用的振动,如因机器振动而导致结构的振幅超过按正常使用要求所规定的限值等;

④ 影响正常使用的其他特定状态,如相对沉降量过大等。

正常使用极限状态主要考虑有关结构适用性的功能,对用户财产和生命的危害较小,故出现概率允许稍高一些,但仍应予以足够的重视。因为过大的变形和过宽的裂缝或强烈的振动不仅影响结构的正常使用性能,也会造成人们心理上的不安全感。通常对结构构件先按承载能力极限状态进行承载能力计算,然后根据使用要求按正常使用极限状态进行变形、裂缝宽度(或抗裂)及舒适度等验算。

3. 耐久性极限状态

对应于结构或结构构件在环境影响下出现的劣化(材料性能随时间的逐渐衰减)达到耐久性的某项规定限值或标志的状态。当结构或结构构件出现下列状态之一时,应认为超过了耐久性极限状态:

① 影响承载能力和正常使用的材料性能劣化(如钢筋、混凝土的强度降低等);

② 影响耐久性的裂缝、变形、缺口、外观、材料削弱等(如混凝土构件的裂缝宽度超过某一限值会引起构件内钢筋锈蚀,预应力筋和直径较细的受力主筋具备锈蚀条件,混凝土构件表面出现锈蚀裂缝等);

③ 影响耐久性的其他特定状态(如构件的金属连接件出现锈蚀,阴极或阳极保护措施失去作用等)。

结构的耐久性极限状态设计,应使结构构件出现耐久性极限状态标志或限值的年限不小于其设计工作年限。结构构件的耐久性极限状态设计,应包括保证构件质量的预防性处理措施、减小侵蚀作用的局部环境改善措施、延缓构件出现损伤的表面防护措施和延缓材料性能劣化速度的保护措施。

2.3.2　结构的设计状况
Design Situations of Structures

结构物在建造和使用过程中所承受的作用和所处环境不同,设计时所采用的结构体系、可靠度水准、设计方法等也应有所区别。因此,建筑结构设计时,应根据结构在施工和使用中的环境条件和影响,区分下列四种设计状况:

① 持久设计状况:在结构使用过程中一定出现且持续期很长的状况。持续期一般与设计工作年限为同一数量级。例如,房屋结构承受家具和正常人员荷载的状况。

② 短暂设计状况:在结构施工和使用过程中出现概率较大,而与设计工作年限相比,持续时间很短的状况。例如,结构施工和维修时承受堆料和施工荷载的状况。

③ 偶然设计状况:在结构使用过程中出现概率很小且持续期很短的状况。例如,结构遭受火灾、爆炸、非正常撞击等作用的状况。

④ 地震设计状况。结构使用过程中遭受地震作用时的状况。

对于上述四种设计状况,均应进行承载能力极限状态设计,以确保结构的安全性。对偶然设计状况,允许主要承重结构因出现设计规定的偶然事件而局部破坏,但其剩余部分具有在一段时间内不发生连续倒塌的可靠度。对持久设计状况,尚应进行正常使用极限状态设计,以保证结构的适用性和耐久性;对短暂设计状况和地震设计状况,可根据需要进行正常使用极限状态设计;对于偶然设计状况,因持续期很短,可不进行正常使用极限状态设计。

2.3.3　结构的功能函数和极限状态方程
Performance Function and Limit States Equations of Structures

结构的可靠度通常受结构上的各种作用、材料性能、几何参数、计算公式精确性等因素的影响。这些因素一般具有随机性,称为基本变量,记为 $X_i(i=1,2,\cdots,n)$。

按极限状态方法设计建筑结构时,要求所设计的结构具有一定的预定功能(如承载能力、刚度、抗裂或裂缝宽度等),这可用包括各有关基本变量 X_i 在内的结构功能函数来表达,即

$$Z=g(X_1,X_2,\cdots,X_n) \tag{2-4}$$

当

$$Z=g(X_1,X_2,\cdots,X_n)=0 \tag{2-5}$$

时,称为极限状态方程。

当功能函数中仅包括作用效应 S 和结构抗力 R 两个基本变量时,可得

$$Z=g(R,S)=R-S \tag{2-6}$$

通过功能函数 Z 可以判别结构所处的状态:

当 $Z>0$ 时,结构处于可靠状态;

当 $Z<0$ 时,结构处于失效状态;

当 $Z=0$ 时,结构处于极限状态。

结构所处的状态也可用图 2-5 来表达。当基本变量满足极限状态方程

$$Z=R-S=0 \tag{2-7}$$

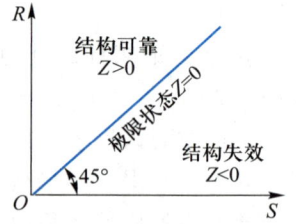

图 2-5　结构所处的状态

时,结构达到极限状态,即图中的45°直线。

2.3.4　结构可靠度的计算
Calculation of Reliability Degrees of Structures

1. 结构的失效概率 p_f

由式(2-6)可知,假若 R 和 S 都是确定性变量,则由 R 和 S 的差值可直接判别结构所处的状态。实际上,R 和 S 都是随机变量或随机过程,因此要绝对地保证 R 总大于 S 是不可能的。图 2-6 为 R 和 S 绘于同一坐标系时的概率密度曲线,假设 R 和 S 均服从正态分布且二者为线性关系,R 和 S 的平均值分别为 μ_R 和 μ_S,标准差分别为 σ_R 和 σ_S。由图可见,在多数情况下,R 大于 S。但是,由于 R 和 S 的离散性,在 R,S 概率密度曲线的重叠区(阴影段内)仍有可能出现 R 小于 S 的情况。这种可能性的大小用概率来表示就是失效概率,即结构功能函数 $Z=R-S<0$ 的概率,称为结构构件的失效概率,记为 p_f。

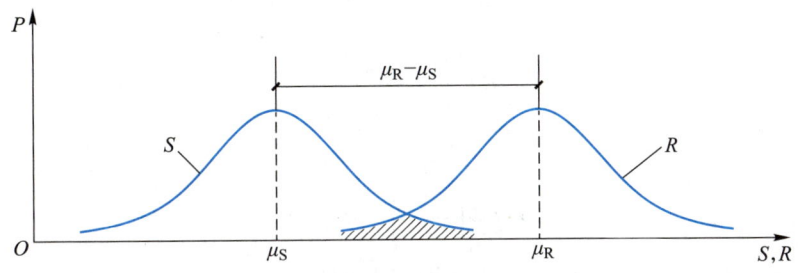

图 2-6　R,S 的概率密度曲线

当结构功能函数中仅有两个独立的随机变量 R 和 S,且它们都服从正态分布时,则功能函数 $Z=R-S$ 也服从正态分布,其平均值 $\mu_Z=\mu_R-\mu_S$,标准差 $\sigma_Z=\sqrt{\sigma_R^2+\sigma_S^2}$。功能函数 Z 的概率密度曲线如图 2-7 所示,结构的失效概率 p_f 可直接通过 $Z<0$ 的概率(图中阴影面积)来表达,即

$$p_f=P(Z<0)$$

$$=\int_{-\infty}^{0}f(Z)\,\mathrm{d}Z=\int_{-\infty}^{0}\frac{1}{\sigma_Z\sqrt{2\pi}}\exp\left[-\frac{1}{2}\left(\frac{Z-\mu_Z}{\sigma_Z}\right)^2\right]\mathrm{d}Z \tag{2-8}$$

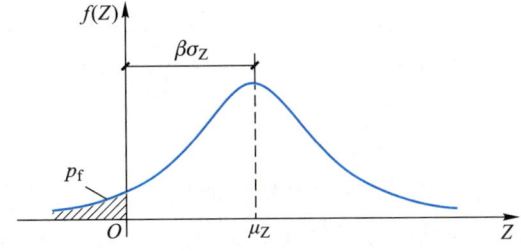

图 2-7　功能函数 Z 的概率密度曲线

为了便于查表,将 $N(\mu_Z,\sigma_Z)$ 化成标准正态变量 $N(0,1)$。引入标准化变量 $t=\dfrac{Z-\mu_Z}{\sigma_Z}$,则 $\mathrm{d}Z=$

$\sigma_Z \mathrm{d}t$，$Z = \mu_Z + t\sigma_Z < 0$ 相应于 $t < -\dfrac{\mu_Z}{\sigma_Z}$。所以，式（2-8）可改写为

$$p_f = P\left(t < -\frac{\mu_Z}{\sigma_Z}\right)$$

$$= \int_{-\infty}^{-\frac{\mu_Z}{\sigma_Z}} \frac{1}{\sqrt{2\pi}} \exp\left(-\frac{t^2}{2}\right) \mathrm{d}t = \Phi\left(-\frac{\mu_Z}{\sigma_Z}\right) \tag{2-9}$$

式中　$\Phi(\cdot)$——标准正态分布函数，可由数学手册查表求得，且有

$$\Phi\left(-\frac{\mu_Z}{\sigma_Z}\right) = 1 - \Phi\left(\frac{\mu_Z}{\sigma_Z}\right) \tag{2-10}$$

用失效概率度量结构可靠性具有明确的物理意义，能较好地反映问题的实质。但 p_f 的计算比较复杂，因而国际标准和我国标准目前都采用可靠指标 β 来度量结构的可靠性。

2. 结构构件的可靠指标 β

（1）可靠指标 β

令

$$\beta = \frac{\mu_Z}{\sigma_Z} = \frac{\mu_R - \mu_S}{\sqrt{\sigma_R^2 + \sigma_S^2}} \tag{2-11}$$

则式（2-9）可写为

$$p_f = \Phi\left(-\frac{\mu_Z}{\sigma_Z}\right) = \Phi(-\beta) \tag{2-12}$$

由式（2-12）及图 2-7 可见，β 与 p_f 具有数值上的对应关系（具体数值关系见表 2-5），也具有与 p_f 相对应的物理意义。β 越大，p_f 就越小，即结构越可靠，故 β 称为可靠指标。

表 2-5　可靠指标 β 与失效概率 p_f 的对应关系

β	1.0	1.5	2.0	2.5	2.7	3.2	3.7	4.2
p_f	1.59×10^{-1}	6.68×10^{-2}	2.28×10^{-2}	6.21×10^{-3}	3.5×10^{-3}	6.9×10^{-4}	1.1×10^{-4}	1.3×10^{-5}

当仅有作用效应和结构抗力两个基本变量且均按正态分布时，结构构件的可靠指标可按式（2-11）计算；当基本变量不按正态分布时，结构构件的可靠指标应以结构构件作用效应和抗力当量正态分布的平均值和标准差代入式（2-11）计算。

由式（2-11）可以看出，β 直接与基本变量的平均值和标准差有关，而且还可以考虑基本变量的概率分布类型，所以它能反映影响结构可靠度的各主要因素的变异性，这是传统的安全系数所不能做到的。

（2）设计可靠指标 $[\beta]$

设计规范所规定的、作为设计结构或结构构件时所应达到的可靠指标，称为设计可靠指标 $[\beta]$，它是根据设计所要求达到的结构可靠度而确定的，所以又称为目标可靠指标。

设计可靠指标，理论上应根据各种结构构件的重要性、破坏性质（延性、脆性）及失效后果，用优化方法分析确定。限于目前统计资料不够完备，并考虑到标准规范的现实继承性，一般采用"校准法"确定。所谓"校准法"，就是通过对原有规范可靠度的反演计算和综合分析，确定以后设计时所采用的结构构件的可靠指标。这实质上是充分注意到了工程建设长期积累的经验，继

承了已有的设计规范所隐含的结构可靠度水准,认为它从总体上来讲是基本合理的和可以接受的。这是一种稳妥可行的办法,当前一些国际组织及中国、加拿大、美国和欧洲一些国家都采用此法。

根据"校准法"的确定结果,《统一标准》给出了结构构件持久设计状况承载能力极限状态的设计可靠指标,如表 2-6 所示。表中延性破坏是指结构构件在破坏前有明显的变形或其他预兆,脆性破坏是指结构构件在破坏前无明显的变形或其他预兆。显然,延性破坏的危害相对较小,故[β]值相对低一些;脆性破坏的危害较大,所以[β]值相对高一些。

表 2-6　结构构件持久设计状况承载能力极限状态的设计可靠指标[β]

破坏类型	安 全 等 级		
	一级	二级	三级
延性破坏	3.7	3.2	2.7
脆性破坏	4.2	3.7	3.2

结构构件持久设计状况正常使用极限状态的设计可靠指标,根据其作用效应的可逆程度宜取 0~1.5。不可逆正常使用极限状态是指当产生超越正常使用要求的作用卸除后,该作用产生的后果不可恢复的正常使用极限状态;可逆正常使用极限状态是指当产生超越正常使用要求的作用卸除后,该作用产生的后果可以恢复的正常使用极限状态。例如,一简支梁在某一数值的荷载作用后,其挠度超过了允许值,卸去该荷载后,若梁的挠度小于允许值,则为可逆正常使用极限状态,否则为不可逆正常使用极限状态。对可逆的正常使用极限状态,其可靠指标取为 0;对不可逆的正常使用的极限状态,其可靠指标取 1.5。当可逆程度介于可逆与不可逆二者之间时,[β]取 0~1.5 之间的值,对可逆程度较高的结构构件取较低值,对可逆程度较低的结构构件取较高值。同理,对建筑结构构件耐久性极限状态的设计可靠指标[β],宜根据其可见损伤修复的难易程度取 1.0~2.0。

按概率极限状态法设计时,一般是已知各基本变量的统计特性(如平均值和标准差),然后根据规范规定的设计可靠指标[β],求出所需的结构抗力平均值 μ_R,并转化为标准值 R_k^* 进行截面设计。这种方法能够比较充分地考虑各有关因素的客观变异性,使所设计的结构比较符合预期的可靠度要求,并且在不同结构之间,设计可靠度具有相对可比性。

对于一般建筑结构构件,根据设计可靠指标[β],按上述概率极限状态设计法进行设计,显然过于繁复。目前除对少数十分重要的结构,如核反应堆的安全壳、海上采油平台等直接按上述方法设计外,一般结构仍采用极限状态设计表达式进行设计。

§2.4　极限状态设计表达式
Equations of Limit States

长期以来,人们已习惯采用基本变量的标准值(如荷载标准值、材料强度标准值等)和分项系数(如荷载分项系数、材料分项系数等)进行结构构件设计。考虑这一习惯,并为了应用上的简便,规范在设计验算点处,将极限状态方程转化为以基本变量标准值和分项系数形式表达的极限状态设计表达式。这就意味着,设计表达式中的各分项系数是根据结构构件基本变量的统计特性,以结构可靠度的概率分析为基础经优选确定的,它们起着相当于设计可靠指标$[\beta]$的作用。

2.4.1 承载能力极限状态设计表达式
Equations of Ultimate Limit States

1. 基本表达式

混凝土结构如为杆系结构或简化为杆系结构计算模型,则由结构分析可得构件控制截面内力;如为平面板或空间大体积结构,则由结构分析可得控制截面应力。因此,混凝土结构构件截面设计表达式可用内力或应力表达。

① 对持久设计状况、短暂设计状况和地震设计状况,当用内力的形式表达时,结构构件应采用下列承载能力极限状态设计表达式:

$$\gamma_0 S_d \leqslant R_d \tag{2-13}$$

$$R_d = R(f_c, f_s, a_k, \cdots)/\gamma_{Rd} \tag{2-14}$$

式中 γ_0——结构重要性系数:在持久设计状况和短暂设计状况下,对安全等级为一级的结构构件不应小于 1.1,对安全等级为二级的结构构件不应小于 1.0,对安全等级为三级的结构构件不应小于 0.9;对地震设计状况应取 1.0。

S_d——承载能力极限状态下作用组合的效应设计值:对持久设计状态和短暂设计状态应按作用的基本组合计算,对地震设计状态应按作用的地震组合计算。

R_d——结构构件抗力设计值。

$R(\cdot)$——结构构件的抗力函数。

γ_{Rd}——结构构件的抗力模型不定性系数:静力设计取 1.0,对不确定性较大的结构构件根据具体情况取大于 1.0 的数值;抗震设计应用承载力抗震调整系数 γ_{RE} 代替 γ_{Rd}。

a_k——几何参数的标准值,当几何参数的变异性对结构性能有明显的不利影响时,应增减一个附加值。

f_c——混凝土的强度设计值。

f_s——钢筋的强度设计值。

② 对二维、三维混凝土结构构件,当按弹性或弹塑性方法分析并以应力形式表达时,可将混凝土应力按区域等代成内力设计值,按式(2-13)进行计算;按弹塑性方法分析或采用多轴强度准则设计时,应根据材料强度平均值计算承载力函数。

③ 对偶然设计状态,式(2-13)中的作用效应设计值 S_d 按偶然组合计算,结构重要性系数 γ_0 取不小于 1.0 的数值。当计算结构构件的承载力函数时,式(2-14)中混凝土、钢筋的强度设计值 f_c, f_s 改用强度标准值 f_{ck}, f_{yk}(或 f_{pyk})。当进行结构防倒塌验算时,其作用宜考虑结构相应部分倒塌冲击引起的动力效应;在计算承载力函数时,混凝土强度取标准值,普通钢筋强度取极限强度标准值 f_{stk},预应力筋强度取极限强度标准值 f_{ptk} 并考虑锚具的影响;a_k 宜考虑偶然作用下结构倒塌对结构几何参数的影响;必要时可考虑材料强度在动力作用下的强度和脆性,并取相应的强度特征值。

④ 整个结构或其一部分作为刚体失去静力平衡的承载能力极限状态设计,应符合下式要求:

$$\gamma_0 S_{d,dst} \leqslant S_{d,stb} \qquad (2-15)$$

式中　　$S_{d,dst}$——不平衡作用效应的设计值；

　　　　$S_{d,stb}$——平衡作用效应的设计值。

2. 作用组合的效应设计值 S_d

结构设计时，应根据所考虑的设计状况，选用不同的组合：对持久和短暂设计状况，应采用基本组合；对偶然设计状况，应采用偶然组合；对于地震设计状况，应采用作用的地震组合。

（1）基本组合

对于作用的基本组合，作用组合的效应设计值 S_d，应从下列作用组合值中取最不利设计值确定：

$$S_d = \sum_{i=1} \gamma_{G_i} S_{G_{ik}} + \gamma_P S_P + \gamma_{Q_1} \gamma_{L_1} S_{Q_{1K}} + \sum_{j>1} \gamma_{Q_j} \gamma_{L_j} \psi_{cj} S_{Q_{jk}} \qquad (2-16)$$

式中　　$S_{G_{ik}}$——按第 i 个永久作用标准值 G_{ik} 计算的作用效应标准值；

　　　　S_P——预应力有关代表值的效应；

$S_{Q_{1K}}, S_{Q_{jk}}$——按第 $1, j$ 个可变作用标准值 Q_1, Q_j 计算的作用效应标准值，其中 $S_{Q_{1K}}$ 为诸可变作用效应中起控制作用者；

　　　　γ_{G_i}——第 i 个永久作用的分项系数；

　　　　γ_P——预应力分项系数；

　　$\gamma_{Q_1}, \gamma_{Q_j}$——第 $1, j$ 个可变作用的分项系数；

　　$\gamma_{L_1}, \gamma_{L_j}$——第 $1, j$ 个可变作用考虑设计工作年限的调整系数，其中 γ_{L_1} 为主导可变作用 Q_1 考虑设计工作年限的调整系数；

　　　　ψ_{cj}——第 j 个可变作用 Q_j 的组合值系数。

应当指出，基本组合中的设计值仅适用于作用与作用效应为线性的情况。此外，当对 $S_{Q_{1k}}$ 无法明确判断时，依次以各可变作用效应为 $S_{Q_{1k}}$，选其中最不利的作用效应组合。

（2）偶然组合

对于作用的偶然组合，作用组合的效应设计值可按下式确定：

$$S_d = \sum_{i \geqslant 1} S_{G_{ik}} + S_P + S_{A_d} + (\psi_{f1} \text{ 或 } \psi_{q1}) S_{Q_{1k}} + \sum_{j>1} \psi_{qj} S_{Q_{jk}} \qquad (2-17)$$

式中　　S_{A_d}——偶然作用设计值的效应；

　　　　ψ_{f1}——第 1 个可变作用的频遇值系数；

　　ψ_{q1}, ψ_{qj}——第 1 个和第 j 个可变作用的准永久值系数。

偶然作用的代表值不乘分项系数，这是因为偶然作用标准值的确定本身带有主观的因素；与偶然作用同时出现的其他作用可根据观测资料和工程经验采用适当的代表值。各种情况下作用效应的设计值公式，可按有关规范确定。

3. 荷载分项系数、可变荷载的组合值系数

（1）荷载分项系数 $\gamma_G, \gamma_Q, \gamma_P$

荷载标准值是结构在使用期间、在正常情况下可能遇到的具有一定保证率的偏大荷载值。统计资料表明，各类荷载标准值的保证率并不相同，如按荷载标准值设计，将造成结构可靠度的严重差异，并使某些结构的实际可靠度达不到目标可靠度的要求，所以引入荷载分项系数予以调

整。考虑到荷载的统计资料尚不够完备,且为了简化计算,《统一标准》暂时按永久荷载和可变荷载两大类分别给出荷载分项系数。

荷载分项系数值是根据下述原则经优选确定的。即在各项荷载标准值已给定的条件下,对各类结构构件在各种常遇的荷载效应比值和荷载效应组合下,用不同的分项系数值,按极限状态设计表达式(2-13)设计各种构件并计算其所具有的可靠指标,然后从中选取一组分项系数,使按此设计所得的各种结构构件所具有的可靠指标,与规定的设计可靠指标之间在总体上差异最小。

根据分析结果,《荷载规范》规定荷载分项系数应按下列规定采用:

① 永久荷载分项系数 γ_G。

当永久荷载效应对结构不利(使结构内力增大)时,不应小于 1.3。

当永久荷载效应对结构有利(使结构内力减小)时,不应大于 1.0。

② 可变荷载分项系数 γ_Q。

一般情况下,对结构不利时,不应小于 1.5;对结构有利时,应取 0。对荷载标准值大于 $4\ kN/m^2$ 的工业房屋楼面活荷载,对结构不利时,不应小于 1.4;对结构有利时,应取 0。

③ 预应力作用分项系数 γ_P。

当预应力作用对结构不利(使结构内力增大)时,不应小于 1.3。

当预应力作用对结构有利(使结构内力减小)时,不应大于 1.0。

（2）荷载设计值

荷载分项系数与荷载标准值的乘积,称为荷载设计值。如永久荷载设计值为 $\gamma_G G_k$,可变荷载设计值为 $\gamma_Q Q_k$。

（3）荷载组合值系数 ψ_{ci},荷载组合值 $\psi_{ci} Q_{ik}$

当结构上作用几个可变荷载时,各可变荷载最大值在同一时刻出现的概率很小,若设计中仍采用各荷载效应设计值叠加,则可能造成结构可靠度不一致,因而必须将可变荷载设计值再乘以调整系数。荷载组合值系数 ψ_{ci} 就是这个调整系数。$\psi_{ci} Q_{ik}$ 称为可变荷载的组合值。

ψ_{ci} 是根据下述原则确定的,即在荷载标准值和荷载分项系数已给定的情况下,对于有两种或两种以上的可变荷载参与组合的情况,引入 ψ_{ci} 对荷载标准值进行折减,使按极限状态设计表达式(2-13)设计所得的各类结构构件所具有的可靠指标,与仅有一种可变荷载参与组合时的可靠指标有最佳的一致性。

根据分析结果,《荷载规范》给出了各类可变荷载的组合值系数。当按式(2-16)计算荷载组合的效应设计值时,除风荷载取 $\psi_{ci} = 0.6$ 外,大部分可变荷载取 $\psi_{ci} = 0.7$,个别可变荷载取 $\psi_{ci} = 0.9 \sim 0.95$(例如,对于书库、贮藏室的楼面活荷载,$\psi_{ci} = 0.9$)。

4. 材料分项系数、材料强度设计值

为了充分考虑材料的离散性和施工中不可避免的偏差带来的不利影响,再将材料强度标准值除以一个大于 1 的系数,即得材料强度设计值,相应的系数称为材料分项系数,即

$$f_c = f_{ck}/\gamma_c, \quad f_s = f_{sk}/\gamma_s \tag{2-18}$$

确定钢筋和混凝土材料分项系数时,对于具有统计资料的材料,按设计可靠指标 $[\beta]$ 通过可靠度分析确定。即在已有荷载分项系数的情况下,在设计表达式(2-13)中采用不同的材料分项系数,反演推算出结构构件所具有的可靠指标 β,从中选取与规定的设计可靠指标 $[\beta]$ 最接近的

一组材料分项系数。对统计资料不足的情况,则以工程经验为主要依据,通过对原规范(TJ 10—1974《钢筋混凝土结构设计规范》)结构构件的校准计算确定。

确定钢筋和混凝土材料分项系数时,先通过对钢筋混凝土轴心受拉构件进行可靠度分析(此时构件承载力仅与钢筋有关,属于延性破坏,取$[\beta]=3.2$),求得钢筋的材料分项系数γ_s;再根据已经确定的γ_s,通过对钢筋混凝土轴心受压构件进行可靠度分析(此时属于脆性破坏,取$[\beta]=3.7$),求出混凝土的材料分项系数γ_c。

根据上述原则确定的混凝土材料分项系数$\gamma_c=1.4$;HPB300、HRB400、HRBF400 钢筋的材料分项系数$\gamma_s=1.1$,HRB500、HRBF500 钢筋的材料分项系数$\gamma_s=1.15$;预应力筋(包括钢绞线、中强度预应力钢丝、消除应力钢丝和预应力螺纹钢筋)的材料分项系数$\gamma_s=1.2$;冷轧带肋钢筋的材料分项系数$\gamma_s=1.25$。

建筑工程中混凝土及钢筋的强度设计值分别见附表 1-2、附表 2-3 和附表 2-4。

2.4.2　正常使用极限状态设计表达式
Equations of Serviceability Limit States

1. 可变荷载的频遇值和准永久值

荷载标准值是在设计基准期内最大荷载的意义上确定的,它没有反映荷载作为随机过程而具有随时间变异的特性。当结构按正常使用极限状态的要求进行设计时,例如要求控制房屋的变形、裂缝、局部损坏及引起不舒适的振动时,就应根据不同的要求来选择荷载的代表值。

可变荷载有四种代表值,即标准值、组合值、频遇值和准永久值。其中,标准值为基本代表值,其他三值可由标准值分别乘以相应系数(小于 1.0)而得。下面说明频遇值和准永久值的概念。

在可变荷载 Q 的随机过程中,荷载超过某水平 Q_x 的表示方式,可用超过 Q_x 的总持续时间$T_x(=\sum t_i)$与设计基准期 T 的比率 $\mu_x=T_x/T$ 来表示,如图 2-8 所示。

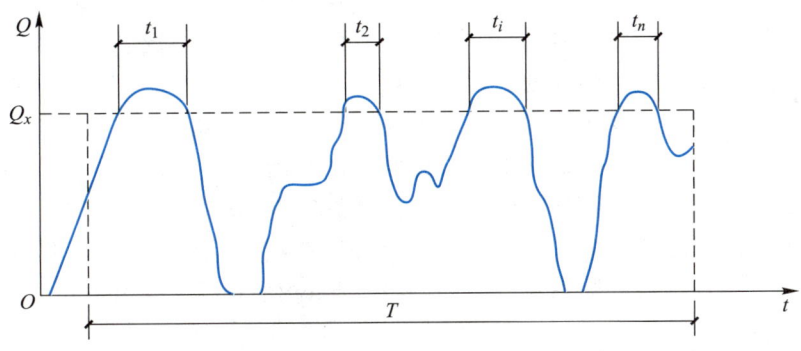

图 2-8　可变荷载的一个样本

可变荷载的频遇值是指在设计基准期内,其超越的总时间为规定的较小比率(μ_x 不大于0.1)或超越频率为规定频率的荷载值。它相当于在结构上时而出现的较大荷载值,但总小于荷载标准值。

可变荷载的准永久值是指在设计基准期内,其超越的总时间约为设计基准期一半(即 μ_x 约等于 0.5）的荷载值，即在设计基准期内经常作用的荷载值（接近于永久荷载）。

2. 正常使用极限状态设计表达式

对于正常使用极限状态，混凝土结构构件应分别按荷载的准永久组合、标准组合并考虑长期作用的影响，采用下列极限状态设计表达式进行验算：

$$S_d \leqslant C \tag{2-19}$$

式中　S_d——正常使用极限状态的荷载组合的效应设计值（如变形、裂缝宽度、应力等的效应设计值）；

　　　　C——结构构件达到正常使用要求所规定的变形、应力、裂缝宽度等的限值。

① 标准组合的效应设计值 S_d 可按下式确定：

$$S_d = \sum_{j=1}^{m} S_{G_jk} + S_p + S_{Q_1k} + \sum_{i=2}^{n} \psi_{c_i} S_{Q_ik} \tag{2-20}$$

这种组合主要用于当一个极限状态被超越时将产生严重的永久性损害的情况，即标准组合一般用于不可逆正常使用极限状态。

② 频遇组合的效应设计值 S_d 可按下式确定：

$$S_d = \sum_{j=1}^{m} S_{G_jk} + S_p + \psi_{f_1} S_{Q_1k} + \sum_{i=2}^{n} \psi_{q_i} S_{Q_ik} \tag{2-21}$$

式中　ψ_{f_1}, ψ_{q_i}——可变荷载 Q_1 的频遇值系数、可变荷载 Q_i 的准永久值系数，可由《荷载规范》查取。

可见，频遇组合是指永久荷载标准值、预应力作用效应、主导可变荷载的频遇值与伴随可变荷载的准永久值的效应组合。这种组合主要用于当一个极限状态被超越时将产生局部损害、较大变形或短暂振动等情况，即频遇组合一般用于可逆正常使用极限状态。

③ 准永久组合的效应设计值 S_d 可按下式确定：

$$S_d = \sum_{j=1}^{m} S_{G_jk} + S_p + \sum_{i=1}^{n} \psi_{q_i} S_{Q_ik} \tag{2-22}$$

这种组合主要用在当荷载的长期效应是决定性因素时的一些情况。

应当注意，只有荷载效应为线性的情况，才可按式（2-20）~式（2-22）确定荷载组合的效应值。另外，正常使用极限状态要求的设计可靠指标较小（$[\beta]$ 在 0~1.5 之间取值），因而设计时对荷载不用分项系数，对材料强度取标准值。由材料的物理力学性能已知，长期持续作用的荷载使混凝土产生徐变变形，并导致钢筋与混凝土之间的黏结滑移增大，从而使构件的变形和裂缝宽度增大。所以，进行正常使用极限状态设计时，应考虑荷载长期效应的影响，即应考虑荷载的准永久组合，有时尚应考虑荷载的频遇组合（如计算桥梁结构的预拱度值时）。

3. 正常使用极限状态验算规定

① 对结构构件进行抗裂验算时，应按荷载标准组合的效应设计值（式 2-20）进行计算，其计算值不应超过规范规定的相应限值。具体验算方法和规定见第 8 章。

② 结构构件的裂缝宽度，对混凝土构件，按荷载准永久组合的效应设计值（式 2-22）并考虑长期作用影响进行计算；对预应力混凝土构件，按荷载标准组合的效应设计值（式 2-20）并考虑长期作用影响进行计算；构件的最大裂缝宽度不应超过规范规定的最大裂缝宽度限值。最大裂缝宽度限值应根据结构的环境类别、裂缝控制等级及结构类别，按附表 3-2 确定，其中结构的工

作环境类别由表 8-1 确定。具体验算方法和规定见第 8 章和第 9 章。

③ 受弯构件的最大挠度,混凝土构件应按荷载准永久组合的效应设计值(式 2-22),预应力混凝土构件应按荷载标准组合的效应设计值(式 2-20),并均应考虑荷载长期作用的影响进行计算,其计算值不应超过规范规定的挠度限值,受弯构件的挠度限值按附表 3-1 确定。具体验算方法和规定见第 8 章和第 9 章。

§2.5 小结
Summary

① 结构设计的本质就是要科学地解决结构物的可靠与经济这对矛盾。可靠度是结构在规定的时间内,在规定的条件下,完成预定功能的概率。结构安全性的概率度量称为结构安全度,它是结构可靠度中最重要的内容。

设计基准期和设计工作年限是两个不同的概念。前者为确定可变作用等取值而选用的时间参数,后者表示结构在规定的条件下所应达到的工作年限。二者均不等同于结构的实际寿命或耐久年限。

② 作用于建筑物上的荷载可分为永久荷载、可变荷载和偶然荷载。永久荷载可用随机变量概率模型来描述,它服从正态分布;可变荷载可用随机过程概率模型来描述,其概率分布服从极值 I 型分布;偶然荷载概率模型与其种类有关(如地震作用的概率模型为极值 III 型等)。

永久荷载采用标准值作为代表值;可变荷载采用标准值、组合值、频遇值和准永久值作为代表值,其中标准值是基本代表值,其他代表值都可在标准值的基础上乘以相应的系数后得出。

③ 对承载能力极限状态的作用组合,应采用作用的基本组合(对持久、短暂和地震设计状况)、偶然组合(对偶然设计状况)或地震组合(对地震设计状况);对正常使用极限状态的作用组合,按荷载的持久性和不同的设计要求采用三种组合:标准组合、频遇组合和准永久组合。对持久设计状况,应进行正常使用极限状态设计;对短暂设计状况,可根据需要进行正常使用极限状态设计。

④ 钢筋和混凝土强度的概率分布属于正态分布。钢筋强度标准值是具有不小于 95% 保证率的偏低强度值,混凝土强度标准值是具有 95% 保证率的偏低强度值。钢筋和混凝土的强度设计值是用各自的强度标准值除以相应的材料分项系数而得到的。正常使用极限状态设计时,材料强度一般取标准值。承载能力极限状态设计时,对持久、短暂和地震设计状态,一般取用材料强度设计值;对偶然设计状态(如抗倒塌设计),混凝土取强度标准值,钢筋取极限强度标准值。

⑤ 结构的极限状态分为三类:承载能力极限状态、正常使用极限状态和耐久性极限状态。以相应于结构各种功能要求的极限状态作为结构设计依据的设计方法,称为极限状态设计法。在极限状态设计法中,若以结构的失效概率或可靠指标来度量结构可靠度,并且建立结构可靠度与结构极限状态之间的数学关系,这就是概率极限状态设计法。这种方法能够比较充分地考虑各有关因素的客观变异性,使所设计的结构比较符合预期的可靠度要求,是设计理论的重大发展。

⑥ 概率极限状态设计表达式与以往的多系数极限状态设计表达式形式相似,但二者有本质区别。前者的各项系数是根据结构构件基本变量的统计特性,以可靠度分析经优选确定的,它们起着相当于设计可靠指标 $[\beta]$ 的作用;而后者采用的各种安全系数主要是根据工程经验确定的。

2-1   什么是结构上的作用？荷载属于哪种作用？作用效应与荷载效应有什么区别？

2-2   荷载按随时间的变异分为几类？荷载有哪些代表值？在结构设计中,如何应用荷载代表值？

2-3   什么是结构抗力？影响结构抗力的主要因素有哪些？

2-4   什么是材料强度标准值和材料强度设计值？从概率意义来看,它们是如何取值的？

2-5   什么是结构的预定功能？什么是结构的可靠度？可靠度如何度量和表达？

2-6   什么是结构的极限状态？极限状态分为几类？各有什么标志和限值？

2-7   什么是失效概率？什么是可靠指标？二者有何联系？

2-8   什么是概率极限状态设计法？其主要特点是什么？

2-9   试说明承载能力极限状态设计表达式中各符号的意义,并分析该表达式是如何保证结构可靠度的。

2-10   对正常使用极限状态,如何根据不同的设计要求确定荷载效应组合值？

2-11   解释下列名词:安全等级,设计状况,设计基准期,设计工作年限,目标可靠指标。

第**3**章
Chapter 3

钢筋混凝土轴心受力构件正截面承载力计算
Strength of Reinforced Concrete Axially Loaded Members

本章学习目标：

了解轴心受拉构件和轴心受压构件的受力全过程；

掌握轴心受拉构件和轴心受压构件正截面承载力的计算方法；

熟悉轴心受力构件的构造要求。

本章的重点是轴心受拉和轴心受压构件正截面承载力的设计计算方法，难点是配有螺旋式和焊接环式箍筋轴心受压构件承载力计算。

§3.1 概述
Introduction

第 3 章 课件

纵向拉力作用线与构件截面形心轴线重合的构件，称为轴心受拉构件（图 3-1）。在实际工程中，由于荷载不可避免的偏心和构件制作过程中的不均匀性，轴心受拉构件几乎是不存在的。但是轴心受拉构件设计计算简单，因此拱和桁架结构中的拉杆，以及圆形水池的池壁等结构构件，可近似地按轴心受拉构件设计计算。同理，纵向压力作用线与构件截面形心轴线重合的构件，称为轴心受压构件。实际工程中理想的轴心受压构件也是不存在的。但是在设计以恒载为主的多层多跨房屋的内柱和屋架的受压腹杆等构件时，可近似地简化为轴心受压构件计算。轴心受力构件中配有纵向钢筋和箍筋，纵向钢筋的作用是承受轴向拉力或轴向压力，箍筋的主要作用是固定纵向钢筋，使其在构件制作的过程中不发生变形和错位。

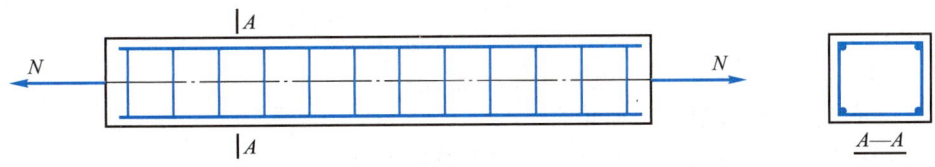

图 3-1　轴心受拉构件

§3.2　轴心受拉构件正截面承载力计算
Strength of Axially Tensile Members

3.2.1　受力过程及破坏特征
Resistance Process and Failure Characteristic

轴心受拉构件从开始加载到破坏,其受力过程可分为三个不同的阶段。

1. 第Ⅰ阶段

从开始加载到混凝土开裂前,属于第Ⅰ阶段。此时,纵向钢筋和混凝土共同承受拉力,应力与应变大致成正比,拉力 N 与截面平均拉应变 ε_t 之间基本上呈线性关系,如图 3-2a 中的 OA 段所示。

2. 第Ⅱ阶段

混凝土开裂后至纵向钢筋屈服前,属于第Ⅱ阶段。首先在截面最薄弱处产生第一条裂缝,随着荷载的增加,先后在一些截面上出现裂缝,逐渐形成图 3-2b 中(Ⅱ)所示的裂缝分布形式。此时,在裂缝处的混凝土不再承受拉力,所有拉力均由纵向钢筋来承担。拉力增加时,纵向钢筋的应变显著增大,反映在图 3-2a 中的 AB 段斜率比第Ⅰ阶段的 OA 段的斜率要小。

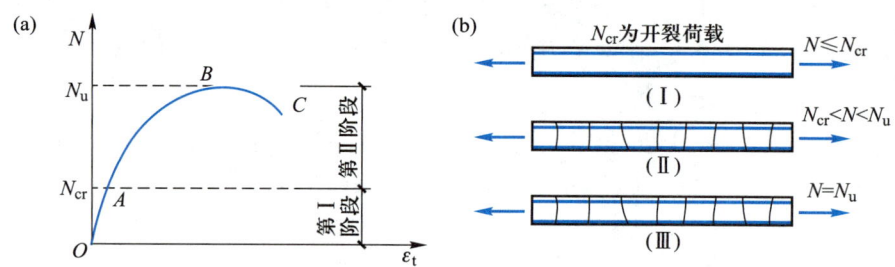

图 3-2　轴心受拉构件破坏的三个阶段

3. 第Ⅲ阶段

纵向钢筋屈服后,拉力 N 保持不变的情况下,构件的变形继续增大,裂缝不断加宽,直至构件破坏。此为构件受力的第Ⅲ阶段,如图 3-2a 中的 BC 段所示。

3.2.2　建筑工程中轴心受拉构件正截面承载力计算
Strength of Axially Tensile Members in Building Engineering

正截面是指与构件轴线垂直的截面。

对于轴心受拉构件正截面承载力的计算而言,以构件第Ⅲ阶段的受力情况为基础,但是要考虑可靠度的要求。此时,裂缝截面上的混凝土因开裂不能承受拉力,全部拉力由纵向钢筋承受。由内力与截面抗力的平衡条件和可靠度要求可得(图 3-3)

$$N \leqslant f_y A_s \tag{3-1}$$

式中　N ——轴向拉力组合设计值;

　　　f_y ——钢筋抗拉强度设计值,按附表 2-3 取用;

　　　A_s ——纵向钢筋的全部截面面积。

式(3-1)是式(2-13)在轴心受拉构件中的具体表达式,式(3-1)中的 N 相当于式(2-13)中的 $\gamma_0 S$,式(3-1)中的 $f_y A_s$ 相当于式(2-13)中的 R。

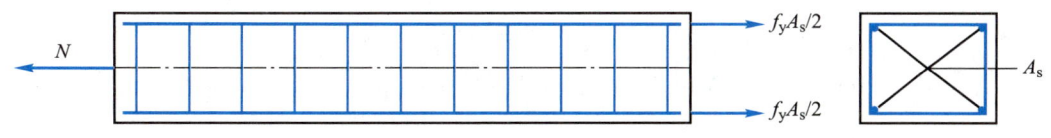

图 3-3 轴心受拉构件计算简图

【**例 3-1**】 某钢筋混凝土屋架下弦的拉力设计值 $N = 700$ kN，采用 HRB400 钢筋配筋。试求所需纵向钢筋截面面积，并为其选用钢筋。

【**解**】 由附表 2-3 查得 HRB400 钢筋的抗拉强度设计值 $f_y = 360$ N/mm^2。

由式(3-1)可得纵向钢筋截面面积为

$$A_s = N/f_y = \frac{700 \times 1\,000 \text{ N}}{360 \text{ N/mm}^2} = 1\,944 \text{ mm}^2$$

从安全与经济两个方面考虑，选用钢筋时，应尽可能使实际配筋面积接近按计算需要的面积，二者之差宜控制在 ±5% 以内。查附表 11-1 可知，此屋架下弦可选用 4Φ25 的纵向钢筋，实际配筋面积 $A_s = 1\,964$ mm^2，与按计算需要面积相近。

3.2.3 构造要求
Detailing Requirements

1. 纵向受力钢筋

① 轴心受拉构件的受力钢筋不应采用绑扎的搭接接头；

② 为避免配筋过少引起的脆性破坏，轴心受拉构件一侧的受拉钢筋的配筋率 $\rho = A_s/A$ 应不小于 0.2% 和 $0.45f_t/f_y$ 中的较大值，A 为构件的截面面积；

③ 受力钢筋沿截面周边均匀对称布置，并宜优先选择直径较小的钢筋。

2. 箍筋

箍筋直径不小于 6 mm，间距一般不宜大于 200 mm（屋架的腹杆中不宜超过 150 mm）。

§3.3 轴心受压构件正截面承载力计算
Strength of Axially Compressive Members

轴心受压构件内配有纵向钢筋和箍筋。根据箍筋的配置方式不同，轴心受压构件可分为配置普通箍筋和配置间距较密的螺旋箍筋（或环式焊接钢筋）两大类（图 3-4）。后者又称为螺旋式或焊接环式间接钢筋。

轴心受压构件的纵向钢筋除了与混凝土共同承担轴向压力外，还能承担由于初始偏心或其他偶然因素引起的附加弯矩在构件中产生的拉应力。在配置普通箍筋的轴心受压构件中，箍筋可以固定纵向受力钢筋的位置，防止纵向钢筋在混凝土压碎之前压屈，保证纵筋与混凝土共同受力直到构件破坏；螺旋箍筋对混凝土有较强的环向约束，因而能够提高构件的承载力和延性。

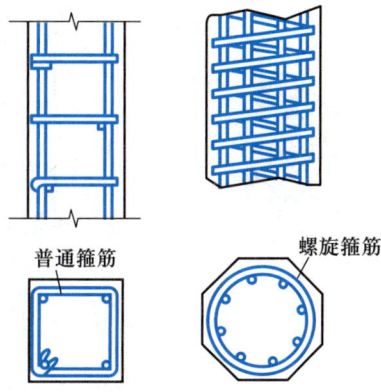

图 3-4 普通箍筋柱和螺旋箍筋柱

3.3.1　配有普通箍筋的轴心受压构件
Axially Compression Members with Tied Stirrups

1. 受力分析及破坏特征

根据构件长细比(构件的计算长度 l_0 与构件的截面回转半径 i 之比)的不同,轴心受压构件可分为短构件(对一般截面 $l_0/i \leqslant 28$;对矩形截面 $l_0/b \leqslant 8$,b 为截面宽度)和中长构件。习惯上将前者称为短柱,后者称为长柱。

钢筋混凝土轴心受压短柱的试验表明:在整个加载过程中,可能的初始偏心对构件承载力无明显影响;由于钢筋和混凝土之间存在着黏结力,二者的压应变相等,当达到极限荷载时,钢筋混凝土短柱的极限压应变大致与混凝土棱柱体受压破坏时的压应变相同,混凝土的应力达到棱柱体抗压强度 f_{ck}。若钢筋的屈服压应变小于混凝土破坏时的压应变,则钢筋将首先达到抗压屈服强度 f'_{yk},随后钢筋承担的压力维持不变,而继续增加的荷载全部由混凝土承担,直至混凝土被压碎。在这类构件中,钢筋和混凝土的抗压强度都得到充分利用。

对于高强度钢筋,在构件破坏时可能达不到屈服,当混凝土的强度等级不大于 C50 时,混凝土峰值应变为 0.002,则钢筋应力 $\sigma'_s = 0.002E_s = 0.002 \times 2 \times 10^5 \ \text{N/mm}^2 = 400 \ \text{N/mm}^2$,钢材的强度不能被充分利用。总之,在轴心受压短柱中,不论受压钢筋在构件破坏时是否屈服,构件的最终承载力都是由混凝土被压碎来控制的。在临近破坏时,短柱四周出现明显的纵向裂缝,箍筋间的纵向钢筋发生压曲外鼓,呈灯笼状(图 3-5),以混凝土被压碎而告破坏。

对于钢筋混凝土轴心受压长柱,试验表明,加载时由于种种因素形成的初始偏心距对试验结果影响较大,它将使构件产生附加弯矩和弯曲变形,如图 3-6 所示。对长细比很大的构件来说,则有可能在压应力尚未达到材料强度之前,即由于构件丧失稳定而引起破坏(图 3-7)。

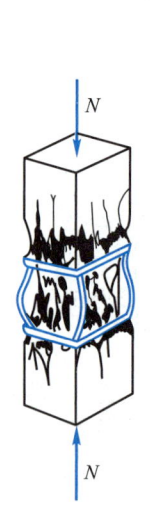

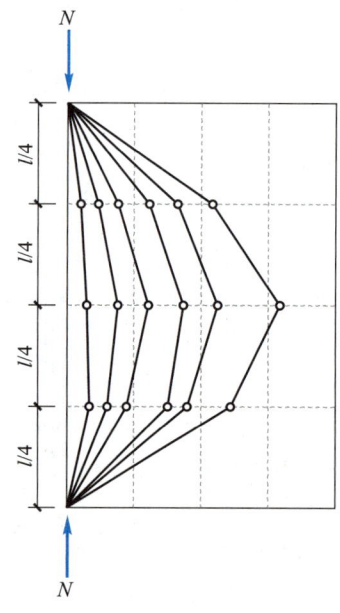

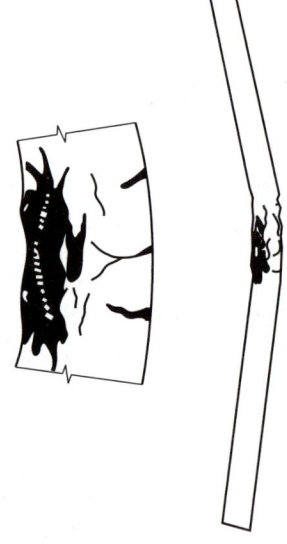

图 3-5　轴心受压
　　短柱的破坏形态

图 3-6　轴心受压长柱的
　　弯曲变形

图 3-7　细长轴心受压
　　构件的破坏

试验结果表明,长柱的承载力低于相同条件短柱的承载力。目前采用引入稳定系数 φ 的方法来考虑长柱纵向挠曲的不利影响,φ 值小于 1.0 且随着长细比的增大而减小,具体可查阅表 3-1。

表 3-1 钢筋混凝土轴心受压构件的稳定系数 φ

l_0/b	l_0/d	l_0/i	φ	l_0/b	l_0/d	l_0/i	φ
≤8	≤7	≤28	1.0	30	26	104	0.52
10	8.5	35	0.98	32	28	111	0.48
12	10.5	42	0.95	34	29.5	118	0.44
14	12	48	0.92	36	31	125	0.40
16	14	55	0.87	38	33	132	0.36
18	15.5	62	0.81	40	34.5	139	0.32
20	17	69	0.75	42	36.5	146	0.29
22	19	76	0.70	44	38	153	0.26
24	21	83	0.65	46	40	160	0.23
26	22.5	90	0.60	48	41.5	167	0.21
28	24	97	0.56	50	43	174	0.19

注: 1. 表中 l_0 为构件计算长度;b 为矩形截面的短边尺寸;d 为圆形截面直径;i 为截面回转半径,$i = \sqrt{I/A}$。

2. 构件计算长度 l_0,当构件两端固定时取 $0.5l$;当一端固定、一端为不动铰支座时取 $0.7l$;当两端为不动铰支座时取 l;当一端固定、一端自由时取 $2l$。l 为构件支座间长度。

2. 配有普通箍筋的轴心受压构件正截面承载力计算方法

在轴向力设计值 N 的作用下,轴心受压构件的计算简图如图 3-8 所示,由静力平衡条件并考虑长细比等因素的影响后,承载力可按下式计算:

$$N \leqslant 0.9\varphi(f_y' A_s' + f_c A) \tag{3-2}$$

式中 N——轴向力设计值;

φ——钢筋混凝土构件的稳定系数,按表 3-1 取用;

f_y'——钢筋抗压强度设计值,见附表 2-3;

f_c——混凝土轴心抗压强度设计值,见附表 1-2;

A_s'——全部纵向受压钢筋截面面积;

A——构件截面面积,当纵向钢筋配筋率大于 0.03 时,A 改用 A_c,$A_c = A - A_s'$;

0.9——为了保持与偏心受压构件正截面承载力计算具有相近的可靠度而引入的系数。

【例 3-2】 某轴心受压柱,轴力设计值 $N = 2\ 400$ kN,计算长度 $l_0 = 6.2$ m,混凝土采用 C25,纵筋采用 HRB400 钢筋。设计工作年限为 50 年,环境类别为一类。试求柱截面尺寸,并配置受力钢筋。

【解】 初步估算截面尺寸:

由附表 1-2 查得 C25 混凝土的 $f_c = 11.9$ N/mm^2,由附表 2-3 查得 HRB400 钢筋的 $f_y' = 360$ N/mm^2。由于柱的截面尺寸和配筋都未知,式

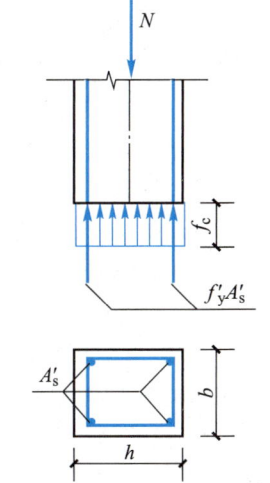

图 3-8 轴心受压构件
的计算简图

(3-2)不能求解两个或两个以上的未知数。此时,可在合理范围内对某些未知量进行假定。本题假定 $\varphi=1.0, \rho'=1\%$,由式(3-2)可得

$$A = \frac{N}{0.9\varphi(f_c+f'_y\rho')} = \frac{2\,400\times10^3\ \mathrm{N}}{0.9\times1\times(11.9\ \mathrm{N/mm^2}+360\ \mathrm{N/mm^2}\times0.01)} = 172.043\times10^3\ \mathrm{mm^2}$$

若采用方柱,$h=b=\sqrt{A}=414.78\ \mathrm{mm}$,确定取 $b\times h=450\ \mathrm{mm}\times450\ \mathrm{mm}$,$l_0/b=6.2/0.45=13.78$。柱截面尺寸确定以后,查表 3-1,得 $\varphi=0.923$,再由式(3-2)可求得

$$A'_s = \frac{N-0.9\varphi f_c A}{0.9\varphi f'_y} = \frac{2\,400\times10^3\ \mathrm{N}-0.9\times0.923\times11.9\ \mathrm{N/mm^2}\times450\ \mathrm{mm}\times450\ \mathrm{mm}}{0.9\times0.923\times360\ \mathrm{N/mm^2}} = 1\,332\ \mathrm{mm^2}$$

查附表 11-1,确定选配 8Φ16(实配 $A'_s=1\,608\ \mathrm{mm^2}$)。配筋率为

$$\rho' = \frac{A'_s}{A} = \frac{1\,608\ \mathrm{mm^2}}{450\ \mathrm{mm}\times450\ \mathrm{mm}} = 0.794\%$$

由附录 9 查得,当采用 HRB400 钢筋配筋时,最小配筋率为 0.55%。因此配筋满足最小配筋率要求。

3. 构造要求

(1) 材料

混凝土强度对受压构件的承载力影响较大,故宜采用强度等级较高的混凝土,如 C30,C40 等。在高层建筑和重要结构中,尚应选择强度等级更高的混凝土。

钢筋与混凝土共同受压时,若钢筋强度过高(如高于 $0.002E_s$),则不能充分发挥其作用,故不宜采用强度过高的钢筋作为受压钢筋。

(2) 截面形式

轴心受压构件以正方形为主,根据需要也可采用矩形截面、圆形截面或正多边形截面;矩形截面最小边长不宜小于 250 mm,圆形截面的直径不宜小于 300 mm,构件长细比一般为 15 左右,不宜大于 30。

(3) 纵向钢筋

① 纵向受力钢筋直径 d 不宜小于 12 mm,为便于施工宜选用较大直径的钢筋,以减少纵向弯曲,并防止在临近破坏时钢筋过早压屈。圆柱中纵向钢筋的根数不宜少于 8 根,且不应少于 6 根。

② 全部纵向钢筋的配筋率 ρ' 不宜超过 5%。

③ 纵向钢筋应沿截面周边均匀布置,钢筋净距不应小于 50 mm,钢筋中距亦不应大于 300 mm,混凝土保护层最小厚度不小于 20 mm。

④ 当钢筋直径 $d\leqslant32\ \mathrm{mm}$ 时,可采用绑扎搭接接头,但接头位置应设在受力较小处。

(4) 箍筋

① 应当采用封闭式箍筋,以保证钢筋骨架的整体刚度,并保证构件在破坏阶段箍筋对混凝土和纵向钢筋的侧向约束作用。

② 箍筋的间距 s 不应大于横截面短边尺寸,且不大于 400 mm,同时不应大于 15d(d 为纵向钢筋的最小直径)。

③ 箍筋采用热轧钢筋时,其直径不应小于 6 mm,且不应小于 $d/4$;采用冷拔低碳钢丝时应小于 5 mm 和 $d/5$(d 为纵向钢筋的最大直径)。

④ 当柱每边的纵向受力钢筋不多于 3 根（或当柱短边尺寸 $b \leqslant 400$ mm 而纵筋不多于 4 根）时，可采用单个箍筋，否则应设置复合箍筋（图 3-9）。

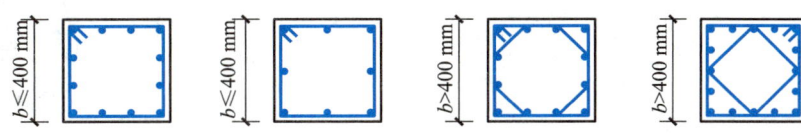

图 3-9　轴心受压柱的箍筋

⑤ 当柱中全部纵向受力钢筋配筋率超过 3% 时，箍筋直径不应小于 8 mm，箍筋末端应做成 135° 弯钩，且弯钩末端平直段长度不应小于箍筋直径的 10 倍，也可焊成封闭环式，其间距不应大于 $10d$（d 为纵向钢筋的最小直径），且不应大于 200 mm。

⑥ 在受压纵向钢筋搭接长度范围内的箍筋直径不应小于搭接钢筋较大直径的 25%，间距不应大于 $10d$，且不应大于 200 mm（d 为受力钢筋最小直径）。

3.3.2　配有螺旋箍筋的轴心受压构件
Axially Compression Members with Spiral Stirrups

1. 受力分析及破坏特征

混凝土三向受压强度试验表明，侧向压应力的作用将有效地阻止混凝土在轴向压力作用下所产生的侧向变形和内部微裂缝的发展，从而使混凝土的抗压强度有较大的提高。配置螺旋箍筋就能起到这种作用。试验表明，当混凝土的轴向压力较大时（$0.7f_c$ 左右），混凝土纵向微裂缝开始迅速发展，导致混凝土侧向变形明显增大，而配置足量的螺旋式或焊接环式间接钢筋就能约束其侧向变形，对混凝土产生间接的被动侧向压力，箍筋则产生环向拉力。当荷载逐步加大到混凝土压应变超过无约束时的极限压应变后，箍筋外部的混凝土将被压坏开始剥落，而箍筋以内核心部分的混凝土则能继续承载，只有当箍筋达到抗拉屈服强度而失去约束混凝土侧向变形的能力时，核心混凝土才会被压碎而导致整个构件破坏，其破坏形态如图 3-10 所示。

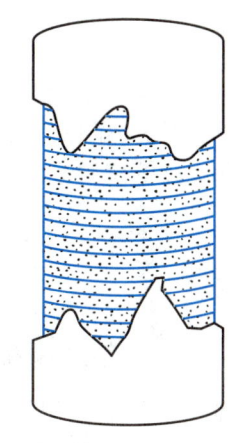

图 3-10　配有螺旋箍筋的轴心受压构件破坏情况

2. 配有螺旋式或焊接环式间接钢筋的轴心受压构件正截面抗压承载力计算方法

配置了间距较密的螺旋式或焊接环式间接钢筋的轴心受压柱，其核心混凝土的抗压强度可按三向受压时的强度考虑，可取

$$f_{c1} = f_c + 4\sigma_2 \qquad (3-3)$$

式中　σ_2——间接钢筋（即螺旋式或焊接环式间接钢筋）对核心混凝土产生的被动侧向压应力（即径向压应力）。

假设箍筋拉应力达到屈服强度，则从图 3-11 所示的平衡条件可得

$$2f_{yv}A_{ss1} = 2 \int_0^{\frac{\pi}{2}} \sigma_2 \sin \theta \cdot d\theta \cdot \frac{d_{cor}}{2} \cdot s = \sigma_2 d_{cor}s$$

故

$$\sigma_2 = \frac{2f_{yv}A_{ss1}}{d_{cor}s} = \frac{2f_{yv}A_{ss1}}{4\dfrac{\pi d_{cor}^2}{4}s} \pi d_{cor}$$

即

$$\sigma_2 = \frac{f_{yv}}{2A_{cor}}A_{sso} \qquad (3-4)$$

式中　f_{yv}——箍筋抗拉强度设计值；

　　　A_{ss1}——螺旋箍筋的截面面积；

　　　d_{cor}——核心混凝土直径；

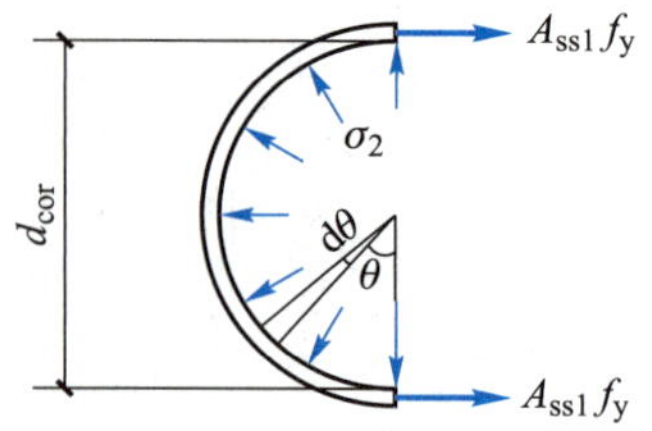

图 3-11　螺旋式或焊接
环式间接钢筋受力情况

　　　s——螺旋箍筋的间距；

　　　A_{cor}——混凝土核心截面面积，$A_{cor} = \pi d_{cor}^2/4$；

　　　A_{sso}——箍筋的换算截面面积，$A_{sso} = (\pi d_{cor}/s)A_{ss1}$。

构件的承载力应按下列公式计算：

$$N \leq f_{c1}A_{cor} + f'_y A'_s = (f_c + 4\sigma_2)A_{cor} + f'_y A'_s \qquad (3-5)$$

将式（3-4）代入，得

$$N \leq \left(f_c + 4\frac{f_{yv}}{2A_{cor}}A_{sso}\right)A_{cor} + f'_y A'_s \qquad (3-6)$$

即

$$N \leq f_c A_{cor} + 2f_{yv}A_{sso} + f'_y A'_s \qquad (3-7)$$

设计时，为了保持与偏心受压构件正截面受压承载力具有相近的可靠度，并且考虑间接钢筋对不同强度等级混凝土约束效应的影响差异，按下列公式近似计算：

$$N \leq 0.9(f_c A_{cor} + f'_y A'_s + 2\alpha f_{yv}A_{sso}) \qquad (3-8)$$

$$A_{sso} = \frac{\pi d_{cor}A_{ss1}}{s} \qquad (3-9)$$

式中　f_{yv}——间接钢筋的抗拉强度设计值，按附表 2-3 采用。

　　　A_{cor}——构件的核心截面面积：间接钢筋内表面范围的混凝土截面面积。

　　　A_{sso}——螺旋式或焊接环式间接钢筋的换算截面面积。

　　　d_{cor}——构件的核心截面直径：间接钢筋内表面之间的距离。

　　　A_{ss1}——螺旋式或焊接环式单根间接钢筋的截面面积。

　　　s——间接钢筋沿构件轴线方向的间距。

　　　α——间接钢筋对混凝土约束的折减系数：当混凝土强度等级不超过 C50 时，取 1.0；当混凝土强度等级为 C80 时，取 0.85；其间按线性内插法确定。

按式（3-8）算得的构件受压承载力设计值不应大于按式（3-2）算得的构件受压承载力设计值的 1.5 倍。此外，当遇到下列任意一种情况时，不应计入间接钢筋的影响，而应按式（3-2）进行计算。

① 当 $l_0/d > 12$ 时；

② 当按式(3-8)算得的受压承载力小于按式(3-2)算得的受压承载力时;

③ 当间接钢筋的换算截面面积 A_{sso} 小于纵向钢筋的全部截面面积的 25% 时。

【例 3-3】　某多层框架结构(框架按无侧移结构考虑),底层门厅柱为圆形截面,直径 $d =$ 500 mm,按轴心受压柱设计。轴力设计值 $N = 3\,900$ kN,计算长度 $l_0 = 6$ m,混凝土强度等级为 C30,纵筋和螺旋箍筋采用 HRB400 钢筋,环境类别为一类。试求柱配筋。

【解】　柱长细比 $l_0/d = 6$ m/0.5 m = 12,符合要求。

由附表 1-2 查得 C30 混凝土的 $f_c = 14.3$ N/mm^2,由附表 2-3 查得 HRB400 钢筋的 $f_{yv} = 360$ N/mm^2,$f'_y = 360$ N/mm^2。

由于纵筋截面面积和螺旋箍筋的直径、间距等未知,式(3-8)不可能求解多个未知数,因此,要在合理范围内对某些未知量进行假定。本例先设纵向受压钢筋为 6Φ20,由附表 11-1 查得 $A'_s = 1\,884$ mm^2,柱核心截面直径 $d_{cor} = 440$ mm,核心截面面积 $A_{cor} = \dfrac{\pi}{4}d_{cor}^2 = 152\,053$ mm^2,需配置的螺旋箍筋换算截面面积 A_{sso} 为

$$A_{sso} = \frac{\dfrac{N}{0.9} - f_c A_{cor} - f'_y A'_s}{2\alpha f_{yv}} = \frac{\dfrac{3\,900 \times 10^3\ \text{N}}{0.9} - 14.3\ \text{N/mm}^2 \times 152\,053\ \text{mm}^2 - 360\ \text{N/mm}^2 \times 1\,884\ \text{mm}^2}{2 \times 1 \times 360\ \text{N/mm}^2}$$

$$= 2\,056.7\ \text{mm}^2 > 25\% \times A'_s = 471\ \text{mm}^2$$

选螺旋箍筋为 Φ10,由附表 11-1 查得 $A_{ss1} = 78.5$ mm^2。由式(3-9)可算得螺旋箍筋的间距为

$$s = \frac{\pi d_{cor} A_{ss1}}{A_{sso}} = \frac{3.14 \times 440\ \text{mm} \times 78.5\ \text{mm}^2}{2\,056.7\ \text{mm}^2} = 52.73\ \text{mm}$$

实际取 $s = 50$ mm,满足 40 mm $\leqslant s \leqslant 80$ mm(或 $d_{cor}/5$)。

验算按式(3-8)算得的承载力是否不大于按式(3-2)算得的承载力的 1.5 倍:

$$N = 0.9\varphi(f_c A + f'_y A'_s)$$

$$= 0.9 \times 0.92 \times \left(14.3\ \text{N/mm}^2 \times \frac{1}{4} \times 3.14 \times 500^2\ \text{mm}^2 + 360\ \text{N/mm}^2 \times 1\,884\ \text{mm}^2\right)$$

$$= 2\,885.3\ \text{kN}$$

$$3\,900\ \text{kN} < 1.5 \times 2\,885.3\ \text{kN} = 4\,328\ \text{kN}$$

满足要求。

3. 构造要求

在配有螺旋式或焊接环式间接钢筋的柱中,如计算中考虑间接钢筋的作用,则间接钢筋的间距不应大于 80 mm 及 $d_{cor}/5$(d_{cor} 为按间接钢筋内表面确定的核心截面直径),且不应小于 40 mm;间接钢筋的直径不应小于 $d/4$,且不应小于 6 mm,d 为纵向钢筋的最大直径。纵向受力钢筋的最小配筋百分率见附表 9-1。

§ 3.4　小结
Summary

① 轴心受拉构件的受力过程可以分为三个阶段,正截面受拉承载力计算以第 Ⅲ 阶段为基础,拉力全部由纵向钢筋承受。

② 轴心受压构件根据配置箍筋的不同分为配置普通箍筋的轴心受压构件和配置螺旋式或焊接环式间接钢筋的轴心受压构件两类,螺旋式或焊接环式间接钢筋可以约束其内部混凝土的变形,因而可以提高构件的受压承载力。但是,只有当柱的长细比及螺旋式或焊接环式间接钢筋的直径、间距等满足一定的要求时,才能起到间接钢筋的作用,而且其受压承载力的大小不得超过普通箍筋轴心受压构件受压承载力的 1.5 倍。

③ 根据构件长细比的不同,轴心受压构件可以分成短轴心受压构件和长轴心受压构件两类。对于长轴心受压构件而言,随着长细比的增加,构件受压承载力不断减小。

④ 轴心受拉构件和轴心受压构件正截面受拉和受压承载力计算公式列于表 3-2 中。

表 3-2　轴心受力构件正截面承载力计算公式

构件类型		计算公式
轴心受拉构件		$N \leqslant f_y A_s$
轴心受压构件	普通箍筋轴心受压构件	$N \leqslant 0.9\varphi(f'_y A'_s + f_c A)$
	螺旋式或焊接环式间接钢筋轴心受压构件	$N \leqslant 0.9(f_c A_{cor} + f'_y A'_s + 2\alpha f_{yv} A_{sso})$

思 考 题
Questions

3-1　轴心受压构件中纵筋的作用是什么?

3-2　柱在使用过程中的应力重分布是如何产生的?

3-3　螺旋箍筋柱应满足的条件有哪些?

习　题
Exercises

3-1　某四层四跨现浇框架结构的第二层内柱轴向压力设计值 $N = 140 \times 10^4$ N,楼层高 $H = 5.4$ m,计算长度 $l_0 = 1.25H$,混凝土强度等级为 C30,HRB400 钢筋。设计工作年限为 50 年,环境类别为一类。试求柱截面尺寸及纵筋截面面积。

3-2　由于建筑的使用要求,某现浇柱截面尺寸为 250 mm×250 mm,柱高 4.0 m,计算长度 $l_0 = 0.7H = 2.8$ m,配筋为 4Φ16($A'_s = 804$ mm^2),C30 混凝土,HRB400 钢筋,承受轴向力设计值 $N = 950$ kN。设计工作年限为 50 年,

环境类别为一类。试判断柱截面是否安全。

3-3　已知一螺旋箍筋柱,直径 $d = 500$ mm,柱高 5.0 m,计算长度 $l_0 = 0.7H = 3.5$ m,采用 HRB400 钢筋,配筋为 $10\Phi16(A_s' = 2\,010$ mm^2),C30 混凝土,螺旋箍筋采用 HRB400 钢筋,直径为 12 mm,螺距 $s = 50$ mm。设计工作年限为 50 年,环境类别为 Ⅱ 类。试确定此柱的承载力。

3-4　试编写轴心受拉和轴心受压构件正截面承载力计算程序。

3-5　某工业厂房屋架,外形尺寸及节点荷载设计值(已包括自重)如图 3-12 所示,设计工作年限为 50 年,环境类别为一类,杆件 *DE* 和 *EF* 的截面尺寸分别为 250 mm×250 mm 和 300 mm×300 mm,计算长度分别为 2 m 和 8 m,混凝土的强度等级为 C30,钢筋采用 HRB500。试按承载能力极限状态为杆件 *DE* 和 *EF*(即截面 1-1 和截面 2-2)配置纵向受力钢筋。

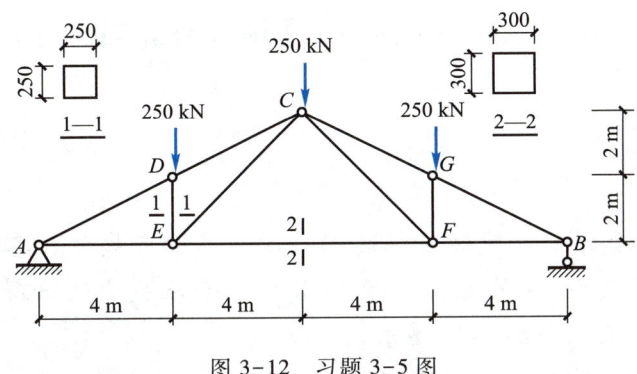

图 3-12　习题 3-5 图

第4章
Chapter 4

钢筋混凝土受弯构件正截面承载力计算
Strength of Reinforced Concrete Flexural Members

本章学习目标:

了解配筋率对受弯构件破坏特征的影响和适筋受弯构件在各阶段的受力特点;
掌握单筋矩形截面、双筋矩形截面和 T 形截面承载力的计算方法;
熟悉受弯构件正截面的构造要求。
本章的重点是三种截面的正截面承载力计算方法,难点是配筋构造要求。

§4.1 概述
Introduction

第4章 课件

受弯构件是指截面上通常有弯矩和剪力共同作用而轴力可以忽略不计的构件(图4-1)。梁和板是典型的受弯构件,它们是土木工程中数量最多、使用面最广的一类构件。梁和板的区别在于:梁的截面高度一般情况下大于其宽度,而板的截面高度则远小于其宽度。

建筑工程中受弯构件常用的截面形状如图4-2所示。

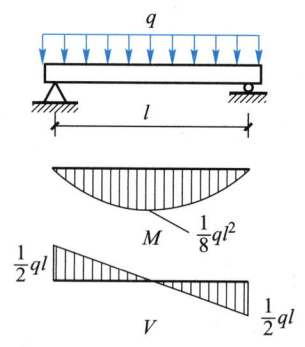

图4-1 受弯构件示意图

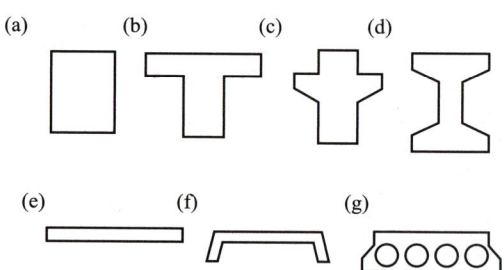

图4-2 建筑工程常用梁和板的截面形状

当板和梁一起浇筑时(图 4-3),板不但将其上的荷载传递给梁,而且和梁一起构成 T 形或倒 L 形截面共同承受荷载。

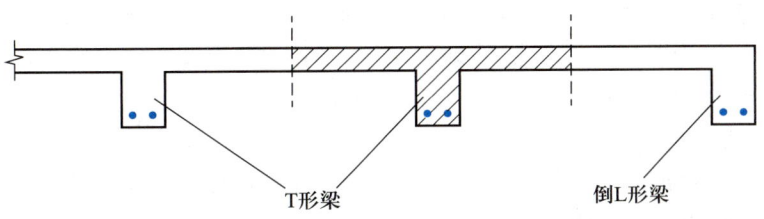

图 4-3　现浇梁和板结构的截面形状

受弯构件在荷载等因素的作用下,可能发生两种主要的破坏:一种是沿弯矩最大的截面破坏(图 4-4a),另一种是沿剪力最大或弯矩和剪力都较大的截面破坏(图 4-4b)。当受弯构件沿弯矩最大的截面破坏时,破坏截面与构件的轴线垂直,称为沿正截面破坏;当受弯构件沿剪力最大或弯矩和剪力都较大的截面破坏时,破坏截面与构件的轴线斜交,称为沿斜截面破坏。

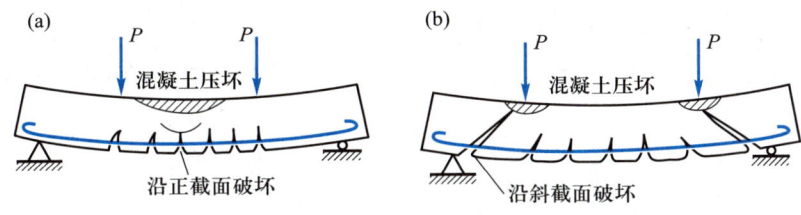

图 4-4　受弯构件的破坏形式

进行受弯构件设计时,既要保证构件不得沿正截面发生破坏,又要保证构件不得沿斜截面发生破坏,因此要进行正截面承载能力和斜截面承载能力计算。本章只讨论受弯构件的正截面承载能力计算方法,斜截面承载能力的计算问题将在下一章中介绍。

§4.2　受弯构件正截面的受力特性
Resistance Feature of Normal Section of Flexural Members

4.2.1　截面纵向受力钢筋配筋率对受弯构件破坏特征的影响
Influence of Steel Ratio to Failure Feature of Flexural Members

图 4-5 所示只在截面的受拉区配有纵向受力钢筋的矩形截面受弯构件,简称为单筋矩形截面受弯构件。假设受弯构件的截面宽度为 b,截面高度为 h,纵向受力钢筋截面面积为 A_s,从受压边缘至纵向受力钢筋截面重心的距离 h_0 为截面的有效高度,截面宽度与截面有效高度的乘积 bh_0 为截面的有效面积(图 4-5)。构件的截面配筋率(简称配筋率)是指纵向受力钢筋截面面积与截面有效面积之比,即

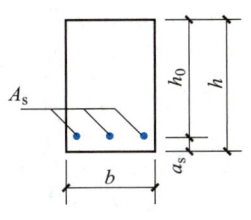

图 4-5　单筋矩形
截面示意图

$$\rho = \frac{A_s}{bh_0} \tag{4-1}$$

构件的破坏特征取决于配筋率、混凝土的强度等级、截面形式等诸多因素,但是以配筋率对构件破坏特征的影响最为明显。试验表明,随着配筋率的改变,构件的破坏特征将发生质的变化。

下面通过图 4-6 所示承受两个对称集中荷载的矩形截面简支梁说明配筋率对构件破坏特征的影响。

① 当构件的配筋率低于某一定值时,构件不但承载能力很低,而且只要一开裂,裂缝便急速开展,裂缝截面处的拉力全部由钢筋承受,钢筋由于突然增大的应力而屈服,构件立即发生破坏(图 4-6a)。这种破坏称为少筋破坏。

② 当构件的配筋率不是太低也不是太高时,构件的破坏首先是受拉区纵向受力钢筋屈服,然后受压区混凝土被压碎,钢筋和混凝土的强度都得到充分利用。这种破坏称为适筋破坏。适筋破坏在构件破坏前有明显的塑性变形和裂缝预兆,破坏不是突然发生的,呈塑性性质(图 4-6b)。

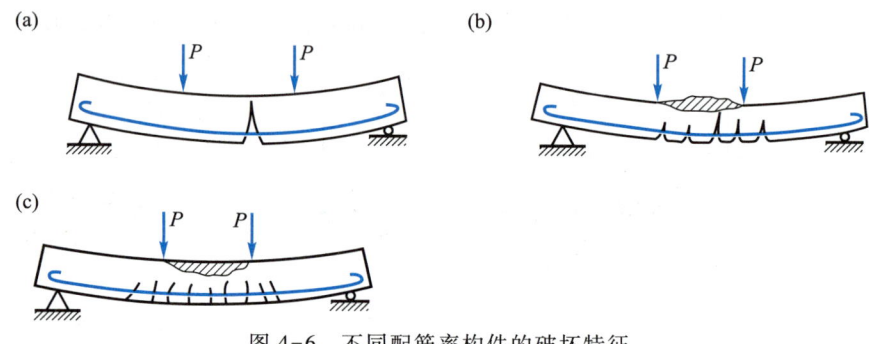

图 4-6　不同配筋率构件的破坏特征

(a)少筋梁;(b)适筋梁;(c)超筋梁

③ 当构件的配筋率超过某一定值时,构件的破坏特征又发生质的变化。构件的破坏是由于受压区的混凝土被压碎而引起的,受拉区纵向受力钢筋不屈服,这种破坏称为超筋破坏。超筋破坏在破坏前虽然也有一定的变形和裂缝预兆,但不像适筋破坏那样明显,而且当混凝土被压碎时,破坏突然发生,钢筋的强度得不到充分利用,破坏带有脆性性质(图 4-6c)。

由上述可见,受弯构件的破坏形式取决于受拉钢筋的抗拉能力与受压区混凝土的抗压能力相互抗衡的结果。当受压区混凝土的抗压能力大于受拉钢筋的抗拉能力时,钢筋先屈服;反之,当受拉钢筋的抗拉能力大于受压区混凝土的抗压能力时,受压区混凝土先被压碎。少筋破坏和超筋破坏都具有脆性性质,破坏前无明显预兆,破坏时将造成严重后果,材料的强度得不到充分利用。因此,应避免将受弯构件设计成少筋构件和超筋构件,只允许设计成适筋构件。在后面的讨论中,将所讨论的范围限制在适筋构件范围以内,并且将通过控制配筋量或控制相对受压区高度等措施使设计的构件成为适筋构件。

4.2.2　适筋受弯构件截面受力的几个阶段
Stages of Proper-Reinforced Flexural Members from the Beginning of Loading to Failure

试验表明,对于适筋受弯构件,从开始加载到正截面完全破坏,截面的受力状态可以分为下面三个主要阶段：

1. 第一阶段——截面开裂前的阶段

荷载很小时，截面上的内力也很小，应力与应变成正比，截面的应力分布为直线（图4-7a），这种受力阶段称为第Ⅰ阶段。

荷载不断增大时，截面上的内力也不断增大，由于受拉区混凝土出现塑性变形，受拉区的应力图形呈曲线。当荷载增大到某一数值时，受拉区边缘的混凝土可达其实际的抗拉强度和抗拉极限应变值。截面处在开裂前的临界状态（图4-7b），这种受力状态称为第Ⅰ_a阶段。

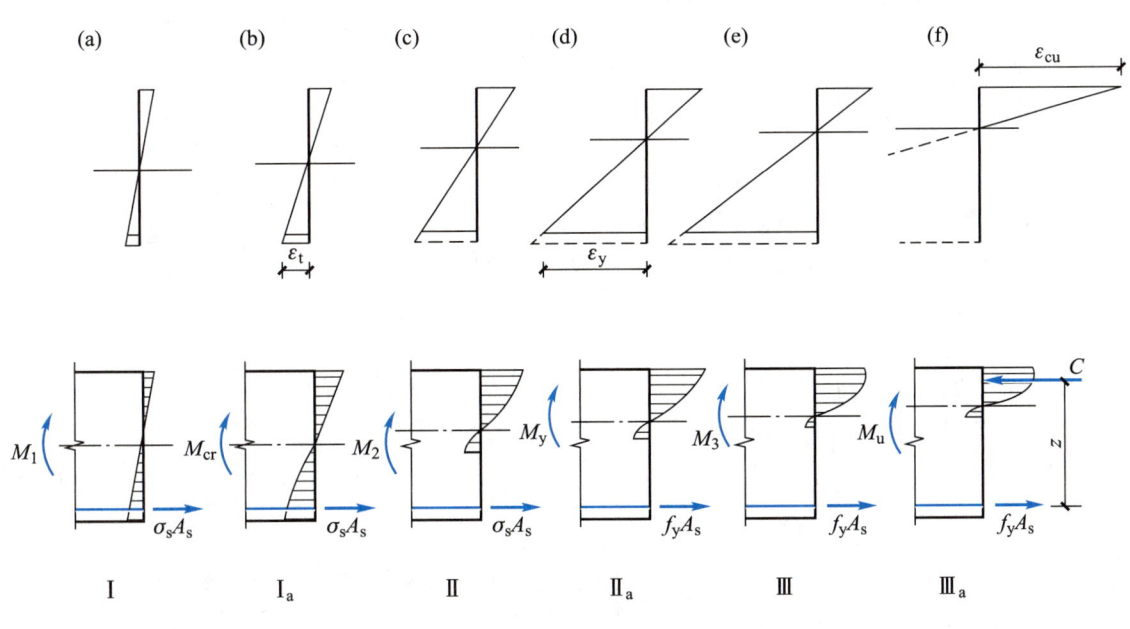

C——受压区合力。

图4-7　梁在各受力阶段的应力、应变图

2. 第二阶段——从截面开裂到受拉区纵向受力钢筋开始屈服的阶段

截面受力达第Ⅰ_a阶段后，荷载只要有稍许增加，截面立即开裂，截面上应力发生重分布，裂缝处混凝土不再承受拉力，混凝土释放的拉力由钢筋承受，钢筋的拉应力突然增大，受压区混凝土出现明显的塑性变形，应力图形呈曲线（图4-7c），这种受力阶段称为第Ⅱ阶段。

荷载继续增加，裂缝进一步开展，钢筋和混凝土的应力不断增大。当荷载增加到某一数值时，受拉区纵向受力钢筋开始屈服，钢筋应力达到其屈服强度（图4-7d），这种特定的受力状态称为第Ⅱ_a阶段。

3. 第三阶段——破坏阶段

受拉区纵向受力钢筋屈服后，截面的承载力无明显的增加，但塑性变形急速发展，裂缝迅速开展，并向受压区延伸，受压区面积减小，受压区混凝土压应力迅速增大，这是截面受力的第Ⅲ阶段（图4-7e）。

在荷载几乎保持不变的情况下，裂缝进一步急剧开展，受压区混凝土出现纵向裂缝，混凝土被完全压碎，截面发生破坏（图4-7f），这种特定的受力状态称为第Ⅲ_a阶段。

试验同时表明,从开始加载到构件破坏的整个受力过程中,变形前的平面,变形后仍保持平面。

进行受弯构件截面受力工作阶段的分析,不但可以详细地了解截面受力的全过程,而且为裂缝、变形及承载力的计算提供了依据。往后将会看到,截面抗裂验算建立在第 I_a 阶段的基础之上,构件使用阶段的变形和裂缝宽度验算建立在第 II 阶段的基础之上,而截面的承载力计算则是建立在第 III_a 阶段的基础之上的。

§4.3   受弯构件正截面承载力计算方法
Strength of Flexural Members

4.3.1   基本假定
Basic Assumptions

如同上节所述,受弯构件正截面承载力计算以图 4-7 中第 III_a 阶段图形为基础。但是,第 III_a 阶段图中混凝土的应力为曲线,为了简化起见,进行正截面承载力计算时,引入如下几个基本假定:

① 截面应变保持平面。

② 不考虑混凝土的抗拉强度。

③ 混凝土受压的应力-应变关系曲线按下列规定取用（图 4-8）:

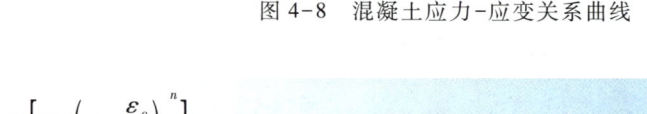

图 4-8   混凝土应力-应变关系曲线

当 $\varepsilon_c \leqslant \varepsilon_0$ 时

$$\sigma_c = f_c \left[1 - \left(1 - \frac{\varepsilon_c}{\varepsilon_0} \right)^n \right] \tag{4-2}$$

当 $\varepsilon_0 < \varepsilon_c \leqslant \varepsilon_{cu}$ 时

$$\sigma_c = f_c \tag{4-3}$$

$$n = 2 - \frac{1}{60}(f_{cu,k} - 50) \tag{4-4}$$

$$\left. \begin{array}{l} \varepsilon_0 = 0.002 + 0.5(f_{cu,k} - 50) \times 10^{-5} \\ \varepsilon_{cu} = 0.003\,3 - (f_{cu,k} - 50) \times 10^{-5} \end{array} \right\} \tag{4-5}$$

式中 σ_c——对应于混凝土应变为 ε_c 时的混凝土压应力;

f_c——混凝土轴心抗压强度设计值,按附表 1-2 采用;

ε_0——对应于混凝土压应力刚达到 f_c 时的混凝土压应变,当计算的 ε_0 值小于 0.002 时,应取为 0.002;

ε_{cu}——正截面处于非均匀受压时的混凝土极限压应变,当处于非均匀受压且按式 (4-5)计算的 ε_{cu} 值大于 0.003 3 时应取为 0.003 3,当处于轴心受压时取为 ε_0;

$f_{cu,k}$——混凝土立方体抗压强度标准值;

n——系数,当计算的 n 大于 2.0 时,应取为 2.0。

$n, \varepsilon_0, \varepsilon_{cu}$ 的取值见表 4-1。

表 4-1　$n, \varepsilon_0, \varepsilon_{cu}$ 取值

	≤C50	C55	C60	C65	C70	C75	C80
n	2.0	1.917	1.833	1.750	1.667	1.583	1.500
ε_0	0.002 000	0.002 025	0.002 050	0.002 075	0.002 100	0.002 125	0.002 150
ε_{cu}	0.003 30	0.003 25	0.003 20	0.003 15	0.003 10	0.003 05	0.003 00

由表 4-1 可见,当混凝土的强度等级小于或等于 C50 时,n, ε_0 和 ε_{cu} 均为定值。当混凝土的强度等级大于 C50 时,随着混凝土强度等级的提高,ε_0 的值不断增大,而 ε_{cu} 值却逐渐减小,即图 4-8 中的水平区段逐渐缩短,意味着材料的脆性加大。

④ 纵向受拉钢筋的极限拉应变取为 0.01。

⑤ 纵向钢筋的应力取钢筋应变与其弹性模量的乘积,但其值应符合下列要求:

$$-f'_y \leqslant \sigma_{si} \leqslant f_y \tag{4-6}$$

4.3.2　单筋矩形截面正截面承载力计算
Strength of Rectangular Section in Bending with Tension Reinforcement Only

矩形截面通常分为单筋矩形截面和双筋矩形截面两种形式。如前所述,只在截面的受拉区配有纵向受力钢筋的矩形截面,称为单筋矩形截面(图 4-9)。不但在截面的受拉区,而且在截面受压区同时配有纵向受力钢筋的矩形截面,称为双筋矩形截面。需要说明的是,为了构造上的原因(例如为了形成钢筋骨架),梁的受压区通常也需要配置纵向钢筋,这种纵向钢筋称为架立钢筋。架立钢筋与受力钢筋的区别是:架立钢筋是根据构造要求设置的,通常直径较细、根数较少;而受力钢筋则是根据受力要求按计算设置的,通常直径较粗、根数较多。受压区配有架立钢筋的截面,不属于双筋截面。

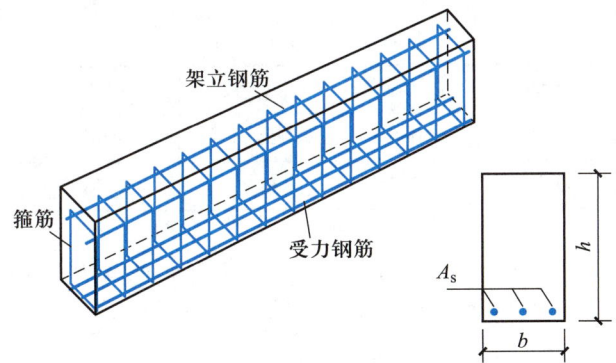

图 4-9　单筋矩形截面梁配筋

1. 计算简图

根据 4.2.2 小节的讨论和 4.3.1 小节的基本假定,单筋矩形截面的计算简图如图 4-10 所示。在计算简图 4-10a 中只画出了纵向受力钢筋,省略了架立钢筋和箍筋,看上去较为简洁。

为了简化计算,受压区混凝土的应力图形可用一个等效的矩形应力图形代替。矩形应力图的应力取为 $\alpha_1 f_c$(图 4-11),f_c 为混凝土轴心抗压强度设计值。所谓"等效",是指这两个图形不但压应力合力的大小相等,而且合力的作用位置完全相同。

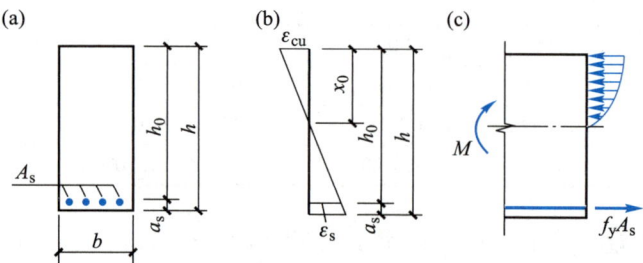

图 4-10   单筋矩形截面的计算简图

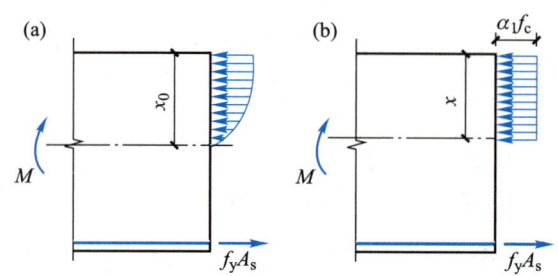

图 4-11   单筋矩形截面受压区混凝土的等效应力图

按等效矩形应力图形计算的受压区高度 x 与按平截面假定确定的受压区高度 x_0 之间的关系为

$$x = \beta_1 x_0 \tag{4-7}$$

系数 α_1 和 β_1 的取值见表 4-2。

表 4-2   系数 α_1 和 β_1

	≤C50	C55	C60	C65	C70	C75	C80
α_1	1.00	0.99	0.98	0.97	0.96	0.95	0.94
β_1	0.80	0.79	0.78	0.77	0.76	0.75	0.74

由表 4-2 可见,当混凝土的强度等级小于或等于 C50 时,α_1 和 β_1 为定值。当混凝土的强度等级大于 C50 时,α_1 和 β_1 的值随混凝土强度等级的提高而减小。

2. 基本计算公式

由于截面在破坏前的一瞬间处于静力平衡状态,所以对于图 4-11b 所示的受力状态可以建立两个静力平衡方程,一个是所有各力在水平轴方向上的合力为零,即

$$\sum X = 0, \quad \alpha_1 f_c b x = f_y A_s \tag{4-8}$$

式中　b ——矩形截面宽度;

　　　A_s ——受拉区纵向受力钢筋的截面面积。

另一个是所有各力对截面上任何一点的合力矩为零。当对受拉区纵向受力钢筋的合力作用点取矩时,有

$$\sum M_s = 0, \quad M \le \alpha_1 f_c bx \left(h_0 - \frac{x}{2} \right) \tag{4-9a}$$

当对受压区混凝土压应力合力的作用点取矩时,有

$$\sum M_c = 0, \quad M \le f_y A_s \left(h_0 - \frac{x}{2} \right) \tag{4-9b}$$

式中　M ——荷载在该截面上产生的弯矩设计值;

　　　h_0 ——截面的有效高度,$h_0 = h - a_s$,h 为截面高度,a_s 为受拉区边缘到受拉钢筋合力作用点的距离。

式(4-8)表示受拉区钢筋抗力与受压区混凝土抗力之间的平衡,二者之间为等号。式(4-9a)和式(4-9b)表示作用效应 M 与结构抗力之间的平衡,二者之间为小于等于号。式(4-9a)和式(4-9b)是式(2-13)在单筋矩形截面受弯构件正截面承载力计算时的具体表达式,M 相当于式(2-13)的 $\gamma_0 S$,右边项相当于式(2-13)的 R。

钢筋被包裹在混凝土内,混凝土对钢筋起到了保护作用,使其免于锈蚀。但是,混凝土保护层应具有一定的厚度。按构造要求,对于处于一类环境类别和设计工作年限为 50 年的梁和板,当混凝土的强度等级大于 C25 时,梁内钢筋的混凝土保护层最小厚度(指从构件边缘至最外层钢筋边缘的距离)不得小于 20 mm,板内钢筋的混凝土保护层厚度不得小于 15 mm(当混凝土的强度等级为 C25 时,梁和板的混凝土保护层最小厚度分别为 25 mm 和 20 mm)。因此,对于一类环境类别和设计工作年限为 50 年,以及混凝土强度等级大于 C25 的受弯构件,截面的有效高度在构件设计时一般可按假定梁内主筋直径为 20 mm,板内主筋直径为 10 mm,梁内箍筋直径为 6 mm,梁内两排主筋间距为 25 mm 进行估算(图 4-12):

梁的纵向受力钢筋按一排布置时,$h_0 = h - 20 \text{ mm} - 6 \text{ mm} - \dfrac{20}{2} \text{mm} \approx h - 35 \text{ mm}$;

梁的纵向受力钢筋按两排布置时,$h_0 = h - 20 \text{ mm} - 6 \text{ mm} - 20 \text{ mm} - \dfrac{25}{2} \text{mm} \approx h - 60 \text{ mm}$;

板的截面有效高度 $h_0 = h - 15 \text{ mm} - \dfrac{10}{2} \text{mm} = h - 20 \text{ mm}$。

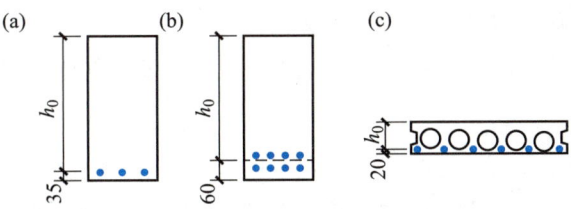

图 4-12　梁板有效高度的确定方法

当梁板最终配筋直径与假定配筋直径相差不是特别大时,可不进行重算。

对于处于其他使用环境的梁和板,混凝土保护层的厚度见附录 7。

式(4-8)和式(4-9)是单筋矩形截面受弯构件正截面承载力的基本计算公式。但是应该注意,图 4-11 所示的受力情况只能列两个独立方程,式(4-9a)和式(4-9b)不是相互独立的,只能任意选用其中一个与式(4-8)一起进行计算。

3. 基本计算公式的适用条件

式(4-8)和式(4-9)是根据适筋构件的破坏简图推导出的静力平衡方程式,它们只适用于适筋构件计算,不适用于少筋构件和超筋构件计算。在前面的讨论中已经指出,少筋构件和超筋构件的破坏都属于脆性破坏,设计时应避免将构件设计成这两类构件。为此,任何受弯构件必须满足下列两个适用条件:

① 为了防止将构件设计成少筋构件,要求构件纵向受力钢筋的截面面积满足

$$A_s \geqslant \rho_{\min} bh \qquad\qquad (4-10)$$

式中　$\rho_{\min}$——最小配筋率,可根据截面的开裂弯矩与极限弯矩相等的条件求得;

　　　b,h——截面的宽度和高度,注意此处用 h 而不用 h_0,也就是说,矩形截面纵向受力钢筋的最小配筋率按全截面计算。

$\rho_{\min}$ 取 0.2% 和 $0.45f_t/f_y$ 中的较大值。$\rho_{\min}$ 的值如表 4-3 所示。

表 4-3　受弯构件最小配筋率 $\rho_{\min}$ 值　　　　%

钢筋	混凝土强度等级												
	C20	C25	C30	C35	C40	C45	C50	C55	C60	C65	C70	C75	C80
HPB300	0.200	0.212	0.238	0.262	0.285	0.300	0.315	0.327	0.340	0.348	0.357	0.363	0.370
HRB400 HRBF400 RRB400 HRB400E	0.200	0.200	0.200	0.200	0.214	0.225	0.236	0.245	0.255	0.261	0.268	0.273	0.278
HRB500 HRBF500 HRB500E	0.200	0.200	0.200	0.200	0.200	0.200	0.200	0.203	0.211	0.216	0.221	0.226	0.230

由表 4-3 可见,在大多数情况下,受弯构件的最小配筋率均大于 0.2%,即由 $0.45f_t/f_y$ 条件控制。除悬臂板、柱支承板之外的板类受弯构件,当纵向受拉钢筋采用强度等级为 500 MPa 的钢筋时,其最小配筋率应允许采用 0.15% 和 $0.45f_t/f_y$ 中的较大值。对于卧置于地基上的钢筋混凝土板,板中受拉普通钢筋的最小配筋率不应小于 0.15%。

② 为了防止将构件设计成超筋构件,要求构件截面的相对受压区高度 ξ 不得超过其相对界限受压区高度 ξ_b,即

$$\xi \leqslant \xi_b \qquad\qquad (4-11)$$

相对界限受压区高度 ξ_b 是适筋构件与超筋构件相对受压区高度的界限值,它需要根据截面平面变形等假定求出。

a. 有明显屈服点钢筋配筋的受弯构件:

由图 4-13 可得

$$\xi_b = \frac{x_b}{h_0} = \frac{\beta_1 x_{0b}}{h_0} = \frac{\beta_1 \varepsilon_{cu}}{\varepsilon_{cu} + \varepsilon_y} = \frac{\beta_1}{1 + \dfrac{\varepsilon_y}{\varepsilon_{cu}}}$$

因此

$$\xi_b = \frac{\beta_1}{1 + \dfrac{f_y}{\varepsilon_{cu} E_s}} \qquad (4-12)$$

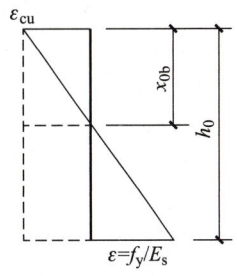

图 4-13 界限配筋时
的应变情况

为了方便使用,对于常用的有明显屈服点的钢筋,将其抗拉强度设计值 f_y 和弹性模量 E_s 代入式(4-12)中,可算得有明显屈服点钢筋配筋的受弯构件的相对界限受压区高度 ξ_b 如表 4-4 所示,设计时可直接查用。当 $\xi \leqslant \xi_b$ 时,受拉钢筋屈服,为适筋构件;当 $\xi > \xi_b$ 时,受拉钢筋不屈服,为超筋构件。

表4-4 受弯构件有明显屈服点钢筋配筋时的 ξ_b 值

钢筋	混凝土强度等级						
	≤C50	C55	C60	C65	C70	C75	C80
HPB300	0.575 7	0.566 1	0.556 4	0.546 8	0.537 2	0.527 6	0.518 0
HRB400 HRBF400 RRB400 HRB400E	0.517 6	0.508 4	0.499 2	0.490 0	0.480 8	0.471 6	0.462 5
HRB500 HRBF500 HRB500E	0.482 2	0.473 3	0.464 4	0.455 5	0.446 6	0.437 8	0.429 0

b. 无明显屈服点钢筋的受弯构件:

对于碳素钢丝、钢绞线、热处理钢筋及冷轧带肋钢筋等无明显屈服点的钢筋,取对应于残余应变为 0.2% 时的应力 $\sigma_{0.2}$ 作为条件屈服点,并以此作为这类钢筋的抗拉强度设计值。对应于条件屈服点 $\sigma_{0.2}$ 时的钢筋应变为(图 4-14)

$$\varepsilon_s = 0.002 + \varepsilon_y = 0.002 + \frac{f_y}{E_s} \qquad (4-13)$$

式中 f_y——无明显屈服点钢筋的抗拉强度设计值;

   E_s——无明显屈服点钢筋的弹性模量。

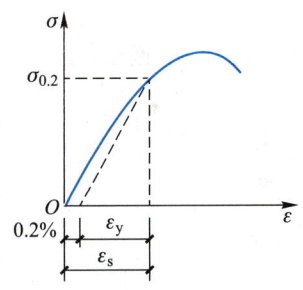

图 4-14 无明显屈服点钢
筋的应力-应变关系

根据截面平面变形等假设,将推导式(4-12)时的 ε_y 用式(4-13)的 ε_s 代替,可以求得无明显屈服点钢筋配筋的受弯构件相对界限受压区高度 ξ_b 的计算公式为

$$\xi_b = \frac{\beta_1}{1 + \dfrac{0.002}{\varepsilon_{cu}} + \dfrac{f_y}{E_s \varepsilon_{cu}}} \qquad (4-14)$$

截面相对受压区高度 ξ 与截面配筋率 ρ 之间存在对应关系。ξ_b 求出后,可以求出适筋受弯构件截面最大配筋率的计算公式。由式(4-8)可写出

$$\alpha_1 f_c b \xi_b h_0 = f_y A_{s,\max} \tag{4-15}$$

因此

$$\rho_{\max} = \frac{A_{s,\max}}{bh_0} = \xi_b \frac{\alpha_1 f_c}{f_y} \tag{4-16}$$

式(4-16)即为受弯构件最大配筋率的计算公式。为了方便起见,将常用的具有明显屈服点钢筋配筋的普通钢筋混凝土受弯构件的截面最大配筋率 $\rho_{\max}$ 列在表4-5中。

表4-5　受弯构件的截面最大配筋率 $\rho_{\max}$　　　　　　　　　　%

钢筋	混凝土强度等级												
	C20	C25	C30	C35	C40	C45	C50	C55	C60	C65	C70	C75	C80
HPB300	2.047	2.537	3.049	3.561	4.073	4.499	4.925	5.252	5.554	5.843	6.074	6.275	6.474
HRB400 HRBF400 RRB400 HRB400E	1.380	1.711	2.056	2.401	2.746	3.034	3.321	3.537	3.813	3.668	4.077	4.206	4.335
HRB500 HRBF500 HRB500E	1.064	1.319	1.585	1.851	2.117	2.339	2.561	2.725	2.877	3.017	3.134	3.232	3.328

当构件按最大配筋率配筋时,由式(4-9a)可以求出适筋受弯构件所能承受的最大弯矩为

$$M_{\max} = \alpha_1 f_c b \xi_b h_0 \left(h_0 - \frac{\xi_b h_0}{2} \right) = \xi_b \left(1 - \frac{\xi_b}{2} \right) bh_0^2 \alpha_1 f_c = \alpha_{sb} bh_0^2 \alpha_1 f_c \tag{4-17}$$

式中　α_{sb}——截面最大的抵抗矩系数,$\alpha_{sb} = \xi_b \left(1 - \frac{\xi_b}{2} \right)$。

对于具有明显屈服点钢筋配筋的受弯构件,其截面最大的抵抗矩系数 α_{sb} 见表4-6。

表4-6　受弯构件截面最大的抵抗矩系数 α_{sb}

钢筋	混凝土强度等级						
	≤C50	C55	C60	C65	C70	C75	C80
HPB300	0.410 0	0.405 9	0.401 6	0.397 3	0.392 9	0.388 4	0.383 8
HRB400 HRBF400 RRB400 HRB400E	0.383 6	0.379 2	0.374 6	0.370 0	0.365 2	0.360 4	0.355 5
HRB500 HRBF500 HRB500E	0.365 9	0.361 3	0.356 6	0.351 8	0.346 9	0.342 0	0.337 0

由上面的讨论可知,为了防止将构件设计成超筋构件,既可以用式(4-11)进行控制,也可以用

$$\rho \leqslant \rho_{\max} \tag{4-18}$$

或

$$\alpha_s \leqslant \alpha_{sb} \tag{4-19}$$

进行控制。式(4-11)、式(4-18)和式(4-19)对应于同一配筋和同一受力状况,因而三者是等效的。

由于不考虑混凝土抵抗拉力的作用,因此只要是受压区为矩形而受拉区为其他形状的受弯构件(如倒 T 形受弯构件),均可按矩形截面计算。

在受弯构件设计中,通常会遇到下列两类问题:一类是截面选择问题,即假定构件的截面尺寸、混凝土的强度等级、钢筋的品种及构件上作用的荷载或截面上的内力等都是已知的(或由于某种因素虽然暂时未知,但可根据实际情况和设计经验假定),要求计算受拉区纵向受力钢筋所需的面积,并且参照构造要求,选择钢筋的数量和直径。另一类是承载能力校核问题,即构件的尺寸、混凝土的强度等级、钢筋的品种、数量和配筋方式等都已确定,要求计算截面是否能够承受某一已知的荷载或内力设计值。利用式(4-8)、式(4-9)及它们的适用条件式,便可以求得上述两类问题的答案,计算步骤见以下各计算例题。

4. 计算例题

【例 4-1】 某学生宿舍的走廊为简支在砖墙上的现浇钢筋混凝土平板(图 4-15a),板上作用的均布活荷载标准值为 $q_k = 2 \text{ kN/m}^2$。水磨石地面及细石混凝土垫层共 30 mm 厚(重度为 22 kN/m³),板底粉刷白灰砂浆 12 mm 厚(重度为 17 kN/m³)。混凝土强度等级选用 C30,纵向受拉钢筋采用 HPB 300 钢筋。环境类别为一类,设计工作年限为 50 年。试确定板厚度和受拉钢筋截面面积。

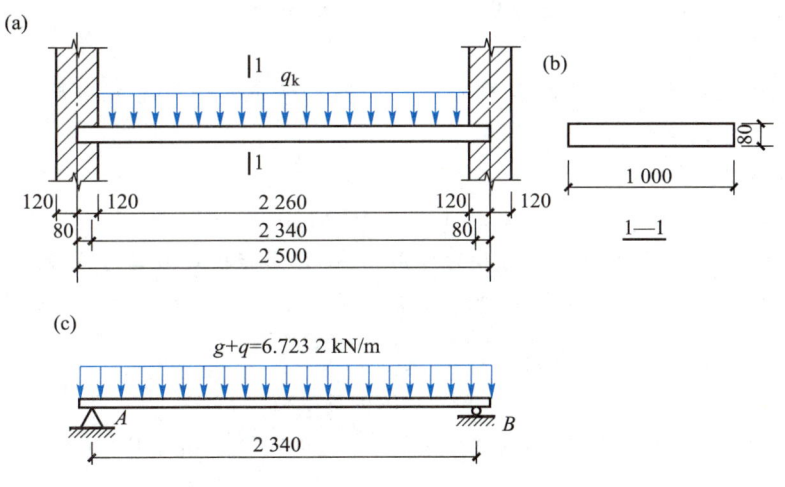

图 4-15　例 4-1 钢筋混凝土平板

【解】 本学生宿舍的走廊可能很长,但是沿长度方向的跨度、板厚、板上荷载等完全相同,

不必将整个走廊取出计算,只需沿走廊的长度方向取出 1 m 宽的板带进行计算和配筋,没有计算的板,按此 1 m 宽计算板带的配筋配置钢筋。

走道板搁置在砖墙上,砖墙对其约束较小,为了简化计算,可视为简支(图 4-15c)。

(1)截面尺寸

本走道板采用实心平板,板厚取 80 mm。计算单元的截面尺寸 $b \times h = 1\ 000\ \text{mm} \times 80\ \text{mm}$(图 4-15b)。由附表 7-1 查得混凝土保护层的厚度 $c = 15\ \text{mm}$,从板的受拉边缘至受拉纵向钢筋中心或合力作用点的距离 $a_s = 20\ \text{mm}$,截面的有效高度为

$$h_0 = h - a_s = 80\ \text{mm} - 20\ \text{mm} = 60\ \text{mm}$$

(2)计算跨度

板的计算跨度可按附表 6-1 的规定计算。对于此走道板,计算跨度等于板的净跨加板的厚度。因此有

$$l_0 = l_n + h = 2\ 260\ \text{mm} + 80\ \text{mm} = 2\ 340\ \text{mm}$$

(3)荷载设计值

板上的荷载分为恒载和活荷载,荷载又分为标准值和设计值。如前所述,荷载标准值乘以相应的荷载分项系数后,称为该荷载的设计值。承载力计算采用荷载设计值。荷载计算时,可先算恒载和活荷载的标准值,再算它们的设计值。计算恒载标准值时,可从板面至板底逐项计算,防止漏项。本例的荷载为

恒载标准值:水磨石地面及细石混凝土垫层 $0.03 \times 22\ \text{kN/m} = 0.66\ \text{kN/m}$

　　　　　钢筋混凝土板自重(重度为 25 kN/m³) $0.08 \times 25\ \text{kN/m} = 2.0\ \text{kN/m}$

　　　　　白灰砂浆粉刷 $0.012 \times 17\ \text{kN/m} = 0.204\ \text{kN/m}$

$$g_k = (0.66 + 2.0 + 0.204)\ \text{kN/m} = 2.864\ \text{kN/m}$$

活荷载标准值:$q_k = 2.0\ \text{kN/m}$

恒载设计值:$g = \gamma_G g_k = 1.3 \times 2.864\ \text{kN/m} = 3.723\ 2\ \text{kN/m}$

活荷载设计值:$q = \gamma_Q q_k = 1.5 \times 2.0\ \text{kN/m} = 3.00\ \text{kN/m}$

(4)弯矩设计值 M

走道板上无偶然荷载,只需考虑荷载的基本组合。弯矩设计值是采用荷载设计值并考虑了荷载效应组合计算出的弯矩值。

设计工作年限为 50 年:

$$\gamma_0 = 1.0, \quad \gamma_L = 1.0$$

$\gamma_G = 1.3, \gamma_Q = 1.5$。简支板在均布荷载的作用下,最大弯矩出现在跨中截面。板的其他截面都按跨中截面配筋时,偏于安全,施工简便,所以只取跨中截面进行计算。跨中弯矩最大设计值为

$$M_1 = \gamma_0 \left(\frac{1}{8} \gamma_G g_k l_0^2 + \frac{1}{8} \gamma_Q \gamma_L q_k l_0^2 \right)$$

$$= 1.0 \times \left(\frac{1}{8} \times 1.3 \times 2.864\ \text{kN/m} \times 2.340^2\ \text{m}^2 + \frac{1}{8} \times 1.5 \times 1.0 \times 2.0\ \text{kN/m} \times 2.340^2\ \text{m}^2 \right)$$

$$= 4.601\ 7\ \text{kN} \cdot \text{m}$$

(5)配筋计算

混凝土强度等级为 C30:由附表 1-2 查得其抗压强度设计值 $f_c = 14.3\ \text{N/mm}^2$;由表 4-2 查得

$\alpha_1 = 1.0$。

钢筋采用 HPB 300:由附表 2-3 查得其抗拉强度设计值 $f_y = 270 \text{ N/mm}^2$。

此外,由表 4-3 和表 4-4 分别查得:$\rho_{\min} = 0.238\%$,$\xi_b = 0.575\ 7$。

将有关数据代入式(4-8)和式(4-9a),力的单位用 N,长度的单位用 mm,得

$$1.0 \times 14.3 \text{ N/mm}^2 \times 1\ 000 \text{ mm} \times x = 270 \text{ N/mm}^2 \times A_s$$

$$4.601\ 7 \times 10^6 \text{ N} \cdot \text{mm} \leqslant 1.0 \times 14.3 \text{ N/mm}^2 \times 1\ 000 \text{ mm} \times x \left(60 \text{ mm} - \frac{x}{2}\right)$$

解联立方程得

$$x = 5.650 \text{ mm}$$

$$A_s = 299.2 \text{ mm}^2$$

(6) 验算是否为少筋构件和超筋构件

$$\xi = \frac{x}{h_0} = \frac{5.650 \text{ mm}}{60 \text{ mm}} = 0.094 < \xi_b = 0.575\ 7$$

不属于超筋构件。

$$\rho_{\min} bh = 0.238\% \times 1\ 000 \text{ mm} \times 80 \text{ mm}$$
$$= 190 \text{ mm}^2 < A_s = 299.2 \text{ mm}^2$$

不属于少筋构件。

(7) 选用钢筋及绘制配筋图

本例经验算既不为超筋构件,也不为少筋构件,属于适筋构件,可以按照计算结果选用钢筋。

附表 11-4 为每米板宽各种钢筋间距时的钢筋截面面积表。查此表,可选用直径为 8 mm、间距为 160 mm 的 HPB 300 钢筋配筋,记作 φ8@160,实配钢筋截面面积为 314 mm^2。

选用钢筋时,很难做到实配钢筋截面面积与计算钢筋截面面积相等,尽量使二者相差在 ±5% 的范围以内即可。

板内除配纵向受力钢筋之外,与受力钢筋垂直的方向还应配分布钢筋。分布钢筋不需要计算,只需要满足构造要求即可。本例的分布钢筋选用 HPB 300 钢筋,直径 6 mm,间距 250 mm,记作 φ6@250。

板的配筋如图 4-16 所示。

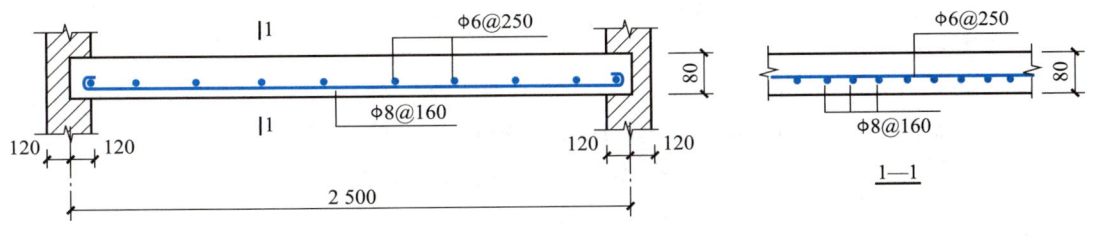

图 4-16 例 4-1 板配筋图

【例 4-2】 某教学楼中的一矩形截面钢筋混凝土简支梁,环境类别为一类,设计工作年限为 50 年,计算跨度 $l_0 = 6.0 \text{ m}$,板传来的永久荷载及梁的自重标准值 $g_k = 15.6 \text{ kN/m}$,板传来的楼面活荷载标准值 $q_k = 10.7 \text{ kN/m}$,梁的截面尺寸为 200 mm×500 mm(图 4-17),混凝土的强度等

级为 C30,纵向受力钢筋为 HRB400 钢筋。试求纵向受力钢筋所需截面面积。

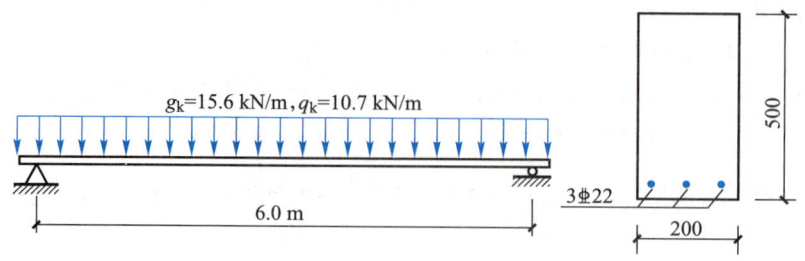

图 4-17　例 4-2 图

【解】　（1）求最大弯矩设计值

计算时,单位要一致。力的单位用"N",长度的单位用"mm"。

永久荷载的分项系数 γ_G 为 1.3,楼面活荷载的分项系数 γ_Q 为 1.5,结构的重要性系数 γ_0 为 1.0,$\gamma_L = 1.0$。因此,由式（2-15）可算得梁的跨中截面的最大弯矩设计值为

$$M = \gamma_0(\gamma_G M_{Gk} + \gamma_Q M_{Qk}) = \gamma_0\left(\gamma_G \times \frac{1}{8} g_k l_0^2 + \gamma_Q \gamma_L \frac{1}{8} q_k l_0^2\right)$$

$$= 1.0 \times \left(1.3 \times \frac{1}{8} \times 15.6 \text{ kN/m} \times 6^2 \text{ m}^2 + 1.5 \times 1.0 \times \frac{1}{8} \times 10.7 \text{ kN/m} \times 6^2 \text{ m}^2\right)$$

$$= 163.485 \text{ kN} \cdot \text{m} = 163.485 \times 10^6 \text{ N} \cdot \text{mm}$$

（2）求所需纵向受力钢筋截面面积

由附表 1-2 和表 4-2 分别查得当混凝土的强度等级为 C30 时,$f_c = 14.3 \text{ N/mm}^2$,$\alpha_1 = 1.0$,由附表 2-3 查得 HRB400 钢筋的 $f_y = 360 \text{ N/mm}^2$。先假定受力钢筋按一排布置,则

$$h_0 = 500 \text{ mm} - 35 \text{ mm} = 465 \text{ mm}$$

将有关数据代入式（4-8）和式（4-9a）中,得

$$14.3 \text{ N/mm}^2 \times 200 \text{ mm} \times x = 360 \text{ N/mm}^2 \times A_s$$

$$163.485 \times 10^6 \text{ N} \cdot \text{mm} = 14.3 \text{ N/mm}^2 \times 200 \text{ mm} \times x \times \left(465 \text{ mm} - \frac{x}{2}\right)$$

联立求解上述二式,得

$$x = 145.78 \text{ mm}, \quad A_s = 1\ 158 \text{ mm}^2$$

（3）验算适用条件

① 验算条件式（4-10）:

由表 4-3 查得 C30 和 HRB400 对应的 $\rho_{min} = 0.200\%$,本例中的配筋

$$A_s > \rho_{min} bh = 0.200\% \times 200 \text{ mm} \times 500 \text{ mm} = 200 \text{ mm}^2$$

因此不属于少筋构件。

② 验算条件式（4-11）:

由表 4-4 查得 $\xi_b = 0.517\ 6$,而本题实际的相对受压区高度为

$$\xi = \frac{x}{h_0} = \frac{145.78 \text{ mm}}{465 \text{ mm}} = 0.314 < \xi_b = 0.517\ 6$$

也不属于超筋构件。

　　两项适用条件均能满足,可以根据计算结果选用钢筋的直径和数量。查附表11-1,本题选用 3⚌22,实配钢筋截面面积为 $A_s = 1\ 140\ mm^2$。配筋情况见图4-17。

【例4-3】　某宿舍一预制钢筋混凝土走道板,环境类别为一类,计算跨长 $l_0 = 1\ 820\ mm$,板宽 480 mm,板厚 80 mm,混凝土的强度等级为 C30,受拉区配有 4 根直径为 8 mm 的 HPB300 钢筋。当使用荷载及板自重在跨中产生的弯矩最大设计值(计算过程从略)为 $M = 910\ 000\ N \cdot mm$ 时,试验算该截面的承载力是否足够。

【解】　(1)求 x

由附表1-2、附表2-3、表4-2和表4-4分别查得

$$f_c = 14.3\ N/mm^2, \quad \alpha_1 = 1.0$$

$$f_y = 270\ N/mm^2, \quad \xi_b = 0.575\ 7$$

本例中钢筋直径已给出,截面有效高度可直接算出:

$$h_0 = h - c - \frac{d}{2} = 80\ mm - 15\ mm - \frac{8}{2}\ mm = 61\ mm$$

$$b = 480\ mm, \quad A_s = 201\ mm^2$$

由式(4-8)求得受压区计算高度为

$$x = \frac{f_y A_s}{\alpha_1 f_c b} = \frac{270\ N/mm^2 \times 201\ mm^2}{1.0 \times 14.3\ N/mm^2 \times 480\ mm} = 7.91\ mm < \xi_b h_0 = 0.575\ 7 \times 61\ mm = 35.1\ mm$$

(2)求 M_u

$$M_u = \alpha_1 f_c bx \left(h_0 - \frac{x}{2} \right) = 1.0 \times 14.3\ N/mm^2 \times 480\ mm \times 7.91\ mm \times \left(61\ mm - \frac{7.91}{2}\ mm \right)$$

$$= 3\ 097\ 215\ N \cdot mm$$

(3)判别截面承载力是否满足

$$M_u > M = 910\ 000\ N \cdot mm$$

承载能力足够。

　　5. 计算表格的制作及使用

　　(1)计算表格的制作

　　由上面的例题可见,利用计算公式进行截面选择时,需要解算二次方程式和联立方程式,还要验算适用条件,颇为麻烦。如果将计算公式制成表格,便可以使计算工作得到简化。

　　计算表格的形式有两种:一种是对于各种混凝土强度等级及各种钢筋配筋的梁板都适用的表格,另一种是对某种混凝土强度等级和某种钢筋的梁板专门制作的表格。前一种表格通用性强,后一种表格使用上较简便。下面只介绍通用表格的制作及使用方法。

　　式(4-9a)可写成

$$M = \alpha_1 f_c bx \left(h_0 - \frac{x}{2} \right) = \alpha_1 f_c b \xi h_0 \left(h_0 - \frac{\xi h_0}{2} \right) = \alpha_1 f_c b h_0^2 \xi (1 - 0.5\xi) \qquad (4-20)$$

令

$$\alpha_s = \xi(1 - 0.5\xi) \qquad (4-21)$$

则式(4-20)可写成

$$M = \alpha_s b h_0^2 \alpha_1 f_c \tag{4-22}$$

式中,$\alpha_s b h_0^2$ 可以认为是截面在极限状态时的抵抗矩,因此可以将 α_s 称为截面抵抗矩系数。同样,式(4-9b)可写成

$$M = f_y A_s \left(h_0 - \frac{x}{2} \right) = f_y A_s h_0 \left(1 - 0.5\frac{x}{h_0} \right) = f_y A_s h_0 (1 - 0.5\xi) \tag{4-23}$$

令

$$\gamma_s = 1 - 0.5\xi \tag{4-24}$$

则式(4-23)可写成

$$M = f_y A_s h_0 \gamma_s \tag{4-25}$$

式中 γ_s——内力臂系数。

由式(4-21)可得

$$\xi = 1 - \sqrt{1 - 2\alpha_s} \tag{4-26}$$

将式(4-26)代入式(4-24)可得

$$\gamma_s = \frac{1 + \sqrt{1 - 2\alpha_s}}{2} \tag{4-27}$$

因此,单筋矩形截面受弯构件正截面的配筋计算可以按照图 4-18 所示的框图进行。

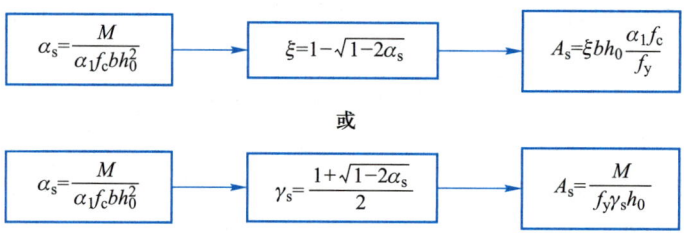

图 4-18 单筋矩形截面受弯构件正截面配筋计算步骤框图

式(4-26)和式(4-27)表明,ξ 和 γ_s 与 α_s 之间存在一一对应的关系,给定一个 α_s 值,便有一个 ξ 值和一个 γ_s 值与之对应。因此,可以事先给出一串 α_s 值,算出与它们对应的 ξ 值和 γ_s 值,并且将它们列成表格(见附表 4-1 和附表 4-2)。设计时查用这些表格,既可以避免解算二次方程式和联立方程式,又不必按式(4-26)或式(4-27)计算 ξ 或 γ_s,当 α_s 值不接近表中的最小值或最大值时,还不必验算构件是少筋还是超筋,因而使计算工作得到简化。

单筋矩形截面受弯构件的截面选择和承载力校核还可以用图 4-19 的计算框图表示。对于学习过算法语言的读者来说,按照这个框图,可以很快编写出相应的计算机程序。

(2)计算表格的使用

下面通过一个例题来说明计算表格的使用方法。

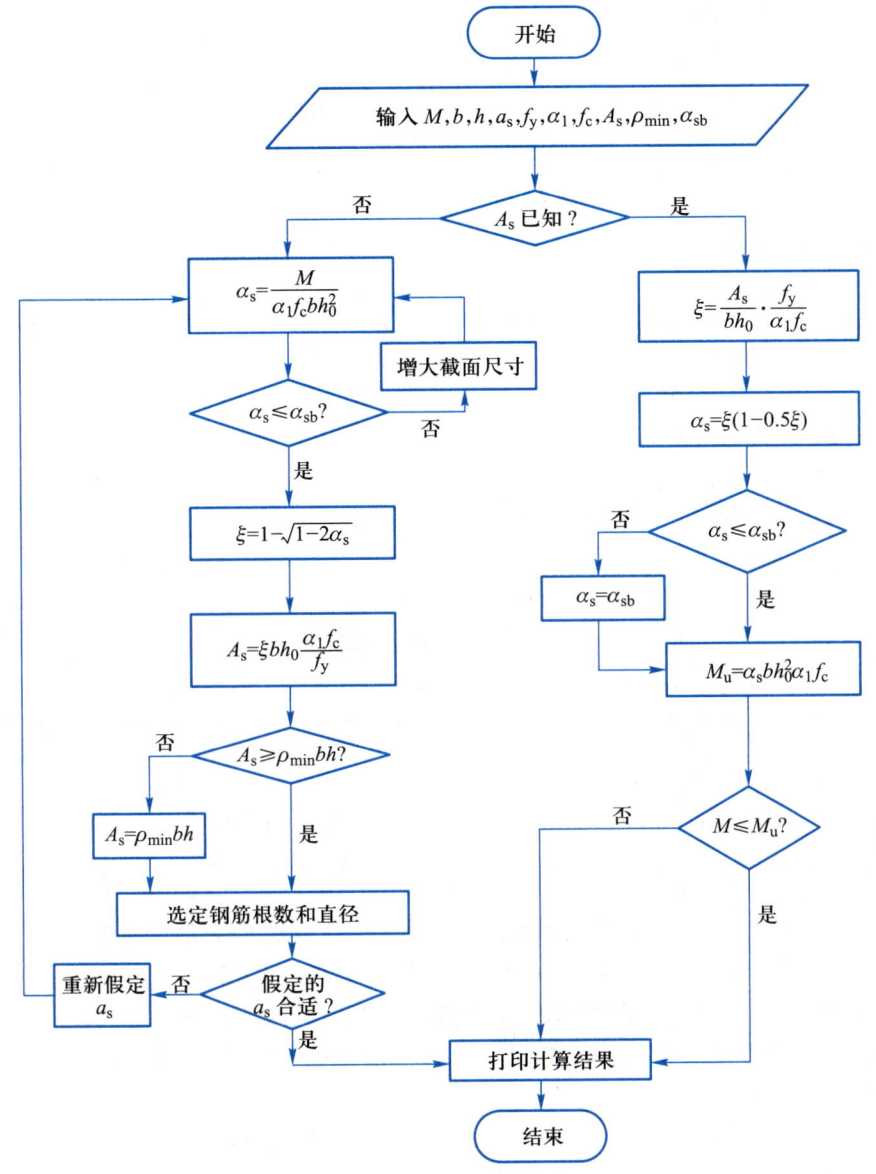

图 4-19　单筋矩形截面受弯构件正截面承载力计算框图

【**例 4-4**】　某实验室一楼面梁的截面尺寸为 250 mm×500 mm,跨中最大弯矩设计值 $M=$ 180 000 N·m,采用强度等级为 C30 的混凝土和 HRB400 钢筋。环境类别为一类,设计工作年限为 50 年。试求所需纵向受力钢筋的截面面积。

【**解**】　(1) 利用附表 4-1 求 A_s

先假定受力钢筋按一排布置,则

$$h_0 = h-35 \text{ mm} = 500 \text{ mm} - 35 \text{ mm} = 465 \text{ mm}$$

分别查附表 1-2、附表 2-3、表 4-2、表 4-3 和表 4-4,得

$$f_c = 14.3 \text{ N/mm}^2, \quad f_y = 360 \text{ N/mm}^2, \quad \alpha_1 = 1.0, \quad \rho_{\min} = 0.2\%, \quad \xi_b = 0.5176$$

按图 4-18 的第一个框图分三步计算。由式(4-22)得

$$\alpha_s = \frac{M}{\alpha_1 f_c b h_0^2} = \frac{180\ 000\ 000\ \text{N} \cdot \text{mm}}{14.3\ \text{N/mm}^2 \times 250\ \text{mm} \times 465^2\ \text{mm}^2} = 0.232\ 9$$

由式(4-26)或由附表 4-1 查得相应的 ξ 值为

$$\xi = 0.269\ 1 < \xi_b = 0.517\ 6$$

所需纵向受力钢筋截面面积为

$$A_s = \xi b h_0 \frac{\alpha_1 f_c}{f_y} = 0.269\ 1 \times 250\ \text{mm} \times 465\ \text{mm} \times \frac{1.0 \times 14.3\ \text{N/mm}^2}{360\ \text{N/mm}^2} = 1\ 242\ \text{mm}^2$$

$$A_s > \rho_{\min} b h = 0.2\% \times 250\ \text{mm} \times 500\ \text{mm} = 250\ \text{mm}^2$$

选用 4Φ20(实配 $A_s = 1\ 256\ \text{mm}^2$)，一排可以布置得下，因此不必修改 h_0 重新计算 A_s 值。

（2）利用附表 4-2 求 A_s

根据上面求得 $\alpha_s = 0.232\ 9$，查附表 4-2 得 $\gamma_s = 0.864$；由式(4-25)可求出所需纵向受力钢筋的截面面积为

$$A_s = \frac{M}{f_y \gamma_s h_0} = \frac{180\ 000\ 000\ \text{N} \cdot \text{mm}}{360\ \text{N/mm}^2 \times 0.864 \times 465\ \text{mm}} = 1\ 245\ \text{mm}^2$$

计算结果与利用附表 4-1 所得结果的前 3 位数相同，因此以后只需要选用其中的一个表格进行计算即可。由本例可看出，利用表格进行计算，比利用式(4-8)和式(4-9)计算要简便得多。

4.3.3　双筋矩形截面正截面承载力计算
Strength of Rectangular Section in Bending with Both Tension and Compression Reinforcement

如前所述，不但在截面的受拉区，而且在截面的受压区同时配有纵向钢筋的矩形截面，称为双筋矩形截面。双筋矩形截面适用于下面几种情况：

① 结构或构件承受某种交变的作用（如地震），使截面上的弯矩改变方向；

② 截面承受的弯矩设计值大于单筋截面所能承受的最大弯矩设计值，而截面尺寸和材料品种等由于某些原因又不能改变；

③ 结构或构件的截面由于某种原因，在截面的受压区预先已经布置了一定数量的受力钢筋（如连续梁的某些支座截面）。

双筋截面的用钢量比单筋截面多，因此为了节约钢材，应尽可能地不要将截面设计成双筋截面。

1. 计算公式及适用条件

双筋矩形截面受弯构件正截面承载力计算中（图 4-20a），除了引入单筋矩形截面受弯构件承载力计算的各项假定以外，由于受压纵筋一般都可以充分利用，因此还假定当 $x \geq 2a_s'$ 时，受压钢筋的应力等于其抗压强度设计值 f_y'（图 4-20c）。

对于图 4-20c 所示的受力情况，可以像单筋矩形截面一样列出下面两个静力平衡方程式：

$$\sum X = 0, \quad f_y A_s = f_y' A_s' + \alpha_1 f_c b x \tag{4-28}$$

$$\sum M = 0, \quad M \leqslant f_y' A_s'(h_0 - a_s') + \alpha_1 f_c b x \left(h_0 - \frac{x}{2} \right) \tag{4-29}$$

式中 A'_s——受压区纵向受力钢筋的截面面积。

         a'_s——从受压区边缘到受压区纵向受力钢筋合力作用点之间的距离。当混凝土的强度等级大于 C25 时,对于梁,当受压钢筋按一排布置时,可取 $a'_s = 35$ mm;当受压钢筋按两排布置时,可取 $a'_s = 60$ mm;对于板,可取 $a'_s = 20$ mm。

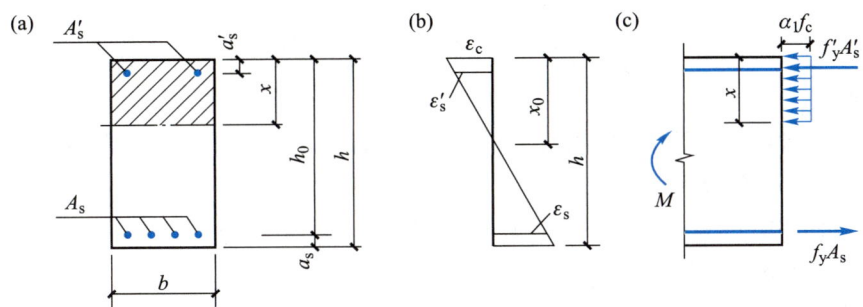

图 4-20   双筋矩形截面计算简图

式(4-28)和式(4-29)是双筋矩形截面受弯构件的计算公式。它们的适用条件是

$$A_s \geqslant \rho_{\min} bh \tag{4-30}$$

$$x \leqslant \xi_b h_0 \tag{4-31a}$$

$$x \geqslant 2a'_s \tag{4-31b}$$

在双筋矩形截面中,式(4-30)一般均可满足。满足条件式(4-31a),可防止受压区混凝土在受拉区纵向受力钢筋屈服前压碎。满足条件式(4-31b),可防止受压区纵向受力钢筋在构件破坏时达不到抗压强度设计值。因为当 $x < 2a'_s$ 时,由图 4-20b 可知,受压钢筋的应变 ε'_s 很小,受压钢筋不可能屈服。设计时,可近似取 $x = 2a'_s$ 计算。

当不满足条件式(4-31)时,受压钢筋的应力达不到 f'_y 而成为未知数,这时可近似地取 $x = 2a'_s$,并将各力对受压钢筋的合力作用点取矩得

$$M \leqslant f_y A_s (h_0 - a'_s) \tag{4-32}$$

用式(4-32)可以直接确定纵向受拉钢筋的截面面积 A_s,这样有可能使求得的 A_s 比不考虑受压钢筋的存在而按单筋矩形截面计算的 A_s 还大,这时应按单筋截面的计算结果配筋。

2. 计算公式的应用

(1)钢筋截面面积选择

① 已知截面的弯矩设计值 M,截面尺寸 $b \times h$,钢筋种类和混凝土的强度等级,要求确定受拉钢筋截面面积 A_s 和受压钢筋截面面积 A'_s。

计算公式为式(4-28)和式(4-29)。但是,在这两个公式中,有三个未知数 A_s、A'_s 和 x,从数学上来说不能求解。为了求解,必须补充一个方程式。此时,为了节约钢材,充分发挥混凝土的承载力,可以假定受压区的高度等于其界限高度,即

$$x = \xi_b h_0 \tag{4-33}$$

补充了这个方程后,便可求得问题的解答。由式(4-29)和式(4-33)可得

$$A'_s = \frac{M-\alpha_1 f_c bx\left(h_0-\dfrac{x}{2}\right)}{f'_y(h_0-a'_s)} = \frac{M-\alpha_1 f_c b\xi_b h_0\left(h_0-\dfrac{\xi_b h_0}{2}\right)}{f'_y(h_0-a'_s)} = \frac{M-\alpha_{sb}bh_0^2\alpha_1 f_c}{f'_y(h_0-a'_s)} \tag{4-34}$$

由式（4-28）和式（4-33）有

$$A_s = \frac{f'_y A'_s + \alpha_1 f_c bx}{f_y} = \frac{f'_y A'_s + \alpha_1 f_c b\xi_b h_0}{f_y} \tag{4-35}$$

② 已知截面的弯矩设计值 M，截面尺寸 $b \times h$，钢筋种类、混凝土的强度等级及受压钢筋截面面积 A'_s，要求确定受拉钢筋截面面积 A_s。

计算公式仍为式（4-28）和式（4-29），由于 A'_s 现在已知，只有两个未知数 A_s 和 x，可以求解。由式（4-29）可得

$$x = h_0 - \sqrt{h_0^2 - 2\left[\frac{M-f'_y A'_s(h_0-a'_s)}{\alpha_1 f_c b}\right]} \tag{4-36}$$

由式（4-28）可得

$$A_s = \frac{f'_y A'_s + \alpha_1 f_c bx}{f_y} \tag{4-37}$$

应该注意的是，按式（4-36）求出受压区的高度以后，要按式（4-30）和式（4-31）验算适用条件是否能够满足。如果条件式（4-30）不满足，说明给定的受压钢筋截面面积 A'_s 太小，这时应按第一种情况即按式（4-34）和式（4-35）分别求 A'_s 和 A_s。如果条件式（4-31）不满足，应按式（4-32）计算受拉钢筋截面面积，计算公式为

$$A_s = \frac{M}{f_y(h_0-a'_s)} \tag{4-38}$$

（2）截面校核

承载力校核时，截面的弯矩设计值 M、截面尺寸 $b \times h$、钢筋种类、混凝土的强度等级、受拉钢筋截面面积 A_s 和受压钢筋截面面积 A'_s 都是已知的，要求确定截面能否抵抗给定的弯矩设计值。

先按式（4-28）计算受压区高度 x：

$$x = \frac{f_y A_s - f'_y A'_s}{\alpha_1 f_c b} \tag{4-39}$$

如果 x 能满足条件式（4-30）和式（4-31），则由式（4-29）可知其能够抵抗的弯矩为

$$M_u = f'_y A'_s(h_0-a'_s) + \alpha_1 f_c bx\left(h_0-\frac{x}{2}\right) \tag{4-40}$$

如果 $x \leqslant 2a'_s$，由式（4-32）可知

$$M_u = A_s f_y(h_0-a'_s) \tag{4-41}$$

如果 $x > \xi_b h_0$，只能取 $x = \xi_b h_0$ 计算，则

$$M_u = f'_y A'_s (h_0 - a'_s) + \alpha_1 f_c b \xi_b h_0 \left(h_0 - \frac{\xi_b h_0}{2} \right) \tag{4-42}$$

$$= f'_y A'_s (h_0 - a'_s) + \alpha_{sb} b h_0^2 \alpha_1 f_c$$

求出截面能够抵抗的弯矩 M_u 后,将 M_u 与截面的弯矩设计值 M 相比较,如果 $M \leqslant M_u$,则截面承载力足够,截面工作可靠;反之,如果 $M > M_u$,则截面承载力不够,可采用加大截面尺寸或选用强度等级更高的混凝土和钢筋等措施来解决。

上面的计算过程可用图 4-21a 及图 4-21b 的框图表示,学习过算法语言的读者,按照这个框图,可以自行编写计算机程序。

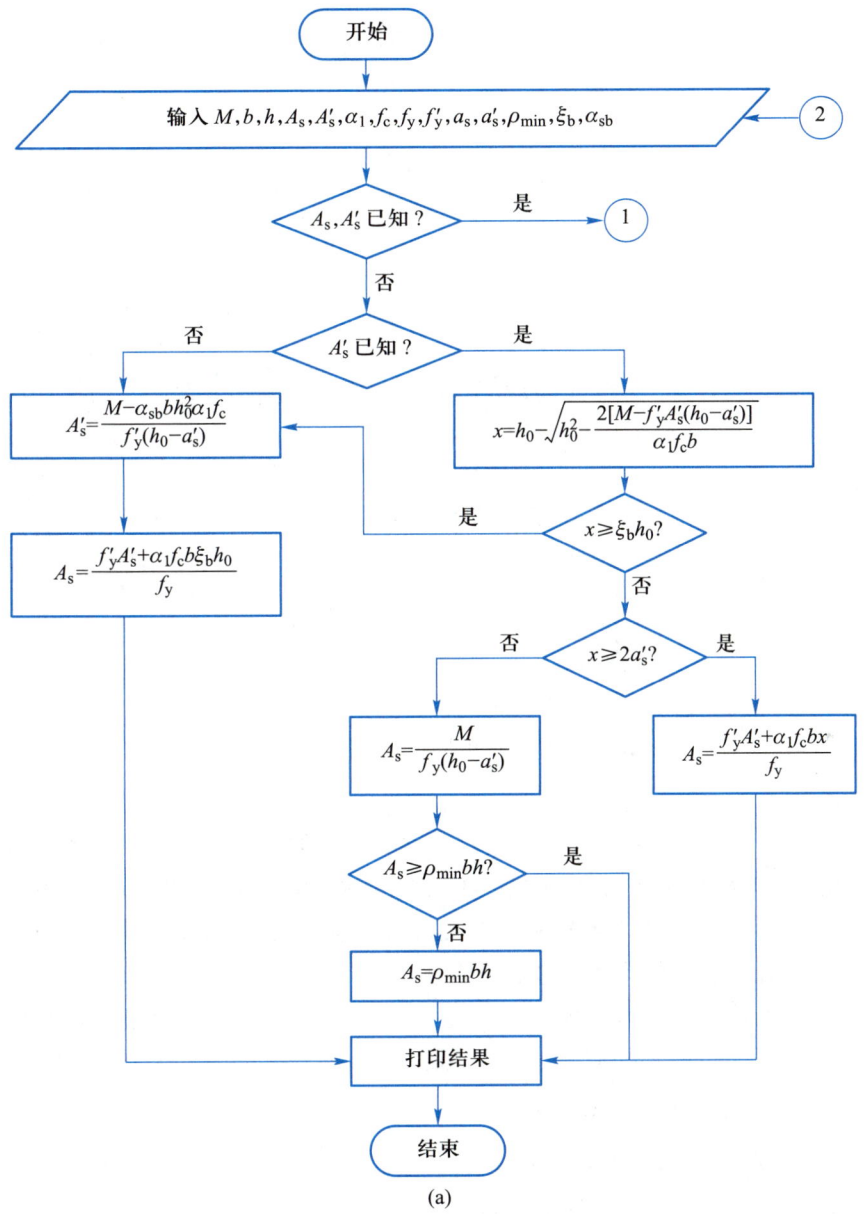

(a)

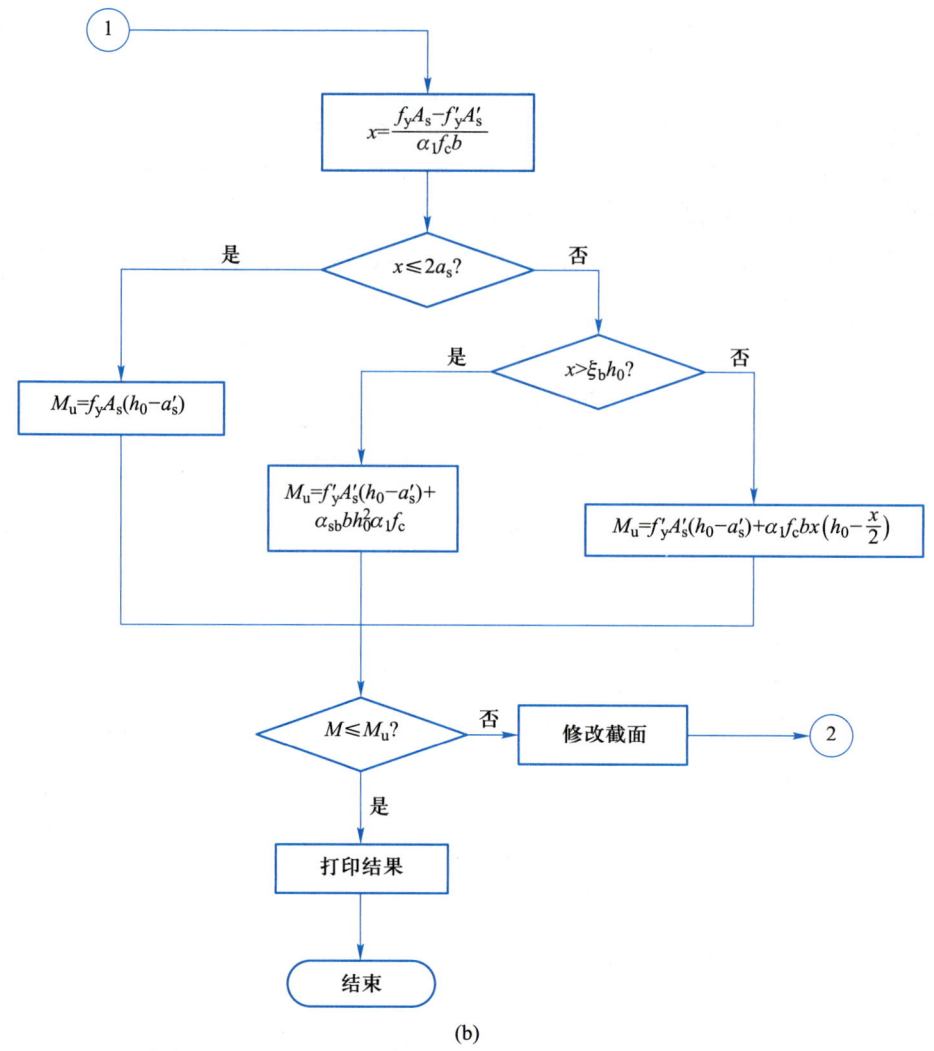

(b)

图 4-21 双筋矩形截面受弯构件正截面承载力计算框图

3. 计算例题

【例 4-5】 某库房楼面大梁截面尺寸 $b \times h = 250$ mm$\times 600$ mm,设计工作年限为 50 年,环境类别为一类,混凝土的强度等级为 C30,用 HRB 400 钢筋配筋,截面承受的弯矩设计值 $M = 4.6 \times 10^8$ N·mm。当上述基本条件不能改变时,求截面所需受力钢筋截面面积。

【解】 (1) 判别是否需要设计成双筋截面

由附表 1-2 和附表 2-3 分别查得

$$f_c = 14.3 \text{ N/mm}^2, \quad f_y = f'_y = 360 \text{ N/mm}^2$$

由表 4-2、表 4-4 和表 4-6 分别查得

$$\alpha_1 = 1.0, \quad \xi_b = 0.517\ 6, \quad \alpha_{sb} = 0.383\ 6$$

$$b = 250 \text{ mm}, \quad h_0 = h - 60 \text{ mm} = 600 \text{ mm} - 60 \text{ mm} = 540 \text{ mm}(\text{两排布筋})$$

单筋矩形截面能够承受的最大弯矩为

$$M_u = \alpha_1 \alpha_{sb} f_c b h_0^2 = 1 \times 0.383\ 6 \times 14.3\ \text{N/mm}^2 \times 250\ \text{mm} \times 540^2\ \text{mm}^2$$

$$= 4.0 \times 10^8\ \text{N} \cdot \text{mm} < M = 4.6 \times 10^8\ \text{N} \cdot \text{mm}$$

因此应将截面设计成双筋截面。

（2）计算所需受拉和受压纵向受力钢筋截面面积

设受压钢筋按一排布置，$a'_s = 35$ mm。

由式（4-34）有

$$A'_s = \frac{M - \alpha_{sb} b h_0^2 \alpha_1 f_c}{f'_y(h_0 - a'_s)} = \frac{4.6 \times 10^8\ \text{N} \cdot \text{mm} - 4.0 \times 10^8\ \text{N} \cdot \text{mm}}{360\ \text{N/mm}^2 \times (540\ \text{mm} - 35\ \text{mm})} = 330\ \text{mm}^2$$

由式（4-35）有

$$A_s = \frac{f'_y A'_s + \alpha_1 f_c b \xi_b h_0}{f_y}$$

$$= \frac{360\ \text{N/mm}^2 \times 330\ \text{mm}^2 + 1 \times 14.3\ \text{N/mm}^2 \times 250\ \text{mm} \times 0.517\ 6 \times 540\ \text{mm}}{360\ \text{N/mm}^2}$$

$$= 3\ 106\ \text{mm}^2$$

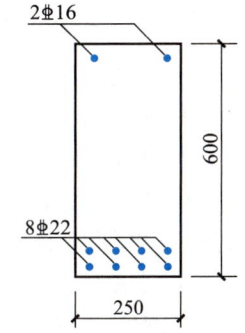

图 4-22 例 4-5 配筋图

查附表 11-1，钢筋的选用情况如下：受拉钢筋 8Φ22（实配 3 041 mm²）；受压钢筋 2Φ16（实配 402 mm²）。

截面纵向受力钢筋的配筋情况如图 4-22 所示。

【例 4-6】 某梁截面尺寸 $b \times h = 250\ \text{mm} \times 500\ \text{mm}$，截面承受的弯矩设计值 $M = 2.0 \times 10^8$ N·mm，设计工作年限为 50 年，环境类别为一类，受压区预先已经配好 HRB400 受压钢筋 2Φ16（$A'_s = 402\ \text{mm}^2$）。若受拉钢筋也采用 HRB400 钢筋配筋，混凝土的强度等级为 C30，试求截面所需配置的受拉钢筋截面面积 A_s。

【解】 （1）求受压区高度 x

假定受拉钢筋和受压钢筋按一排布置，则 $a_s = a'_s = 35$ mm，$h_0 = h - a_s = 500$ mm $- 35$ mm $= 465$ mm。

由附表 2-3 和表 4-4 分别查得 $f'_y = 360$ N/mm²，$\xi_b = 0.517\ 6$。由式（4-36）求得受压区的高度 x 为

$$x = h_0 - \sqrt{h_0^2 - 2\left[\frac{M - f'_y A'_s(h_0 - a'_s)}{\alpha_1 f_c b}\right]}$$

$$= 465\ \text{mm} - \sqrt{465^2\ \text{mm}^2 - 2 \times \left[\frac{2.0 \times 10^8\ \text{N} \cdot \text{mm} - 360\ \text{N/mm}^2 \times 402\ \text{mm}^2 \times (465\ \text{mm} - 35\text{mm})}{1.0 \times 14.3\ \text{N/mm}^2 \times 250\ \text{mm}}\right]}$$

$$= 465\ \text{mm} - 373\text{mm} = 92\ \text{mm} < \xi_b h_0 = 0.517\ 6 \times 465\ \text{mm} = 240.68\ \text{mm}$$

且

$$x > 2a'_s = 2 \times 35\ \text{mm} = 70\ \text{mm}$$

（2）计算截面需配置的受拉钢筋截面面积

由式（4-37）求得受拉钢筋的截面面积 A_s 为

$$A_s = \frac{f_y'A_s' + \alpha_1 f_c bx}{f_y}$$

$$= \frac{360\ \text{N/mm}^2 \times 402\ \text{mm}^2 + 1.0 \times 14.3\ \text{N/mm}^2 \times 250\ \text{mm} \times 92\ \text{mm}}{360\ \text{N/mm}^2}$$

$$= 1\ 316\ \text{mm}^2$$

查附表 11-1，选用 3Φ25（实配 $A_s = 1\ 473\ \text{mm}^2$），截面配筋情况如图 4-23 所示。

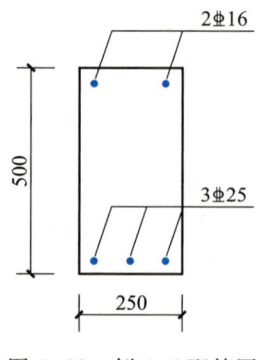

图 4-23 例 4-6 配筋图

4.3.4 T 形截面正截面承载力计算
Strength of T Section in Bending

1. 概述

如前所述，在矩形截面受弯构件的承载力计算中，没有考虑混凝土的抗拉强度。因此，对于尺寸较大的矩形截面构件，可将受拉区两侧的一部分混凝土挖去，形成如图 4-24 所示的 T 形截面，以减轻结构自重，获得较好的经济效果。

在图 4-24 中，T 形截面顶部及两侧伸出部分称为翼缘，其宽度为 b_f'，高度为 h_f'；中间部分称为梁肋或腹板，有时为了需要，也采用工字形（I 形）截面。由于不考虑受拉区翼缘混凝土受力（图 4-25a），工字形截面按 T 形截面计算。对于现浇楼盖的连续梁（4-25b），由于支座

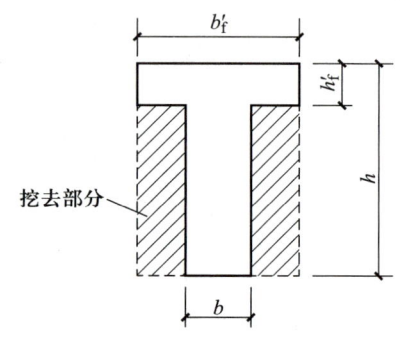

图 4-24 T 形截面梁

处承受负弯矩，梁截面下部受压，上部受拉（1-1 截面），因此支座处按矩形截面计算，而跨中（2-2 截面）则按 T 形截面计算。

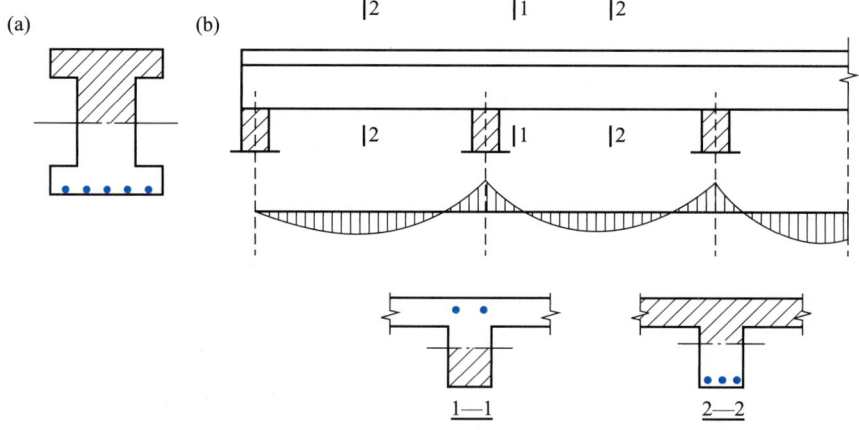

图 4-25 T 形和矩形截面的划分

理论上，T 形截面翼缘宽度 b'_f 越大，截面受力性能越好。因为在弯矩 M 作用下，b'_f 越大则受压区高度 x 越小，内力臂增大，因而可减小受拉钢筋截面面积。但是试验与理论研究证明，T 形截面受弯构件翼缘的纵向压应力沿翼缘宽度方向分布不均匀，离肋部越远压应力越小（图 4-26a）。因此，对翼缘计算宽度 b'_f 应加以限制。

T 形截面翼缘计算宽度 b'_f 的取值与翼缘厚度、梁的跨度和受力情况等许多因素有关。《标准》规定按表 4-7 中有关规定的最小值取用。在规定范围内的翼缘，可认为压应力均匀分布（图 4-26b）。

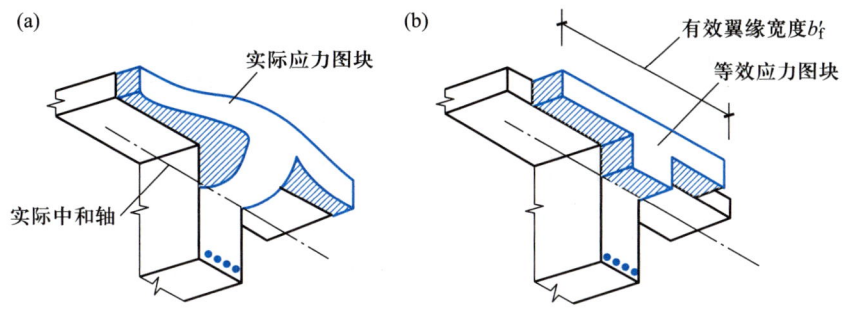

图 4-26　T 形截面的应力分布图

表 4-7　受弯构件受压区有效翼缘计算宽度 b'_f

情　　况		T 形、工字形截面		倒 L 形截面
		肋形梁（板）	独立梁	肋形梁（板）
1	按计算跨度 l_0 考虑	$l_0/3$	$l_0/3$	$l_0/6$
2	按梁（肋）净距 s_n 考虑	$b+s_n$	—	$b+s_n/2$
3	按翼缘高度 h'_f 考虑　$h'_f/h_0 \geq 0.1$	—	$b+12h'_f$	—
	$0.1 > h'_f/h_0 \geq 0.05$	$b+12h'_f$	$b+6h'_f$	$b+5h'_f$
	$h'_f/h_0 < 0.05$	$b+12h'_f$	b	$b+5h'_f$

注：1. 表中 b 为梁的腹板宽度；

2. 如肋形梁在梁跨内设有间距小于纵肋间距的横肋，则可不遵守表列第 3 种情况的规定；

3. 对有加腋的 T 形、工字形和倒 L 形截面，当受压区加腋的高度 $h_h \geq h'_f$ 且加腋的宽度 $b_h \leq 3h_h$ 时，则其翼缘计算宽度可按表列第 3 种情况的规定分别增加 $2b_h$（T 形、工字形截面）和 b_h（倒 L 形截面）；

4. 独立梁受压区的翼缘板在荷载作用下经验算沿纵肋方向可能产生裂缝时，其计算宽度应取用腹板宽度 b。

2. 基本计算公式

T 形截面受弯构件按受压区的高度不同，可分为下述两种类型：

第一类 T 形截面，中和轴在翼缘内，即 $x \leq h'_f$（图 4-27a）；第二类 T 形截面，中和轴在梁肋内，即 $x > h'_f$（图 4-27b）。

两类 T 形截面的判别：当中和轴通过翼缘底面，即 $x = h'_f$ 时（图 4-27c），为两类 T 形截面的界限情况。可由下列平衡条件求得：

$$\sum X = 0, \quad \alpha_1 f_c b'_f h'_f = f_y A_s \tag{4-43}$$

$$\sum M = 0, \quad M = \alpha_1 f_c b'_f h'_f \left(h_0 - \frac{h'_f}{2} \right) \tag{4-44}$$

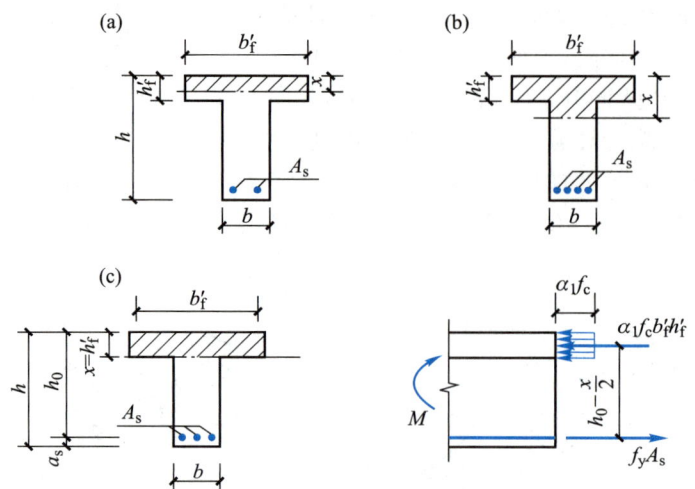

图 4-27 各类 T 形截面中和轴的位置

上式为两类 T 形截面界限情况所承受的最大内力。因此，若

$$f_y A_s \leqslant \alpha_1 f_c b'_f h'_f \tag{4-45a}$$

或

$$M \leqslant \alpha_1 f_c b'_f h'_f \left(h_0 - \frac{h'_f}{2} \right) \tag{4-45b}$$

此时，中和轴在翼缘内，即 $x \leqslant h'_f$，故属于第一类 T 形截面。式(4-45)为该类截面的判别条件。

同理，若

$$f_y A_s > \alpha_1 f_c b'_f h'_f \tag{4-46a}$$

或

$$M > \alpha_1 f_c b'_f h'_f \left(h_0 - \frac{h'_f}{2} \right) \tag{4-46b}$$

此时，中和轴必在梁肋内，即 $x > h'_f$，这属于第二类 T 形截面。式(4-46)为该类截面的判别条件。

（1）第一类 T 形截面承载力的计算公式

在计算截面的正截面承载力时，不考虑受拉区混凝土参加受力。因此，第一类 T 形截面（图 4-28）相当于宽度 $b = b'_f$ 的矩形截面，可用 b'_f 代替 b 按矩形截面的公式计算：

$$\alpha_1 f_c b'_f x = f_y A_s \tag{4-47}$$

$$M \leqslant \alpha_1 f_c b'_f x \left(h_0 - \frac{x}{2} \right) \tag{4-48}$$

适用条件为

$$\xi \leqslant \xi_b \tag{4-49}$$

$$A_s \geqslant \rho_{min} bh \tag{4-50}$$

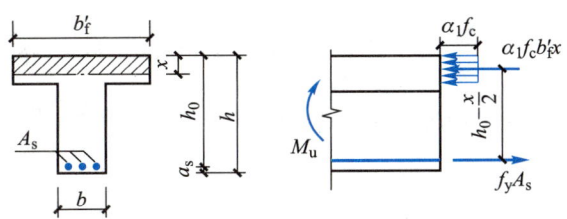

图 4-28 第一类 T 形截面的计算简图

其中,式(4-49)一般均能满足,可不必验算。对于 T 形截面的受弯构件,纵向受力钢筋的最小配筋率应按全截面面积扣除受压翼缘面积$(b'_f-b)h'_f$后的截面面积计算,所以式(4-50)中用 bh。

（2）第二类 T 形截面承载力的计算公式

第二类 T 形截面(图 4-29)的计算公式,可由下列平衡条件求得:

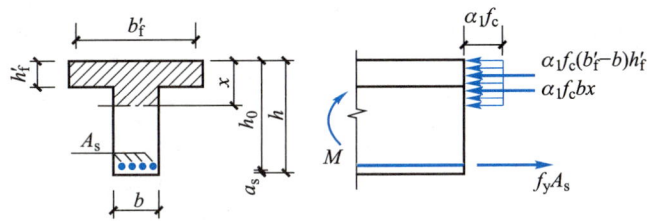

图 4-29 第二类 T 形截面的计算简图

$$\sum X=0, \quad \alpha_1 f_c(b'_f-b)h'_f+\alpha_1 f_c bx=f_y A_s \tag{4-51}$$

$$\sum M=0, \quad M\leqslant \alpha_1 f_c(b'_f-b)h'_f\left(h_0-\frac{h'_f}{2}\right)+\alpha_1 f_c bx\left(h_0-\frac{x}{2}\right) \tag{4-52}$$

适用条件为

$$x\leqslant \xi_b h_0 \tag{4-53a}$$

$$A_s\geqslant \rho_{min}bh \tag{4-53b}$$

其中,后面一个条件一般均能满足,不必验算。

3. 基本计算公式的应用

已知截面尺寸、弯矩设计值 M 及钢筋级别、混凝土的强度等级,需计算受拉钢筋截面面积 A_s。

【**例 4-7**】 已知一 T 形截面简支梁截面尺寸 $b'_f=600$ mm,$h'_f=120$ mm,$b=250$ mm,$h=650$ mm,混凝土强度等级为 C30,采用 HRB400 钢筋,截面所承受的弯矩设计值 $M=560$ kN·m。设计工作年限为 50 年,环境类别为一类。试求所需受拉钢筋截面面积 A_s。

【**解**】 （1）已知条件

混凝土强度等级为 C30,$\alpha_1=1.0$,$f_c=14.3$ N/mm²;HRB400 钢筋,$f_y=360$ N/mm²,$\xi_b=0.5176$。

考虑布置两排钢筋,取 $a_s=70$ mm,$h_0=h-a_s=650$ mm -70 mm $=580$ mm。

（2）判别截面类型

按式(4-45b)进行判别。

$$\alpha_1 f_c b_f' h_f' \left(h_0 - \frac{h_f'}{2} \right) = 1.0 \times 14.3 \ \text{N/mm}^2 \times 600 \ \text{mm} \times 120 \ \text{mm} \times \left(580 \ \text{mm} - \frac{120}{2} \text{mm} \right)$$

$$= 5.354 \times 10^8 \ \text{N} \cdot \text{mm} = 535.4 \ \text{kN} \cdot \text{m} < M = 560 \ \text{kN} \cdot \text{m}$$

属于第二类 T 形截面。

（3）计算 x

由式（4-52）得

$$x = h_0 \left\{ 1 - \sqrt{ 1 - \frac{2 \left[M - \alpha_1 f_c (b_f' - b) h_f' (h_0 - h_f'/2) \right]}{\alpha_1 f_c b h_0^2} } \right\}$$

$$= 580 \ \text{mm} \times \left\{ 1 - \sqrt{ 1 - \frac{2 \times \left[560 \times 10^6 \ \text{N} \cdot \text{mm} - 1.0 \times 14.3 \ \text{N/mm}^2 \times (600 \ \text{mm} - 250 \ \text{mm}) \times 120 \ \text{mm} \times \left(580 \ \text{mm} - \frac{120}{2} \text{mm} \right) \right]}{1.0 \times 14.3 \ \text{N/mm}^2 \times 250 \ \text{mm} \times 580^2 \ \text{mm}^2} } \right\}$$

$$= 135 \ \text{mm} < \xi_b h_0 = 0.5176 \times 570 \ \text{mm} = 295 \ \text{mm}$$

（4）计算 A_s

将 x 代入式（4-51）得

$$A_s = \frac{\alpha_1 f_c (b_f' - b) h_f' + \alpha_1 f_c b x}{f_y}$$

$$= \frac{1.0 \times 14.3 \ \text{N/mm}^2 \times (600 \ \text{mm} - 250 \ \text{mm}) \times 120 \ \text{mm} + 1.0 \times 14.3 \ \text{N/mm}^2 \times 250 \ \text{mm} \times 135 \ \text{mm}}{360 \ \text{N/mm}^2}$$

$$= 3009 \ \text{mm}^2$$

（5）选用钢筋及绘配筋图

查附表 11-1，选用 4⊕25+2⊕28（实配 $A_s = 3196 \ \text{mm}^2$），配筋如图 4-30 所示。

【例 4-8】   已知一 T 形截面简支梁（图 4-31）的截面尺寸 $h = 700 \ \text{mm}$，$b = 250 \ \text{mm}$，$h_f' = 100 \ \text{mm}$，$b_f' = 600 \ \text{mm}$，截面配有受拉钢筋 8⊕22（$A_s = 3041 \ \text{mm}^2$），混凝土强度等级为 C30，梁截面的最大弯矩设计值 $M = 500 \ \text{kN} \cdot \text{m}$。设计工作年限为 50 年，环境类别为一类。试校核该梁是否安全。

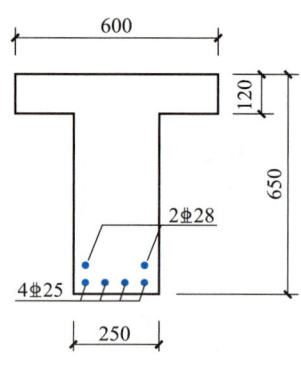

图 4-30   例 4-7 配筋图

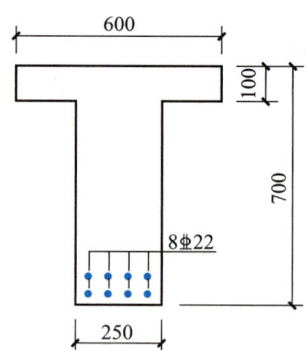

图 4-31   例 4-8 配筋图

【解】 (1)已知条件

混凝土强度等级为 C30,由表 4-2 和附表 1-2 分别查得 $\alpha_1 = 1.0$, $f_c = 14.3$ N/mm²。HRB400 钢筋,由附表 2-3 和表 4-4 分别查得 $f_y = 360$ N/mm², $\xi_b = 0.517\,6$。

$a_s = 60$ mm, $h_0 = 700$ mm-60 mm$= 640$ mm。

(2)判别截面类型

按式(4-45a)进行判别。

$f_y A_s = 360$ N/mm²$\times 3\,041$ mm²$= 1\,094\,760$ N$> \alpha_1 f_c b'_f h'_f = 1.0 \times 14.3$ N/mm²$\times 600$ mm$\times 100$ mm$=$ 858 000 N,属于第二类 T 形截面。

(3)计算 x

$$x = \frac{f_y A_s - \alpha_1 f_c (b'_f - b) h'_f}{\alpha_1 f_c b}$$

$$= \frac{360 \text{ N/mm}^2 \times 3\,041 \text{ mm}^2 - 1.0 \times 14.3 \text{ N/mm}^2 \times (600\text{mm} - 250 \text{ mm}) \times 100 \text{ mm}}{1.0 \times 14.3 \text{ N/mm}^2 \times 250 \text{ mm}}$$

$$= 166.2 \text{ mm} < \xi_b h_0 = 0.517\,6 \times 640 \text{ mm} = 331.3 \text{ mm}$$

(4)计算极限弯矩 M_u

$$M_u = \alpha_1 f_c (b'_f - b) h'_f \left(h_0 - \frac{h'_f}{2} \right) + \alpha_1 f_c b x \left(h_0 - \frac{x}{2} \right)$$

$$= 1.0 \times 14.3 \text{ N/mm}^2 \times (600 \text{ mm} - 250 \text{ mm}) \times 100 \text{ mm} \times \left(640 \text{ mm} - \frac{100}{2} \text{ mm} \right) + 1.0 \times$$

$$14.3 \text{ N/mm}^2 \times 250 \text{ mm} \times 166.2 \text{ mm} \times \left(640 \text{ mm} - \frac{166.2}{2} \text{ mm} \right)$$

$$= 626\,185\,488 \text{ N} \cdot \text{mm} = 626.185 \text{ kN} \cdot \text{m} > M = 500 \text{ kN} \cdot \text{m}$$

因此,该梁安全。

T 形截面受弯构件正截面计算框图如图 4-32a 与图 4-32b 所示。

4.3.5 深受弯构件正截面承载力计算
Strength of Deep Flexural Members

钢筋混凝土受弯构件根据其跨度与高度之比(简称跨高比)的不同,可以分为如下三种类型:

浅梁 $l_0/h > 5$;

短梁 $l_0/h = 2(2.5) \sim 5$;

深梁 $l_0/h \leqslant 2$(简支梁), $l_0/h \leqslant 2.5$(连续梁)。

其中,h 为梁截面高度;l_0 为梁的计算跨度,可取 l_c 和 $1.15l_n$ 二者中较小值,l_c 为支座中心线之间的距离,l_n 为梁的净跨。

浅梁在实际工程中的应用量大面广,可称为一般受弯构件。短梁和深梁又称为深受弯构件。深受弯构件在建筑工程中的应用日渐广泛。

深受弯构件的受力较复杂,不能按一般受弯构件一样进行正截面承载力计算。为了简化起见,《标准》规定,钢筋混凝土深受弯构件的正截面受弯承载力应按下列公式计算:

$$M \leqslant f_y A_s z \tag{4-54}$$

式中 M——作用效应；

$\quad f_y A_s$——纵向受力钢筋承受的拉力；

$\quad\quad z$——内力臂；

$\quad f_y A_s z$——深受弯构件的截面抗力，均为设计值。

$$z = \alpha_d (h_0 - 0.5x) \tag{4-55}$$

$$\alpha_d = 0.80 + 0.04\frac{l_0}{h} \tag{4-56}$$

当 $l_0 < h$ 时，取内力臂 $z = 0.6l_0$。

式中 x——截面受压区高度，当 x 小于 $0.2h_0$ 时，取 $x = 0.2h_0$。

$\quad h_0$——截面有效高度，$h_0 = h - a_s$，其中 h 为截面高度；当 l_0/h 不大于 2.0 时，跨中截面 a_s 取 0.1h，支座截面 a_s 取 0.2h；当 l_0/h 大于 2.0 时，a_s 按受拉区纵向钢筋截面形心至受拉边缘的实际距离取用。

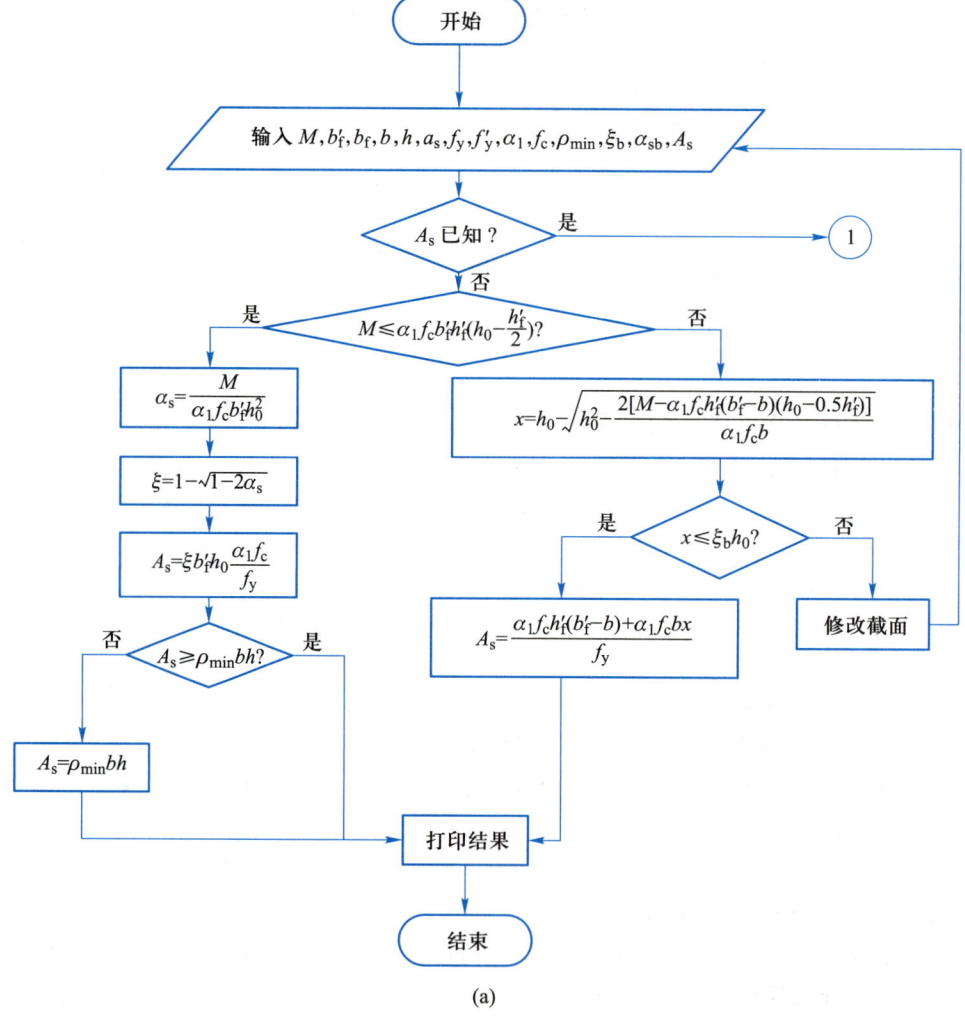

(a)

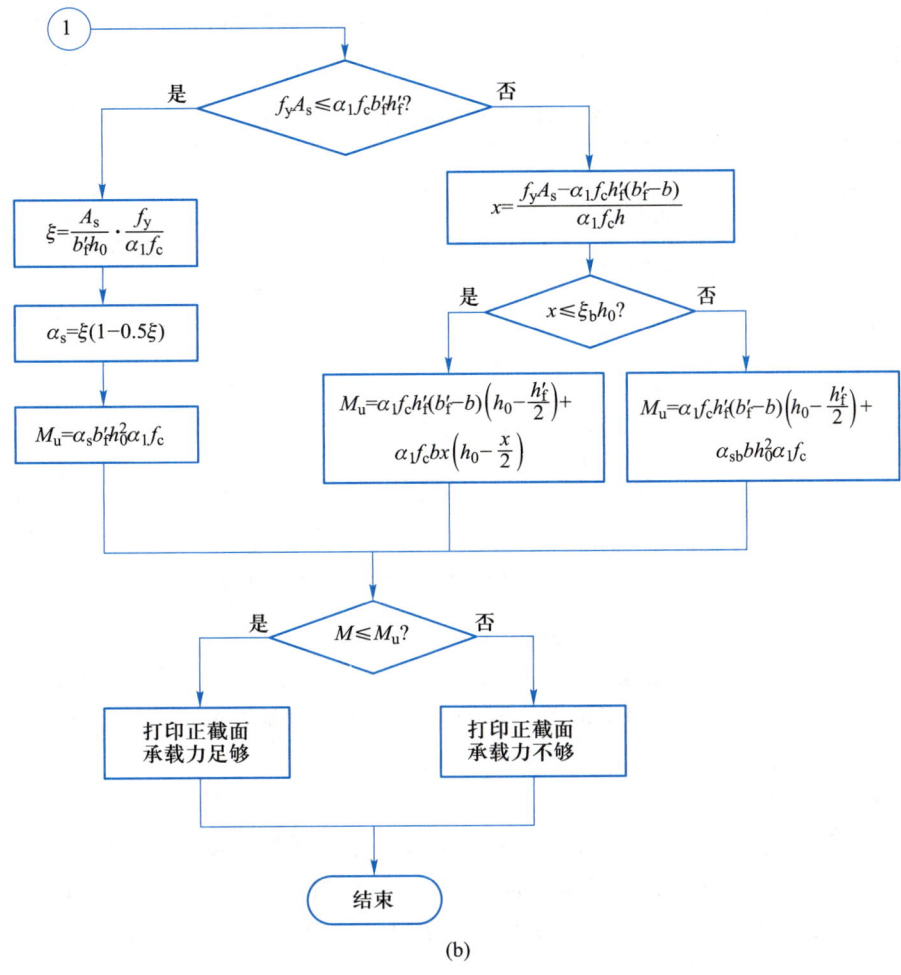

图 4-32 T 形截面受弯构件正截面承载力计算框图

4.3.6 构造要求
Detailing Requirements

受弯构件正截面承载力的计算通常只考虑荷载对截面抗弯能力的影响。有些因素,如温度、混凝土的收缩、徐变等对截面承载力的影响不容易计算。人们在长期实践经验的基础上,总结出一些构造措施,按照这些构造措施设计,可防止因计算中没有考虑的因素影响而造成结构构件开裂和破坏。同时,有些构造措施也是为了使用和施工上的可能和需要而采用的。因此,进行钢筋混凝土结构构件设计时,除了要符合计算结果以外,还必须要满足有关的构造要求。

下面分别介绍与钢筋混凝土梁、板正截面设计有关的主要构造要求。

1. 板的构造要求

(1) 板的最小厚度

钢筋混凝土板的尺寸宜符合下列规定。

① 板的跨厚比:钢筋混凝土单向板不大于 30,双向板不大于 40;无梁支承的有柱帽板不大于

35,无梁支承的无柱帽板不大于 30。预应力板可适当增加,当板的荷载、跨度较大时宜适当减小。

② 现浇钢筋混凝土板的厚度不应小于表 4-8 规定的数值。

表 4-8　现浇钢筋混凝土板的最小厚度　　　　　　　　　　　　　mm

板 的 类 型		最小厚度
实心楼盖		80
实心屋面板		100
密肋楼盖	面板	50
	肋高	250
悬臂板(根部)	悬臂长度不大于 500 mm	80
	悬臂长度为 500~1 000 mm	100
无梁楼板		150
现浇空心楼盖		200

③ 现浇空心楼板的顶板、底板厚度均不应小于 50 mm。

④ 预制钢筋混凝土实心叠合楼板的预制底板及后浇混凝土厚度均不应小于 50 mm。预制板表面应做成凹凸差不小于 4 mm 的粗糙面。预应力混凝土叠合板及承受较大荷载的钢筋混凝土叠合板,宜在预制板底板上设置伸入叠合层的构造钢筋。

(2) 板的受力钢筋

板的受力钢筋的直径通常采用 6 mm,8 mm,10 mm。当板的跨度、厚度和板上荷载较大时,可采用直径较大的钢筋配筋。采用绑扎配筋时,受力钢筋的间距一般不小于 70 mm;当板厚 $h \leqslant$ 150 mm 时,不宜大于 200 mm;当板厚 $h > 150$ mm 时,不宜大于 1.5 h,且不宜大于 250 mm。

(3) 板的分布钢筋

板的分布钢筋是指在垂直于受力钢筋的方向上布置的构造钢筋。分布钢筋与受力钢筋绑扎或焊接在一起,形成钢筋骨架。分布钢筋的作用是:将板面的荷载更均匀地传递给受力钢筋,施工过程中固定受力钢筋的位置,以及抵抗温度和混凝土的收缩应力等。分布钢筋的截面面积不应小于单位长度上受力钢筋截面面积的 15 %,且每米长度内不宜少于 4 根。对预制板,当有实践经验或可靠措施时,其分布钢筋可不受此限制,对处于日常温度变化较大处的板,其分布钢筋应适当增加。

(4) 支座锚固长度

简支板或连续板下部纵向受力钢筋伸入支座的锚固长度不应小于钢筋直径的 5 倍,且宜伸过支座中心线。当连续板内温度、收缩应力较大时,伸入支座的长度宜适当增加。

2. 普通梁的构造要求

(1) 截面尺寸

独立的简支梁的截面高度与其跨度的比值可为 1/12 左右,独立的悬臂梁的截面高度与其跨度的比值可为 1/6 左右。

矩形截面梁的高宽比 h/b 一般取 2.0~2.5;T 形截面梁的 h/b 一般取为 2.5~4.0(此处 b 为

梁肋宽）。为了统一模板尺寸,梁常用的宽度 b 为 120 mm,150 mm,180 mm,200 mm,220 mm,250 mm,300 mm,350 mm 等,而梁的常用高度 h 则为 250 mm,300 mm,350 mm,⋯,750 mm,800 mm,900 mm,1 000 mm 等尺寸。

（2）纵向受力钢筋

梁中常用的纵向受力钢筋直径为 10~28 mm,根数不得少于 2 根。梁高不小于 300 mm 时,钢筋直径不应小于 10 mm;梁高小于 300 mm 时,钢筋直径不应小于 8 mm。梁内受力钢筋的直径宜尽可能相同。当采用两种不同的直径时,它们之间相差至少应为 2 mm,以便在施工时容易被肉眼识别,但相差也不宜超过 6 mm。

钢厂对于直径不大于 12 mm 的钢筋采用盘条供货,钢筋的长度很长;对于直径大于 12 mm 的钢筋采用直条供货,钢筋的长度一般为 6~12 m。当单根钢筋的长度不能满足结构构件的长度需求时,可将两根或多根钢筋连接在一起使用。有关钢筋的连接规定见本教材附录 10。

为了便于浇灌混凝土,保证钢筋能与混凝土黏结在一起,以及保证钢筋周围混凝土的密实性,纵筋的净间距及钢筋的最小保护层厚度应满足图 4-33 的要求。钢筋排成一排时梁的最小宽度见附表 11-5。在梁的配筋密集的区域宜采用并筋（钢筋束）的配筋形式。

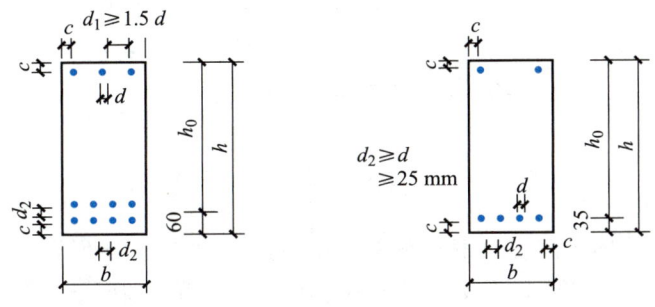

c—保护层厚度。

图 4-33 混凝土保护层和钢筋间距

采用并筋的配筋形式时,直径 28 mm 及以下的钢筋并筋数量不宜超过 3 根;直径 32 mm 的钢筋的并筋数量不宜超过 2 根;直径 36 mm 及以上的钢筋不宜采用并筋。并筋可按单根等效直径的钢筋进行设计,等效直径应按截面面积相等的原则经换算确定。等直径两根钢筋并筋的公称直径为 $1.41d$,三根时为 $1.73d$。

当由于某种原因需要对已经设计好的钢筋进行修改时,可采用《标准》允许的钢筋进行等效代换。进行钢筋的等效代换时,除应符合设计要求的钢筋最大力总延伸率、构件承载力、裂缝宽度、挠度控制及抗震规定以外,尚应满足最小配筋率、钢筋间距、保护层厚度、钢筋锚固长度、接头面积百分率及搭接长度等构造要求。

（3）纵向构造钢筋

为了固定箍筋并与受力钢筋连成骨架,在梁的受压区内应设置架立钢筋。

架立钢筋的直径与梁的跨度 l 有关。当 $l>6$ m 时,架立钢筋的直径不宜小于 12 mm;当 $l=4\sim6$ m 时,不宜小于 10 mm;当 $l<4$ m 时,不宜小于 8 mm。

简支梁架立钢筋一般伸至梁端;当考虑其受力时,架立钢筋两端在支座内应有足够的锚固长度。

当梁扣除翼缘厚度后的截面高度大于或等于 450 mm 时,在梁的两个侧面应沿高度配置纵向构造钢筋,每侧纵向构造钢筋(不包括受力钢筋及架立钢筋)的截面面积不应小于扣除翼缘厚度后的截面面积的 0.1 %,纵向构造钢筋的间距不宜大于 200 mm。

关于梁、板的详细构造要求,可参阅《标准》的具体规定。

3. 深梁的构造要求

① 深梁的截面宽度或腹板厚度 b 不应小于 140 mm。当 $l_0/h \geq 1.0$ 时,h/b 不宜大于 25;当 $l_0/h < 1.0$ 时,l_0/b 不宜大于 25。当深梁下部支承在钢筋混凝土柱上时,宜将柱伸至深梁顶(图 4-34)。深梁顶应与楼板等水平构件可靠连接。

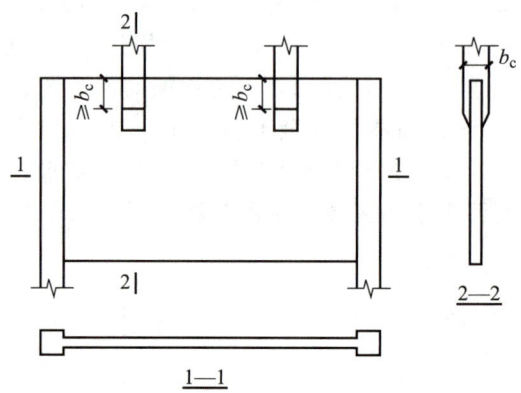

图 4-34　下部支承伸入深梁高度范围的构造

② 钢筋混凝土深梁的纵向受拉钢筋宜采用较小直径,并应按下列规定布置。

a. 单跨深梁和连续深梁的下部纵向钢筋应均匀布置在梁下边缘以上 $0.2h$ 的范围内(图 4-35 及图 4-36)。

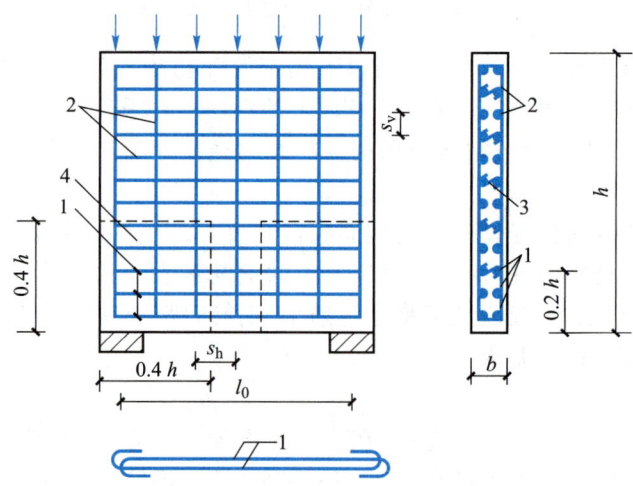

1—下部纵向受拉钢筋及其弯折锚固;2—水平及竖向分布钢筋;3—拉筋;4—拉筋加密区。

图 4-35　单跨深梁的钢筋布置

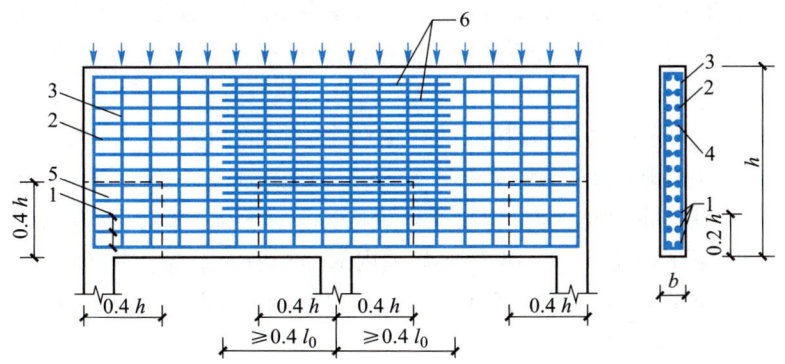

1—下部纵向受拉钢筋;2—水平分布钢筋;3—竖向分布钢筋;
4—拉筋;5—拉筋加密区;6—支座截面上部的附加水平钢筋。
图 4-36　连续深梁的钢筋布置

b. 连续深梁中间支座部位的上部纵向受拉钢筋应按图 4-37 规定的高度范围和配筋比例均匀布置在相应高度范围内。对于 $l_0/h \leqslant 1.0$ 的连续深梁,在中间支座底面以上 $0.2l_0 \sim 0.6l_0$ 高度范围内的纵向受拉钢筋配筋率尚不得小于 0.5%。水平分布钢筋可用作支座部位的上部纵向受拉钢筋,不足部分应由附加水平钢筋补足。附加水平钢筋应自支座向跨中延伸不小于 $0.4l_0$ 后截断(图 4-36)。

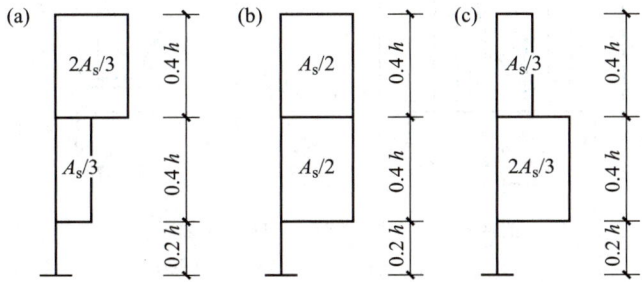

图 4-37　不同跨高比时连续深梁中间支座上部纵向受拉钢筋
在不同高度范围内的分配比例

(a) $2.5 \geqslant \dfrac{l_0}{h} > 1.5$;(b) $1.5 \geqslant \dfrac{l_0}{h} > 1$;(c) $\dfrac{l_0}{h} \leqslant 1$

③ 深梁的下部纵向受拉钢筋全部伸入支座,不得在跨中弯起或截断。在简支深梁支座及连续深梁梁端的简支支座处,纵向受拉钢筋应沿水平方向弯折锚固(图 4-35),其锚固长度应按受拉钢筋锚固长度 l_a 乘系数 1.1 采用;当不能满足上述锚固长度要求时,应采取在钢筋上加焊锚固钢板或将钢筋末端焊成环形等有效的锚固措施。连续深梁的下部纵向受拉钢筋应全部伸过中间支座的中心线,其自支座边缘算起的锚固长度不应小于受拉钢筋锚固长度 l_a。

④ 深梁应配置双排钢筋网,水平和竖向分布钢筋的直径均不应小于 8 mm,网格间距不应大于 200 mm。

当深梁端部竖向边缘处设有柱时,水平分布钢筋应锚入柱内,其锚固长度不宜小于受拉钢筋

锚固长度 l_a；当深梁端部竖向边缘无柱时，水平分布钢筋在竖向边缘处应做成封闭式，或者按图 4-35 的规定进行锚固。在深梁上、下边缘处，竖向分布钢筋宜做成封闭式，或者按图 4-35 的规定弯折后锚固。

在深梁双排钢筋之间应设置拉筋，拉筋沿纵横两个方向的间距均不宜大于 600 mm，在支座区高度与宽度各为 $0.4h$ 的范围内（图 4-35 和图 4-36 中的虚线部分），尚应适当增加拉筋的数量。

⑤ 当均布荷载作用于深梁下部时，应沿梁全跨均匀布置竖向吊筋，其间距不应大于 200 mm。

当有集中荷载作用于深梁下部 3/4 高度范围内时，该集中荷载亦应全部由竖向吊筋承担，吊筋应优先采用附加竖向吊筋，亦可采用斜向吊筋。竖向吊筋的水平分布长度 s 按下列公式确定（图 4-38a）。

当 $h_1 \leqslant h_b/2$ 时

$$s = b_b + h_b \tag{4-57}$$

当 $h_1 > h_b/2$ 时

$$s = b_b + 2h_1 \tag{4-58}$$

式中　b_b——传递集中荷载构件的截面宽度；

　　　　h_b——传递集中荷载构件的截面高度；

　　　　h_1——从深梁下边缘到传递集中荷载构件底边的高度。

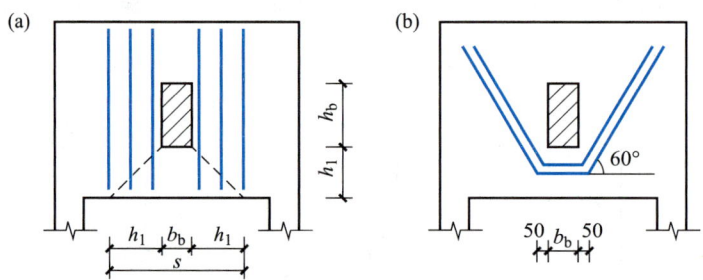

图 4-38　集中荷载作用时的附加吊筋

（a）附加竖向吊筋；（b）附加斜向吊筋

附加斜向吊筋应沿梁两侧布置，并从梁底伸到梁顶，在梁顶和梁底应做成封闭式（4-38b）。

附加竖向吊筋总截面面积应按悬吊荷载设计值计算，吊筋的强度设计值 f_{yv} 应乘以承载力附加系数 0.8。

⑥ 深梁的纵向受拉钢筋、水平分布钢筋和竖向分布钢筋的配筋率$\left(\rho = \dfrac{A_s}{bh}, \rho_{sh} = \dfrac{A_{sh}}{bs_v}, \rho_{sv} = \dfrac{A_{sv}}{bs_h} \right)$不应小于表 4-9 规定的数值。

表 4-9　深梁中钢筋的最小配筋率　　　　　　　　　　　　　　　　　　%

钢 筋 种 类	纵向受拉钢筋	水平分布钢筋	竖向分布钢筋
HPB300	0.25	0.25	0.20
HRB400、HRBF400、RRB400、HRB400E	0.20	0.20	0.15
HRB500、HRBF500、HRB500E	0.20	0.15	0.15

注：当集中荷载作用于连续深梁上部 1/4 高度范围内且 $l_0/h > 1.5$ 时，竖向分布钢筋最小配筋率应增加 0.05%。

⑦ 除深梁以外的深受弯构件,其纵向受力钢筋、箍筋及纵向构造钢筋的构造规定与一般梁相同,但这类深受弯构件截面下部 1/2 高度范围内和中间支座上部 1/2 高度范围内布置的纵向构造钢筋应适当加强。

§4.4 小结
Summary

① 钢筋混凝土受弯构件由于配筋率的不同,可分为少筋构件、适筋构件和超筋构件三类。少筋构件和超筋构件破坏前无明显的预兆,有可能造成巨大的生命和财产损失,设计时应避免将受弯构件设计成少筋构件和超筋构件。

② 适筋受弯构件从开始加载至构件破坏,正截面经历三个受力阶段。第 Ⅰ 阶段末 Ⅰ$_a$ 为受弯构件抗裂计算的依据;第 Ⅱ 阶段是受弯构件变形和裂缝宽度计算的依据;第 Ⅲ 阶段末 Ⅲ$_a$ 是受弯构件正截面承载力的计算依据。

③ 钢筋混凝土受弯构件正截面承载力的计算公式是截面配筋计算和承载力校核的依据。为了便于记忆和比较,将它们列入表 4-10 中。

表 4-10　受弯构件正截面承载力计算公式

截 面 类 型		计 算 公 式
单筋矩形		$\alpha_1 f_c bx = f_y A_s$ $M \leqslant \alpha_1 f_c bx\left(h_0 - \dfrac{x}{2}\right)$
双筋矩形		$\alpha_1 f_c bx + f'_y A'_s = f_y A_s$ $M \leqslant \alpha_1 f_c bx\left(h_0 - \dfrac{x}{2}\right) + f'_y A'_s (h_0 - a'_s)$
T 形	第一类	$\alpha_1 f_c b'_f x = f_y A_s$ $M \leqslant \alpha_1 f_c b'_f x\left(h_0 - \dfrac{x}{2}\right)$
	第二类	$\alpha_1 f_c (b'_f - b) h'_f + \alpha_1 f_c bx = f_y A_s$ $M \leqslant \alpha_1 f_c (b'_f - b) h'_f\left(h_0 - \dfrac{h'_f}{2}\right) + \alpha_1 f_c bx\left(h_0 - \dfrac{x}{2}\right)$

思 考 题
Questions

4-1　受弯构件中适筋梁从加载到破坏经历哪几个阶段? 各阶段正截面上应力-应变分布、中和轴位置、梁的跨中最大挠度的变化规律是怎样的? 各阶段的主要特征是什么? 每个阶段是哪种极限状态的计算依据?

4-2　钢筋混凝土梁正截面应力-应变状态与匀质弹性材料梁(如钢梁)有什么主要区别?

4-3　什么叫配筋率? 配筋率对梁的正截面承载力有何影响?

4-4　试说明少筋梁、适筋梁与超筋梁的破坏特征有何区别。

4-5   单筋矩形截面梁正截面承载力的计算应力图形如何确定？

4-6   梁、板中混凝土保护层的作用是什么？其最小值是多少？对梁内受力主筋的直径、净距有何要求？

4-7   试就图 4-39 所示 4 种受弯截面情况回答下列问题：

（1）它们破坏的原因和破坏的性质有何不同？

（2）破坏时的钢筋应力情况如何？

（3）破坏时钢筋和混凝土的强度是否被充分利用？

（4）破坏时哪些截面能利用力的平衡条件写出受压区高度 x 的计算式，哪些截面则不能？

（5）破坏时截面的极限弯矩 M_u 是多少？

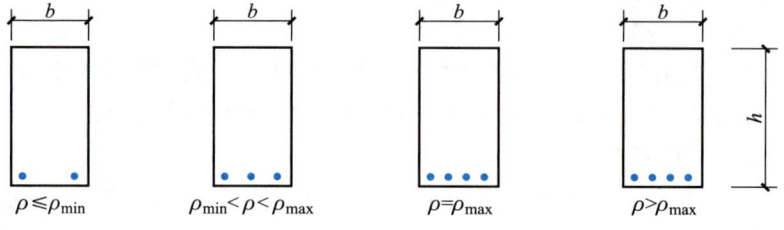

图 4-39   思考题 4-7 图

4-8   什么叫截面相对界限受压区高度 ξ_b？它在承载力计算中的作用是什么？

4-9   钢筋混凝土梁正截面应力、应变发展至第 III_a 阶段时，受压区的最大压应力在何处？最大压应变在何处？

4-10   在什么情况下可采用双筋梁？其计算应力图形如何确定？在双筋截面中受压钢筋起什么作用？为什么双筋截面一定要用封闭箍筋？

4-11   为什么《标准》规定热轧钢筋的抗压强度设计值取值等于抗拉强度设计值？而钢绞线和预应力螺纹钢筋的抗压强度设计值却远低于它的抗拉强度设计值？

4-12   为什么在双筋矩形截面承载力计算中也必须满足 $\xi \leqslant \xi_b$ 与 $x \geqslant 2a'_s$ 的条件？

4-13   当矩形截面梁内已配有受压钢筋 A'_s，但计算的 $\xi < \xi_b$ 时，计算受拉钢筋 A_s 是否考虑 A'_s？为什么？

4-14   截面为 200 mm×500 mm 的梁，设计工作年限为 50 年，环境类别为一类，混凝土强度等级为 C25，选用 HRB 400 钢筋，截面面积 $A_s = 763\ \mathrm{mm}^2$，试求 α_s、γ_s 的值，并说明 α_s、γ_s 的物理意义。

4-15   某楼面大梁计算跨度为 6.2 m，设计工作年限为 50 年，环境类别为一类，承受均布荷载设计值 26.5 kN/m（包括自重），弯矩设计值 $M = 127\ \mathrm{kN \cdot m}$。试计算下面 4 种情况的 A_s（表 4-11），并进行讨论：

表 4-11   思考题 4-15 表

	梁高/mm	梁宽/mm	混凝土强度等级	钢筋牌号	钢筋截面面积 A_s
1	550	220	C25	HRB 400	
2	550	220	C30	HRB 400	
3	550	220	C40	HRB 400	
4	550	220	C50	HRB 400	

（1）提高混凝土的强度等级对配筋量的影响；

（2）提高钢筋级别对配筋量的影响；

（3）加大截面高度对配筋量的影响；

（4）加大截面宽度对配筋量的影响；

（5）提高混凝土强度等级或钢筋级别对受弯构件的破坏弯矩有什么影响？从中可得出什么结论？该结论在工程实践上及理论上有哪些意义？

4-16　当构件承受的弯矩和截面高度都相同时,图4-40中4种截面的正截面承载力需要的钢筋截面面积 A_s 是否一样？为什么？

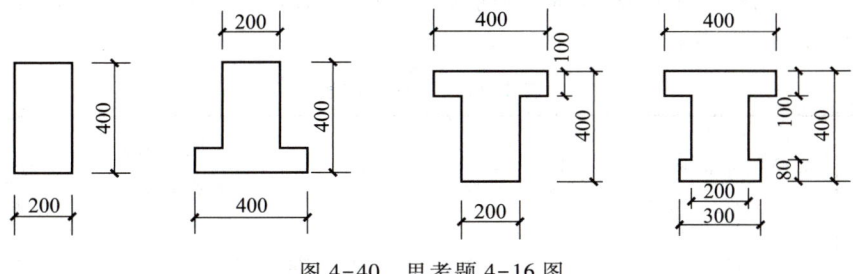

图 4-40　思考题 4-16 图

4-17　如何判别两类 T 形截面梁？在第二类 T 形截面梁的计算中混凝土压应力应如何取值？

4-18　当验算 T 形截面梁的最小配筋率 ρ_{min} 时,计算配筋率 ρ 为什么要用腹板宽度 b 而不用翼缘宽度 b'_f？

4-19　现浇楼盖中连续梁的跨中截面和支座截面各按何种截面形式进行计算？

习　题
Exercises

4-1　一钢筋混凝土矩形梁截面尺寸 $b \times h = 250\ mm \times 500\ mm$,设计工作年限为 50 年,环境类别为一类,混凝土强度等级为 C30,HRB 400 钢筋,弯矩设计值 $M = 125\ kN \cdot m$。试计算受拉钢筋截面面积,并绘配筋图。

4-2　一钢筋混凝土矩形梁截面尺寸 $b \times h = 220\ mm \times 500\ mm$,设计工作年限为 50 年,环境类别为一类,弯矩设计值 $M = 120\ kN \cdot m$,混凝土强度等级为 C30。试计算下列三种情况的纵向受力钢筋截面面积 A_s：（1）选用 HRB 400 钢筋时；（2）改用 HRB 500 钢筋时；（3）$M = 180\ kN \cdot m$ 并采用 HRB400 钢筋时。最后,对三种结果进行对比分析。

4-3　某大楼中间走廊单跨简支板（图4-41）的计算跨度 $l = 2.18\ m$,承受均布荷载设计值 $g + q = 6\ kN/m^2$（包括自重）,混凝土强度等级为 C30,HPB 300 钢筋。设计工作年限为 50 年,环境类别为一类。试确定现浇板的厚度 h 及所需受拉钢筋截面面积 A_s,选配钢筋,并绘钢筋配置图。计算时,取 $b = 1.0\ m, a_s = 25\ mm$。

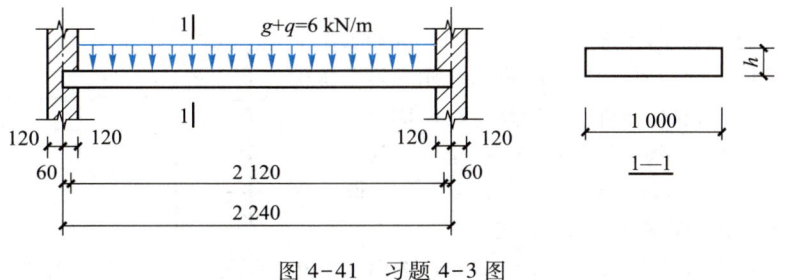

图 4-41　习题 4-3 图

4-4　一钢筋混凝土矩形梁,设计工作年限为 50 年,环境类别为一类,承受弯矩设计值 $M = 160\ kN \cdot m$,混凝土强度等级为 C30,HRB 400 钢筋。试按正截面承载力要求确定截面尺寸及配筋。

4-5　一钢筋混凝土矩形梁截面尺寸 $b \times h = 200\ mm \times 500\ mm$,设计工作年限为 50 年,环境类别为二 a 类,混凝土强度等级为 C30,HRB 400 钢筋（2Φ18）,$A_s = 509\ mm^2$。试验算梁截面上承受弯矩设计值 $M = 80\ kN \cdot m$ 时是

否安全。

4-6　一钢筋混凝土矩形梁截面尺寸 $b \times h = 250$ mm×600 mm,设计工作年限为 50 年,环境类别为一类,配置 4Φ25 的 HRB 400 钢筋,分别选 C30,C35 与 C40 混凝土。试计算梁能承担的最大弯矩设计值,并对计算结果进行分析。

4-7　计算表 4-12 所示钢筋混凝土矩形梁能承受的最大弯矩设计值,并对计算结果进行讨论。设计工作年限为 50 年,环境类别为一类。

表 4-12　习题 4-7 表

项　目	截面尺寸 $b \times h$/ mm×mm	混凝土强度等级	钢筋级别	纵向受力钢筋 截面面积 A_s/ mm²	最大弯矩设计值 M /(kN·m)
1	220×500	C25	HRB 400	4Φ18	
2	220×500	C30	HRB 400	4Φ18	
3	220×500	C35	HRB 400	4Φ18	
4	220×500	C40	HRB 400	4Φ18	
5	220×500	C50	HRB 500	4Φ18	

4-8　一简支钢筋混凝土矩形梁(图 4-42),设计工作年限为 50 年,环境类别为一类,承受均布荷载设计值 $g+q=15$ kN/m,距 A 支座 3 m 处作用有一集中力设计值 $F = 15$ kN,混凝土强度等级为 C30,HRB 400 钢筋。试确定截面尺寸 $b \times h$ 和所需受拉钢筋截面面积 A_s,并绘配筋图。

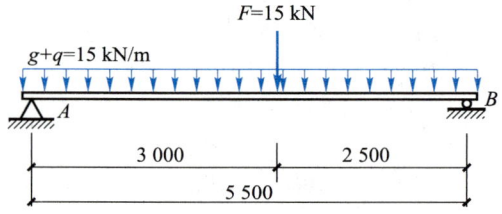

图 4-42　习题 4-8 图

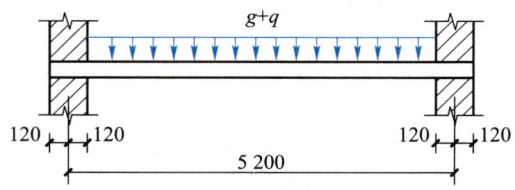

图 4-43　习题 4-9 图

4-9　一钢筋混凝土矩形截面简支梁(图 4-43),设计工作年限为 50 年,环境类别为一类,$b \times h = 250$mm×500mm,承受均布荷载标准值 $q_k = 20$ kN/m,恒荷载标准值 $g_k = 2.25$ kN/m,HRB 400 钢筋,混凝土强度等级为 C30,梁内配有 4Φ16 钢筋。(荷载分项系数:均布活荷载 $\gamma_Q = 1.5$,恒荷载 $\gamma_G = 1.3$,计算跨度 $l_0 = 4\,960$ mm+240 mm=5 200 mm)。试验算梁正截面是否安全。

4-10　如图 4-44 所示雨篷板,板厚 $h = 120$ mm,板面上粉刷 20 mm 厚水泥砂浆,板底粉刷 10 mm 厚石灰砂浆。板上活荷载标准值考虑 500 N/m²。HPB 300 钢筋,混凝土强度等级为 C30。设计工作年限为 50 年,环境类别为一类。试求受拉钢筋截面面积 A_s,并绘配筋图。

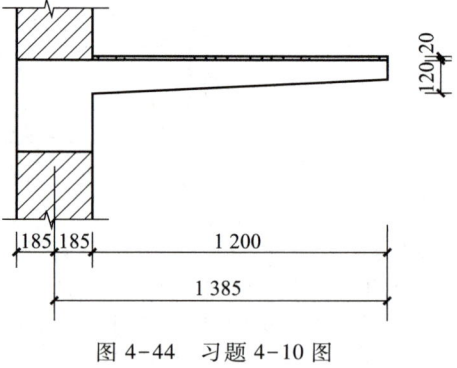

图 4-44　习题 4-10 图

4-11　如图 4-45 所示的梁,设计工作年限为 50 年,环境类别为一类,截面尺寸 $b \times h = 120$ mm×250 mm,其混凝土的立方体抗压强度 $f_{cu} = 21.8$ N/mm²,配有 2Φ14 钢筋,钢筋试件的实测屈服强度 $f_y = 385$ N/mm²。试计算该梁破坏时的荷载(应考虑自重)。

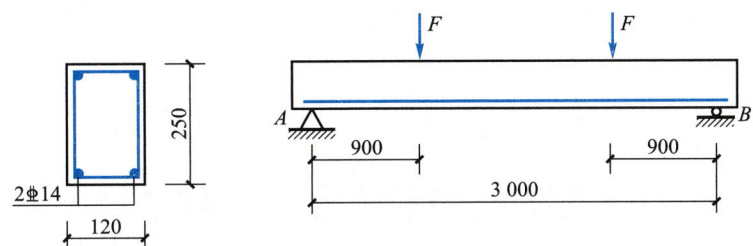

图 4-45　习题 4-11 图

4-12　已知一矩形梁截面尺寸 $b \times h = 200$ mm×500 mm,设计工作年限为 50 年,环境类别为二 a 类,弯矩设计值 $M = 216$ kN·m,混凝土强度等级为 C30,在受压区配有 3Φ14 的受压钢筋。试计算受拉钢筋截面面积 A_s(HRB 400 钢筋)。

4-13　已知一矩形梁截面尺寸 $b \times h = 200$ mm×500 mm,设计工作年限为 50 年,环境类别为二 b 类,承受弯矩设计值 $M = 216$ kN·m,混凝土强度等级为 C25,已配 HRB 400 受拉钢筋 6Φ20。试复核该梁是否安全;若不安全,则重新设计,但不改变截面尺寸和混凝土强度等级($a_s = 70$ mm)。

4-14　已知一双筋矩形梁截面尺寸 $b \times h = 200$ mm×450 mm,设计工作年限为 50 年,环境类别为一类,混凝土强度等级为 C30,HRB 400 钢筋,配置 2Φ12 受压钢筋,3Φ25+2Φ22 受拉钢筋。试求该截面所能承受的最大弯矩设计值 M。

4-15　某连续梁中间支座截面尺寸 $b \times h = 250$ mm×650 mm,设计工作年限为 50 年,环境类别为一类,承受支座负弯矩设计值 $M = 239.2$ kN·m,混凝土强度等级为 C30,HRB 400 钢筋。现由跨中正弯矩计算的钢筋中弯起 2Φ18 伸入支座承受负弯矩,试计算支座负弯矩按单筋截面计算所需钢筋截面面积 A_s;如果不考虑弯起钢筋的作用时,支座需要的钢筋截面面积 A_s 为多少?

4-16　某整体式肋梁楼盖的 T 形截面主梁,设计工作年限为 50 年,环境类别为一类,翼缘计算宽度 $b_f' = 2200$ mm,$b = 300$ mm,$h_f' = 80$ mm,混凝土强度等级为 C30,HRB 400 钢筋,跨中截面承受最大弯矩设计值 $M = 275$ kN·m。试确定该梁的高度 h 和受拉钢筋截面面积 A_s,并绘配筋图。

4-17　某 T 形截面梁翼缘计算宽度 $b_f' = 500$ mm,$b = 250$ mm,$h = 600$ mm,$h_f' = 100$ mm,设计工作年限为 50 年,环境类别为一类,混凝土强度等级为 C30,HRB 400 钢筋,承受弯矩设计值 $M = 256$ kN·m。试求受拉钢筋截面面积,并绘配筋图。

4-18　某 T 形截面梁,翼缘计算宽度 $b_f' = 1200$ mm,$b = 200$ mm,$h = 600$ mm,$h_f' = 80$ mm,设计工作年限为 50 年,环境类别为一类,混凝土强度等级为 C30,配有 4Φ20 受拉钢筋,承受弯矩设计值 $M = 131$ kN·m。试复核梁截面是否安全。

4-19　某 T 形截面梁,翼缘计算宽度 $b_f' = 400$ mm,$b = 200$ mm,$h = 600$ mm,$h_f' = 100$ mm,$a_s = 60$ mm,设计工作年限为 50 年,环境类别为一类,混凝土强度等级为 C30,HRB 400 钢筋(6Φ20)。试计算该梁能承受的最大弯矩 M。

4-20　试编写单、双筋矩形梁正截面承载力计算程序。

4-21　试编写 T 形截面梁正截面承载力计算程序。

第 **5** 章
Chapter 5

钢筋混凝土受弯构件斜截面承载力计算
Strength of Reinforced Concrete Members in Shear

本章学习目标：

了解斜截面破坏的主要形态和影响斜截面抗剪承载力的主要因素；

掌握斜截面受剪承载力的计算方法及防止斜压破坏和斜拉破坏的措施；

了解纵向受力钢筋的弯起、截断和锚固方法；

掌握深受弯构件斜截面承载力计算方法及构造要求。

本章的重点是受弯构件斜截面承载力计算，难点是纵向受力钢筋的弯起、截断和锚固。

§5.1 概述
Introduction

5.1.1 受弯构件斜裂缝产生原因分析
Resistance and Failure Analysis of Diagonal Sections in Bending

第 5 章 课件

图 5-1 所示的矩形截面简支梁，在对称集中荷载作用下，当忽略梁的自重时，在区段 CD 内仅有弯矩作用，称为纯弯区段；在支座附近的 AC 和 DB 区段内有弯矩和剪力的共同作用，称为剪跨。构件在跨中正截面抗弯承载力有保证的情况下，有可能在剪力和弯矩的联合作用下，在支座附近的剪跨区段发生沿斜截面破坏。

为了初步探讨截面破坏的原因，现按材料力学的方法绘出该梁在荷载作用下的主应力迹线，如图 5-2a 所示（其中实线为主拉应力迹线，虚线为主压应力迹线）。

从截面 1-1 的中和轴、受压区和受拉区分别取出一个微元体（图 5-2b），其编号为 1，2，3，它们处于不同的受力状态：位于中和轴处的微元体 1，其正应力为零，剪应力最大，主拉应力 σ_{tp} 和主压应力 σ_{cp} 与梁轴线成 45°角；位于受压区的微元体 2，由于压应力的存在，主拉应力 σ_{tp} 减少，

主压应力 σ_{cp} 增大,主拉应力与梁轴线夹角大于 45°;位于受拉区的微元体 3,由于拉应力的存在,主拉应力 σ_{tp} 增大,主压应力 σ_{cp} 减小,主拉应力与梁轴线夹角小于 45°。对于匀质弹性体的梁来说,当主拉应力或主压应力达到材料的抗拉或抗压强度时,将引起构件截面的开裂和破坏。

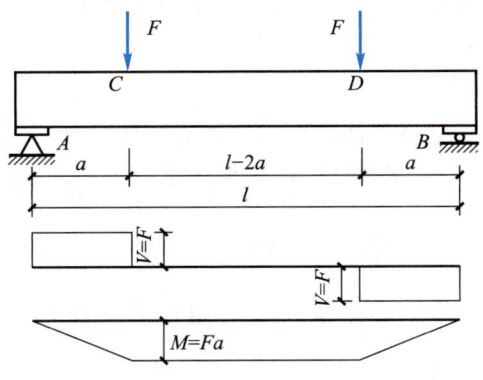

图 5-1　对称加载简支梁

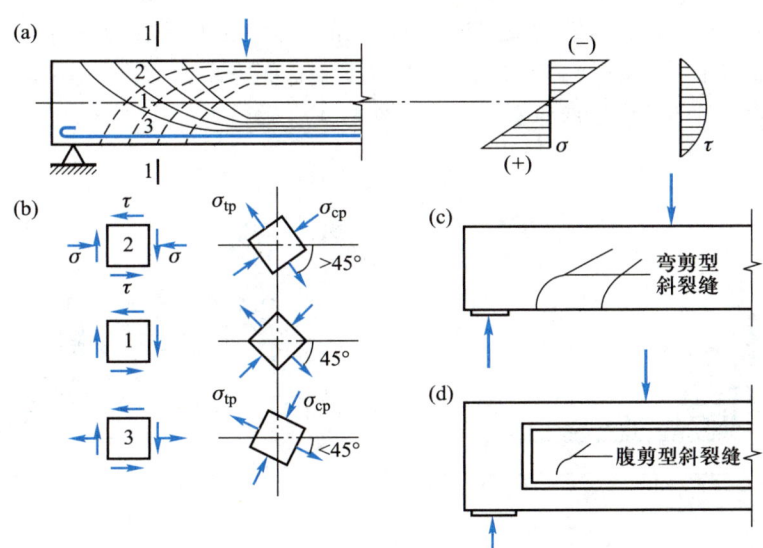

图 5-2　梁的应力状态和斜裂缝形态

(a) 主应力迹线;(b) 微元体应力;(c) 弯剪型斜裂缝;(d) 腹剪型斜裂缝

　　对于钢筋混凝土梁,由于混凝土的抗拉强度很低,因此随着荷载的增加,当主拉应力值超过混凝土抗拉强度时,将首先在达到该强度的部位产生裂缝,其裂缝走向与主拉应力的方向垂直,故为斜裂缝。在通常情况下,斜裂缝往往是由梁底的弯曲裂缝发展而成的,称为弯剪型斜裂缝(图 5-2c);当梁的腹板很薄或集中荷载至支座距离很小时,斜裂缝可能首先在梁腹部出现,称为腹剪型斜裂缝(图 5-2d)。斜裂缝的出现和发展使梁内应力的分布和数值发生变化,最终导致在剪力较大的近支座区段内不同部位的混凝土被压碎或拉坏而丧失承载能力,即发生斜截面破坏。

5.1.2　影响斜截面受力性能的主要因素
Main Influence Factors to Diagonal Sections in Bending

斜截面的受力性能受到许多因素的影响,为了了解斜截面的破坏形态及破坏特点,先介绍影响斜截面受力性能的主要因素。

1. 剪跨比和跨高比

剪跨比等于该截面的弯矩值与截面的剪力值和有效高度乘积之比。对于承受集中荷载作用的梁而言,剪跨比是影响其斜截面受力性能的主要因素之一。如果以 λ 表示剪跨比,则

$$\lambda = \frac{M}{Vh_0} \tag{5-1}$$

对于图 5-1 所示承受两个对称集中荷载的梁,截面 C 和截面 D 的剪跨比为

$$\lambda = \frac{M}{Vh_0} = \frac{Fa}{Fh_0} = \frac{a}{h_0} \tag{5-2}$$

即剪跨比等于剪跨跨长 a 与截面有效高度 h_0 之比。

试验表明,对于承受集中荷载的梁,随着剪跨比的增大,受剪承载力下降(图 5-3)。对于承受均布荷载作用的梁而言,构件跨度与截面高度之比(简称跨高比)l_0/h 是影响受剪承载力的主要因素。随着跨高比的增大,受剪承载力降低(图 5-4)。

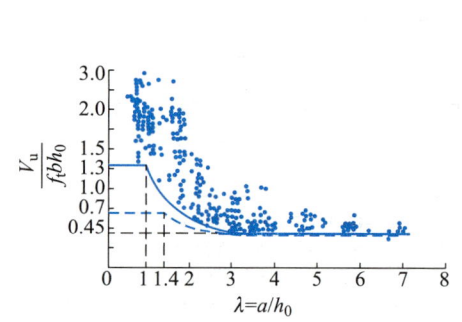

图 5-3　集中荷载作用下无腹筋梁的受剪承载力

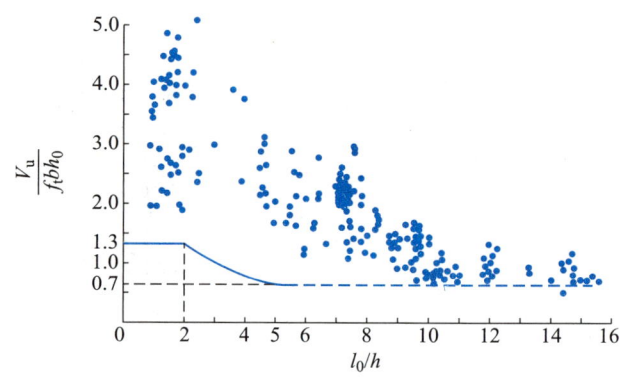

图 5-4　均布荷载作用下无腹筋梁的受剪承载力

2. 腹筋的数量

实际工程中,梁一般都要配置箍筋,有时还要配置弯起钢筋(图 5-5)。板承受的荷载不大,剪力较小,一般不用配置箍筋和弯起钢筋。箍筋和弯起钢筋总称为腹筋。

箍筋和弯起钢筋可以有效地提高斜截面的承载力。因此,腹筋的数量增多时,斜截面的承载力增大。

3. 混凝土强度等级

从斜截面剪切破坏的几种主要形态可知,斜拉破坏主要取决于混凝土的抗拉强度,剪压破坏和斜压破坏则主要取决于混凝土的抗压强度。因此,在剪跨比和其他条件相同时,斜截面受剪承载力随混凝土强度 f_{cu} 的提高而增大。试验表明,混凝土抗拉强度与梁的抗剪承载力大致呈线性

关系,《标准》亦采用与 f_{cu} 呈线性关系的 f_t 作为计算参量之一。

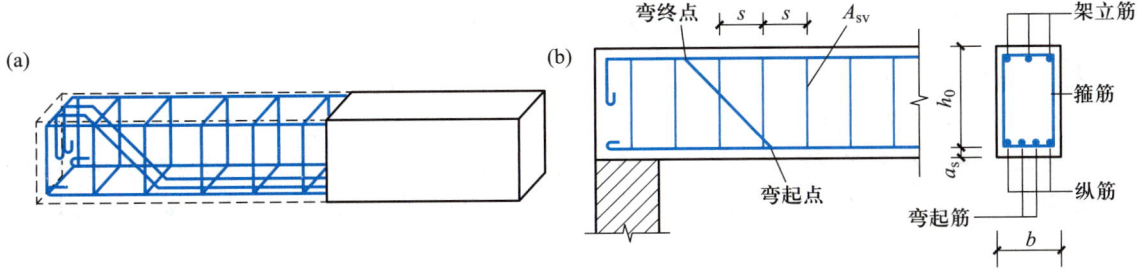

图 5-5　梁的箍筋和弯起钢筋

4. 纵筋配筋率

在其他条件相同时,纵向钢筋配筋率越大,斜截面承载力也越大。试验表明,二者也大致呈线性关系(图 5-6)。这是因为,纵筋配筋率越大则破坏时的剪压区高度越大,从而提高了混凝土的抗剪能力;同时,纵筋可以抑制斜裂缝的开展,增大斜裂面间的骨料咬合作用;纵筋本身的横截面也能承受少量剪力(即销栓力)。

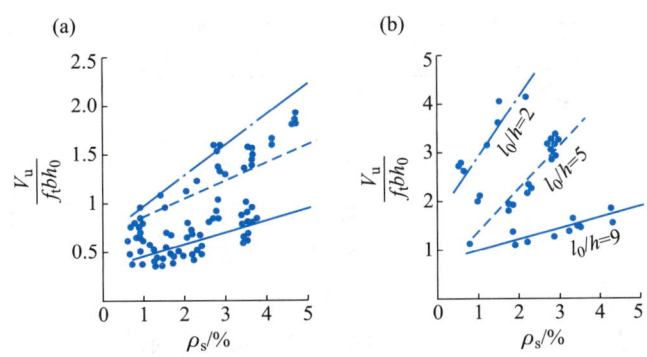

图 5-6　纵向钢筋配筋率对抗剪承载力的影响
(a)集中荷载作用;(b)均布荷载作用

5. 其他因素

(1)截面形状

试验表明,受压区翼缘的存在对提高斜截面承载力有一定的作用。因此 T 形截面梁与矩形截面梁相比,前者的斜截面承载力一般要高 10%~30%。

(2)预应力

预应力能阻滞斜裂缝的出现和开展,增加混凝土剪压区高度,从而提高混凝土的抗剪能力。预应力混凝土梁的斜裂缝长度比钢筋混凝土梁有所增长,也提高了斜裂缝内箍筋的抗剪能力。

(3)梁的连续性

试验表明,连续梁的受剪承载力与相同条件下的简支梁相比,仅在受集中荷载时低于简支梁,在受均布荷载时则是相当的。即使在承受集中荷载作用的情况下,也只有中间支座附近的梁段因受异号弯矩的影响,抗剪承载力有所降低;边支座附近梁段的抗剪承载力与简支梁相同。

5.1.3 斜截面破坏的主要形态
Main Failure Modes of Diagonal Sections in Bending

大量试验结果表明,无腹筋梁斜截面剪切破坏主要有三种形态。

1. 斜拉破坏(图 5-7a)

斜拉破坏主要发生在剪跨比 λ 较大(λ>3)的无腹筋梁或腹筋配置过少的有腹筋梁中。其特点是斜裂缝一旦出现,便迅速向集中荷载作用点延伸,并很快形成临界斜裂缝,梁随即破坏。

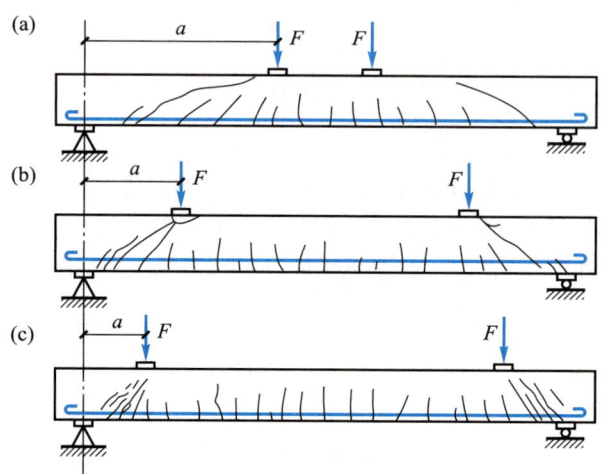

图 5-7 斜截面的破坏形态

斜拉破坏的整个破坏过程急速而突然,破坏荷载与出现斜裂缝时的荷载相当接近,破坏前梁的变形很小,并且往往只有一条斜裂缝。这种破坏是拱体混凝土被拉坏,破坏具有明显的脆性。

2. 剪压破坏(图 5-7b)

剪压破坏多发生在剪跨比 λ 适中 (1.5<λ≤3)时的无腹筋梁和腹筋配置适量的有腹筋梁中。其特征是当加载到一定阶段时,斜裂缝中的某一条发展成为临界斜裂缝,临界斜裂缝向荷载作用点缓慢发展,剪压区高度逐渐减小,最后剪压区混凝土被压碎,梁丧失承载能力。

这种破坏有一定的预兆,破坏荷载较出现斜裂缝时的荷载为高。但与适筋梁的正截面破坏相比,剪压破坏仍属于脆性破坏。

3. 斜压破坏(图 5-7c)

斜压破坏一般多发生在剪力较大、弯矩较小,即剪跨比 λ 较小(λ<1.5)的情况。在剪跨比 λ 虽然较大,但腹筋配置过多及梁的腹板很薄的薄腹梁中也会发生斜压破坏。其破坏过程是:首先在荷载作用点与支座间梁的腹部出现若干条平行的斜裂缝(即腹剪型斜裂缝),随着荷载的增加,梁腹被这些斜裂缝分割为若干斜向"短柱",最后因柱体混凝土被压碎而破坏。这实际上是拱体混凝土被压坏。

斜压破坏的破坏荷载很高,但变形很小,亦属于脆性破坏。

除上述主要的斜截面剪切破坏形态外,还有可能发生纵向钢筋在梁端锚固不足而引起的锚固破坏(即拱拉杆破坏)或混凝土局部受压破坏,也有可能发生斜截面弯曲破坏。进行受弯构件设计时,应使斜截面破坏成剪压破坏,避免斜拉、斜压和其他形式的破坏。均布荷载作用下的梁临界斜裂缝大致由支座向梁顶 1/4 跨度处发展,跨高比较小时发生斜压破坏,跨高比适中时发生剪压破坏,跨高比很大时发生斜拉破坏。

配置箍筋的梁,其斜截面破坏形态与无腹筋梁类似。当配箍率 ρ_{sv} 太小或箍筋间距太大并且剪跨比 λ 较大时,易发生斜拉破坏,其破坏特征与无腹筋梁相同,破坏时箍筋被拉断。当配置的箍筋太多或剪跨比很小($\lambda < 1.5$)时,发生斜压破坏,其特征是混凝土斜向柱体被压碎,但箍筋不屈服。当配箍适量且剪跨比介于斜压破坏和斜拉破坏的剪跨比之间时,发生剪压破坏,其特征是箍筋受拉屈服,剪压区混凝土压碎,斜截面受剪承载力随配箍率 ρ_{sv} 及箍筋强度 f_{yv} 的增加而增大。

此外,斜截面上一般都有弯矩和剪力同时作用,因此,要使斜截面不发生破坏,要求斜截面上的弯矩设计值不大于斜截面的抗弯承载力和剪力设计值不大于斜截面的抗剪承载力。

§5.2 受弯构件斜截面设计方法
Design Methods of Diagonal Sections in Bending

5.2.1 一般受弯构件斜截面设计
Design of Diagonal Section of General Flexural Members

1. 受弯构件斜截面受剪承载力的计算

(1) 不配置箍筋和弯起钢筋的一般板类受弯构件

板类构件通常承受的荷载不大,剪力较小,因此,一般不必进行斜截面承载力的计算,也不配置箍筋和弯起钢筋。但是,当板上承受的荷载较大时,需要对其斜截面承载力进行计算。

不配置箍筋和弯起钢筋的一般板类受弯构件,其斜截面的受剪承载力应按下列公式计算:

$$V \leqslant 0.7\,\beta_h f_t b h_0 \tag{5-3}$$

$$\beta_h = \left(\frac{800}{h_0}\right)^{1/4} \tag{5-4}$$

式中 β_h——截面高度影响系数,当 $h_0 < 800$ mm 时,取 $h_0 = 800$ mm;当 $h_0 > 2\,000$ mm 时,取 $h_0 = 2\,000$ mm。

(2) 矩形、T 形和工字形截面的一般受弯构件

矩形、T 形和工字形截面的一般受弯构件,斜截面破坏时的计算简图如图 5-8 和图 5-9 所示。

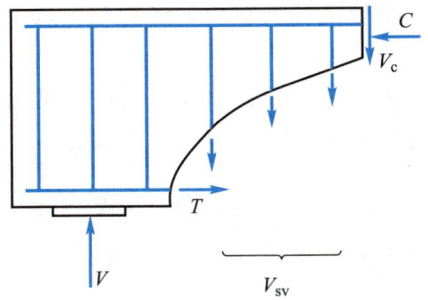

图 5-8 仅配置箍筋时的抗剪计算简图

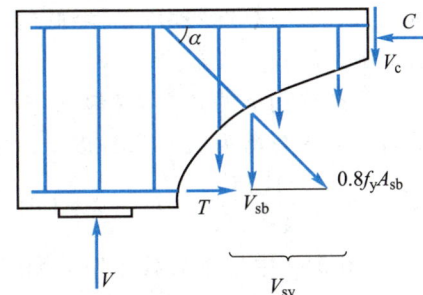

图 5-9 配置箍筋和弯起钢筋时的抗剪计算简图

① 当仅配置箍筋时,根据竖向力的静力平衡条件,矩形、T 形和工字形截面受弯构件的斜截

面受剪承载力应符合下列规定(图 5-8)：

$$V \leqslant V_c + V_{sv} = V_{cs} \tag{5-5}$$

$$V_{cs} = \alpha_{cv} f_t b h_0 + f_{yv} \frac{A_{sv}}{s} h_0 \tag{5-6}$$

式中　V_{cs}——构件斜截面上混凝土和箍筋的受剪承载力设计值。

　　　　f_{yv}——箍筋的抗拉强度设计值,按附表 2-3 中 f_y 的数值采用,其数值大于 360 N/mm² 时应取 360 N/mm²。

　　　　α_{cv}——截面混凝土受剪承载力系数,对于一般受弯构件取 0.7;对集中荷载作用下(包括作用有多种荷载,其集中荷载对支座截面或节点边缘所产生的剪力值占总剪力的 75% 以上的情况)的独立梁,取 $\alpha_{cv} = \dfrac{1.75}{\lambda + 1}$。$\lambda$ 为计算截面的剪跨比,可取 $\lambda = a/h_0$,当 $\lambda < 1.5$ 时,取 1.5;当 $\lambda > 3$ 时,取 3。a 取集中荷载作用点至支座截面或节点边缘的距离。

　　　　A_{sv}——配置在同一截面内箍筋各肢的全部截面面积,即 nA_{sv1},此处,n 为在同一个截面内箍筋的肢数,A_{sv1} 为单肢箍筋的截面面积。

　　　　s——沿构件长度方向的箍筋间距。

　　② 当配置箍筋和弯起钢筋时,根据竖向力的静力平衡条件,矩形、T 形和工字形截面受弯构件的斜截面受剪承载力应符合下列规定(图 5-9)：

$$V \leqslant V_{cs} + V_{sb} = V_{cs} + 0.8 f_y A_{sb} \sin \alpha_s \tag{5-7}$$

式中　V——配置弯起钢筋处的剪力设计值;

　　　　A_{sb}——同一平面内弯起钢筋的截面面积;

　　　　α_s——斜截面上弯起钢筋的切线与构件纵轴线的夹角;

　　　　0.8——应力不均匀系数,用来考虑靠近剪压区的弯起钢筋在斜截面破坏时可能达不到钢筋抗拉强度设计值的情况。

　　式(5-6)中,等式右边第一项可理解为混凝土的受剪承载力设计值,等式右边第二项可理解为箍筋的受剪承载力设计值。式(5-7)中,等式右边第二项为弯起钢筋的受剪承载力设计值。

　　试验表明,T 形截面和工字形截面的剪压区面积要比同样宽度 b 的矩形截面的大,其受剪承载力比同条件的矩形截面的要高,因而在荷载作用时,按式(5-7)计算将提高 T 形及工字形截面的受剪承载力储备。另一方面,当 T 形和工字形截面的梁腹很薄时,可能在梁腹发生斜压破坏,其受剪承载力随腹板高度的增加而降低(此时翼缘宽度对受剪承载力影响甚微),但这种破坏可通过构造措施来防止。

　　对集中荷载作用下的独立梁(包括作用有多种荷载,且其集中荷载对支座截面或节点边缘所产生的剪力值占总剪力值的 75% 以上的情况),由于剪跨比的影响,承载力略有降低。

　　当 $\lambda = 1.5$ 时,$\dfrac{1.75}{\lambda + 1.0} = 0.7$;当 $\lambda = 3$ 时,$\dfrac{1.75}{\lambda + 1.0} = 0.437\,5$。因此,上限值与一般受弯构件相衔接,下限值与图 5-9 中集中荷载作用下无腹筋梁受剪承载力的下限值相当。

　　计算公式的适用范围：

　　梁的斜截面受剪承载力计算式(5-5)~式(5-7)仅适用于剪压破坏情况。为防止斜压破坏和斜拉破坏,还应规定其上、下限值。

a. 上限值——最小截面尺寸。

发生斜压破坏时,梁腹的混凝土被压碎,箍筋不屈服,其受剪承载力主要取决于构件的腹板宽度、梁截面高度及混凝土强度。因此,只要保证构件截面尺寸不太小,就可防止斜压破坏的发生。受弯构件的最小截面尺寸应满足下列要求:

当 $\dfrac{h_w}{b} \leqslant 4$ 时

$$V \leqslant 0.25\beta_c f_c b h_0 \tag{5-8}$$

当 $\dfrac{h_w}{b} \geqslant 6$ 时

$$V \leqslant 0.2\beta_c f_c b h_0 \tag{5-9}$$

当 $4 < h_w/b < 6$ 时,按线性内插法取用或按下式计算:

$$V \leqslant 0.025\left(14 - \dfrac{h_w}{b}\right)\beta_c f_c b h_0 \tag{5-10}$$

式中 V——构件斜截面上的最大剪力设计值。

β_c——混凝土强度影响系数:当混凝土强度等级不超过 C50 时,取 $\beta_c = 1.0$;当混凝土强度等级为 C80 时,取 $\beta_c = 0.8$;其间按线性内插法取用或查表 5-1。

b——矩形截面的宽度,T 形截面或工字形截面的腹板宽度。

h_w——截面的腹板高度:矩形截面取有效高度 h_0;T 形截面取有效高度减去翼缘高度;工字形截面取腹板净高(图 5-10)。

表 5-1 混凝土强度影响系数 β_c 取值

混凝土强度等级	≤ C50	C55	C60	C65	C70	C75	C80
β_c	1.000	0.967	0.933	0.900	0.867	0.833	0.800

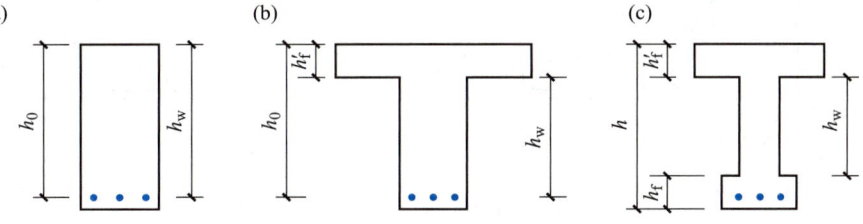

图 5-10 梁的腹板高度 h_w

(a) $h_w = h_0$; (b) $h_w = h_0 - h_f'$; (c) $h_w = h - h_f' - h_f$

在设计中,如果不满足式(5-8)~式(5-10)的条件,应加大构件截面尺寸或提高混凝土强度等级,直到满足为止。对于 T 形或工字形截面的简支受弯构件,当有实践经验时,式(5-8)中的系数可改为 0.3。

b. 下限值——最小配箍率和箍筋最大间距。

试验表明,若箍筋的配筋率过小或箍筋间距过大,在 λ 较大时一旦出现斜裂缝,可能使箍筋迅速屈服甚至拉断,斜裂缝急剧开展,导致发生斜拉破坏。此外,若箍筋直径过小,也不能保证钢筋骨架的刚度。

为了防止斜拉破坏,梁中箍筋间距不宜大于表 5-2 的规定,直径不宜小于表 5-3 的规定,也

不应小于 $d/4$(d 为纵向受压钢筋的最大直径)。

表 5-2 梁中箍筋最大间距 s_{max} mm

梁 高 h	$V>0.7f_t b h_0$	$V\leqslant 0.7f_t b h_0$
150 mm$<h\leqslant$300 mm	150	200
300 mm$<h\leqslant$500 mm	200	300
500 mm$<h\leqslant$800 mm	250	350
$h>$800 mm	300	400

表 5-3 梁中箍筋最小直径 mm

梁 高 h	箍筋直径
$h\leqslant$800 mm	6
$h>$800 mm	8

注:梁中配有计算需要的纵向受压钢筋时,箍筋直径尚不应小于 $d/4$(d 为纵向受压钢筋的最大直径)。

当 $V>0.7f_t b h_0$ 时,配箍率尚应满足最小配箍率要求,即

$$\rho_{sv} \geqslant \rho_{sv,min} = 0.24\frac{f_t}{f_{yv}} \tag{5-11}$$

(3)斜截面受剪承载力的计算位置

在计算梁斜截面受剪承载力时,其计算位置应按下列规定采用(图 5-11)。

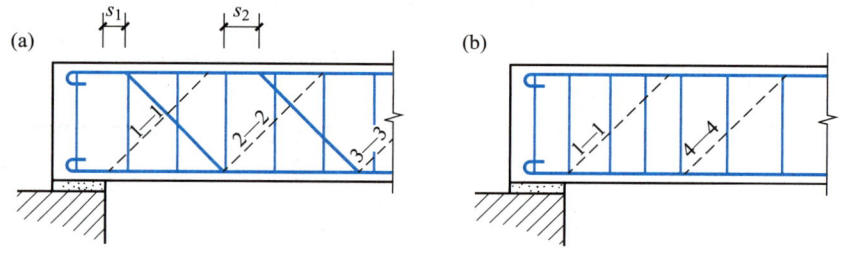

图 5-11 斜截面受剪承载力计算位置

① 支座边缘处截面(图 5-11 中 1-1 截面)。该截面承受的剪力值最大。在用材料力学方法计算支座反力(即支座剪力)时,跨度一般是算至支座中心。但由于支座和构件通常连接在一起,可以共同承受剪力,斜裂缝通常不会发生在支座内部,而是从支座的边缘开始,因此受剪控制截面应是支座边缘截面。计算该截面剪力设计值时,跨度取净跨跨长 l_n(即算至支座内边缘处)。用支座边缘的剪力设计值确定第一排弯起钢筋和 1-1 截面的箍筋。

② 受拉区弯起钢筋弯起点处截面(图 5-11 中 2-2 截面和 3-3 截面)。

③ 箍筋截面面积或间距改变处截面(图 5-11 中 4-4 截面)。

④ 腹板宽度改变处截面。

上述截面均为斜截面受剪承载力较薄弱的位置,在计算时应取其相应区段内的最大剪力值作为剪力设计值。具体方法详见例题。

设计时,弯起钢筋距支座边缘距离 s_1 及弯起钢筋之间的距离 s_2 均不应大于箍筋最大间距 s_{max}(表 5-2),以保证可能出现的斜裂缝与弯起钢筋相交。

(4)斜截面受剪承载力计算步骤

一般先由梁的高跨比、高宽比等构造要求及正截面受弯承载力计算确定截面尺寸、混凝土强度等级及纵向钢筋用量,然后进行斜截面受剪承载力设计计算。其步骤如下:

① 确定计算截面和截面剪力设计值;

② 验算截面尺寸是否足够;

③ 验算是否可以按构造配置箍筋;

④ 当不能仅按构造配置箍筋时,按计算确定所需腹筋数量;

⑤ 绘出配筋图。

钢筋混凝土斜截面抗剪承载力计算步骤可以用下面的框图表示:

a. 一般情形如图 5-12 所示。

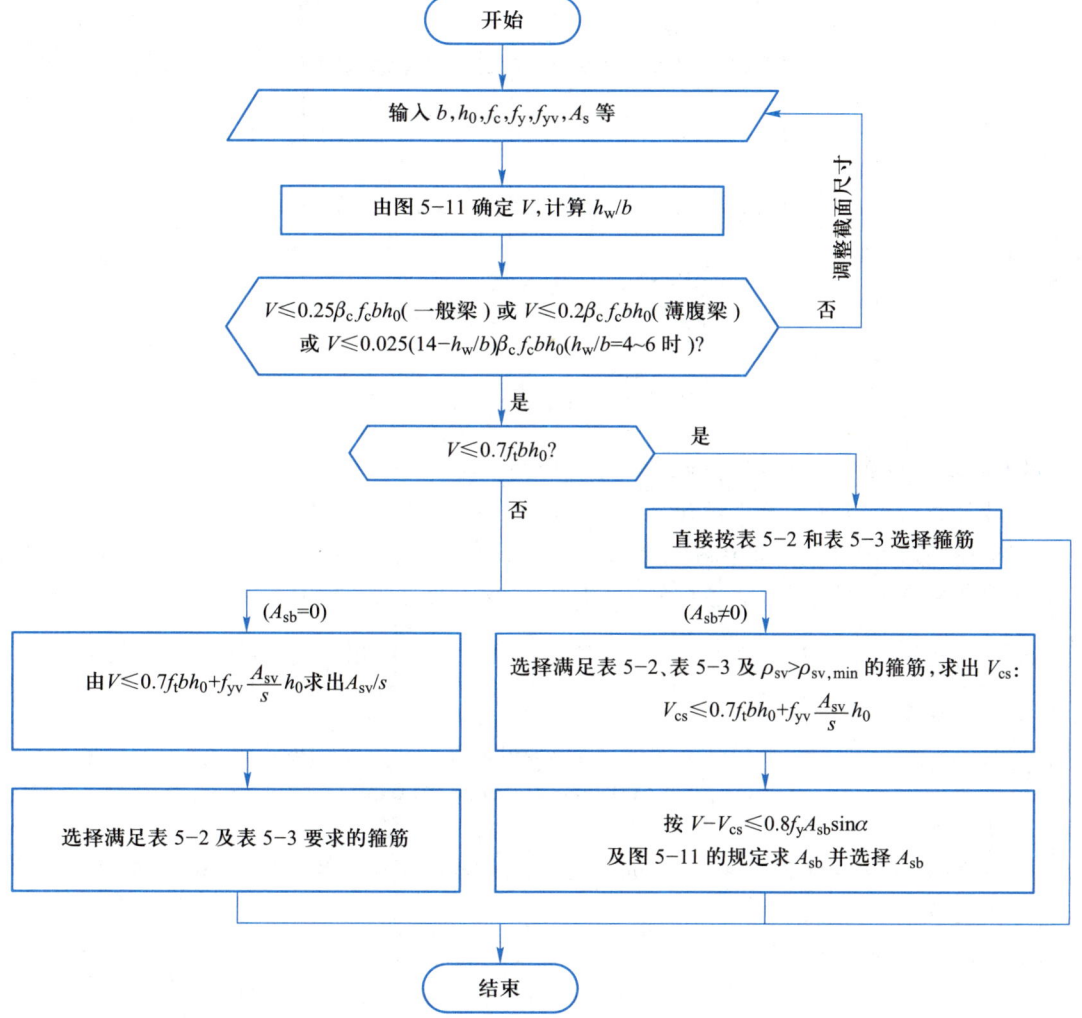

图 5-12 有腹筋梁斜截面承载力计算步骤框图

b. 特殊情形时,在图 5-12 的框图中,用 $1.75/(\lambda+1.0)$ 取代 0.7 即可得相应的斜截面受剪计算的框图。

（5）计算例题

梁斜截面受剪承载力设计计算中遇到的是截面选择和承载力校核两类问题。这两类问题都包括计算和构造两方面的内容。构造方面的内容除前面提到箍筋的基本构造要求外,后面还要进一步论述。

【例 5-1】　某宿舍钢筋混凝土矩形截面简支梁,设计工作年限为 50 年,环境类别为一类,两端支承在砖墙上,净跨度 $l_n=3\,660$ mm（图 5-13）,截面尺寸 $b\times h=200$ mm$\times$500 mm。该梁承受均布荷载,其中恒荷载标准值 $g_k=25$ kN/m（包括自重）,荷载分项系数 $\gamma_G=1.3$,活荷载标准值 $q_k=38$ kN/m,荷载分项系数 $\gamma_Q=1.5$;混凝土强度等级为 C30（$f_c=14.3$ N/mm^2,$f_t=1.43$ N/mm^2）;箍筋为 HPB300 钢筋（$f_{yv}=270$ N/mm^2）;按正截面受弯承载力计算已选配 3⚟20 钢筋为纵向受力钢筋（$f_y=360$ N/mm^2）。试根据斜截面受剪承载力要求确定腹筋。

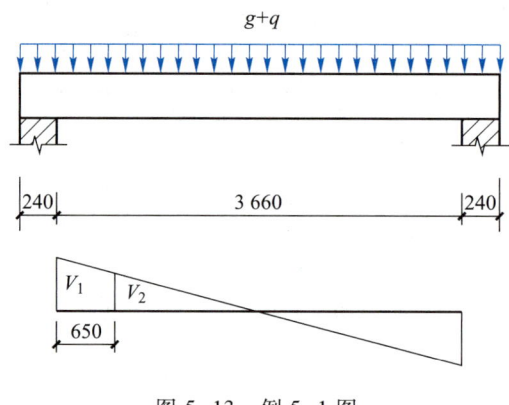

图 5-13　例 5-1 图

【解】　取 $a_s=40$ mm,$h_0=h-a_s=500$ mm-40 mm$=460$ mm。

（1）计算截面的确定和剪力设计值计算

如前所述,剪切破坏一般出现在支座内边缘处,故应选择该截面,用净跨跨长进行抗剪配筋计算。由第 2 章查得 $\gamma_G=1.3$,$\gamma_Q=1.5$,$\gamma_L=1.0$,该截面的剪力设计值为

$$V_1=\frac{1}{2}(\gamma_G g_k+\gamma_Q\gamma_L q_k)l_n=\frac{1}{2}\times(1.3\times25\ \text{kN/m}+1.5\times1.0\times38\ \text{kN/m})\times3.66\ \text{m}=163.785\ \text{kN}$$

（2）复核梁截面尺寸

$$h_w=h_0=460\ \text{mm}$$
$$h_w/b=460\ \text{mm}/200\ \text{mm}=2.3<4$$

属于一般梁。

$$0.25\beta_c\,f_c bh_0=0.25\times14.3\ \text{N/mm}^2\times200\ \text{mm}\times460\ \text{mm}=328.9\ \text{kN}>163.785\ \text{kN}$$

截面尺寸满足要求。

（3）验算可否按构造配箍

$$0.7f_t bh_0=0.7\times1.43\ \text{N/mm}^2\times200\ \text{mm}\times460\ \text{mm}=92.09\ \text{kN}<163.785\ \text{kN}$$

应按计算配置腹筋,且应验算 $\rho_{sv} \geqslant \rho_{sv,min}$。

（4）所需腹筋计算

配置腹筋有两种办法:一种是只配箍筋,另一种是配置箍筋和弯起钢筋。一般都是优先选择只配箍筋方案。下面分述两种方法,以便于读者掌握。

① 仅配箍筋

由 $V \leqslant 0.7 f_t b h_0 + f_{yv} \dfrac{A_{sv}}{s} h_0$ 得

$$\frac{n A_{sv1}}{s} \geqslant \frac{163\ 785\ \text{N} - 92\ 090\ \text{N}}{270\ \text{N/mm}^2 \times 460\ \text{mm}} = 0.577\ \text{mm}^2/\text{mm}$$

选用双肢箍筋 φ8@130,则

$$\frac{n A_{sv1}}{s} = \frac{2 \times 50.3\ \text{mm}^2}{130\ \text{mm}} = 0.774\ \text{mm}^2/\text{mm}$$

满足计算要求及表5-2和表5-3的构造要求。

也可这样计算:选用双肢箍 φ8,则 $A_{sv1} = 50.3\ \text{mm}^2$,可求得

$$s \leqslant \frac{2 \times 50.3\ \text{mm}^2}{0.748\ \text{mm}} = 134\ \text{mm}$$

取 $s = 130$ mm,为偏于安全和简化施工,箍筋沿梁长均匀布置(图5-14a)。

$$\rho_{sv} = \frac{A_{sv}}{bs} = \frac{2 \times 50.3\ \text{mm}^2}{200\ \text{mm} \times 130\ \text{mm}} = 0.387\% > \rho_{sv,min} = 0.24 \frac{f_t}{f_{yv}} = 0.24 \times \frac{1.43\ \text{N/mm}^2}{270\ \text{N/mm}^2} = 0.127\%$$

② 配置箍筋和弯起钢筋

按表5-2及表5-3要求,选 φ8@200 双肢箍沿全梁均匀布置,则

$$\rho_{sv} = \frac{A_{sv}}{bs} = \frac{2 \times 50.3\ \text{mm}^2}{200\ \text{mm} \times 200\ \text{mm}} = 0.252\% > \rho_{sv,min} = 0.24 \frac{f_t}{f_{yv}} = 0.24 \times \frac{1.43\ \text{N/mm}^2}{270\ \text{N/mm}^2} = 0.127\%$$

$$V_{cs} = 0.7 f_t b h_0 + f_{yv} \frac{A_{sv}}{s} h_0 = 92\ 090\ \text{N} + 270\ \text{N/mm}^2 \times \frac{2 \times 50.3\ \text{mm}^2}{200\ \text{mm}} \times 460\ \text{mm} = 154.56\ \text{kN}$$

由式(5-7)及式(5-6),取 $\alpha = 45°$,得第一排弯起钢筋:

$$V_1 - V_{cs} \leqslant 0.8 A_{sb} f_y \sin \alpha$$

则有

$$A_{sb} \geqslant \frac{V_1 - V_{cs}}{0.8 f_y \sin \alpha} = \frac{163\ 785\ \text{N} - 154\ 560\ \text{N}}{0.8 \times 360\ \text{N/mm}^2 \times 0.707\ 1} = 45.30\ \text{mm}^2$$

选用图5-14截面中间的 Φ20 纵筋作弯起钢筋,实配 $A_{sb} = 314.2\ \text{mm}^2$,满足计算要求。

按图5-11的规定,核算是否需要第二排弯起钢筋:

取 $s_1 = 200$ mm,计算弯起钢筋水平投影长度时,上下部纵向受力钢筋的混凝土保护层厚度均取 30 mm, $s_b = h - 60\ \text{mm} = 440\ \text{mm}$,则截面2-2的剪力可由图5-13的相似三角形关系求得

$$V_2 = V_1 \left(1 - \frac{200\ \text{mm} + 440\ \text{mm}}{0.5 \times 3\ 660\ \text{mm}} \right) = 106.51\ \text{kN} < V_{cs}$$

故不需要第二排弯起钢筋。其配筋如图5-14b所示。

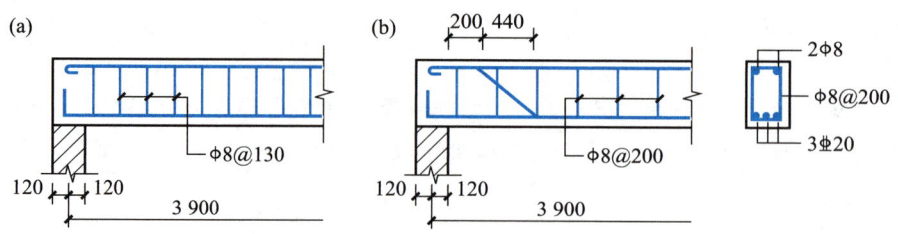

图 5-14   例 5-1 梁配筋图

（a）仅配箍筋；（b）配箍筋和弯起钢筋

【例 5-2】   某钢筋混凝土矩形截面简支梁承受荷载设计值如图 5-15 所示,设计工作年限为 50 年,环境类别为一类,其中集中荷载设计值 $F = 92$ kN,均布荷载设计值 $g+q = 7.5$ kN/m（包括自重）。梁截面尺寸 $b×h = 250$ mm×600 mm,配有纵筋 4Φ25,混凝土强度等级为 C25,箍筋为 HPB300 钢筋。试求所需箍筋数量并绘配筋图。

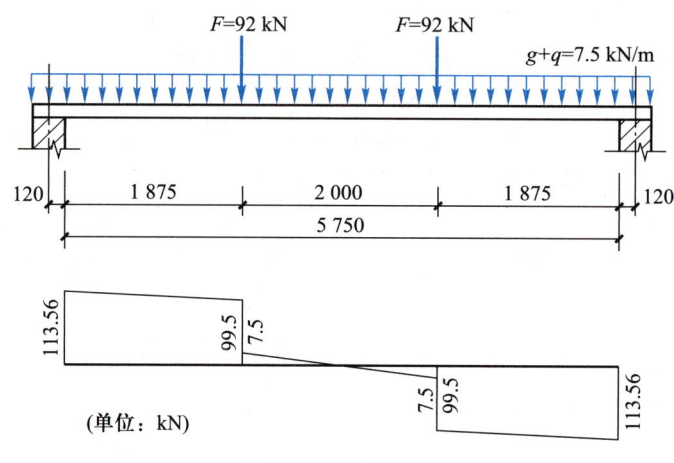

图 5-15   例 5-2 图

【解】   （1）已知条件

混凝土 C25：$f_c = 11.9$ N/mm²，$f_t = 1.27$ N/mm²；

HPB300 箍筋：$f_{yv} = 270$ N/mm²；

本例中的混凝土强度等级为 C25,混凝土保护层的厚度应比附表 7-1 中的保护层厚度增加 5 mm。假定箍筋的直径为 6 mm 时,从截面受拉区边缘至受拉钢筋重心的距离为

$$a_s = 25 \text{ mm} + 6 \text{ mm} + \frac{25 \text{ mm}}{2} = 43.5 \text{ mm} \approx 40 \text{ mm}$$

$$h_0 = h - a_s = 600 \text{ mm} - 40 \text{ mm} = 560 \text{ mm}$$

（2）确定计算截面和剪力设计值

如前所述,荷载设计值表示已经将荷载标准值乘以对应的荷载分项系数,并考虑了荷载调整系数的影响。

对于图 5-15 所示简支梁,支座处剪力最大,应选此截面进行抗剪计算,剪力设计值为

$$V = \frac{1}{2}(g+q)l_n + F = \frac{1}{2} \times 7.5 \text{ kN/m} \times 5.75 \text{ m} + 92 \text{ kN} = 113.56 \text{ kN}$$

对简支梁而言,剪切破坏发生在支座的内边缘截面。因此,抗剪计算是对支座内边缘处截面的抗剪承载能力的计算。集中荷载对支座内边缘截面产生剪力 $V_F = 92$ kN,则有 $92/113.56 = 81\% > 75\%$,故对该矩形截面简支梁应考虑剪跨比的影响,$a = 1\,875$ mm$+120$ mm$=1\,995$ mm,有

$$\lambda = \frac{a}{h_0} = \frac{1.995 \text{ m}}{0.56 \text{ m}} = 3.56 > 3.0$$

取 $\lambda = 3.0$。

（3）复核截面尺寸

$h_w = h_0 = 560$ mm,$h_w/b = 560$ mm$/250$ mm$= 2.24 < 4$,属于一般梁。

$$0.25\,\beta_c f_c b h_0 = 0.25 \times 11.9 \text{ N/mm}^2 \times 250 \text{ mm} \times 560 \text{ mm} = 416.5 \text{ kN} > 113.56 \text{ kN}$$

截面尺寸符合要求。

（4）可否按构造配箍

$$\frac{1.75}{\lambda + 1.0} f_t b h_0 = \frac{1.75}{3 + 1.0} \times 1.27 \text{ N/mm}^2 \times 250 \text{ mm} \times 560 \text{ mm} = 77.79 \text{ kN} < 113.56 \text{ kN}$$

应按计算配箍。

（5）箍筋数量计算

选用双肢 $\phi 8$ 箍筋,由附表 11-1 查得

$$A_{sv} = 2 \times 50.3 \text{ mm}^2 = 101 \text{ mm}^2$$

由式(5-6)可得所需箍筋间距为

$$s \leqslant \frac{f_{yv} A_{sv} h_0}{V - \dfrac{1.75}{\lambda + 1.0} f_t b h_0} = \frac{270 \text{ N/mm}^2 \times 101 \text{ mm}^2 \times 560 \text{ mm}}{113\,560 \text{ N} - 77\,790 \text{ N}} = 427 \text{ mm}$$

选 $s = 250$ mm,符合表 5-2 的要求。

（6）最小配箍率验算

$$\frac{n A_{sv1}}{bs} = \frac{2 \times 50.3 \text{ mm}^2}{250 \text{ mm} \times 250 \text{ mm}} = 0.161\% > 0.24 \frac{f_t}{f_{yv}} = 0.24 \times \frac{1.27 \text{ N/mm}^2}{270 \text{ N/mm}^2} = 0.113\%$$

满足要求。为了偏于安全和简化施工,箍筋沿梁全长均匀配置,梁配筋如图 5-16 所示。

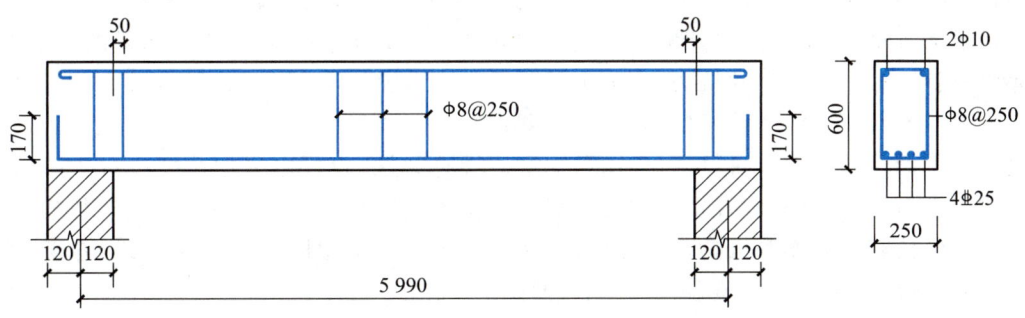

图 5-16 例 5-2 梁配筋图

2. 受弯构件斜截面受弯承载力的计算

前面介绍的主要是受弯构件斜截面受剪承载力的计算问题。在剪力和弯矩共同作用下产生的斜裂缝,还会导致与其相交的纵向钢筋拉力增加,引起沿斜截面受弯承载力不足及锚固不足的

破坏。对受压区压力合力作用点取矩,斜截面的受弯承载力应满足下列规定(图 5-17):

$$M \leqslant f_y A_s z + \sum f_y A_{sb} z_{sb} + \sum f_{yv} A_{sv} z_{sv} \qquad (5-12)$$

此时,斜截面的水平投影长度 c 可按下列条件确定:

$$V = \sum f_y A_{sb} \sin \alpha_s + \sum f_{yv} A_{sv} \qquad (5-13)$$

式中　M——构件斜截面受压区末端的弯矩设计值;

　　　V——斜截面受压区末端的剪力设计值;

　　　z——纵向受拉钢筋的合力点至受压区合力点的距离,可近似取 $z = 0.9h_0$;

　　　z_{sb}——同一弯起平面内弯起钢筋的合力点至斜截面受压区合力点的距离;

　　　z_{sv}——同一斜截面上箍筋的合力点至斜截面受压区合力点的距离。

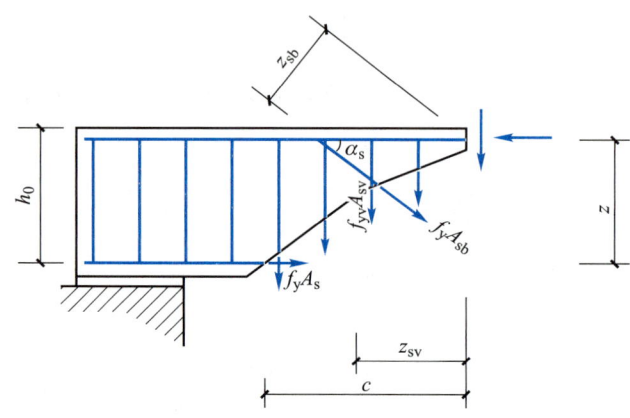

图 5-17　受弯构件斜截面受弯承载力计算

当受弯构件中配置的纵向受力钢筋满足各项锚固要求及箍筋的间距符合构造要求时,可不进行构件斜截面的受弯承载力计算。

3. 纵向受力钢筋的弯起、截断和锚固等构造

(1) 抵抗弯矩图

在讨论纵向受力钢筋的弯起、截断和锚固之前,先来介绍抵抗弯矩图的概念。

所谓抵抗弯矩图,是指按实际配置的纵向钢筋计算的梁上各正截面所能承受的弯矩图。它反映了沿梁长正截面上材料的抗力,称为正截面受弯承载力图或材料的抵抗弯矩图。图中竖标所表示的正截面受弯承载力设计值 M_u 简称为抵抗弯矩。

进行正截面承载力校核时,可以采用第 4 章的计算方法,也可以采用画抵抗弯矩图的方法。计算方法工作量大,而且只能校核少数几个截面。作图方法则可以对所有截面进行校核:按比例将受弯构件的荷载弯矩图和抵抗弯矩图画出,如果抵抗弯矩图能将荷载弯矩图完全覆盖,则每一个截面都安全;反之若不能全覆盖,未覆盖截面则不安全。

假定某梁为均布荷载作用下的简支梁(荷载弯矩图为抛物线),按照跨中(控制截面)弯矩设计值算得 $A_s = 1\,438\ \text{mm}^2$;当配置纵筋 3$\underline{\Phi}$25 时,$A_s = 1\,473\ \text{mm}^2$,略有富余。可近似取 $M_u = M$。如果将全部纵筋伸入支座,抵抗弯矩图为图 5-18 中 $oaebo'$ 与 oo' 形成的矩形图。抵抗弯矩图完全覆盖了荷载弯矩图,梁安全。

在本例中,如果将中间 1 根 $\underline{\Phi}$25 的钢筋在离支座的 C 点弯起(该点到支座边缘的距离为

650 mm），该钢筋弯起后，其内力臂逐渐减小，因而其抵抗弯矩变小直至等于零。假定该钢筋弯起后与梁轴线（取 1/2 梁高位置）的交点为 D，过 D 点后不再考虑该钢筋承受弯矩，则 CD 段的抵抗弯矩图规定为斜直线 cd（图 5-19）。以 oo' 为基准线的抵抗弯矩图 $oadcebo'$ 也完全覆盖了荷载弯矩图，梁安全。

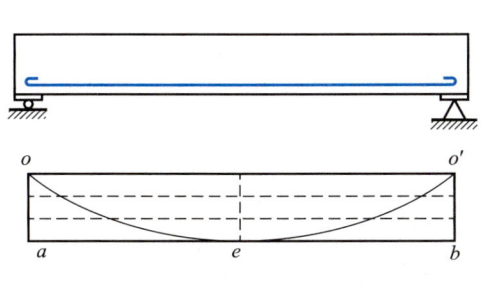

图 5-18　全部纵筋伸入支座的抵抗弯矩图

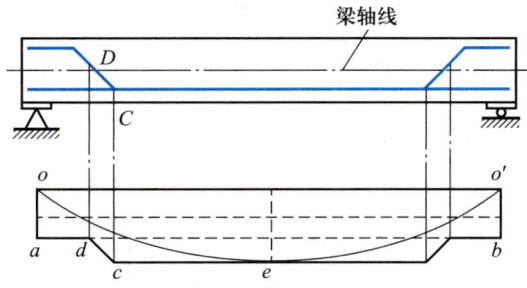

图 5-19　钢筋弯起的抵抗弯矩图

（2）满足斜截面受弯承载力的纵向钢筋弯起位置

由图 5-19 可知，如果将纵向受力钢筋的弯起点 C 从现有位置向支座方向移动，梁的抵抗弯矩图始终能够覆盖荷载弯矩图，结构安全。但是，如果将纵向受力钢筋的弯起点从现有位置向跨中方向移动达一定位置后，梁的抵抗弯矩图开始不能完全覆盖荷载弯矩图，结构转为不安全，出现斜截面受弯承载力不够的破坏。

为了保证斜截面的抗弯能力，纵向受力钢筋要满足图 5-20 所示的构造要求，即在梁的受拉区中，弯起点应设置在按正截面抗弯承载力计算该钢筋的强度充分被利用的截面（称为充分利用点）以外，其距离 s_1 应大于或等于 $h_0/2$ 处；同时，弯起钢筋与梁纵轴线的交点应位于按计算不需要该钢筋的截面（称为不需要点）以外。充分利用点和不需要点的位置可根据纵筋根数和直径而画出的水平直线与设计弯矩图的交点来确定。

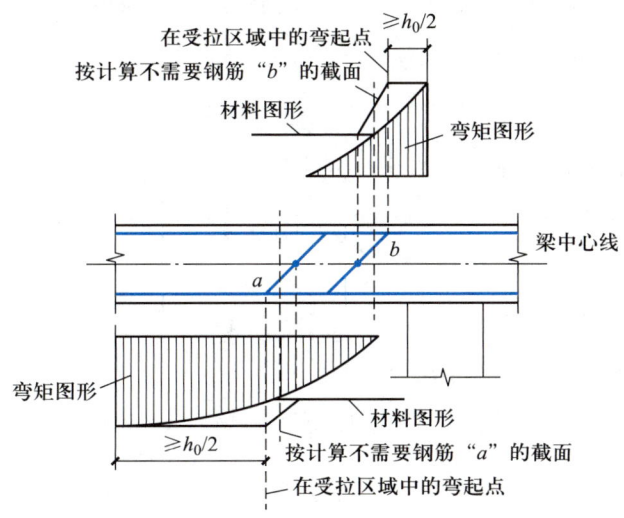

图 5-20　弯起钢筋弯起点与弯矩图形的关系

为什么 s_1 大于或等于 $h_0/2$ 后斜截面的抗弯承载力就足够呢? 为了证明这一点,分析图 5-21a 的受力情况。

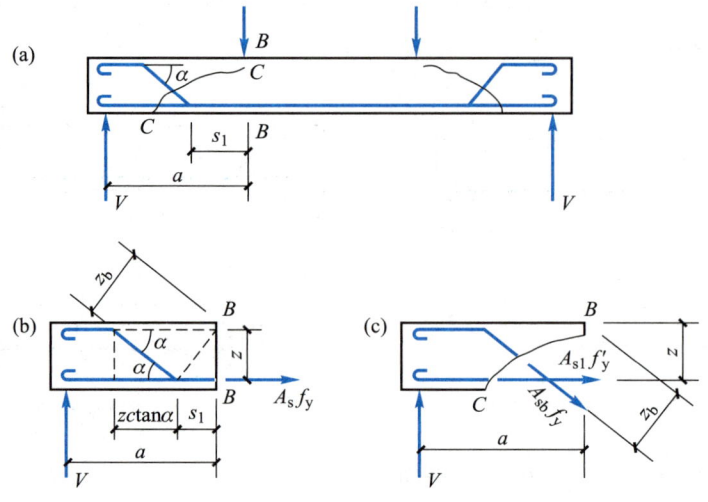

图 5-21   斜截面抗弯能力分析图

设纵向受拉钢筋的总截面面积为 A_s,伸入支座的纵向受拉钢筋截面面积为 A_{s1},弯起钢筋的截面面积为 A_{sb},则有

$$A_{s1}+A_{sb}=A_s \tag{5-14}$$

沿正截面 BB 取隔离体(图 5-21b),将各力对受压区混凝土压应力合力作用点取矩得

$$Va=f_y A_s z \tag{5-15}$$

沿斜截面 CC 取隔离体(图 5-21c),将各力对受压区混凝土压应力合力作用点取矩得

$$Va=f_y A_{s1} z+f_y A_{sb} z_b \tag{5-16}$$

欲使斜截面的抗弯承载力大于正截面的抗弯承载力,必须满足

$$f_y A_{s1} z+f_y A_{sb} z_b > f_y A_s z \tag{5-17}$$

即必须满足

$$z_b > z \tag{5-18}$$

什么情况下才能保证 $z_b > z$ 呢? 由图 5-21b 可知

$$\frac{z_b}{\sin \alpha} = s_1 + z\cot \alpha \tag{5-19}$$

或

$$z_b = s_1 \sin \alpha + z\cos \alpha \tag{5-20}$$

因此,要使 $z_b \geq z$,则要求

$$s_1 \sin \alpha + z\cos \alpha \geq z$$

或

$$s_1 \geq (\csc \alpha - \cot \alpha)z \tag{5-21}$$

当 $z=0.9h_0$ 和 $\alpha=45°$时,要求 $s_1 \geq 0.37h_0$;

当 $z=0.9h_0$ 和 $\alpha=60°$时,要求 $s_1 \geq 0.52h_0$。

因此,当能保证 $s_1 \geqslant h_0/2$ 时,一般情况下便可以保证 $z_b \geqslant z$,即保证斜截面的抗弯承载力大于正截面的抗弯承载力,斜截面不会由于抗弯能力不足而破坏。

（3）纵向受力钢筋的截断位置

在混凝土梁中,根据内力分析所得的弯矩图沿梁纵长方向是变化的,因此,所配的纵向受力钢筋截面面积也应沿梁纵长方向有所变化。有时,这种变化采取弯起钢筋的形式,但在工程中应用得更多的是将纵向受力钢筋根据弯矩图的变化在适当的位置切断,这就带来了延伸长度的问题。

任何一根纵向受力钢筋在结构中要发挥其承载受力的作用,应从其"强度充分利用截面"外伸一定的长度 l_{d1},依靠这段长度与混凝土的黏结锚固作用维持钢筋足够的抗力。同时,当一根钢筋由于弯矩图变化,将不考虑其抗力而切断时,从按正截面承载力计算"不需要该钢筋的截面"也须外伸一定的长度 l_{d2},作为受力钢筋应有的构造措施。在结构设计中,将上述两个条件中确定的较长外伸长度作为纵向受力钢筋的实际延伸长度 l_d,并作为其真正的切断点(图 5-22)。

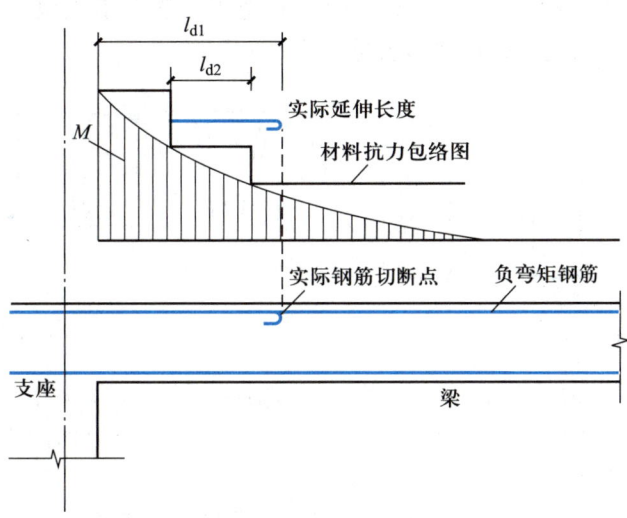

图 5-22   钢筋的延伸长度和切断点

钢筋混凝土连续梁、框架梁支座截面的负弯矩纵向钢筋不宜在受拉区截断。如必须截断时,其延伸长度 l_d 可按表 5-4 列出的 l_{d1} 和 l_{d2} 中取外伸长度较长者确定。其中,l_{d1} 是从"充分利用该钢筋强度的截面"延伸出的长度;而 l_{d2} 是从"按正截面承载力计算不需要该钢筋的截面"延伸出的长度。

表 5-4   负弯矩钢筋的延伸长度 l_d

截 面 条 件	l_{d1}	l_{d2}
$V \leqslant 0.7bh_0f_t$	$1.2l_a$	$20d$
$V > 0.7bh_0f_t$	$1.2l_a + h_0$	$20d$ 且 h_0
$V > 0.7bh_0f_t$ 且断点仍在负弯矩受拉区内	$1.2l_a + 1.7h_0$	$20d$ 且 $1.3h_0$

（4）纵向钢筋的锚固

钢筋只有在完全被锚固的情况下强度才可能充分利用，否则将产生滑移，甚至从混凝土中被拔出。钢筋锚固需要有一定的锚固长度。钢筋的锚固长度与钢筋的强度、外形、直径及混凝土的强度等级等因素有关。光圆钢筋的锚固效果较差，作为受拉钢筋时，端部还应做 180°的弯钩。有关钢筋的锚固问题，需按照附录 8 的规定执行。

（5）箍筋的构造要求

梁中的箍筋对抑制斜裂缝的开展、联系受拉区与受压区、传递剪力等有重要作用，因此应重视箍筋的构造要求。

前述梁的箍筋间距、直径和最小配箍率是箍筋最基本的构造要求，在设计中应予遵守。

箍筋一般采用 135°弯钩的封闭式箍筋（图 5-23a）。当 T 形截面梁翼缘顶面另有横向受拉钢筋时，也可采用开口式箍筋（图 5-23b）。

梁内一般采用双肢箍筋（$n=2$）。当梁的宽度大于 400 mm 且一层内的纵向受压钢筋多于 3 根时，或当梁的宽度不大于 400 mm 但一层内的纵向受压钢筋多于 4 根时，应设置复合箍筋（如四肢箍）；当梁宽度很小时，也可采用单肢箍筋（图 5-24）。

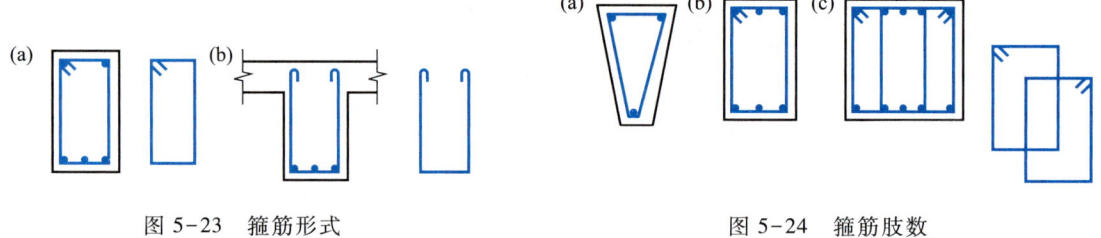

图 5-23　箍筋形式　　　　　　　　　图 5-24　箍筋肢数

当梁中配有计算需要的纵向受压钢筋（如双筋梁）时，箍筋应为封闭式，其间距不应大于 15d（d 为纵向受压钢筋中的最小直径），同时不应大于 400 mm。当一层内的纵向受压钢筋多于 5 根且直径大于 18 mm 时，箍筋间距不应大于 10d。

在绑扎骨架中非焊接的搭接接头长度范围内，当搭接钢筋为受拉时，其箍筋间距 $s \leqslant 5d$，且不应大于 100 mm；当搭接钢筋为受压时，箍筋间距 $s \leqslant 10d$（d 为受力钢筋中的最小直径），且不应大于 200 mm。

【例 5-3】 伸臂梁设计实例

本例综合运用前述受弯构件受弯和受剪承载力的计算和构造知识，对一教室简支楼面的钢筋混凝土伸臂梁进行设计，使初学者对梁的设计全过程有较清楚的了解。在例题中，初步涉及活荷载的布置及内力组合的概念，为梁、板结构设计打下基础。

（一）设计条件

某支承在 370 mm 厚砖墙上的钢筋混凝土伸臂梁，其跨度 $l_1 = 7.0$ m，伸臂长度 $l_2 = 1.86$ m，由楼面传来的荷载标准值 $g_{1k} = 28.60$ kN/m（未包括梁自重），活荷载标准值 $q_{1k} = 21.43$ kN/m，$q_{2k} = 71.43$ kN/m（图 5-25）。采用强度等级为 C25 的混凝土，纵向受力钢筋为 HRB400，箍筋和构造钢筋为 HPB300。设计工作年限为 50 年，环境类别为一类。试设计该梁并绘制配筋详图。

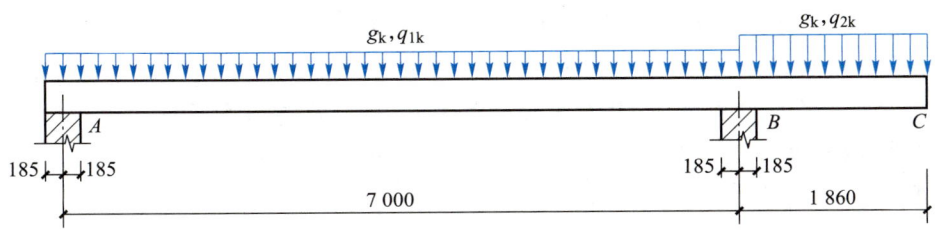

图 5-25   梁的跨度、支承及荷载

(二) 梁的内力和内力图

1. 截面尺寸选择

取高跨比 $h/l = 1/10$，则 $h = 700$ mm；按高宽比的一般规定，取 $b = 250$ mm，$h/b = 2.8$。

本例中的混凝土强度等级为 C25，混凝土保护层的厚度应比附表 7-1 中的保护层厚度增加 5 mm。假定纵向受力钢筋的直径为 20 mm，箍筋的直径为 6 mm，纵向受力钢筋按两排布置，上排钢筋与下排钢筋之间的净距为 25 mm 时，从截面受拉区边缘至受拉钢筋重心的距离为

$$a_s = 25 \text{ mm} + 6 \text{ mm} + 20 \text{ mm} + \frac{25 \text{ mm}}{2} = 63.5 \text{ mm} \approx 60 \text{ mm}$$

$$h_0 = h - a_s = 700 \text{ mm} - 60 \text{ mm} = 640 \text{ mm}$$

2. 荷载计算

梁自重标准值(包括梁侧 15 mm 厚粉刷重)：

$$g_{2k} = 0.25 \text{ m} \times 0.7 \text{ m} \times 25 \text{ kN/m}^3 + 17 \text{ kN/m}^3 \times 0.015 \text{ m} \times 0.7 \text{ m} \times 2 = 4.73 \text{ kN/m}$$

则梁的恒载设计值

$$g = g_1 + g_2 = 1.3 \times 28.60 \text{ kN/m} + 1.3 \times 4.73 \text{ kN/m} = 43.329 \text{ kN/m}$$

当考虑悬臂的恒载对求 AB 跨正弯矩有利时，取 $\gamma_G = 1.0$，则此时的悬臂恒载设计值为

$$g' = 1.0 \times 28.60 \text{ kN/m} + 1.0 \times 4.73 \text{ kN/m} = 33.33 \text{ kN/m}$$

活荷载的设计值为

$$q_1 = 1.5 \times 21.43 \text{ kN/m} = 32.145 \text{ kN/m}$$

$$q_2 = 1.5 \times 71.43 \text{ kN/m} = 107.145 \text{ kN/m}$$

3. 梁的内力和内力包络图

恒载 g 作用于梁上的位置是固定的，计算简图如图 5-26a 和图 5-26b 所示；活荷载 q_1，q_2 的作用位置有两种基本布置，如图 5-26c，d 所示。

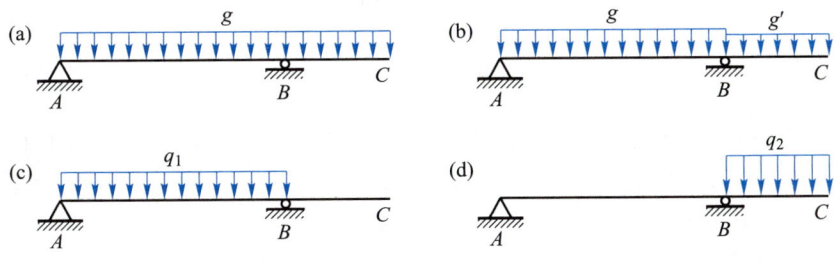

图 5-26   梁上各种荷载的作用

图 5-26 画出了四种荷载布置，按照结构力学的方法可以求得每种荷载下的弯矩图和剪力

图。求 AB 跨的跨中最大正弯矩时,应将图 5-26b,c 荷载下的弯矩叠加;求 B 支座的最大负弯矩和 AB 跨的最小正弯矩时,应将图 5-26a,d 荷载下的弯矩叠加;求 A 支座的最大剪力时,应将图 5-26b,c 荷载下的剪力图叠加;求 B 支座的最大剪力时,应将图 5-26a,c 和 d 荷载下的剪力图叠加。图 5-27 画出了以上四种弯矩和剪力叠加图,相应的弯矩值、剪力值及弯矩和剪力为零的截面所在位置,可作为设计和配筋的依据。

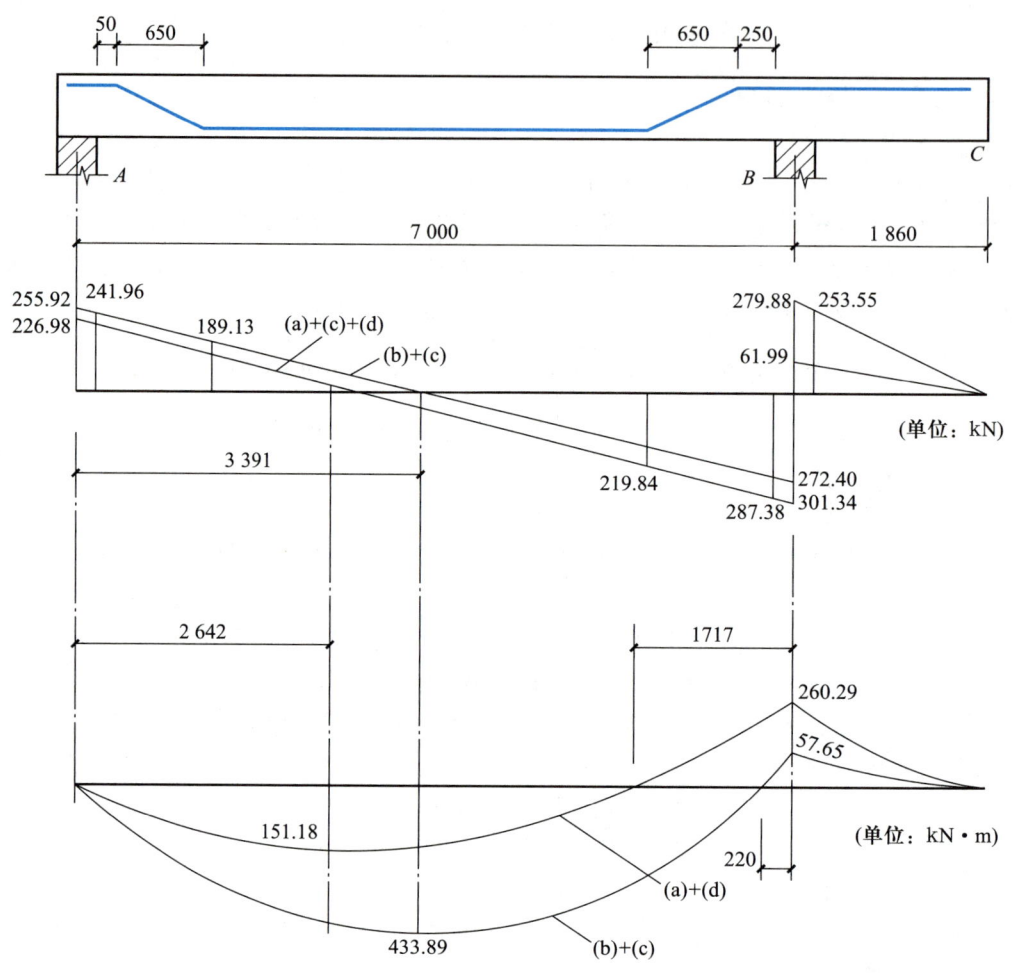

图 5-27   梁的内力图和内力包络图

（三）配筋计算

1. 已知条件

混凝土强度等级为 C25,$\alpha_1 = 1.0$,$f_c = 11.9$ N/mm²,$f_t = 1.27$ N/mm²;HRB400 钢筋,$f_y = 360$ N/mm²,$\xi_b = 0.5176$;HPB300 钢箍,$f_{yv} = 270$ N/mm²。

2. 截面尺寸验算

剪切破坏发生在支座边缘。所以,抗剪计算时按支座边缘的剪力设计值取值。沿梁全长的剪力设计值的最大值在 B 支座左边缘,$V_{max} = 287.38$ kN。

$h_w/b = 640$ mm/250 mm = 2.56<4,属于一般梁。

$0.25 f_c b h_0 = 0.25 \times 11.9 \text{ N/mm}^2 \times 250 \text{ mm} \times 640 \text{ mm} = 476 \text{ kN} > V_{\max} = 287.38 \text{ kN}$

故截面尺寸满足要求。

3. 纵筋计算(一般采用单筋截面)

(1)跨中截面($M = 433.89 \text{ kN·m}$)

$$\xi = 1 - \sqrt{1 - \frac{2M}{\alpha_1 f_c b h_0^2}} = 1 - \sqrt{1 - \frac{2 \times 433.89 \times 10^6 \text{ N·mm}}{11.9 \text{ N/mm}^2 \times 250 \text{ mm} \times 640^2 \text{ mm}^2}} = 0.4635 < \xi_b = 0.5176$$

$$A_s = \frac{\alpha_1 f_c b h_0 \xi}{f_y} = \frac{1.0 \times 11.9 \text{ N/mm}^2 \times 250 \text{ mm} \times 640 \text{ mm} \times 0.4635}{360 \text{ N/mm}^2} = 2451 \text{ mm}^2 > 0.2\% bh$$

$$= 0.2\% \times 250 \text{ mm} \times 700 \text{ mm} = 350 \text{ mm}^2$$

选用 4Φ22+2Φ25,$A_s = 2502 \text{ mm}^2$。

(2)支座截面($M = 260.29 \text{ kN·m}$)

本梁支座弯矩较小(是跨中弯矩的 60%),可按单排配筋,令 $a_s = 40 \text{ mm}$,则 $h_0 = 700 \text{ mm} - 40 \text{ mm} = 660 \text{ mm}$。按同样的计算步骤,可得

$$\xi = 1 - \sqrt{1 - \frac{2 \times 260.29 \times 10^6 \text{ N·mm}}{11.9 \text{ N/mm}^2 \times 250 \text{ mm} \times 660^2 \text{ mm}^2}} = 0.2265 < \xi_b = 0.5176$$

$$A_s = \frac{11.9 \text{ N/mm}^2 \times 250 \text{ mm} \times 660 \text{ mm} \times 0.2265}{360 \text{ N/mm}^2} = 1235 \text{ mm}^2$$

选用 2Φ20+2Φ25,$A_s = 1610 \text{ mm}^2$。

选择支座钢筋和跨中钢筋时,应考虑钢筋规格的协调,即跨中纵向钢筋的弯起问题。现在的选择是考虑到跨中截面纵向受力钢筋 2Φ25 的弯起。

4. 腹筋计算

各支座边缘的剪力设计值已标示于图 5-27。

(1)可否按构造配箍

$$0.7 f_t b h_0 = 0.7 \times 1.27 \text{ N/mm}^2 \times 250 \text{ mm} \times 640 \text{ mm} = 142.24 \text{ kN} < V$$

需按计算配箍。

(2)箍筋计算

方案一:仅考虑箍筋抗剪,并沿梁全长配同一规格箍筋,则 $V = 287.38 \text{ kN}$。

由

$$V \leqslant V_{cs} = 0.7 f_t b h_0 + f_{yv} \frac{A_{sv}}{s} h_0$$

有

$$\frac{A_{sv}}{s} = \frac{V - 0.7 f_t b h_0}{f_{yv} h_0} = \frac{287\,380 \text{ N} - 0.7 \times 1.27 \text{ N/mm}^2 \times 250 \text{ mm} \times 640 \text{ mm}}{270 \text{ N/mm}^2 \times 640 \text{ mm}} = 0.840 \text{ mm}^2/\text{mm}$$

选用双肢箍($n = 2$)Φ8($A_{sv1} = 50.3 \text{ mm}^2$),有

$$s = \frac{n A_{sv1}}{0.840 \text{ mm}^2/\text{mm}} = \frac{2 \times 50.3 \text{ mm}^2}{0.840 \text{ mm}^2/\text{mm}} = 120 \text{ mm}$$

实选 Φ8@120,满足计算要求。全梁按此直径和间距配置箍筋。

方案二:配置箍筋和弯起钢筋共同抗剪。在 AB 段内配置箍筋和弯起钢筋,弯起钢筋参与抗

剪并抵抗 B 支座负弯矩;BC 段仍配双肢箍。AB 段的箍筋选用 $\phi8@200$,BC 段的箍筋选用 $\phi8@150$。计算过程列表进行(表 5-5)。

表 5-5　腹筋计算表

截面位置	A 支座	B 支座左	B 支座右
剪力设计值 V	241.96 kN	287.38 kN	253.55 kN
$V_c=0.7f_tbh_0$	142.2 kN		142.2 kN
选用箍筋(直径、间距)	$\phi8@200$		$\phi8@150$
$V_{cs}=V_c+f_{yv}\dfrac{A_{sv}}{s}h_0$	229.2 kN$<V$		258.09 kN$>V$
$V-V_{cs}$	12.76 kN	58.18 kN	可不配弯起钢筋
$A_{sb}=\dfrac{V-V_{cs}}{0.8f_y\sin\alpha}$	62.66 mm²	285.69 mm²	—
弯起钢筋选择	2ϕ25 $A_{sb}=982$ mm²	2ϕ25 $A_{sb}=982$ mm²	—
弯起点距支座边缘距离	50 mm+650 mm=700 mm	250 mm+650 mm=900 mm	
弯起上点处剪力设计值 V_2	$241.96\times\left(1-\dfrac{700}{3\,206}\right)$ kN $=189.13$ kN	$287.38\times\left(1-\dfrac{900}{3\,809}\right)$ kN $=219.48$ kN	—
是否需第二排弯起钢筋	$V_2<V_{cs}$,不需要	$V_2<V_{cs}$,不需要	

(四) 按方案二进行钢筋布置并作材料图(图 5-28)

纵筋的弯起和截断位置由材料图确定,故需按比例设计绘制弯矩图和材料图。A 支座按计算可以不配弯起钢筋,本例中仍将②号钢筋在 A 支座处弯起。

1. 确定各纵筋承担的弯矩

跨中钢筋 4ϕ22+2ϕ25,由抗剪计算可知需弯起 2ϕ25,故可将跨中钢筋分为两种:① 4ϕ22 伸入支座;② 2ϕ25 弯起。按它们的面积比例将正弯矩包络图用虚线分为两部分,第一部分就是相应钢筋可承担的弯矩,虚线与包络图的交点就是钢筋强度的充分利用截面或不需要截面。

支座负弯矩钢筋 2ϕ20+2ϕ25,其中 2ϕ25 利用跨中的弯起钢筋②抗御部分负弯矩,2ϕ20 抵抗其余的负弯矩,编号为③,两部分钢筋也按其面积比例将负弯矩包络图用虚线分成两部分。

在排列钢筋时,应将伸入支座的跨中钢筋、最后截断的负弯矩钢筋(或不截断的负弯矩钢筋)排在相应弯矩包络图内的最长区段内,然后再排列弯起点离支座距离最近(负弯矩钢筋为最远)的弯起钢筋、离支座较远截面截断的负弯矩钢筋。

2. 确定弯起钢筋的弯起位置

由抗剪计算确定的弯起钢筋位置作材料图。显然,②号筋的材料图全部覆盖相应弯矩图,且弯起点离它的强度充分利用截面的距离都大于 $h_0/2$。故它满足抗剪、正截面抗弯、斜截面抗弯的三项要求。

若不需要弯起钢筋抗剪而仅需要弯起钢筋弯起后抵抗负弯矩时,只需满足后两项要求(材料图覆盖弯矩图、弯起点离开其钢筋充分利用截面距离$\geqslant h_0/2$)。

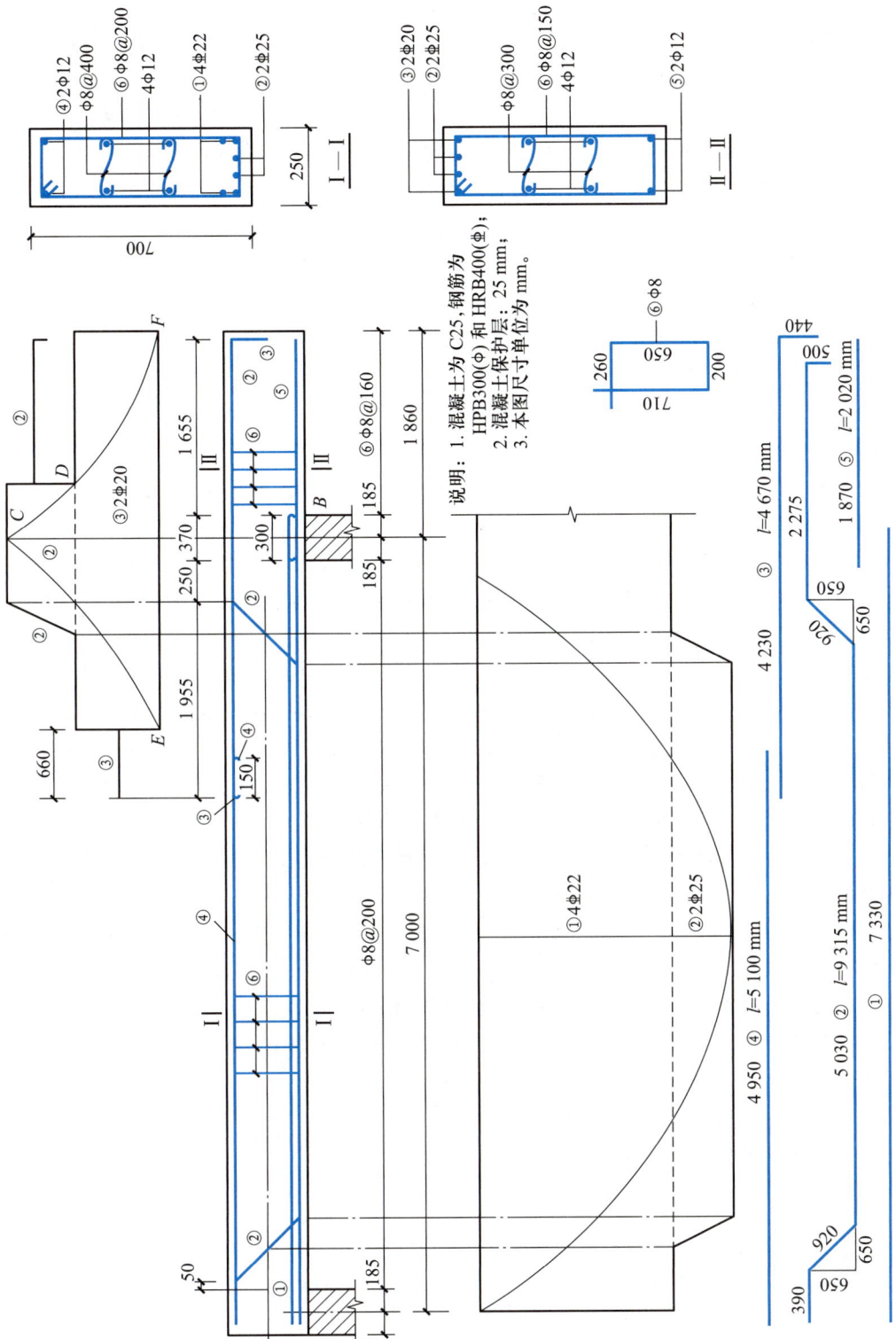

图 5-28 伸臂梁配筋图

3. 确定纵筋截断位置

②号筋的理论截断位置就是按正截面受弯承载力计算不需要该钢筋的截面(图 5-28 中 D)处,从该处向外的延伸长度应不小于 $20d=500$ mm,且不小于 $1.3h_0=1.3×660$ mm$=858$ mm;同时,从该钢筋强度充分利用截面(图 5-28 中 C 处)的延伸长度应不小于 $1.2l_a+1.7h_0=1.2×661$ mm$+1.7×660$ mm$=1\ 915$ mm。根据材料图,可知其实际截断位置由尺寸 1 915 mm 控制。

③号筋的理论截断点是图中的 E 和 F 处,其中 $h_0=660$ mm;$1.2l_a+h_0=1.2×728$ mm$+660$ mm$=1\ 534$ mm。根据材料图,该筋的左端截断位置由 660 mm 控制。

(五)绘梁的配筋图

梁的配筋图包括纵断面图、横断面图及单根钢筋图(对简单配筋,可只画纵断面图或横断面图)。纵断面图表示各钢筋沿梁长方向的布置情形,横断面图表示钢筋在同一截面内的位置。

1. 按比例画出梁的纵断面和横断面

纵、横断面可用不同比例。当梁的纵、横向断面尺寸相差悬殊时,在同一纵断面图中,纵、横向可选用不同比例。

2. 画出每种规格钢筋在纵、横断面上的位置并进行编号(钢筋的直径、强度、外形尺寸完全相同时,用同一编号)

① 直钢筋①4⊈22 全部伸入支座,伸入支座的锚固长度 $l_{as}≥12d=12×22$ mm$=264$ mm。考虑到施工方便,伸入 A 支座长度取 370 mm-20 mm$=350$ mm;伸入 B 支座长度取 350 mm。故该钢筋总长 $=350$ mm$+350$ mm$+(7\ 000$ mm-370 mm$)=7\ 330$ mm。

② 弯起钢筋②2⊈25 根据材料图确定的位置,在 A 支座附近上弯后锚固于受压区,应使其水平长度 $≥10d=10×25$ mm$=250$ mm,实际取 370 mm-30 mm$+50$ mm$=390$ mm;在 B 支座左侧弯起后,穿过支座伸至其端部后下弯 $20d$。该钢筋斜弯段的水平投影长度 $=700$ mm-25 mm$×2=650$ mm(弯起角度 $α=45°$,该长度即为梁高减去 2 倍混凝土保护层厚度),则②号筋的各段长度和总长度即可确定。

③ 负弯矩钢筋③2⊈20 左端的实际截断位置为正截面受弯承载力计算不需要该钢筋的截面之外 660 mm。同时,从该钢筋强度充分利用截面延伸的长度为 1 955 mm,大于 $h_0+1.2l_a$。右端向下弯折 $20d=400$ mm。该筋同时兼作梁的架立钢筋。

④ AB 跨内的架立钢筋可选 2Φ12,左端伸入支座内 370 mm-25 mm$=345$ mm 处,右端与③号筋搭接,搭接长度可取 150 mm(非受力搭接)。该钢筋编号为④,其水平长度 $=345$ mm$+(7\ 000$ mm-370 mm$)-(250$ mm$+1\ 925$ mm$)+150$ mm$=4\ 950$ mm。

伸臂下部的架立钢筋可同样选 2Φ12,在 B 支座内与①号筋搭接 150 mm,其水平长度 $=1\ 860$ mm$+185$ mm-150 mm-25 mm$=1\ 870$ mm,钢筋编号为⑤。

⑤ 箍筋编号为⑥,在纵断面图上标出不同间距的范围。

3. 绘出单根钢筋图(或作钢筋表)

详见图 5-28。

5.2.2　深受弯构件斜截面设计
Design of Diagonal Section of Deep Flexural Members

1. 计算公式

矩形、T 形和工字形截面的深受弯构件,在均布荷载作用下,当配有竖向分布钢筋和水平分

布钢筋时,其斜截面的受剪承载力应按下列公式计算:

$$V \leqslant 0.7\frac{8-l_0/h}{3}f_t bh_0 + \frac{l_0/h-2}{3}f_{yv}\frac{A_{sv}}{s_h}h_0 + \frac{5-l_0/h}{6}f_{yh}\frac{A_{sh}}{s_v}h_0 \qquad (5-22)$$

对集中荷载作用下的深受弯构件(包括作用有多种荷载,且其中集中荷载对支座截面或节点边缘截面所产生的剪力值占总剪力值的 75% 以上的情况),其斜截面的受剪承载力应按下列公式计算:

$$V \leqslant \frac{1.75}{\lambda+1}f_t bh_0 + \frac{l_0/h-2}{3}f_{yv}\frac{A_{sv}}{s_h}h_0 + \frac{5-l_0/h}{6}f_{yh}\frac{A_{sh}}{s_v}h_0 \qquad (5-23)$$

式中 λ——计算剪跨比:当 $l_0/h \leqslant 2.0$ 时,取 $\lambda = 0.25$;当 $2.0 < l_0/h < 5.0$ 时,取 $\lambda = a/h_0$。其中,a 为集中荷载到深受弯构件支座的水平距离;λ 的上限值按 $\lambda = 0.92 l_0/h - 1.58$ 计算;λ 的下限值按 $\lambda = 0.42 l_0/h - 0.58$ 计算。

l_0/h——跨高比,当 $l_0/h < 2.0$ 时,取 $l_0/h = 2.0$。

如果将 $l_0/h = 5$ 分别代入式(5-22)和式(5-23)中,不难看出,它们与式(5-6)完全相同,说明深受弯构件斜截面受剪承载力计算公式与一般受弯构件受剪承载力计算公式是相互衔接的。

2. 截面尺寸要求

为了防止钢筋混凝土深受弯构件发生斜压破坏,其受剪截面应符合下列条件:

当 $h_w/b \leqslant 4$ 时

$$V \leqslant \frac{1}{60}(10+l_0/h)\beta_c f_c bh_0 \qquad (5-24)$$

当 $h_w/b \geqslant 6$ 时

$$V \leqslant \frac{1}{60}(7+l_0/h)\beta_c f_c bh_0 \qquad (5-25)$$

当 $4 < h_w/b < 6$ 时,按线性内插法取用。

式中 V——构件斜截面上的最大剪力设计值;

l_0——计算跨度,当 $l_0 < 2h$ 时,取 $l_0 = 2h$;

b——矩形截面宽度及 T 形、工字形截面的腹板厚度;

h, h_0——截面高度、截面有效高度;

h_w——截面的腹板高度,矩形截面取有效高度 h_0,T 形截面取有效高度减去翼缘高度,工字形和箱形截面取腹板净高;

β_c——混凝土强度影响系数。

式(5-24)和式(5-25)与式(5-8)和式(5-9)也是相互衔接的。

一般要求不出现斜裂缝的钢筋混凝土深梁,应符合

$$V_k \leqslant 0.5 f_{tk} bh_0 \qquad (5-26)$$

式中 V_k——按荷载的标准组合计算的剪力值。

此时可不进行斜截面受剪承载力计算,但应配置分布钢筋。

钢筋混凝土深受弯构件除应进行正截面和斜截面承载力的计算之外,在承受支座反力和集中荷载的部位,还应进行局部受压承载力验算。

§5.3   小结
Summary

① 斜裂缝出现前,钢筋混凝土梁可视为匀质弹性材料梁,剪弯段的应力可用材料力学方法分析;斜裂缝的出现将引起截面应力重新分布,材料力学方法不再适用。

② 随着梁的剪跨比和配箍率的变化,梁沿斜截面发生斜拉破坏、剪压破坏和斜压破坏等主要破坏形态,斜拉破坏和斜压破坏都是脆性破坏,剪压破坏有一定的破坏预兆。

③ 影响斜截面受剪承载力的主要因素有剪跨比、高跨比、混凝土强度等级、配箍率及箍筋强度、纵筋配筋率等;计算公式是以主要影响参数为变量,以试验统计为基础,以满足可靠指标的试验偏下限为根据建立起来的。

④ 斜截面受剪承载力的计算公式是以剪压破坏的受力特征为依据建立的,因此应采取相应构造措施防止斜压破坏和斜拉破坏的发生,即截面尺寸应有保证,箍筋的最大间距、最小直径及配箍率应满足构造要求。

⑤ 斜截面承载力包括斜截面受剪承载力和斜截面受弯承载力两方面。设计时不仅要满足计算要求,而且应采取必要的构造措施来保证。弯起钢筋的弯起位置、纵筋的截断位置及有关纵筋的锚固要求、箍筋的构造要求等,在设计中均应予以考虑和重视。

⑥ 现将受弯构件斜截面抗剪承载力计算公式及构造要求列在表 5-6 中,以便学习。

表 5-6   受弯构件斜截面抗剪承载力计算公式及构造要求

		计算公式及构造要求		
抗剪公式		$V \leq 0.7f_t bh_0 + f_{yv}\dfrac{A_{sv}}{s}h_0 + 0.8f_y A_{sb}\sin\alpha$ （一般受弯构件）		
		$V \leq \dfrac{1.75}{\lambda + 1.0}f_t bh_0 + f_{yv}\dfrac{A_{sv}}{s}h_0 + 0.8f_y A_{sb}\sin\alpha$ （集中荷载作用下的独立梁）		
截面尺寸限制		当 $h_w/b \leq 4$ 时,$V \leq 0.25\beta_c f_c bh_0$ 当 $h_w/b \geq 6$ 时,$V \leq 0.2\beta_c f_c bh_0$ 当 $4 < h_w/b < 6$ 时,$V \leq 0.025\left(14 - \dfrac{h_w}{b}\right)f_c \beta_c bh_0$		
箍筋最小用量	直径	$h \leq 800$ mm 时,$d \geq 6$ mm $h > 800$ mm 时,$d \geq 8$ mm		
	间距	梁高 h	$V > 0.7f_t bh_0$	$V \leq 0.7f_t bh_0$
		150 mm $< h \leq$ 300 mm	150 mm	200 mm
		300 mm $< h \leq$ 500 mm	200 mm	300 mm
		500 mm $< h \leq$ 800 mm	250 mm	350 mm
		$h > 800$ mm	300 mm	400 mm
	配箍率	$\rho_{sv} \geq \rho_{sv,min} = 0.24f_t/f_{yv}$		
可不按计算配箍的条件		$V \leq 0.7f_t bh_0$ $V \leq \dfrac{1.75}{\lambda + 1.0}f_t bh_0$		

思　考　题
Questions

5-1　受弯构件在斜裂缝形成前后的应力状态有什么变化?

5-2　为什么梁一般在跨中产生垂直裂缝而在支座附近产生斜裂缝? 斜裂缝有哪两种形态?

5-3　什么是剪跨比? 它对梁的斜截面抗剪有什么影响?

5-4　影响梁斜截面受剪承载力的主要因素有哪些?

5-5　梁斜截面破坏的主要形态有哪几种? 它们分别在什么情况下发生? 破坏性质如何?

5-6　无腹筋梁斜截面受剪承载力计算公式的意义和适用范围如何?

5-7　有腹筋梁斜截面受剪承载力计算公式有什么限制条件? 其意义如何?

5-8　梁内箍筋有哪些作用? 其主要构造要求有哪些?

5-9　在斜截面抗剪计算时,什么情况需考虑集中荷载的影响? 什么情况则不需考虑?

5-10　什么叫受弯承载力图(或材料图)? 如何绘制? 它与设计弯矩图有什么关系?

5-11　在梁中弯起一部分钢筋用于斜截面抗剪时,应当注意哪些问题?

5-12　如何确定负弯矩钢筋的截断位置?

5-13　为什么弯起钢筋的强度取 $0.8f_y$?

5-14　钢筋伸入支座的锚固长度有哪些要求?

5-15　在伸臂梁的计算中,为什么要考虑活荷载的布置方式?

5-16　试绘出图 5-29 中所示梁斜裂缝的大致位置和方向。

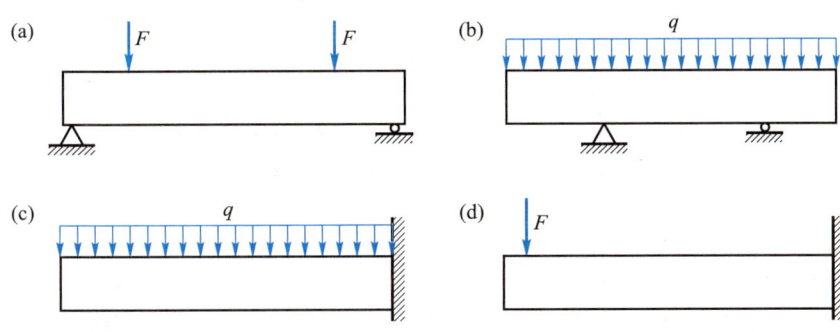

图 5-29　思考题 5-16 图
(a) 简支梁;(b) 双伸臂梁;(c),(d) 悬臂梁

5-17　试述受弯构件跨高比对斜截面抗剪承载的影响。

习　题
Exercises

5-1　已知某承受均布荷载的矩形截面梁截面尺寸 $b×h = 250\ \text{mm}×600\ \text{mm}$(取 $a_s = 35\ \text{mm}$),设计工作年限为 50 年,环境类别为二 a 类,采用 C30 混凝土,箍筋为 HPB300 钢筋。若已知剪力设计值 $V = 150\ \text{kN}$,试求采用 $\phi8$

双肢箍的箍筋间距 s。

5-2 图 5-30 所示的钢筋混凝土简支梁,设计工作年限为 50 年,环境类别为一类,集中荷载设计值 $F=120$ kN,均布荷载设计值(包括梁自重)$q=10$ kN/m。选用 C30 混凝土,箍筋为 HPB300 钢筋。试选择该梁的箍筋(注:图中跨度为净跨度,$l_n=4\ 000$ mm)。

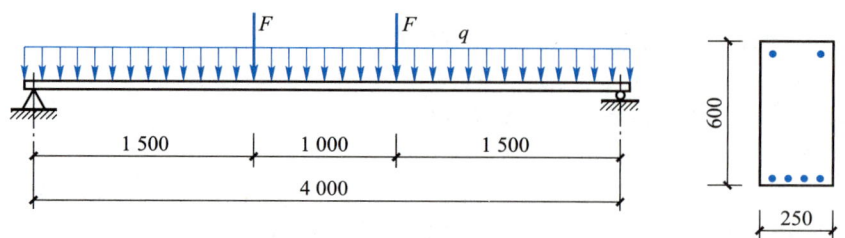

图 5-30 习题 5-2 图

5-3 某 T 形截面简支梁尺寸如下:$b \times h = 200$ mm $\times 500$ mm(取 $a_s = 35$ mm,$b'_f = 400$ mm,$h'_f = 100$ mm);设计工作年限为 50 年,环境类别为二 a 类,采用 C30 混凝土,箍筋为 HRB400 钢筋;由集中荷载产生的支座边剪力设计值 $V = 120$ kN(包括自重),剪跨比 $\lambda = 3$。试选择该梁箍筋。

5-4 图 5-31 所示的钢筋混凝土矩形截面简支梁,设计工作年限为 50 年,环境类别为一类,截面尺寸 $b \times h = 250$ mm $\times 600$ mm,荷载设计值 $F = 170$ kN(未包括梁自重),采用 C30 混凝土,纵向受力钢筋为 HRB400 钢筋,箍筋为 HPB300 钢筋。试设计该梁:(1)确定纵向受力钢筋根数和直径;(2)配置腹筋(要求选择箍筋和弯起钢筋,假定弯起钢筋弯终点距支座截面边缘为 50 mm)。

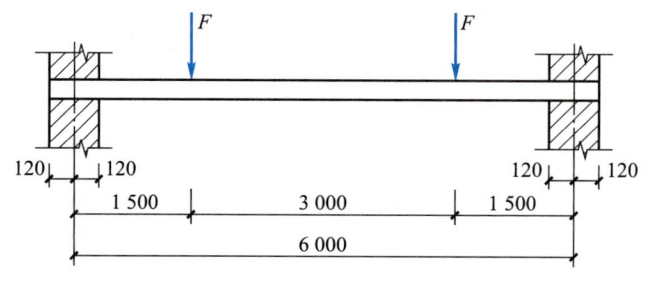

图 5-31 习题 5-4 图

5-5 梁的荷载设计值、环境类别及梁跨度同习题 5-2,设计工作年限为 50 年,但截面尺寸、混凝土强度等级修改如表 5-7,并采用 φ8 双肢箍。试按序号计算箍筋间距填入表 5-7 内,并比较截面尺寸、混凝土强度等级对梁斜截面承载力的影响。

表 5-7 习题 5-5 表

序号	$b \times h$/mm$\times$mm	混凝土强度等级	φ8(计算箍筋间距 s)	φ8(实配箍筋间距 s)
1	250×500	C25		
2	250×500	C30		
3	300×500	C30		
4	250×600	C30		

5-6　已知某钢筋混凝土矩形截面简支梁,设计工作年限为 50 年,环境类别为二 b 类,计算跨度 $l_0 = 6\,000$ mm,净跨 $l_n = 5\,760$ mm,截面尺寸 $b \times h = 250$ mm×550 mm,采用 C30 混凝土,纵向受力钢筋为 HRB400 钢筋,箍筋为 HPB300 钢筋。若已知梁的纵向受力钢筋为 4Φ22,试求当采用 ϕ8@200 双肢箍和 ϕ10@200 双肢箍时,梁所能承受的荷载设计值 $g+q$ 分别为多少。

5-7　某钢筋混凝土矩形截面简支梁,设计工作年限为 50 年,环境类别为二 a 类,截面尺寸 $b \times h = 200$ mm×600 mm,采用 C40 混凝土,纵向受力钢筋为 HRB400 钢筋,箍筋为 HPB300 钢筋。该梁仅承受集中荷载作用,若集中荷载至支座距离 $a = 1\,130$ mm,在支座边产生的剪力设计值 $V = 200$ kN,并已配置 ϕ8@200 双肢箍及按正截面受弯承载力计算配置了足够的纵向受力钢筋。试求:(1) 仅配置箍筋是否满足抗剪要求?(2) 若不满足时,要求利用一部分纵向钢筋弯起,试求弯起钢筋面积及所需弯起钢筋排数(计算时取 $a_s = 35$ mm,梁自重不另考虑)。

5-8　图 5-32 所示钢筋混凝土伸臂梁,设计工作年限为 50 年,环境类别为一类,计算跨度 $l_1 = 7\,000$ mm,$l_2 = 1\,800$ mm,支座宽度均为 370 mm;承受均布恒荷载标准值 $g_{1k} = g_{2k} = 28$ kN/m(已包括梁自重),均布活荷载标准值 $q_{1k} = 30$ kN/m,$q_{2k} = 80$ kN/m;采用 C30 混凝土,纵向受力钢筋为 HRB400 钢筋,箍筋为 HPB300 钢筋。试求梁的配筋、绘制材料图、确定纵筋的弯起和截断位置、绘梁的配筋纵断面和横断面及单根钢筋图。

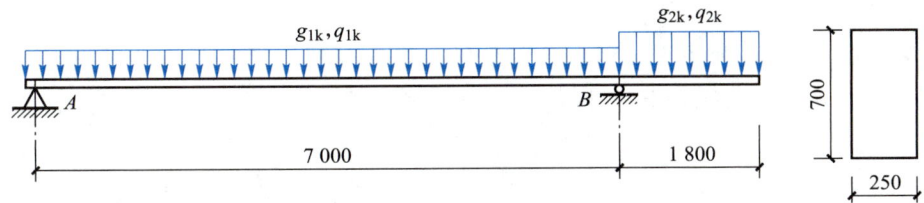

图 5-32　习题 5-8 图

5-9　按图 5-12 所示的计算框图编写受弯构件斜截面抗剪承载力计算程序。

第 6 章
Chapter 6

钢筋混凝土受扭构件承载力计算
Strength of Reinforced Conrete Members in Torsion

本章学习目标:

了解受扭构件的分类和受扭构件开裂、破坏机理;

掌握受扭构件的设计计算方法;

熟悉钢筋混凝土受扭构件的构造要求。

本章的重点是受扭构件的设计计算方法,难点是空间桁架理论和剪扭相关性。

§6.1 概述
Introduction

第 6 章 课件

扭转是结构构件承受的五种基本受力状态之一。在钢筋混凝土结构中,处于纯扭矩作用的构件很少,大多数情况下都是处于弯矩、剪力和扭矩或压力、弯矩、剪力和扭矩共同作用下的复合受力状态。例如雨篷梁(图 6-1a)、曲梁、吊车梁、螺旋楼梯、框架边梁(图 6-1b)等,均属于弯、剪、扭或压、弯、剪、扭共同作用下的构件。

钢筋混凝土结构构件在扭矩作用下,根据扭矩形成的原因,可以分为两种类型:一是平衡扭转,二是协调扭转,或称为附加扭转。

若结构构件的扭矩是由荷载产生的,其扭矩可根据平衡条件求得,与构件的抗扭刚度无关,这种扭转称为平衡扭转。例如图 6-1a 所示的雨篷梁,在雨篷板荷载的作用下,在雨篷梁中产生扭矩。由于雨篷梁、板是静定结构,不会发生塑性变形引起内力重分布,因此雨篷梁承受的扭矩内力数值不会发生变化,在设计中必须采用雨篷梁的受扭承载力来平衡和抵抗全部的扭矩。

另一类是超静定结构中由于变形的协调使截面产生的扭转,称为协调扭转或附加扭转。例如图 6-1b 所示的框架边梁,由于框架边梁具有一定的截面扭转刚度,它将约束楼面梁的弯曲转动,使楼面梁在与框架边梁交点的支座处产生负弯矩,楼面梁支座处的负弯矩作为扭矩荷载在框架边梁产生扭矩。由于框架边梁及楼面梁为超静定结构,边梁及楼面梁混凝土开裂后,其截面扭转刚度将发生显著变化,边梁及楼面梁将产生塑性变形内力重分布,楼面梁支座处负弯矩值减小,而其跨内弯矩值增大,框架边梁扭矩也随扭矩荷载减小而减小。

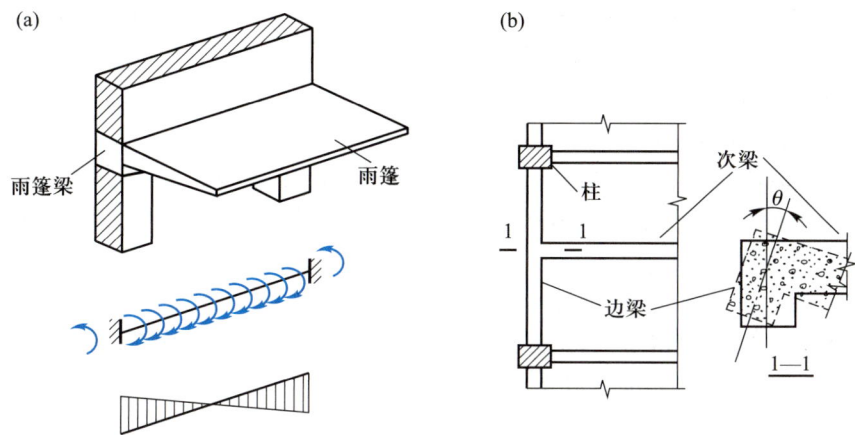

图 6-1 受扭构件的工程实例

(a) 雨篷梁;(b) 框架边梁

本章介绍的受扭承载力计算公式主要是针对平衡扭转而言的。至于协调扭转,过去常不作专门计算,而仅仅适当增配若干构造钢筋进行处理。

§ 6.2 受扭构件的试验研究
Test Study of Members in Torsion

以纯扭矩作用下的钢筋混凝土矩形截面构件为例,研究纯扭构件的受力状态及破坏特征。当结构扭矩内力较小时,截面内的应力也很小,其应力与应变关系处于弹性阶段,由材料力学公式可知,在纯扭构件的正截面上仅有剪应力 τ 作用,截面上剪应力流的分布如图 6-2a 所示,由图可见截面形心处剪应力值等于零,截面边缘处剪应力值较大,其中截面长边中点处剪应力值为最大。截面在剪应力 τ 作用下,相应产生的主拉应力 σ_{tp} 与主压应力 σ_{cp} 及最大剪应力 τ_{max} 为

$$\sigma_{tp} = -\sigma_{cp} = \tau_{max} = \tau \tag{6-1}$$

截面上主拉应力 σ_{tp} 与构件纵轴线成45°角,主拉应力 σ_{tp} 与主压应力 σ_{cp} 互成90°角。

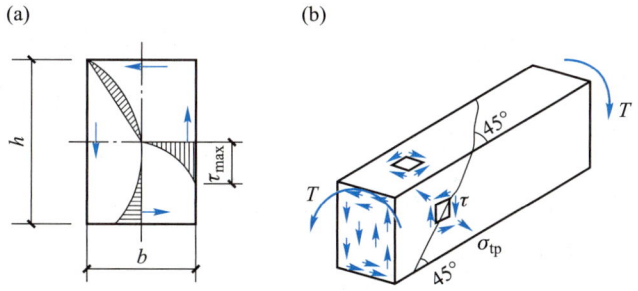

图 6-2 纯扭构件应力状态及斜裂缝

由上式可见,纯扭构件截面上的最大剪应力、主拉应力和主压应力均相等,而混凝土的抗拉强度 f_t 低于受剪强度 $f_\tau = (1\sim2)f_t$,混凝土的受剪强度 f_τ 低于抗压强度 f_c,则 $\tau/f_t > \tau/f_\tau > \tau/f_c$(上式为应力与材料强度比,其比值可定义为单位强度中之应力),其中 τ/f_t 比值最大,它表明混凝土的开裂是拉应力达到混凝土抗拉强度引起的(混凝土最本质的开裂原因是拉应变达到混凝土的极限拉应变)。因此,当截面主拉应力达到混凝土抗拉强度后,结构在垂直于主拉应力 σ_{tp} 作用的平面内产生与纵轴成 45°角的斜裂缝,如图 6-2b 所示。

试验表明:素混凝土矩形截面构件在扭矩作用下,首先在截面长边中点附近最薄弱处产生一条成 45°角方向的斜裂缝,然后迅速地以螺旋形向相邻两个面延伸,最后形成一个三面开裂一面受压的空间扭曲破坏面,破坏带有突然性,具有典型的脆性破坏性质。理论上,受扭钢筋的最佳形式是做成与构件轴线成 45°的螺旋筋,其方向与混凝土主拉应力方向平行。但是,螺旋钢筋不便施工,且有时扭矩会改变方向,为此,在实际工程中,通常在构件中配置受扭纵向钢筋和封闭的受扭箍筋来承受扭矩作用,二者缺一不可,且需要相互匹配,统称为受扭钢筋。

钢筋混凝土受扭构件在扭矩作用下,混凝土开裂以前钢筋应力是很小的,当裂缝出现后开裂混凝土退出工作,斜截面上的拉应力主要由钢筋承受,斜裂缝的倾角 α 是变化的,构件的破坏特征主要与配筋数量有关:

① 当混凝土受扭构件配置受扭钢筋数量较少时(少筋构件),构件在扭矩作用下,混凝土开裂并退出工作,混凝土承担的拉力转移给受扭钢筋,由于构件配置的受扭纵向钢筋和受扭箍筋数量较少,受扭钢筋应力立即达到或超过屈服点,构件立即破坏。破坏形态和性质同无筋混凝土受扭构件,其破坏类似于受弯构件的少筋梁,属于脆性破坏,在工程设计中应予避免。

② 当混凝土受扭构件按正常数量配置受扭钢筋时(适筋构件),构件在扭矩作用下,混凝土开裂并退出工作,受扭钢筋应力增加但没有达到屈服点。随着扭矩不断增加,构件受扭纵筋和受扭箍筋相继达到屈服点,进而混凝土裂缝不断开展,最后由于受压区混凝土达到抗压强度而破坏。构件破坏时,其扭转变形及混凝土裂缝宽度均较大,破坏类似于受弯构件的适筋梁,属于延性破坏,在工程设计中应普遍应用。

③ 当混凝土受扭构件配置受扭钢筋数量过大或混凝土强度等级过低时(超筋构件),构件破坏时受扭纵向钢筋和箍筋均未达到屈服点,受压区混凝土首先达到抗压强度而破坏。构件破坏时其扭转变形及混凝土裂缝宽度均较小,其破坏类似于受弯构件的超筋梁,属于脆性破坏,在工程设计中应予避免。

④ 当混凝土受扭构件的受扭纵向钢筋和受扭箍筋比例相差较大时(部分超筋构件),即一种受扭钢筋配置数量较多,另一种受扭钢筋配置数量较少,随着扭矩的不断增加,配置数量较少的受扭钢筋达到屈服点,最后受压区混凝土达到抗压强度而破坏。构件破坏时配置数量较多的受扭钢筋并没有达到屈服点,结构具有一定的延性性质。部分超筋受扭构件在工程中是可以采用的。

试验表明:受扭构件配置受扭钢筋不能有效地提高受扭构件的开裂扭矩,但却能较大幅度地提高受扭构件破坏时的极限扭矩值。

§6.3 受扭构件承载力计算
Strength of Members in Torsion

6.3.1 纯扭构件承载力计算
Strength of Members in Pure-torsion

1. 矩形截面钢筋混凝土纯扭构件

矩形截面是钢筋混凝土构件中最常用的截面形式。纯扭构件扭曲截面计算包括两个方面内容:一为受扭构件的开裂扭矩计算,二为受扭构件的承载力计算。当构件扭矩大于开裂扭矩值时,应按计算配置受扭纵筋和箍筋,用以满足截面承载力要求,同时还应满足受扭构件构造要求。

(1)开裂扭矩计算

构件混凝土即将出现裂缝时,由于混凝土极限拉应变很小,因此钢筋的应力也很小,它对构件提高开裂荷载作用不大,故在进行开裂扭矩计算时可忽略钢筋的影响。

若将混凝土视为弹性材料,则纯扭构件截面上剪应力流的分布如图 6-2a 所示。当截面上最大剪应力或最大主拉应力达到混凝土抗拉强度时,构件达到混凝土即将出现裂缝的极限状态。根据材料力学公式,构件的开裂扭矩值为

$$T_{cr} = \beta b^2 h f_t \qquad (6-2)$$

式中 β——与截面长边和短边比值 h/b 有关的系数,当 $h/b = 1 \sim 10$ 时,$\beta = 0.208 \sim 0.313$。

若将混凝土视为理想的塑性材料,当截面上最大剪应力值达到材料强度时,结构材料进入塑性阶段,材料的塑性截面上剪应力重新分布,如图 6-3a 所示。当截面上的剪应力全截面达到混凝土抗拉强度时,构件达混凝土即将出现裂缝的极限状态。根据塑性力学理论,可将截面上的剪应力划分为四个部分,各部分剪应力的合力如图 6-3b 所示。根据极限平衡条件,构件受扭开裂扭矩值为

$$T_{cr} = f_t W_t = f_t \frac{b^2}{6}(3h - b) \qquad (6-3)$$

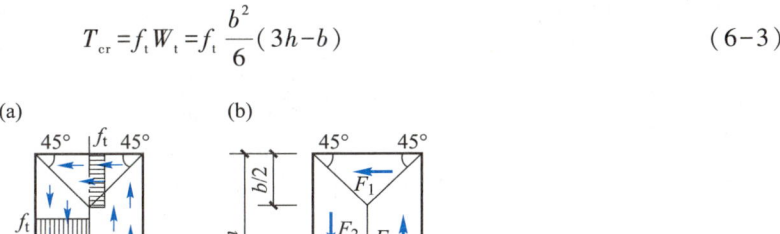

图 6-3 纯扭构件截面应力

实际上,混凝土既非弹性材料,又非理想的塑性材料,而是介于二者之间的弹塑性材料。对于低强度等级的混凝土,具有一定的塑性性质;对于高强度等级的混凝土,其脆性显著增大。截面上混凝土的剪应力不会像理想塑性材料那样完全应力重分布,而且混凝土应力也不会全截面

达到抗拉强度 f_t，因此按式（6-2）计算的受扭开裂扭矩值比试验值低，按式（6-3）计算的受扭开裂扭矩值比试验值偏高。

为实用方便，计算纯扭构件受扭开裂扭矩时，采用理想塑性材料截面的应力分布计算模式，但受扭构件的开裂扭矩值要适当降低。试验表明，对于低强度等级的混凝土降低系数为 0.8，对于高强度等级的混凝土降低系数近似为 0.7。为统一开裂扭矩值的计算公式，并满足一定的可靠度要求，其计算公式为

$$T_{cr} = 0.7 f_t W_t \tag{6-4}$$

式中　f_t——混凝土抗拉强度设计值；

　　　W_t——截面受扭塑性抵抗矩，对于矩形截面：

$$W_t = \frac{b^2}{6}(3h - b) \tag{6-5}$$

式中　b,h——矩形截面的短边边长和长边边长。

（2）矩形截面钢筋混凝土纯扭构件承载力计算

如图 6-4 所示，构件受扭时，截面周边附近纤维的扭转变形和应力较大，而扭转中心附近纤维的扭转变形和应力较小。设想将截面中间部分挖去，即忽略该部分截面的抗扭影响，则截面可用图 6-4c 所示的空心杆件，即箱形截面替代。箱形截面每个侧壁上的受力情况相当于一个平面桁架，纵筋为桁架的弦杆，箍筋相当于桁架的竖杆，裂缝间混凝土相当于桁架的斜腹杆。因此，整个杆件犹如一个空间桁架。如前所述，斜裂缝与杆件轴线的夹角 α 会随受扭纵向钢筋与受扭箍筋的配筋强度比值 ζ 而变化。《标准》关于钢筋混凝土受扭构件的计算，便是建立在这个变角空间桁架模型基础之上的。

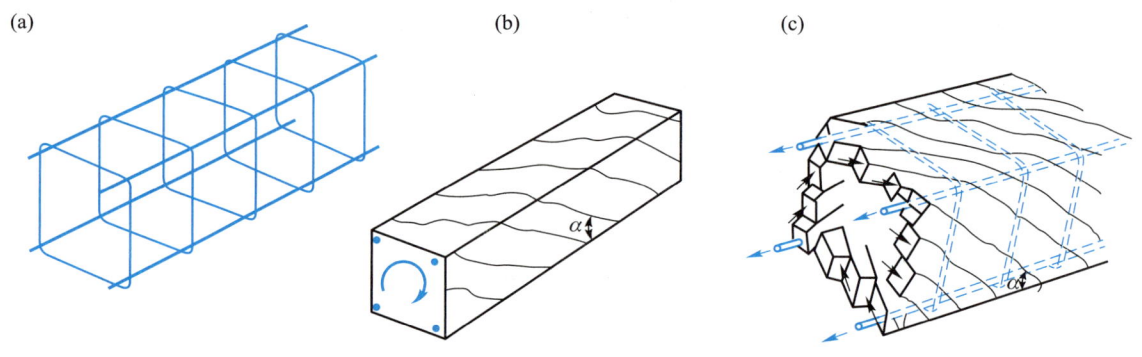

图 6-4　受扭构件的受力性能

（a）抗扭钢筋骨架；（b）受扭构件的裂缝；（c）受扭构件的空间桁架模型

钢筋混凝土纯扭构件的试验结果表明，构件的受扭承载力由混凝土的受扭承载力 T_c 和箍筋与纵筋的受扭承载力 T_s 两部分构成，即

$$T_u = T_c + T_s \tag{6-6}$$

由前述纯扭构件的空间桁架模型可以看出，混凝土的受扭承载力和箍筋与纵筋的受扭承载力并非彼此完全独立的变量，而是相互关联的。因此，应将构件的受扭承载力作为一个整体来考虑。《标准》采用的方法是先确定有关基本变量，然后根据大量实测数据进行回归分析，从而得

到受扭承载力计算的经验公式。

对于混凝土的受扭承载力 T_c,可以借用 $f_t W_t$ 作为基本变量;而对于箍筋与纵筋的受扭承载力 T_s,则根据空间桁架模型及试验数据的分析,选取箍筋的单肢配筋承载力 $f_{yv}A_{st1}/s$ 与核心截面部分面积 A_{cor} 的乘积作为基本变量,再用 $\sqrt{\zeta}$ 来反映纵筋与箍筋的共同工作,于是式(6-6)可进一步表达为

$$T_u = \alpha_1 f_t W_t + \alpha_2 \sqrt{\zeta} \frac{f_{yv}A_{st1}}{s} A_{cor} \tag{6-7}$$

式中 α_1, α_2——系数,可由试验实测确定。

为便于分析,将式(6-7)两边同除以 $f_t W_t$,得

$$\frac{T_u}{f_t W_t} = \alpha_1 + \alpha_2 \sqrt{\zeta} \frac{f_{yv}A_{st1}}{f_t W_t s} A_{cor}$$

以 $T_u/(f_t W_t)$ 和 $\sqrt{\zeta} f_{yv}A_{st1}A_{cor}/(f_t W_t s)$ 分别为纵、横坐标,建立如图 6-5 所示量纲为一的坐标系,并标出纯扭构件的实测受扭承载力结果。由回归分析可求得受扭承载力的双直线表达式,即图中 AB 和 BC 两段直线。其中,B 点以下的试验点一般具有适筋构件的破坏特征,BC 点之间的试验点一般具有部分超配筋构件的破坏特征,C 点以外的试验点则大都具有完全超配筋构件的破坏特征。

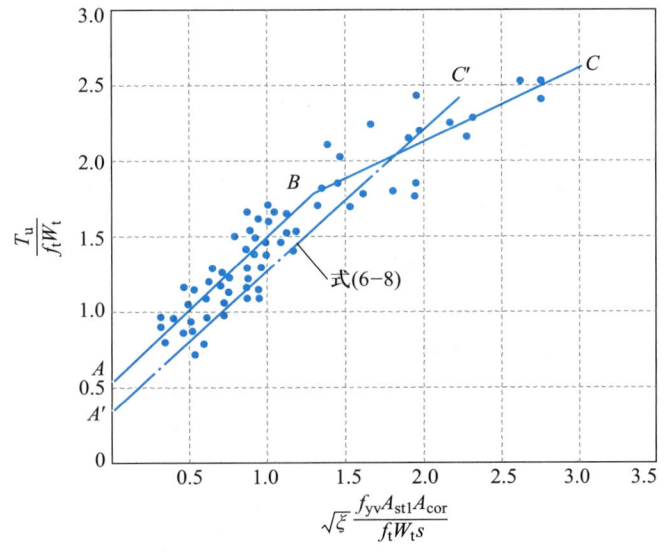

图 6-5 纯扭构件受扭承载力试验数据图

考虑到设计应用上的方便,《标准》偏于安全地取直线 $A'C'$ 相应的表达式。在式(6-7)中取 $\alpha_1 = 0.35, \alpha_2 = 1.2$。如进一步写成极限状态表达式,则矩形截面钢筋混凝土纯扭构件的受扭承载力计算公式为

$$T \leqslant 0.35 f_t W_t + 1.2 \sqrt{\zeta} \frac{f_{yv}A_{st1}}{s} A_{cor} \tag{6-8}$$

式中 T——扭矩设计值;

f_t——混凝土的抗拉强度设计值;

W_t——截面的受扭塑性抵抗矩;

　　f_{yv}——箍筋的抗拉强度设计值,按附表 2-3 中的 f_y 值采用,当数值大于 360 N/mm² 时应取
　　　　360 N/mm²;

　　A_{st1}——单肢箍筋的截面面积;

　　s——箍筋的间距;

　　A_{cor}——核心截面部分的面积,$A_{cor}=b_{cor}h_{cor}$;

　　ζ——受扭纵向钢筋与箍筋的配筋强度比,按下式计算:

$$\zeta = \frac{f_y A_{stl} s}{f_{yv} A_{st1} u_{cor}} \tag{6-9}$$

式中　A_{stl}——对称布置在截面中的全部受扭纵筋的截面面积;

　　　f_y——受扭纵筋的抗拉强度设计值;

　　　u_{cor}——核心截面部分的周长,$u_{cor}=2(b_{cor}+h_{cor})$,$b_{cor}$ 和 h_{cor} 分别为箍筋内表面核心截面部
　　　　　分的短边和长边尺寸。

　　ζ 应满足 $0.6 \leqslant \zeta \leqslant 1.7$ 的条件,工程设计中,一般可取 $\zeta=1.2$。

　　为了避免出现"少筋"和"完全超配筋"这两类具有脆性破坏性质的构件,在按式(6-8)进行受扭承载力计算时还需满足一定的构造要求。

　　2. T 形和工字形截面纯扭构件承载力计算

　　试验表明,T 形和工字形截面的钢筋混凝土纯扭构件,当 $b>h_f$,$b>h_f'$ 时,构件的第一条斜裂缝出现在腹板侧面的中部,其破坏形态和规律性与矩形截面纯扭构件相似。

　　如图 6-6 所示,当 T 形截面腹板宽度大于翼缘厚度时,如果将其悬挑翼缘部分去掉,则可看出腹板侧面斜裂缝与其顶面裂缝基本相连,形成了断断续续相互贯通的螺旋形斜裂缝。斜裂缝随较宽的腹板而独立形成,基本不受悬挑翼缘的影响。这说明构件受扭承载力满足腹板的完整性原则,为将 T 形及工字形截面划分数个矩形块分别进行计算的合理性提供依据。

　　理论上,T 形及工字形截面划分矩形块的原则是,首先满足较宽矩形截面的完整性,即当 b 大于 h_f 和 h_f' 时,腹板矩形块取 $b×h$;当 b 小于或等于 h_f 和 h_f' 时,翼缘矩形块取 $b_f'×h_f'$ 和 $b_f×h_f$。《标准》为了简化起见,对常用的 T 形和工字形截面按图 6-7 划分矩形块。

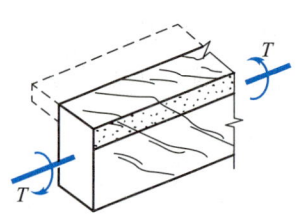

图 6-6　$b>h_f'$ 时 T 形
截面纯扭构件裂缝图

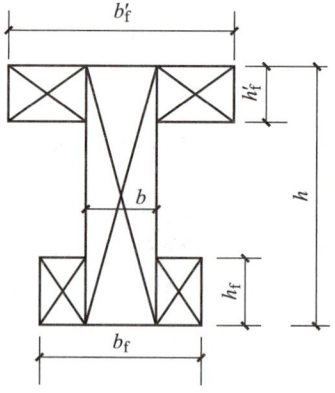

图 6-7　T 形及工字形截面
按受扭划分截面的方法

试验表明:对于 T 形及工字形截面配有封闭箍筋的翼缘,构件受扭承载力随着翼缘的悬挑宽度的增加而提高。当悬挑长度过小时(一般小于翼缘的厚度),其提高效果不显著;当悬挑长度过大时,翼缘与腹板连接处整体刚度相对减弱,翼缘扭曲变形后易于开裂,不能承受扭矩作用。《标准》规定,翼缘悬挑计算长度不得超过其厚度的 3 倍。

T 形和工字形截面纯扭构件承受扭矩 T 时,可将截面划分为腹板、受压翼缘及受拉翼缘三个矩形块(图 6-7),将总的扭矩 T 按各矩形块的受扭塑性抵抗矩分配给各矩形块承担,各矩形块承担的扭矩即为

① 腹板
$$T_w = \frac{W_{tw}}{W_t} T \qquad (6-10)$$

② 受压翼缘
$$T'_f = \frac{W'_{tf}}{W_t} T \qquad (6-11)$$

③ 受拉翼缘
$$T_f = \frac{W_{tf}}{W_t} T \qquad (6-12)$$

式中 W_t——工字形截面的受扭塑性抵抗矩,$W_t = W_{tw} + W'_{tf} + W_{tf}$;

W_{tw},W'_{tf},W_{tf}——腹板、受压翼缘、受拉翼缘矩形块的受扭塑性抵抗矩,按下列公式计算:

$$W_{tw} = \frac{b^2}{6}(3h - b) \qquad (6-13)$$

$$W'_{tf} = \frac{h'^2_f}{2}(b'_f - b) \qquad (6-14)$$

$$W_{tf} = \frac{h^2_f}{2}(b_f - b) \qquad (6-15)$$

求得各矩形块承受的扭矩后,按式(6-8)计算,确定各自所需的受扭纵向钢筋及受扭箍筋截面面积,最后再统一配筋。试验证明,工字形截面整体受扭承载力大于上述分块计算后再总加得出的承载力,故分块计算的办法是偏于安全的。

3. 箱形截面钢筋混凝土纯扭构件

试验表明,具有一定壁厚(如壁厚 $t_w = 0.4b_h$)的箱形截面,其受扭承载力与实心截面 $b_h \times h_h$ 是基本相同的(图 6-8)。因此,箱形截面受扭承载力公式是在矩形截面受扭承载力公式(6-8)的基础上,对 T_c 项乘以壁厚修正系数 α_h 得出的:

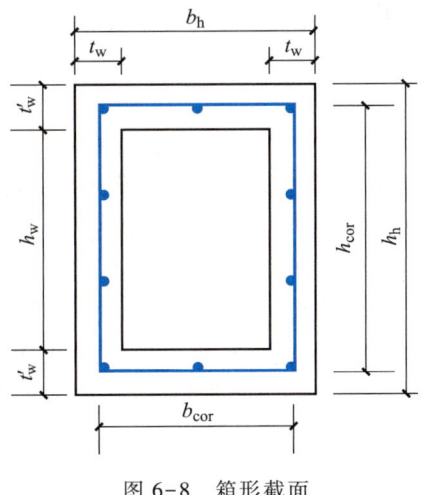

图 6-8 箱形截面

$$T \leqslant 0.35\alpha_h f_t W_t + 1.2\sqrt{\zeta} f_{yv} \frac{A_{st1} A_{cor}}{s} \qquad (6-16)$$

$$\alpha_h = \frac{2.5t_w}{b_h} \qquad (6-17)$$

$$W_t = \frac{b^2_h}{6}(3h_h - b_h) - \frac{(b_h - 2t_w)^2}{6}[3h_w - (b_h - 2t_w)] \qquad (6-18)$$

式中　α_h——箱形截面壁厚系数,当 $\alpha_h>1.0$ 时,取 $\alpha_h=1.0$;

　　　　t_w——箱形截面壁厚,其值不应小于 $b_h/7$;

　h_h,b_h——箱形截面的长边和短边尺寸;

　　　　h_w——箱形截面腹板高度。

箱形截面公式中的 ζ 值仍按式(6-9)计算,且应符合 $0.6\leqslant\zeta\leqslant1.7$ 的要求,当 $\zeta>1.7$ 时取 $\zeta=1.7$。

6.3.2　弯剪扭构件承载力计算
Strength of Members in Combined Bending,Shear and Torsion

1. 矩形截面弯剪扭构件承载力计算

钢筋混凝土构件在弯矩、剪力和扭矩作用下,其受力状态及破坏形态十分复杂,构件的破坏形态及其承载力,既与构件弯矩、剪力和扭矩的比值,即扭弯比 $\varphi_m\left(\varphi_m=\dfrac{T}{M}\right)$ 和扭剪比 $\varphi_v\left(\varphi_v=\dfrac{T}{Vb}\right)$ 有关,还与结构的截面形状、尺寸、配筋形式、数量和材料强度等因素有关,钢筋混凝土受扭构件随弯矩、剪力和扭矩比值和配筋不同,有三种破坏类型,如图 6-9 所示。

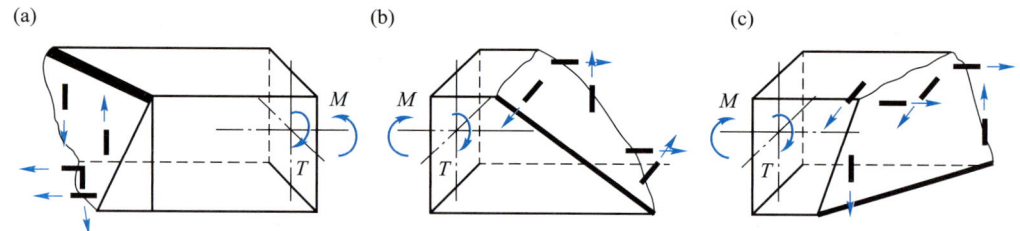

图 6-9　弯扭或弯剪扭共同作用下构件的破坏类型
(a) 第 Ⅰ 类型;(b) 第 Ⅱ 类型;(c) 第 Ⅲ 类型

第 Ⅰ 类型——构件在弯剪扭共同作用下,当弯矩较大扭矩较小时(即扭弯比较小),扭矩产生的拉应力减少了截面上部的弯压区钢筋压应力,如图 6-9a 所示,构件破坏自截面下部弯拉区受拉纵筋首先开始屈服,其破坏形态通常称为“弯型”破坏。

第 Ⅱ 类型——构件在弯剪扭共同作用下,当纵筋在截面的顶部及底部配置较多,两侧面配置较少,而截面宽高比(b/h)较小,或作用的剪力和扭矩较大时,破坏自剪力和扭矩所产生主拉应力相叠加的一侧面开始,而另一侧面处于受压状态,如图 6-9b 所示,其破坏形态通常称为“剪扭型”破坏。

第 Ⅲ 类型——构件在弯剪扭共同作用下,当扭矩较大弯矩较小时(即扭弯比较大),截面上部弯压区在较大的扭矩作用下,由受压转变为受拉状态,弯曲压应力减少了扭转拉应力,相对地提高构件受扭承载力。构件破坏自纵筋面积较小的顶部一侧开始,受压区在截面底部,如图 6-9c 所示,其破坏形态通常称为“扭型”破坏。

试验表明:无扭矩作用下的弯剪构件会发生剪压式破坏,对于弯剪扭共同作用下的构件,若剪力较大扭矩较小时(即扭剪比较小),还可能发生类似于剪压式破坏的“剪型”破坏。

钢筋混凝土构件在弯扭及弯剪扭共同作用下,属于空间受力问题,按变角空间桁架模型和斜弯理论进行承载力计算时十分烦琐。在国内大量试验研究和按变角空间桁架模型分析的基础上,《标准》给出弯扭及弯剪扭构件承载力的实用计算法。

受弯扭 (M, T) 构件的承载力计算,分别按受纯弯矩 (M) 和受纯扭矩 (T) 计算纵筋和箍筋,然后将相应的钢筋截面面积进行叠加,即弯扭构件的纵筋用量为受弯(弯矩为 M)的纵筋和受扭(扭矩为 T)的纵筋截面面积之和,而箍筋用量则由受扭(扭矩为 T)箍筋决定。

弯剪扭 (M, V, T) 构件承载力计算,分别按受弯和受扭计算的纵筋截面面积相叠加,以及分别按受剪和受扭计算的箍筋截面面积相叠加。

受弯构件的纵筋用量可按纯弯(弯矩为 M)公式进行计算。受剪和受扭承载力计算公式中都考虑了混凝土的作用,因此剪扭承载力计算公式中,应考虑扭矩对混凝土受剪承载力和剪力对混凝土受扭承载力的相互影响。

试验表明,若构件中同时有剪力和扭矩作用,剪力的存在会降低构件的受扭承载力;同样,扭矩的存在也会引起构件受剪承载力的降低。这便是剪力和扭矩的相关性。

图 6-10 给出了无腹筋构件在不同扭矩与剪力比值下的承载力试验结果。图中纵坐标为 V_c/V_{c0},横坐标为 T_c/T_{c0}。这里,V_{c0} 和 T_{c0} 分别为无腹筋构件在单纯受剪力或扭矩作用时的受剪和受扭承载力,V_c 和 T_c 则为同时受剪力和扭矩作用时的受剪和受扭承载力。从图中可见,无腹筋构件的受剪和受扭承载力相关关系大致按 1/4 圆弧规律变化,即随着同时作用的扭矩增大,构件的受剪承载力逐渐降低,当扭矩达到构件的受纯扭承载力时,其受剪承载力下降为零,反之亦然。

对于有腹筋的剪扭构件,其混凝土部分所提供的受扭承载力 T_c 和受剪承载力 V_c 之间,可认为也存在如图 6-11 所示的 1/4 圆弧相关关系。这时,坐标系中的 V_{c0} 和 T_{c0} 可分别取为受剪承载力公式中的混凝土作用项和纯扭构件受扭承载力公式中的混凝土作用项,即

$$V_{c0} = 0.7 f_t b h_0 \tag{6-19}$$

$$T_{c0} = 0.35 f_t W_t \tag{6-20}$$

为了简化计算,《标准》建议用图 6-11 所示的三段折线关系近似地代替 1/4 的圆弧关系。此三段折线表明:

① 当 $T_c/T_{c0} \leqslant 0.5$ 时,取 $V_c/V_{c0} = 1.0$;或者当 $T_c \leqslant 0.5 T_{c0} = 0.175 f_t W_t$ 时,取 $V_c = V_{c0} = 0.7 f_t b h_0$,即此时可忽略扭矩的影响,仅按受弯构件的斜截面受剪承载力公式进行计算。

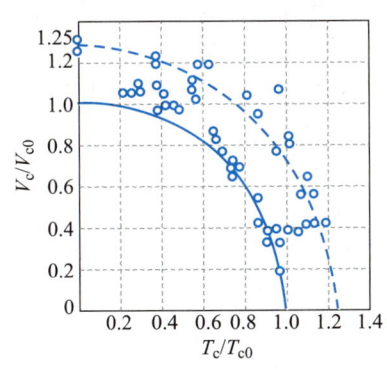

图 6-10   无腹筋构件的剪扭承载力相关规律

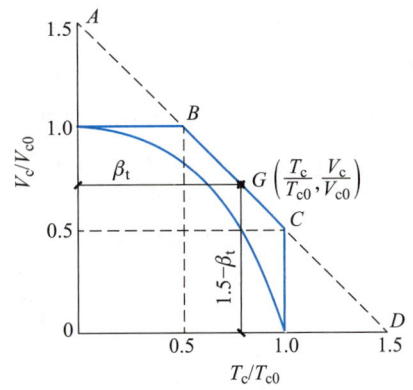

图 6-11   混凝土部分剪扭承载力相关的计算模式

② 当 $V_c/V_{c0} \leqslant 0.5$ 时,取 $T_c/T_{c0} = 1.0$;或者当 $V_c \leqslant 0.5V_{c0} = 0.35f_t bh_0$ 或 $V \leqslant 0.875f_t bh_0/(\lambda+1)$ 时,取 $T_c = T_{c0} = 0.35f_t W_t$,即此时可忽略剪力的影响,仅按纯扭构件的受扭承载力公式进行计算。

③ 当 $0.5 < T_c/T_{c0} \leqslant 1.0$ 或 $0.5 < V_c/V_{c0} \leqslant 1.0$ 时,要考虑剪扭相关性,但以线性相关代替圆弧相关。

现将图 6-11 中 BC 段上任意点 G 到纵坐标轴的距离用 β_t 表示,即

$$T_c/T_{c0} = \beta_t \tag{a}$$

则 G 点到横坐标轴的距离为

$$V_c/V_{c0} = 1.5 - \beta_t \tag{b}$$

式(a)、式(b)也可分别写为

$$T_c = \beta_t T_{c0} \tag{6-21}$$
$$V_c = (1.5 - \beta_t) V_{c0} \tag{6-22}$$

用式(b)等号两边分别除以式(a)等号两边,即

$$\frac{V_c/V_{c0}}{T_c/T_{c0}} = \frac{1.5 - \beta_t}{\beta_t} \tag{c}$$

由此得

$$\beta_t = \frac{1.5}{1 + \dfrac{V_c/V_{c0}}{T_c/T_{c0}}} \tag{d}$$

将式(6-19)和式(6-20)代入式(d),并用实际作用的剪力设计值与扭矩设计值之比 V/T 代替公式中的 V_c/T_c,再近似地取 $f_t = 0.1f_c$,则有

$$\beta_t = \frac{1.5}{1 + \dfrac{V}{T} \cdot \dfrac{0.35 \times 0.1f_c W_t}{0.07f_c bh_0}} \tag{e}$$

简化后得

$$\beta_t = \frac{1.5}{1 + 0.5 \dfrac{VW_t}{Tbh_0}} \tag{6-23}$$

根据图 6-11,当 $\beta_t > 1.0$ 时,应取 $\beta_t = 1.0$;当 $\beta_t < 0.5$ 时,则取 $\beta_t = 0.5$。即 β_t 应符合:$0.5 \leqslant \beta_t \leqslant 1.0$,故称 β_t 为剪扭构件的混凝土受扭承载力降低系数。因此,当需要考虑剪力和扭矩的相关性时,应对构件的受剪承载力公式和受纯扭承载力公式分别按下述规定予以修正:按照式(6-22)对受剪承载力公式中的混凝土作用项乘以 $(1.5-\beta_t)$,按照式(6-21)对受纯扭承载力公式中的混凝土作用项乘以 β_t。这样,矩形截面剪扭构件的承载力计算可按以下步骤进行:

(1)按受剪承载力计算需要的受剪箍筋 nA_{sv1}/s_v

构件的受剪承载力按以下公式计算:

$$V \leqslant 0.7f_t bh_0 (1.5 - \beta_t) + f_{yv} \frac{nA_{sv1}}{s_v} h_0 \tag{6-24}$$

对矩形截面独立梁,当集中荷载在支座截面中产生的剪力占该截面总剪力 75 % 以上时,则改为按下式计算:

$$V \leqslant \frac{1.75}{\lambda+1}(1.5-\beta_t)f_t bh_0 + f_{yv}\frac{nA_{sv1}}{s_v}h_0 \tag{6-25}$$

式中,$1.5 \leqslant \lambda \leqslant 3$。相应地,系数 β_t 改为按下式计算:

$$\beta_t = \frac{1.5}{1+0.2(\lambda+1)\dfrac{VW_t}{Tbh_0}} \tag{6-26}$$

同样应符合 $0.5 \leqslant \beta_t \leqslant 1.0$ 的要求。

（2）按受扭承载力计算需要的受扭箍筋 A_{st1}/s_t

构件的受扭承载力按以下公式计算:

$$T \leqslant 0.35\beta_t f_t W_t + 1.2\sqrt{\zeta}\,\frac{f_{yv}A_{st1}A_{cor}}{s_t} \tag{6-27}$$

式中,系数 β_t 应区别受剪计算中出现的两种情况,分别按式（6-23）或式（6-26）进行计算。

（3）按照叠加原则计算受剪扭总的箍筋用量 A_{sv1}^*/s

由以上受剪和受扭计算分别确定所需的箍筋数量后,还要按照叠加原则计算总的箍筋需要量。叠加原则是指将受剪计算所需要的箍筋用量中的单侧箍筋用量 A_{sv1}/s_v（如采用双肢箍筋,A_{sv1}/s_v 即为需要量 nA_{sv1}/s_v 中的一半;如采用四肢箍筋,A_{sv1}/s_v 即为需要量的 1/4）与受扭所需的单肢箍筋用量 A_{st1}/s_t 相加,从而得到每侧箍筋总的需要量为

$$A_{sv1}^*/s = A_{sv1}/s_v + A_{st1}/s_t \tag{6-28}$$

2. T 形和工字形截面弯剪扭构件承载力计算

对于 T 形和工字形截面弯剪扭构件承载力计算,除弯矩作用按受弯构件进行受弯承载力计算外,构件受剪扭承载力计算按下述方法进行:

① 按截面完整性准则,将 T 形和工字形截面按图 6-7 划分为若干矩形块,分别求出各矩形截面受扭塑性抵抗矩 W_{ti},然后求和,$W_t = \sum W_{ti}$。

② 截面扭矩分配:全截面扭矩 T 按划分各矩形截面的受扭塑性抵抗矩进行分配,按式（6-13）~式（6-15）计算。

③ 配筋计算。

对于腹板:考虑同时承受剪力和扭矩,当需要考虑剪扭相关性时,按 V 及 T_w 由受剪扭构件承载力计算式（6-24）及式（6-27）或式（6-25）及式（6-27）进行配筋计算。

对于受压及受拉翼缘:不考虑翼缘承受剪力,按 T_f' 及 T_f 由受纯扭构件承载力计算公式（6-8）进行配筋计算。

最后将计算所得的纵筋及箍筋截面面积分别叠加。

3. 钢筋混凝土箱形截面剪扭构件承载力计算

（1）一般剪扭构件

$$V \leqslant (1.5-\beta_t)0.7f_t bh_0 + f_{yv}\frac{A_{sv}}{s}h_0 \tag{6-29}$$

$$T \leqslant 0.35\alpha_h \beta_t f_t W_t + 1.2\sqrt{\zeta}f_{yv}\frac{A_{st1}A_{cor}}{s} \tag{6-30}$$

在此,β_t 按式(6-23)计算;α_h 按式(6-17)计算;ζ 按式(6-9)计算;W_t 按式(6-18)计算。式(6-29)及式(6-23)中的 b 为箱形截面的侧壁总厚度。

（2）集中力作用下的独立剪扭构件

$$V \leqslant (1.5-\beta_t)\frac{1.75}{\lambda+1}f_t bh_0 + f_{yv}\frac{A_{sv}}{s}h_0 \tag{6-31}$$

$$T \leqslant 0.35\alpha_h\beta_t f_t W_t + 1.2\sqrt{\zeta}f_{yv}\frac{A_{st1}A_{cor}}{s} \tag{6-32}$$

在此,β_t 按式(6-26)计算,其余同前。

6.3.3　压弯剪扭构件承载力计算
Strength of Members in Combined Compression, Bending, Shear and Torsion

在轴向压力、弯矩、剪力和扭矩共同作用下的钢筋混凝土矩形截面框架柱,其受剪扭承载力按下列公式计算。

1. 受剪承载力

$$V \leqslant (1.5-\beta_t)\left(\frac{1.75}{\lambda+1}f_t bh_0 + 0.07N\right) + f_{yv}\frac{A_{sv}}{s}h_0 \tag{6-33}$$

2. 受扭承载力

$$T \leqslant \beta_t\left(0.35f_t + 0.07\frac{N}{A}\right)W_t + 1.2\sqrt{\zeta}f_{yv}\frac{A_{st1}A_{cor}}{s} \tag{6-34}$$

式中符号意义同前。

压弯剪扭构件的纵向钢筋应分别按偏心受压构件正截面承载力和剪扭构件的受扭承载力计算确定,并应配置在相应的位置上。箍筋应分别按剪扭构件的受剪承载力和受扭承载力计算确定,并配置在相应的位置上。

6.3.4　受扭构件计算公式的适用条件及构造要求
Suitable Conditions and Detailing Requirements of Calculation Formulas of Members in Torsion

1. 截面限制条件

在受扭构件计算时,为了保证构件截面尺寸及混凝土材料强度不致过小,构件在破坏时混凝土不首先被压碎,因此规定了截面限制条件。《标准》在试验的基础上,对钢筋混凝土剪扭构件规定的截面限制条件见式(6-35)及图6-12。

当 $h_w/b \leqslant 4$ 时　　　　$\dfrac{V}{bh_0} + \dfrac{T}{0.8W_t} \leqslant 0.25\beta_c f_c$

$$\tag{6-35}$$

当 $h_w/b \geqslant 6$ 时　　　　$\dfrac{V}{bh_0} + \dfrac{T}{0.8W_t} \leqslant 0.20\beta_c f_c$

当 $4 < h_w/b < 6$ 时,按线性内插法确定。

式中　h_w——截面的腹板高度,对于矩形截面取有效高度 h_0;对于 T 形截面取有效高度减去翼缘高度;对于工字形截面取腹板净高度。

计算时如不满足式(6-35)的要求,则需加大构件截面尺寸或提高混凝土强度等级。

2. 构造配筋

(1)构造配筋界限

钢筋混凝土构件承受的剪力及扭矩相当于混凝土构件即将开裂时剪力及扭矩值的界限状态,称为构造配筋界限。从理论上来说,构件处于界限状态时,由于混凝土尚未开裂,混凝土能够承受荷载作用而不需要设置受剪及受扭钢筋,但在设计时为了安全可靠,防止混凝土偶然开裂而丧失承载力,按构造要求还应设置符合最小配筋率要求的钢筋截面面积。《标准》规定对剪扭构件构造配筋的界限见式(6-36)及图6-13。

$$\frac{V}{bh_0} + \frac{T}{W_t} \leqslant 0.7 f_t \tag{6-36}$$

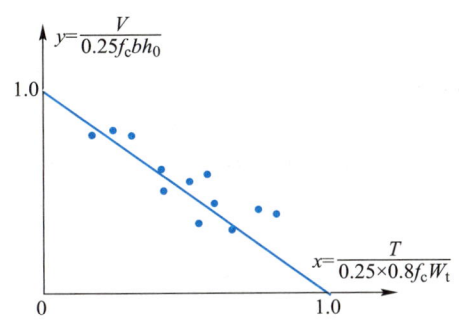

图6-12 剪扭构件完全超配筋试验曲线

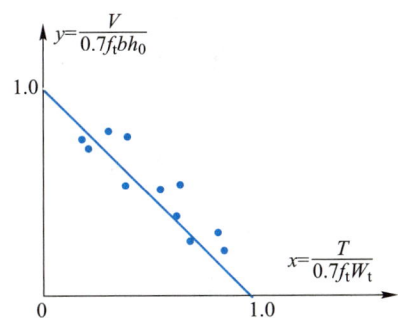

图6-13 剪扭构件即将开裂时承载力相关曲线

(2)最小配筋率

钢筋混凝土受扭构件能够承受相当于素混凝土受扭构件所能承受的极限承载力时,相应的配筋率称为受扭构件钢筋的最小配筋率。

受扭构件的最小配筋率,应包括构件箍筋最小配筋率及纵筋最小配筋率。

在工程结构设计中,大多数均属于弯剪扭共同作用下的构件,受纯扭的情况极少。《标准》在试验分析的基础上规定:构件在剪扭共同作用下,其受剪及受扭箍筋最小配筋率为

$$\rho_{sv,min} = \frac{A_{sv,min}}{bs} = 0.28 \frac{f_t}{f_{yv}} \tag{6-37}$$

构件在剪扭共同作用下,受扭纵筋的最小配筋率为

$$\rho_{tl,min} = \frac{A_{stl,min}}{bh} = 0.6 \frac{f_t}{f_y} \sqrt{\frac{T}{Vb}} \tag{6-38}$$

其中当 $\frac{T}{Vb} > 2$ 时,取 $\frac{T}{Vb} = 2$。

构件设计时纵筋最小配筋率应取受弯及受扭纵筋最小配筋率的叠加值。

3. 钢筋的构造要求

受扭箍筋应采用封闭式,且应设置在截面的周边;受扭箍筋的弯钩搭接长度按构造规定,如图6-14所示。当采用复合箍筋时,位

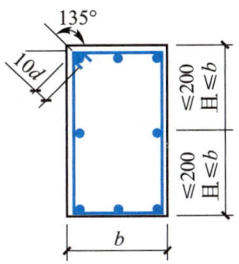

图6-14 受扭钢筋的构造要求(d 为箍筋直径)

于截面内部的箍筋不应计入受扭所需的箍筋截面面积。

　　受扭纵向钢筋应对称设置于截面的周边,如图 6-14 所示。受扭纵筋伸入支座长度应按充分利用强度的受拉钢筋考虑。

6.3.5　设计例题
Design Examples

　　【例 6-1】　已知一均布荷载作用下的钢筋混凝土 T 形截面弯剪扭构件,设计工作年限为 50 年,环境类别为一类,截面尺寸如图 6-15 所示,$b_f' = 400$ mm,$h_f' = 80$ mm,$b \times h = 200$ mm×450 mm,$a_s = 35$ mm。构件所承受的弯矩设计值 $M = 74$ kN·m,剪力设计值 $V = 64$ kN,扭矩设计值 $T = 6$ kN·m。采用 C30 混凝土($f_c = 14.3$ N/mm²,$f_t = 1.43$ N/mm²),HRB400 钢筋($f_y = 360$ N/mm²)。试计算其配筋。

　　【解】　(1) 受弯纵筋计算

$$h_0 = 450 \text{ mm} - 35 \text{ mm} = 415 \text{ mm}$$

$$\alpha_1 f_c b_f' h_f'\left(h_0 - \frac{h_f'}{2}\right) = 1.0 \times 14.3 \text{ N/mm}^2 \times 400 \text{ mm} \times 80 \text{ mm} \times \left(415 - \frac{80}{2}\right) \text{ mm} = 171.6 \text{ kN} \cdot \text{m} > 74 \text{ kN} \cdot$$

m,属于第一类 T 形截面。

$$\because M = \alpha_1 f_c b_f' x\left(h_0 - \frac{x}{2}\right)$$

$$x = h_0 - \sqrt{h_0^2 - \frac{2M}{\alpha_1 f_c b_f'}}$$

$$= 415 \text{ mm} - \sqrt{415^2 - \frac{2 \times 74 \times 10^6}{1.0 \times 14.3 \times 400}} \text{ mm}$$

$$= 32.4 \text{ mm}$$

$$A_s = \frac{\alpha_1 f_c b_f' x}{f_y}$$

$$= \frac{1.0 \times 14.3 \times 400 \times 32.4}{360} \text{ mm}^2$$

$$= 514.8 \text{ mm}^2$$

$$A_s > \rho_{\min} bh = 0.2\% \times 200 \text{ mm} \times 450 \text{ mm} = 180 \text{ mm}^2$$

　　(2) 受剪及受扭钢筋计算

　　① 截面限制条件验算

$$h_w/b = \frac{h_0 - h_f'}{b} = (415 - 80) \text{ mm}/200 \text{ mm} = 1.68 < 4; \quad b_f' < b + 12h_f' = 200 \text{ mm} + 12 \times 80 \text{ mm} = 1\,160 \text{ mm}$$

$$W_{tw} = \frac{200^2}{6} \times (3 \times 450 - 200) \text{ mm}^3 = 76.7 \times 10^5 \text{ mm}^3$$

$$W_{tf}' = \frac{80^2}{2} \times (400 - 200) \text{ mm}^3 = 6.4 \times 10^5 \text{ mm}^3$$

$$W_t = (76.7 + 6.4) \times 10^5 \text{ mm}^3 = 83.1 \times 10^5 \text{ mm}^3$$

当混凝土强度等级小于 C50 时，$\beta_c = 1.0$。因

$$\frac{V}{bh_0} + \frac{T}{0.8W_t} = \frac{6.4\times10^4\ \text{N}}{200\ \text{mm}\times415\ \text{mm}} + \frac{0.6\times10^7\ \text{N}\cdot\text{m}}{0.8\times83.1\times10^5\ \text{mm}^3}$$

$$= 1.674\ \text{N/mm}^2 < 0.25\times1.0\times14.3\ \text{N/mm}^2 = 3.58\ \text{N/mm}^2$$

故截面尺寸符合要求。又

$$\frac{V}{bh_0} + \frac{T}{W_t} = 1.49\ \text{N/mm}^2 > 0.7\times1.43\ \text{N/mm}^2 = 1.00\ \text{N/mm}^2$$

故需按计算配置受扭钢筋。

② 扭矩分配

对腹板

$$T_w = \frac{W_{tw}}{W_t}T = \frac{76.7\times10^5\ \text{mm}^3}{83.1\times10^5\ \text{mm}^3}\times6\ \text{kN}\cdot\text{m} = 5.54\ \text{kN}\cdot\text{m}$$

对受压翼缘

$$T'_f = \frac{W'_{tf}}{W_t}T = \frac{6.4\times10^5\ \text{mm}^3}{83.1\times10^5\ \text{mm}^3}\times6\ \text{kN}\cdot\text{m} = 0.46\ \text{kN}\cdot\text{m}$$

③ 腹板配筋

近似取箍筋内表面至截面边缘的距离为 $C + d_{sv} = 25\ \text{mm}$（$d_{sv}$ 为箍筋直径）

$$A_{cor} = b_{cor}\times h_{cor} = 150\ \text{mm}\times400\ \text{mm} = 0.6\times10^5\ \text{mm}^2$$

$$u_{cor} = 2(b_{cor} + h_{cor}) = 2\times(150\ \text{mm}+400\ \text{mm}) = 1\ 100\ \text{mm}$$

a. 受扭箍筋，由式（6-23）得

$$\beta_t = \frac{1.5}{1+0.5\dfrac{VW_{tw}}{T_w bh_0}} = \frac{1.5}{1+0.5\times\dfrac{6.4\times10^4\text{N}\times76.7\times10^5\ \text{mm}^3}{5.54\times10^6\text{N}\cdot\text{mm}\times200\ \text{mm}\times415\ \text{mm}}} = 0.978$$

取 $\zeta = 1.2$，由式（6-27）得

$$\frac{A_{st1}}{s_t} = \frac{5.54\times10^6\ \text{N}\cdot\text{mm}-0.35\times0.978\times1.43\ \text{N/mm}^2\times76.7\times10^5\ \text{mm}^3}{1.2\sqrt{1.2}\times360\ \text{N/mm}^2\times6\times10^4\ \text{mm}^2} = 0.063\ \text{mm}$$

受剪箍筋，由式（6-24）得

$$\frac{A_{sv}}{s_v} = \frac{64\ 000\ \text{N}-0.7\times(1.5-0.978)\times200\ \text{mm}\times415\ \text{mm}\times1.43\ \text{N/mm}^2}{360\ \text{N/mm}^2\times415\ \text{mm}} = 0.138\ \text{mm}$$

故得腹板单肢箍筋总的需要量为

$$\frac{A^*_{sv1}}{s} = \frac{A_{st1}}{s_t} + \frac{A_{sv1}}{s_v} = 0.063\ \text{mm} + \frac{0.138\ \text{mm}}{2} = 0.132\ \text{mm}$$

取箍筋直径为 ⏀8（$A^*_{sv1} = 50.3\ \text{mm}^2$），得箍筋间距为

$$s = \frac{A^*_{sv1}}{0.132\ \text{mm}} = \frac{50.3\ \text{mm}^2}{0.132\ \text{mm}} = 381\ \text{mm}，取用\ s = 200\ \text{mm}$$

$$\rho_{sv} = \frac{A_{sv}}{bs} = \frac{2\times50.3\ \text{mm}^2}{200\ \text{mm}\times200\ \text{mm}} = 0.25\% > \rho_{sv,min} = 0.28\frac{f_t}{f_{yv}} = 0.28\times\frac{1.43\ \text{N/mm}^2}{360\ \text{N/mm}^2} = 0.11\%$$

b. 受扭纵筋,由式(6-9)得

$$A_{stl} = 1.2 \times \frac{50.3 \text{ mm}^2 \times 360 \text{ N/mm}^2 \times 1\ 100 \text{ mm}}{360 \text{ N/mm}^2 \times 200 \text{ mm}} = 332 \text{ mm}^2$$

$$\rho_{tl} = \frac{A_{stl}}{bh} = \frac{332 \text{ mm}^2}{200 \text{ mm} \times 450 \text{ mm}} = 0.37\% > \rho_{tl,\min} = 0.6 \frac{f_t}{f_y} \sqrt{\frac{T}{Vb}}$$

$$= 0.6 \times \frac{1.43 \text{ N/mm}^2}{360 \text{ N/mm}^2} \sqrt{\frac{6 \times 10^6 \text{ N} \cdot \text{mm}}{64 \times 10^3 \text{ N} \cdot 200 \text{ mm}}} = 0.16\%$$

故得腹板纵筋:

因为梁高度 $h = 450$ mm,根据构造要求(图 6-14),腹板内需配受扭纵向钢筋,故选用 6Φ12 ($A_s = 678$ mm²,受扭纵钢沿截面周边布置。

弯曲受压区纵筋总面积为

$$A'_s = \frac{332 \text{ mm}^2}{3} = 111 \text{ mm}^2$$

选用 2Φ12($A'_s = 226$ mm²)。

弯曲受拉区纵筋总面积为

$$A_s = 514.8 \text{ mm}^2 + \frac{332 \text{ mm}^2}{3} = 625 \text{ mm}^2$$

选用 2Φ18+1Φ16($A_s = 710$ mm²)。

④ 弯曲受压翼缘配筋

不考虑翼缘承受剪力,按纯扭构件计算。

$$A'_{cor} = b'_{fcor} \times h'_{fcor} = 150 \text{ mm} \times 30 \text{ mm} = 4\ 500 \text{ mm}^2$$

$$u'_{cor} = 2(b'_{fcor} + h'_{fcor}) = 2 \times (150 \text{ mm} + 30 \text{ mm}) = 360 \text{ mm}$$

取 $\zeta = 1.2$,受扭箍筋由式(6-27)得

$$\frac{A_{st1}}{s} = \frac{4.6 \times 10^5 \text{ N} \cdot \text{mm} - 0.35 \times 6.4 \times 10^5 \text{ mm}^3 \times 1.43 \text{ N/mm}^2}{1.2 \sqrt{1.2} \times 360 \text{ N/mm}^2 \times 0.045 \times 10^5 \text{ mm}^2} = 0.066 \text{ mm}$$

取箍筋直径为 Φ8($A_{st1} = 50.3$ mm²),则得箍筋间距为

$$s = \frac{50.3 \text{ mm}^2}{0.066 \text{ mm}} = 762 \text{ mm}$$

取用 $s = 200$ mm。

受扭纵筋,由式(6-9)得

$$A_{stl} = 1.2 \times \frac{50.3 \text{ mm}^2 \times 360 \text{ N/mm}^2 \times 360 \text{ mm}}{360 \text{ N/mm}^2 \times 200 \text{ mm}}$$

$$= 108.6 \text{ mm}^2$$

翼缘受扭纵筋按构造要求配置,选用 4Φ8($A_{stl} = 4 \times 50.3$ mm² = 201.2 mm² > 108.6 mm²)。

梁纵筋、箍筋满足最小配筋率要求,构件截面钢筋布置如图 6-15 所示。

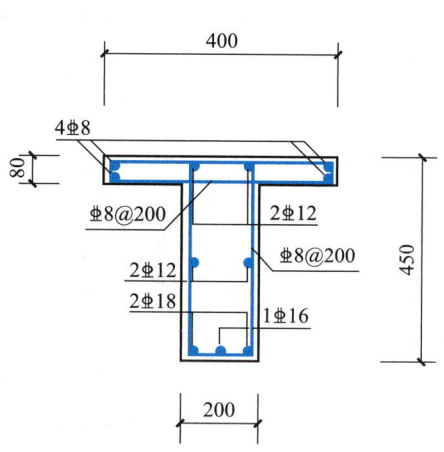

图 6-15　T 形截面构件纵筋及箍筋布置

§6.4 小结
Summary

① 纯扭构件在建筑工程结构中很少,大多数情况下构件都是受弯矩、剪力和扭矩的复合作用。根据结构扭矩内力形成的原因,结构扭转分为两种类型:一是平衡扭转;二是协调扭转或称为附加扭转。

② 构件在扭矩荷载作用下,截面上将产生剪应力流,截面扭心处剪力等于零,截面长边外边缘的中点处剪力最大。截面在剪力作用下将产生等值的主拉、主压应力及最大剪应力,由于$(\tau/f_t)>(\tau/f_\tau)>(\tau/f_c)$,因此混凝土的开裂是拉应力达到抗拉强度(或拉应变达到极限拉应变)引起的。在实际工程中,受扭构件采用受扭纵向钢筋及箍筋的配筋形式。

受扭构件按配筋数量可分为适筋、超筋(或部分超筋)及少筋构件。前者为延性破坏,后二者是脆性破坏;前者应用于结构,后二者在结构设计中应避免。

③ 矩形截面纯扭构件计算,包括受扭开裂扭矩、承载力计算,构件满足承载力要求时,尚应满足裂缝宽度限值及构造要求。

④ 矩形截面构件在弯矩、剪力和扭矩共同作用下,其受力状态及破坏形态十分复杂,与构件的截面形状、尺寸、配筋形式、数量及材料强度有关。

矩形截面弯扭构件承载力计算:分别按受弯、受扭构件承载力计算,纵筋数量采用叠加方法,箍筋由受扭计算决定。

矩形截面弯剪扭构件承载力计算:分别按受弯、受剪和受扭构件承载力计算,纵筋数量采用叠加方法;按受剪和受扭承载力计算时应考虑混凝土承载力的相互影响(β_t),分别决定箍筋数量并采用叠加方法。

⑤ T形和工字形截面弯剪扭构件除按受弯承载力计算外,根据截面完整性准则,将T形和工字形截面划分为数个矩形截面块,各截面承受的扭矩按各矩形截面受扭塑性抵抗矩进行分配。

主矩形截面进行受剪、受扭承载力计算;次矩形截面不进行受剪承载力计算,仅按纯扭构件进行受扭承载力计算。

T形和工字形截面弯剪扭构件进行承载力计算后,纵向受力钢筋按其数量和位置进行叠加,箍筋按其数量和位置进行叠加。

⑥ 钢筋混凝土纯扭、剪扭构件承载力计算时,应注意基本公式的适用条件及最小配筋率的要求。

思 考 题
Questions

6-1 对于纯扭构件,为什么配置螺旋形钢筋或配置垂直箍筋和纵筋?

6-2 纯扭适筋、少筋、超筋构件的破坏特征是什么?

6-3 我国《标准》是怎样处理在弯、剪、扭联合作用下的结构构件设计的?

6-4 ζ,W_t,β_t 的意义是什么?

6-5 为什么规定受扭构件的截面限制条件? 若扭矩超过截面限制条件的要求,解决的方法是什么?

6-6   某矩形截面纯扭构件截面尺寸 $b \times h = 250 \text{ mm} \times 500 \text{ mm}$,承受扭矩设计值 $T = 24 \text{ kN} \cdot \text{m}$,混凝土强度等级为 C30,纵向都采用 HRB400 钢筋。环境类别为一类。求纵向钢筋和箍筋,并画出截面配筋图。

6-7   均布荷载作用下的钢筋混凝土矩形截面弯剪扭构件,其截面尺寸 $b \times h = 300 \text{ mm} \times 600 \text{ mm}$,弯矩设计值 $M = 120.6 \text{ kN} \cdot \text{m}$,剪力设计值 $V = 112.6 \text{ kN}$,扭矩设计值 $T = 28.9 \text{ kN} \cdot \text{m}$,混凝土强度等级为 C30,钢筋采用 HRB400。试计算构件的配筋。

6-8   在什么情况下受扭构件应按最小配箍率和最小纵筋配筋率进行配筋?

6-9   在弯、剪、扭联合作用下,构件的受弯配筋是怎样考虑的? 受剪配筋是怎样考虑的?

6-10   纯扭构件的截面限制条件是否是剪扭构件截面限制条件的特例?

习   题
Exercises

6-1   已知一钢筋混凝土矩形截面纯扭构件,环境类别为一类,设计工作年限为 50 年,截面尺寸 $b \times h = 150 \text{ mm} \times 300 \text{ mm}$,作用于构件上的扭矩设计值 $T = 3.60 \text{ kN} \cdot \text{m}$,采用 C30 混凝土,HPB300 钢筋。试计算其配筋量。

6-2   已知一均布荷载作用下的钢筋混凝土矩形截面弯剪扭构件,环境类别为一类,设计工作年限为 50 年,截面尺寸 $b \times h = 200 \text{ mm} \times 400 \text{ mm}$。构件所承受的弯矩设计值 $M = 50 \text{ kN} \cdot \text{m}$,剪力设计值 $V = 52 \text{ kN}$,扭矩设计值 $T = 4 \text{ kN} \cdot \text{m}$。采用 HRB400 钢筋,C30 混凝土。试设计其配筋。

6-3   试编写弯剪扭构件的配筋计算程序。

第 **7** 章
Chapter 7

钢筋混凝土偏心受力构件承载力计算
Strength of Reinforced Concrete Eccentric Members

本章学习目标：

了解偏心受压构件的受力工作特性；

熟悉两种不同的受压破坏特征及由此划分的两类偏心受压构件，掌握两类偏心受压构件的判别方法；

熟悉偏心受压构件的二阶效应及计算方法；

掌握两类偏心受压构件正截面承载力计算方法；

了解双向偏心受压构件正截面承载力计算方法；

掌握偏心受拉构件的受力特性及正截面承载力计算方法；

掌握偏心受力构件斜截面承载力计算方法。

本章的重点是偏心受压和偏心受拉构件的承载力计算，难点是小偏心受压构件正截面承载力计算。

§7.1 概述
Introduction

当结构构件的截面上受到轴力和弯矩的共同作用或受到偏心力的作用时，该结构构件称为偏心受力构件。当偏心力为压力时，称为偏心受压（偏压）构件；当偏心力为拉力时，称为偏心受拉构件。

偏心受压构件按照偏心力在截面上作用位置的不同可分为：单向偏心受压构件（图7-1a）及双向偏心受压构件（图7-1b）。

偏心受拉构件在偏心拉力的作用下，是一种介于轴心受拉构件与受弯构件之间的受力构件。承受节间荷载的悬臂式桁架上弦（图7-2a），一般建筑工程中的双肢柱的受拉肢属于偏心受拉构件（图7-2b），此外，图7-2c所示的矩形水池

第 7 章 课件

的池壁,其竖向截面同时承受轴心拉力及平面外弯矩的作用,故也属于偏心受拉构件。

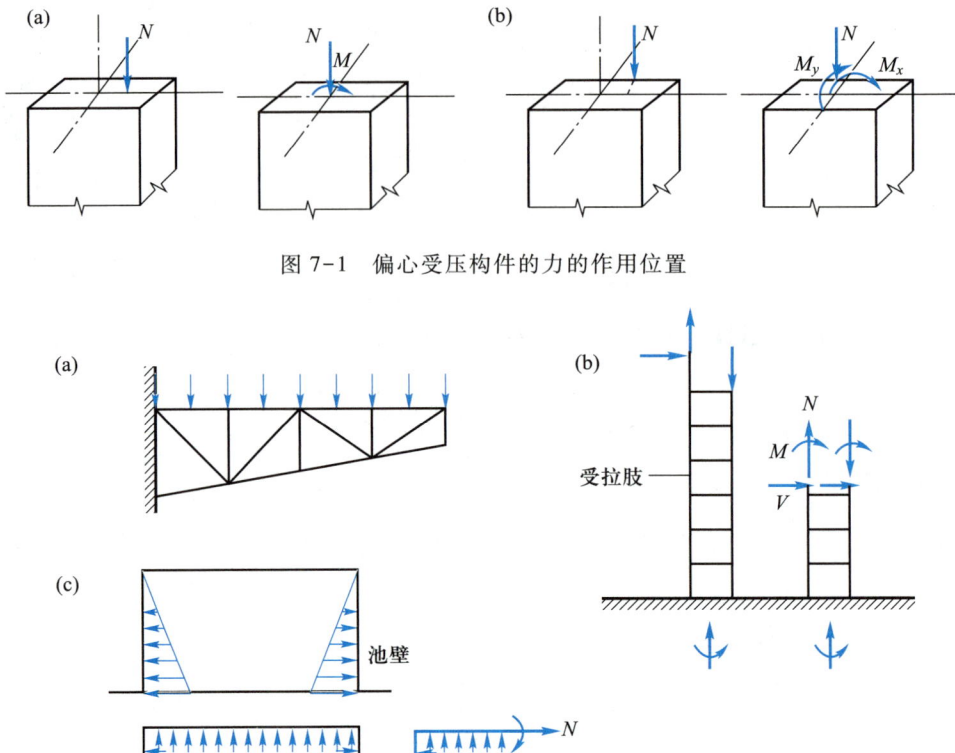

图 7-1　偏心受压构件的力的作用位置

图 7-2　偏心受拉构件示例

钢筋混凝土偏心受压构件多采用矩形截面,截面尺寸较大的预制柱可采用工字形截面和箱形截面,桩和公共建筑中的柱多采用圆形截面(图 7-3)。偏心受拉构件多采用矩形截面。

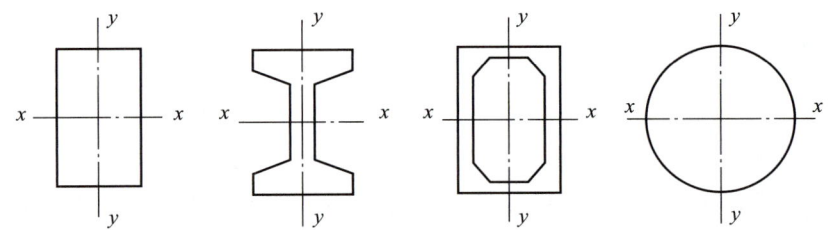

图 7-3　偏心受力构件的截面形式

§7.2　偏心受压构件正截面承载力计算
Strength of Eccentric Compression Members

钢筋混凝土偏心受压构件是实际工程中广泛应用的受力构件之一。构件同时受到轴向压力

N 及弯矩 M 的作用,等效于对截面形心的偏心距 $e_0 = M/N$ 的偏心压力的作用(图 7-4)。钢筋混凝土偏心受压构件的受力性能、破坏形态介于受弯构件与轴心受压构件之间。当 $N = 0$,$Ne_0 = M$ 时为受弯构件;当 $M = 0$,$e_0 = 0$ 时为轴心受压构件。故受弯构件和轴心受压构件相当于偏心受压构件的特殊情况。

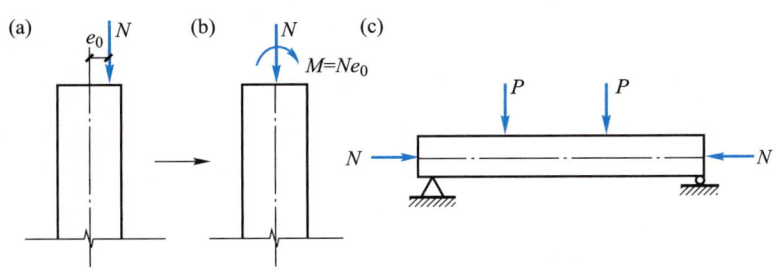

图 7-4 偏心受压构件与压弯构件

7.2.1 偏心受压构件的破坏特征
Failure Feature of Eccentric Compression Members

1. 破坏类型

工程中常用的单向偏心受压构件,一般在与偏心轴相平行的两侧边布置受力钢筋。近力一侧钢筋一般为受压钢筋,用 A_s' 表示;远离力一侧钢筋可能受压也可能受拉,用 A_s 表示。钢筋混凝土偏心受压构件也有长柱和短柱之分。现以工程中常用的截面两侧纵向受力钢筋为对称配置的 $(A_s = A_s')$ 偏心受压短柱为例,说明其破坏形态和破坏特征。随轴向力 N 在截面上的偏心距 e_0 大小的不同和纵向钢筋配筋率 $[\rho = A_s/(bh_0)]$ 的不同,偏心受压构件的破坏特征有两种。

(1)受拉破坏——大偏心受压情况

轴向力 N 的偏心距较大,且纵筋的配筋率不高时,受载后部分截面受压,部分受拉。受拉区混凝土较早地出现横向裂缝,由于配筋率不高,受拉钢筋(A_s)应力增长较快,首先到达屈服。随着裂缝的开展,受压区高度减小,最后受压钢筋(A_s')屈服,压区混凝土被压碎。其破坏形态与配有受压钢筋的适筋梁相似(图 7-5a)。

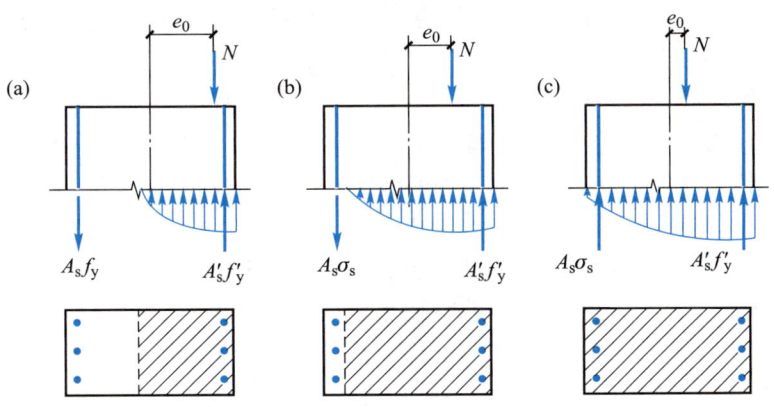

图 7-5 偏心受压构件的破坏形态

这种偏心受压构件的破坏是受拉钢筋首先达到屈服而导致的受压区混凝土被压坏,其承载力主要取决于受拉钢筋,故称为受拉破坏。这种破坏有明显的预兆,横向裂缝显著开展,变形急剧增大,具有塑性破坏的性质。形成这种破坏的条件是:偏心距 e_0 较大,且纵筋配筋率不高,因此,称为大偏心受压情况。

（2）受压破坏——小偏心受压情况

当轴向力 N 的偏心距较小,或当偏心距较大但纵筋配筋率很高时,截面可能部分受压、部分受拉（图 7-5b）,也可能全截面受压（图 7-5c）。它们的共同特点是:构件的破坏是由于受压区混凝土达到其抗压强度,距轴力较远一侧的钢筋 A_s 无论受拉或受压,一般均未达到屈服,其承载力主要取决于受压区混凝土及受压钢筋 A_s',故称为受压破坏。这种破坏缺乏明显的预兆,具有脆性破坏的性质。

2. 两类偏心受压破坏的界限

从以上两类偏心受压破坏的特征可以看出,两类破坏的本质区别在于破坏时受拉钢筋 A_s 能否达到屈服。若受拉钢筋先屈服,然后是受压区混凝土被压碎,即为受拉破坏;若受拉钢筋或远离力一侧钢筋 A_s 无论受拉还是受压均未屈服,则为受压破坏。那么两类破坏的界限应该是当受拉钢筋初始屈服的同时,受压区混凝土达到极限压应变。用截面应变（图 7-6）表示这种特性,当 $\varepsilon_s > \varepsilon_y$ 时,受拉钢筋先屈服（即图 7-6 中的 ab,ac）,截面为受拉破坏;当 $\varepsilon_s = \varepsilon_y$ 时,则受拉钢筋屈服的同时,受压边缘混凝土达到极限压应变（即图 7-6 中的 ad）,为受拉破坏和受压破坏的界限;当 $\varepsilon_s < \varepsilon_y$ 时（图 7-6 中的 ae）,受拉钢筋不屈服,破坏始于受压侧。同理,应变 af、$a'g$、$a''h$ 说明截面进入全截面受压状态。同时也可以看

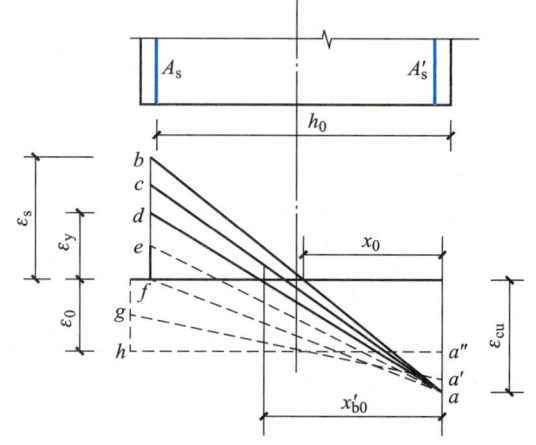

图 7-6　偏心受压构件的截面应变分布

出,其界限与受弯构件中的适筋破坏和超筋破坏的界限完全相同,因而其相对界限受压区高度 ξ_b 的计算公式与式（4-12）和式（4-14）相同。当采用热轧钢筋配筋时,其 ξ_b 值见表 4-4。当 $\xi \leqslant \xi_b$ 时,受拉钢筋先屈服,然后混凝土被压碎,肯定为受拉破坏——大偏心受压破坏;否则为受压破坏——小偏心受压破坏。

3. 偏心受压构件的 N-M 相关曲线

对于给定截面、配筋及材料强度的偏心受压构件,达到承载能力极限状态时,截面承受的内力设计值 N,M 并不是独立的,而是相关的。轴力与弯矩对于构件的作用效应存在着叠加和制约的关系,也就是说,当给定轴力 N 时,有其唯一对应的弯矩 M,或者说构件可以在不同的 N 和 M 的组合下达到其极限承载力。下面以对称配筋截面（$A_s' = A_s$,$f_y' = f_y$,$a_s' = a_s$）为例说明轴向力 N 与弯矩 M 的对应关系。如图 7-7 所

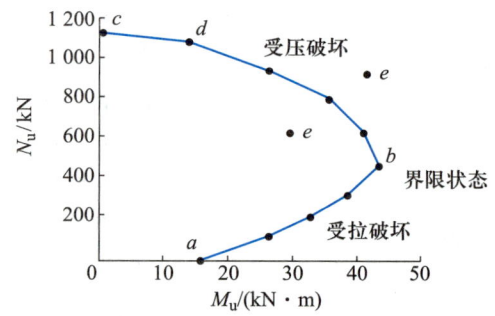

图 7-7　偏心受压构件的 M-N 相关曲线图

示,ab 段表示大偏心受压时的 M-N 相关曲线,为二次抛物线。随着轴向压力 N 的增大,截面能承担的弯矩也相应提高。b 点为受拉钢筋与受压混凝土同时达到其强度值的界限状态,此时偏心受压构件承受的弯矩 M 最大。bc 段表示小偏心受压时的 M-N 曲线,是一条接近于直线的二次函数曲线。由曲线趋向可以看出,在小偏心受压情况下,随着轴向压力的增大,截面所能承担的弯矩反而降低。图中 a 点表示受弯构件的情况,c 点代表轴心受压构件的情况。曲线上任意一点 d 的坐标代表截面承载力的一种 M 和 N 的组合。如任意一点 e 位于图中曲线的内侧,说明截面在该点坐标给出的内力组合下未达到承载能力极限状态,是安全的;若 e 点位于图中曲线的外侧,则表明截面的承载力不足。

4. 结构侧移和构件挠曲引起的附加内力

钢筋混凝土偏心受压构件的轴向力在结构发生层间位移和挠曲变形时会引起附加内力,即二阶效应。如在有侧移框架中,二阶效应主要是指竖向荷载在产生了侧移的框架中引起附加内力,即通常所称的 P-Δ 效应;在无侧移框架中,二阶效应是指轴向力在产生了挠曲变形的柱段中引起的附加内力,通常称为 P-δ 效应。

结构的二阶效应不仅与结构形式、构件的几何尺寸有关,还与构件的受力特点(变形曲率、轴压比)有关,《标准》根据不同结构的特点,采用不同方式来考虑二阶效应。

(1)P-Δ 效应

P-Δ 效应即为重力二阶效应,其计算属于结构整体层面问题,一般在结构分析中考虑。《标准》给出了两种计算方法:有限元法和增大系数法。计算机在结构设计中的广泛应用,使考虑结构在受力全过程中材料、几何尺寸、刚度的变化对结构内力分析的影响成为可能,即可通过计算机进行结构分析,同时考虑结构侧移引起的二阶效应。当需要利用简化方法计算侧移二阶效应时,也可用《标准》附录推荐的增大系数法。根据结构二阶效应的基本规律,增大系数 η_s 只会增大引起结构侧移的荷载或作用所产生的构件内力。对框架结构采用层增大系数法计算;对剪力墙结构、框架-剪力墙结构和筒体结构用整体增大系数法计算;对排架结构采用 η-l_0 法考虑排架的 P-Δ 效应。由于 P-Δ 效应涉及结构整体层面的问题,在与本教材配套的《混凝土结构设计》教材与结构形式所对应的有关章节中,将按不同的结构形式分述如何考虑 P-Δ 效应。

(2)P-δ 效应

P-δ 效应是钢筋混凝土构件中由轴向压力在产生了挠曲变形的杆件中引起的曲率和弯矩增量。受压构件的挠曲效应计算属于构件层面的问题,一般在构件设计时考虑。《标准》给出了不考虑 P-δ 效应的条件及偏压构件中考虑 P-δ 效应的具体方法。本节针对偏心受压构件的计算进行论述,故在此重点介绍偏压构件考虑 P-δ 效应的方法。

偏压构件的 P-δ 效应除主要与构件的长细比有关以外,还与构件两端弯矩的大小和方向有关,与构件的轴压比有关。

构件长细比的大小直接影响偏心受压柱在偏心力作用下的侧向挠度 a_f(图 7-8),因而侧向挠度引起的附加弯矩 Na_f 会对构件的承载力产生影响。长细比较小时,其侧向挠度引起的附加弯矩也小;长细比越大,Na_f 也会越大,这是显而易见的。但其影响是否会对截面设计起控制作用还取决于柱两

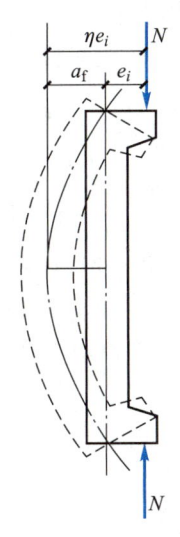

图 7-8 偏心受压构件的受力图式

端作用弯矩的大小和方向。例如在结构中常见的反弯点位于柱中部的偏压构件，这种二阶效应虽然能增加除两端区域外各截面的曲率和弯矩，但增大后的弯矩通常不可能超过柱两端控制截面的弯矩。因此，在这种情况下，P-δ 效应不会对杆件截面的偏心受压承载力产生不利影响。《标准》根据构件的长细比、构件两端弯矩的大小和方向及柱轴压比，给出了可以不考虑 P-δ 效应的条件。即：对于弯矩作用平面内截面对称的偏心受压构件，当同一主轴方向的杆端弯矩比 M_1/M_2 不大于 0.9，且轴压比不大于 0.9 时，若构件的长细比满足式（7-1）的要求，可不考虑轴向压力在该方向挠曲杆中产生的附加弯矩的影响。

$$l_c/i < 34 - 12M_1/M_2 \tag{7-1}$$

式中　M_1, M_2——已考虑侧移影响的偏心受压构件两端截面按弹性分析确定的对同一主轴的组合弯矩设计值；绝对值较大端为 M_2，绝对值较小端为 M_1；当构件按单曲率弯曲时（图 7-9a），M_1/M_2 取正值，否则取负值（图 7-9b）。

　　l_c——构件的计算长度，可近似取偏心受压构件相应主轴方向上下支撑点之间的距离。

　　i——偏心方向的截面回转半径。

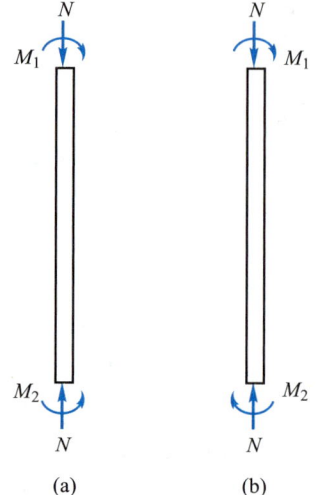

图 7-9　偏心受压构件的弯曲

对于构件较细长且轴压比偏大的偏压构件，当反弯点不在杆件高度范围内（即沿杆件长度均为同号）时，经 P-δ 效应增大后的杆件中部弯矩有可能超过端部控制截面的弯矩。因此，就必须在截面设计中考虑 P-δ 效应的附加影响。《标准》给出了 C_m-η_{ns} 法，将柱端弯矩增大作为考虑 P-δ 效应后的截面设计弯矩。除排架结构柱外，其他偏心受压构件考虑轴向压力在挠曲杆件中产生的二阶效应后控制截面的弯矩设计值 M 为

$$M = C_m \eta_{ns} M_2 \tag{7-2}$$

其中：当 $C_m \eta_{ns}$ 小于 1.0 时取 1.0；对剪力墙及核心筒墙，可取 1.0。

① 截面偏心距调节系数 C_m

$$C_m = 0.7 + 0.3\frac{M_1}{M_2} \geq 0.7 \tag{7-3}$$

该系数主要是考虑柱两端弯矩作用大小和方向的影响。柱在两端相同方向且几乎相同大小弯矩作用下将产生最大的偏心距，使该柱处于最不利受力状态。当 M_1, M_2 异号（双曲率弯曲）且数值相等时，偏心距调节系数取最小值 0.7；当 M_1, M_2 同号（单曲率弯曲）且数值相等时，偏心距调节系数取最大值 1.0。

② 弯矩增大系数 η_{ns}

$$\eta_{ns} = 1 + \frac{1}{1\,300(M_2/N + e_a)/h_0}\left(\frac{l_0}{h}\right)^2 \zeta_c \tag{7-4}$$

$$\zeta_c = \frac{0.5f_c A}{N} \tag{7-5}$$

该系数主要考虑侧向挠度的影响。现以两端铰接柱为例来推导上述公式。如图 7-10 所示，当考虑柱产生侧向挠度 a_f 后，柱中截面弯矩可表示为

$$M = N(e_0 + a_f) = N\frac{e_0 + a_f}{e_0}e_0 = N\eta_{ns}e_0$$

式中　η_{ns}——弯矩增大系数，$\eta_{ns} = \dfrac{e_0 + a_f}{e_0} = 1 + \dfrac{a_f}{e_0}$。

试验表明：两端铰接柱的挠曲线很接近正弦曲线 $y = a_f\sin\dfrac{\pi x}{l_0}$；柱截面的曲率 $\varphi \approx |y''| = a_f\dfrac{\pi^2}{l_0^2}\sin\dfrac{\pi x}{l_0}$，在柱中部控制截

面处 $x = \dfrac{l_0}{2}$，$\varphi = a_f\dfrac{\pi^2}{l_0^2} = 10\dfrac{a_f}{l_0^2}$，则可得

$$a_f = \varphi\frac{l_0^2}{10}$$

式中　a_f——柱中截面的侧向挠度；

　　　l_0——柱的计算长度。

将 a_f 的表达式代入 η_{ns} 的表达式，则有

$$\eta_{ns} = 1 + \frac{\varphi l_0^2}{10e_0}$$

由平截面假定可知

$$\varphi = \frac{\varepsilon_c + \varepsilon_s}{h_0}$$

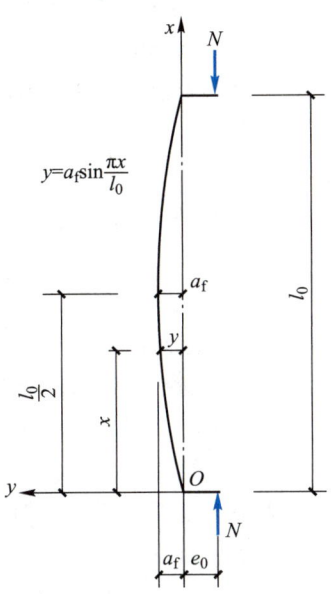

图 7-10　柱弯矩增大系数计算图

在界限破坏时有 $\varepsilon_c = \varepsilon_{cu}$，$\varepsilon_s = \dfrac{f_y}{E_s}$，则界限破坏时的曲率 $\varphi_b = \dfrac{\varepsilon_{cu} + \dfrac{f_y}{E_s}}{h_0}$，考虑偏心受压构件实际

破坏形态与界限破坏有一定的差异，应对 φ_b 进行修正，令

$$\varphi = \varphi_b\zeta_c = \frac{\varepsilon_{cu} + \dfrac{f_y}{E_s}}{h_0}\zeta_c$$

式中　ζ_c——偏心受压构件截面曲率 φ 的修正系数。

试验表明，在大偏心受压破坏时，实测曲率 φ 与 φ_b 相差不大；在小偏心受压破坏时，曲率 φ 随偏心距的减小而降低。《标准》规定，对大偏心受压构件，取 $\zeta_c = 1.0$；对小偏心受压构件，用 N 的大小来反映偏心距的影响。

在界限破坏时，对常用的 HPB300，HRB400，HRB500 钢筋和 C50 及以下强度等级的混凝土，界限受压区高度 $x_b = \xi_b h_0 = (0.491 \sim 0.576)h_0$，若取 $h_0 = 0.9h$，则 $x_b = (0.442 \sim 0.518)h$，近似取 $x_b = 0.5h$，则界限破坏时的轴力可近似取为 $N_b = f_c bx_b = 0.5f_c bh = 0.5f_c A$（即截面纵筋的拉力和压力基本平衡，其中 A 为构件截面面积）。由此可得到的表达式为

$$\zeta_c = \frac{N_b}{N} = \frac{0.5f_c A}{N}$$

当 $N < N_b$ 截面发生破坏时，为大偏心受压破坏，取 $\zeta_c = 1.0$；当 $N > N_b$ 截面发生破坏时，为小偏心受压破坏，$\zeta_c < 1.0$。

在荷载长期作用下，混凝土的徐变将使构件的截面曲率和侧向挠度增大，考虑徐变的影响，取 $1.25\varepsilon_{cu} = 1.25 \times 0.0033 = 0.004\,125$，$f_y/E_s = 0.00225$，$h/h_0 = 1.1$，钢筋强度采用 400 MPa 和 500 MPa 的平均值，$f_y = 450$ MPa，考虑附加偏心距后以 $M_2/N + e_a$ 代替 e_0，代入下式：

$$\eta_{ns} = 1 + \frac{\varphi l_0^2}{10e_0} = 1 + \frac{\varepsilon_{cu} + f_y/E_s}{h_0}\zeta_c\frac{l_0^2}{10e_0}$$

可得《标准》中弯矩增大系数的计算公式：

$$\eta_{ns} = 1 + \frac{1}{1\,300(M_2/N + e_a)/h_0}\left(\frac{l_0}{h}\right)^2\zeta_c$$

式中 ζ_c——截面曲率修正系数，当计算值大于 1.0 时取 1.0；

　　M_2——偏心受压构件两端截面按结构分析确定的弯矩设计值中绝对值较大的弯矩设计值；

　　N——与弯矩设计值 M_2 相应的轴力设计值；

　　e_a——附加偏心距；

　　l_0/h——偏压构件的长细比。

5. 附加偏心距 e_a

如前所述，工程中实际存在着荷载作用位置的不定性、混凝土质量的不均匀性及施工的偏差等因素，都可能产生附加偏心距。《标准》规定在偏心受压构件的正截面承载力计算中，应考虑轴向压力在偏心方向存在的附加偏心距 e_a，其值取 20 mm 和偏心方向截面尺寸的 1/30 两者中的较大值。截面的初始偏心距 e_i 等于计算偏心距 e_0 加上附加偏心距 e_a，即

$$e_i = e_0 + e_a \tag{7-6}$$

式中，计算偏心距 e_0 等于截面上的弯矩设计值 M 与轴向力设计值 N 之比。值得注意的是：由于结构构件的类型不同，考虑结构二阶效应的方式也不同，如果采用有限元方法计算的结构内力已考虑二阶效应，则直接取用截面的设计弯矩值 M 来计算 e_0；若采用简化的增大系数法或 $C_m\text{-}\eta_{ns}$ 法考虑二阶效应，则弯矩设计值是在原内力分析所得的截面计算结果后，考虑二阶效应增大了的设计弯矩 M 来计算 e_0。无论用哪种方式考虑结构的二阶效应，截面设计时均应考虑附加偏心距 e_a 的影响。

7.2.2 偏心受压构件正截面承载力计算方法
Calculation Methods of Strength of Eccentric Compression Members

工程中的偏心受压构件常用的截面形式有矩形截面和工字形截面两种，其截面的配筋方式有非对称配筋和对称配筋两种，截面受力的破坏形式有受拉破坏和受压破坏两种类型。其承载力的计算可分为截面设计和截面复核两种情况，分述如下。

1. 矩形截面偏心受压构件计算

（1）基本计算公式

偏心受压构件采用与受弯构件相同的基本假定。根据偏心受压构件破坏时的极限状态和基本假定，可给出矩形截面偏心受压构件正截面承载力计算图式如图 7-11 所示。

① 大偏心受压（$\xi \leqslant \xi_b$）。

大偏心受压时受拉钢筋应力 $\sigma_s = f_y$，根据轴力和对受拉钢筋合力中心取矩的平衡（图 7-11a）有

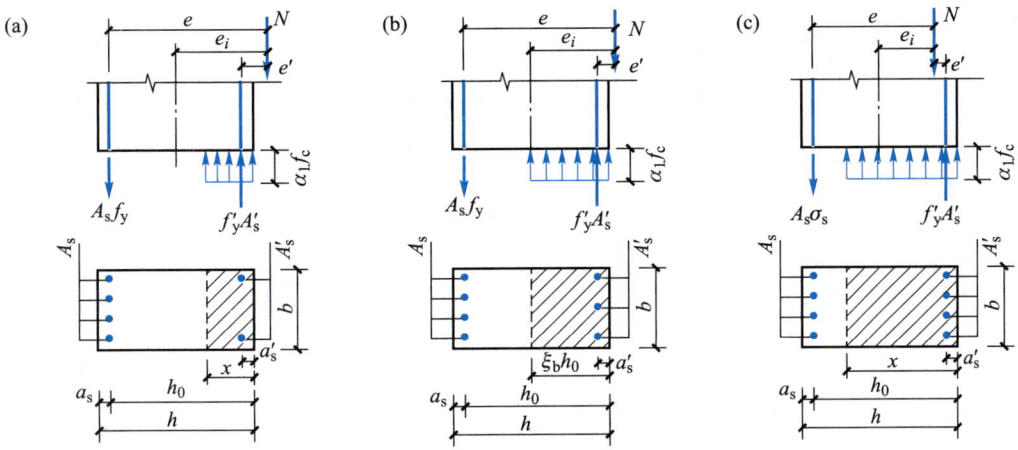

图 7-11 矩形截面偏心受压构件正截面承载力计算图式
（a）大偏心受压；（b）界限偏心受压；（c）小偏心受压

$$N=\alpha_1 f_c bx+f'_y A'_s-f_y A_s \tag{7-7}$$

$$Ne=\alpha_1 f_c bx\left(h_0-\frac{x}{2}\right)+f'_y A'_s(h_0-a'_s) \tag{7-8}$$

式中　e——轴向力 N 至钢筋 A_s 合力中心的距离：

$$e=e_i+\frac{h}{2}-a_s \tag{7-9}$$

为了保证受压钢筋（A'_s）应力达到 f'_y 及受拉钢筋应力达到 f_y，上式需符合下列条件：

$$x\geqslant 2a'_s \tag{7-10}$$

$$x\leqslant \xi_b h_0 \tag{7-11}$$

当 $x=\xi_b h_0$ 时，为大小偏心受压的界限情况，在式（7-7）中取 $x=\xi_b h_0$，由图 7-11b 可写出界限情况下的轴向力 N_b 的表达式为

$$N_b=\alpha_1 f_c \xi_b bh_0+f'_y A'_s-f_y A_s \tag{7-12}$$

当截面尺寸、配筋面积及材料强度为已知时，N_b 为定值，可按式（7-12）确定。如作用在该截面上的轴向力设计值 $N\leqslant N_b$，则为大偏心受压情况；若 $N>N_b$，则为小偏心受压情况。

② 小偏心受压（$\xi>\xi_b$）。

距轴力较远一侧纵筋（A_s）应力 $\sigma_s<f_y$（图 7-11c），这时

$$N=\alpha_1 f_c bx+f'_y A'_s-\sigma_s A_s \tag{7-13}$$

$$Ne=\alpha_1 f_c bx\left(h_0-\frac{x}{2}\right)+f'_y A'_s(h_0-a'_s) \tag{7-14}$$

式中，在理论上可按应变的平截面假定确定 ε_s，再由 $\sigma_s=\varepsilon_s E_s$ 确定 σ_s。

根据平截面假定，小偏心受压截面的应变分布如图 7-12 所示，且存在受拉区和不存在受拉区两种情况。按照应变分布的几何关系，有

$$\frac{\varepsilon_s}{\varepsilon_{cu}}=\frac{h_0-x_c}{x_c}$$

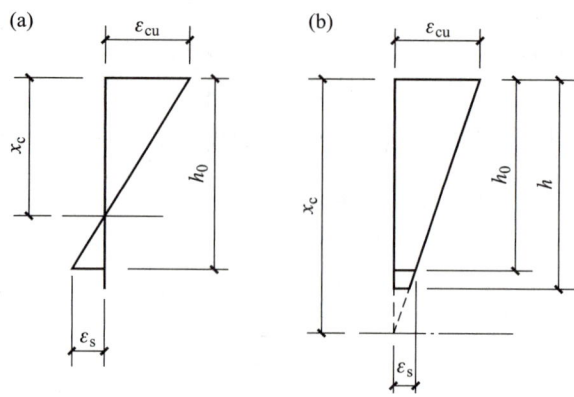

图 7-12　小偏心受压截面的应变分布图

由此可得到受拉钢筋或较小受压钢筋的应变为

$$\varepsilon_s = \varepsilon_{cu}\left(\frac{1}{\dfrac{x_c}{h_0}} - 1\right)$$

则钢筋的应力为

$$\sigma_s = \varepsilon_s E_s = \varepsilon_{cu}\left(\frac{1}{\dfrac{x_c}{h_0}} - 1\right) \cdot E_s$$

式中的 x_c 为中和轴到最大受压边的距离。以 x_c 与等效矩形应力图形的高度 x 的关系 $x_c = \dfrac{x}{\beta_1}$ 代入上式,可得

$$\sigma_s = \varepsilon_{cu}\left(\frac{\beta_1 h_0}{x} - 1\right) \cdot E_s = \varepsilon_{cu}\left(\frac{\beta_1}{\xi} - 1\right) \cdot E_s \tag{7-15}$$

计算结果应满足 $-f'_y \leqslant \sigma_s \leqslant f_y$。

若用式(7-15)与基本方程联立求解小偏心受压构件,则需要解一个关于 x(或 ξ)的三次方程,计算比较复杂。

根据我国大量试验资料及计算分析表明,小偏心受压情况下受拉边或受压较小边的钢筋应力实测值 σ_s 与 ξ 接近直线关系。同时注意到截面破坏的特征点:当 $\xi = \xi_b$ 时,界限破坏,$\sigma_s = f_y$;当 $\xi = \beta_1$ 时,A_s 正处于中和轴上,则 $\sigma_s = 0$。据此建立直线方程:

$$\sigma_s = f_y \frac{\xi - \beta_1}{\xi_b - \beta_1} \tag{7-16}$$

β_1 的含义及取值见 4.3.2 小节。按上式计算的钢筋应力同样应满足条件 $-f'_y \leqslant \sigma_s \leqslant f_y$。当 σ_s 为正时为拉力,当 σ_s 为负时为压力,当 $\xi \geqslant 2\beta_1 - \xi_b$ 时,取 $\sigma_s = -f'_y$。

若用式(7-16)与基本方程联立求解小偏心受压构件,一般情况下可以简化为关于 x(或 ξ)的二次方程。因此《标准》在列出了精确理论计算公式(7-15)的同时,也给出了近似计算公式(7-16)。

（2）截面配筋计算

当截面尺寸、材料强度及荷载产生的内力设计值 N 和 M（已考虑二阶效应影响的设计值）均为已知，要求计算需配置的纵向钢筋 A_s' 及 A_s 时，需首先判断是哪一类偏心受压情况，才能采用相应的公式进行计算。

① 两种偏心受压情况的判别。

如前所述，判别两种偏心受压情况的基本条件是：$\xi \leqslant \xi_b$ 为大偏心受压；$\xi > \xi_b$ 为小偏心受压。但在开始截面配筋计算时，A_s' 及 A_s 为未知，将无从计算相对受压区高度 ξ，因此也就不能利用 ξ 来判别。

在设计之初，一般已知轴向力设计值 N 和弯矩设计值 M，因而偏心距 e_i（或相对偏心距 e_i/h_0）是已知的，可利用偏心距的大小来对大小偏心受压作初步判别。

取界限破坏情况的受压区高度 $x_b = \xi_b h_0$ 代入大偏心受压时的轴向力平衡条件［式（7-7）］和对截面几何中心轴取力矩的平衡条件，并取 $a_s = a_s'$，可得界限破坏时的轴向力 N_b 和弯矩 M_b：

$$N_b = \alpha_1 f_c b \xi_b h_0 + f_y' A_s' - A_s f_y$$

$$M_b = 0.5 \alpha_1 f_c b \xi_b h_0 (h - \xi_b h_0) + 0.5 (A_s' f_y' + A_s f_y)(h_0 - a_s')$$

如果定义 $e_{0b}/h_0 = M_b/N_b h_0$ 为"相对界限偏心距"，则由以上两式可得

$$\frac{e_{0b}}{h_0} = \frac{M_b}{N_b h_0} = \frac{0.5 \alpha_1 f_c b \xi_b h_0 (h - \xi_b h_0) + 0.5(A_s' f_y' + A_s f_y)(h_0 - a_s')}{(\alpha_1 f_c b \xi_b h_0 + f_y' A_s' - A_s f_y) h_0} \tag{7-17}$$

分析式（7-17）可知，当截面尺寸和材料强度均确定时，ξ_b 为定值，则相对界限偏心距 $\dfrac{e_{0b}}{h_0}$ 取决于 A_s 和 A_s'。随着 A_s 和 A_s' 的减小，$\dfrac{e_{0b}}{h_0}$ 亦减小。故当 A_s 和 A_s' 按最小配筋率配筋时，将得到 $\dfrac{e_{0b}}{h_0}$ 的最小值 $\dfrac{e_{0b,min}}{h_0}$。根据《标准》对构件最小配筋率的规定，取 A_s 和 A_s' 均为 $0.002bh$，并近似取 $h = 1.05h_0$，$a_s' = 0.05h_0$。对各种常用强度等级的混凝土和 HRB400，RRB400 钢筋，按式（7-17）算得的 $\dfrac{e_{0b,min}}{h_0}$ 值列于表 7-1 中。截面设计时可根据所选定的材料强度按表中的 $\dfrac{e_{0b,min}}{h_0}$ 来初步判别大小偏心受压，即当 $\dfrac{e_i}{h_0} \leqslant \dfrac{e_{0b,min}}{h_0}$ 时，按小偏心受压计算；当 $\dfrac{e_i}{h_0} > \dfrac{e_{0b,min}}{h_0}$ 时，先按大偏心受压计算，然后根据计算结果验算是否符合 $x < x_b$（或 $\xi < \xi_b$）。

表 7-1　最小相对界限偏心距 $\dfrac{e_{0b,min}}{h_0}$

钢筋	混凝土								
	C25	C30	C35	C40	C45	C50	C60	C70	C80
HRB400，RRB400	0.383	0.363	0.349	0.339	0.332	0.326	0.329	0.334	0.340

表中对于不同强度等级的混凝土和不同强度等级的钢筋最小相对界限偏心距在 $0.3h_0$ 左右，由于是初步近似判别，故通常不论材料强度如何均取 $0.3h_0$ 作为初始判别的条件：

当 $e_i \leqslant 0.3h_0$ 时,为小偏心受压情况;

当 $e_i > 0.3h_0$ 时,可按大偏心受压计算。

② 大偏心受压构件的配筋计算。

a. 受压钢筋 A'_s 及受拉钢筋 A_s 均未知。

两个基本公式(7-6)及式(7-7)中有三个未知数:A'_s,A_s 及 x,故不能得出唯一的解。为了使总的配筋面积($A'_s + A_s$)为最小,和双筋受弯构件一样,可取 $x = \xi_b h_0$,则由式(7-8)可得

$$A'_s = \frac{Ne - \alpha_1 f_c bh_0^2 \xi_b(1 - 0.5\xi_b)}{f'_y(h_0 - a'_s)} = \frac{Ne - \alpha_{s,max} \alpha_1 f_c bh_0^2}{f'_y(h_0 - a'_s)} \tag{7-18}$$

式中,$e = e_i + \dfrac{h}{2} - a_s$。

按式(7-18)求得的 A'_s 应不小于 $0.002bh$,如小于则取 $A'_s = 0.002bh$,按 A'_s 为已知的情况计算。

将式(7-18)算得的 A'_s 代入式(7-7),可得

$$A_s = \frac{\alpha_1 f_c \xi_b bh_0 + f'_y A'_s - N}{f_y} \tag{7-19}$$

按上式算得的 A_s 应不小于 $\rho_{min} bh$,否则应取 $A_s = \rho_{min} bh$。ρ_{min} 为受压构件一侧钢筋最小配筋率。

b. 受压钢筋 A'_s 为已知,求 A_s。

当 A'_s 为已知时,式(7-7)及式(7-8)中有两个未知数 A_s 及 x,可求得唯一的解。由式(7-8)可知 Ne 由两部分组成:$M' = f'_y A'_s(h_0 - a'_s)$ 及 $M_1 = Ne - M' = \alpha_1 f_c bx(h_0 - x/2)$,$M_1$ 为受压区混凝土与对应的一部分受拉钢筋 A_{s1} 所组成的力矩。与单筋矩形截面受弯构件相似,有

$$\alpha_s = \frac{M_1}{\alpha_1 f_c bh_0^2} \tag{7-20}$$

由 α_s 按 $\gamma_s = \dfrac{1 + \sqrt{1 - 2\alpha_s}}{2}$ 可求得 γ_s,则

$$A_{s1} = \frac{M_1}{f_y \gamma_s h_0} \tag{7-21}$$

将 A'_s 及 A_{s1} 代入式(7-7)可写出总的受拉钢筋截面面积 A_s 的计算公式:

$$A_s = \frac{\alpha_1 f_c bx + f'_y A'_s - N}{f_y} = A_{s1} + \frac{f'_y A'_s - N}{f_y} \tag{7-22}$$

应该指出的是,如果 $\alpha_s = \dfrac{M_1}{\alpha_1 f_c bh_0^2} > \alpha_{s,max}$,则说明已知的 A'_s 尚不足,需按 A'_s 为未知的情况重新计算。如果 $\gamma_s h_0 > h_0 - a'_s$,即 $x < 2a'_s$,与双筋受弯构件相似,可近似取 $x = 2a'_s$,对 A'_s 合力中心取矩得出 A_s 为

$$A_s = \frac{Ne'}{f_y(h_0 - a'_s)} \tag{7-23}$$

式中,$e' = e_i - \dfrac{h}{2} + a'_s$。

③ 小偏心受压构件的配筋计算。

将 σ_s 的公式(7-16)代入式(7-13)及式(7-14),并将 x 代换为 ξh_0,则小偏心受压的基

本公式为

$$N = \alpha_1 f_c \xi b h_0 + f'_y A'_s - f_y \frac{\xi - \beta_1}{\xi_b - \beta_1} A_s \tag{7-24}$$

$$Ne = \alpha_1 f_c b h_0^2 \xi (1 - 0.5\xi) + f'_y A'_s (h_0 - a'_s) \tag{7-25}$$

$$e = e_i + h/2 - a_s \tag{7-26}$$

式(7-24)及式(7-25)中有三个未知数 ξ, A'_s 及 A_s, 故不能得出唯一的解。由于在小偏心受压时, 远离纵向力一侧的钢筋 A_s 无论拉压其应力都达不到强度设计值, 故配置数量很多的钢筋是无意义的。可取构造要求的最小用量, 但考虑到在 N 较大而 e_0 较小的全截面受压情况下, 如附加偏心距 e_a 与荷载偏心距 e_0 方向相反, 即 e_a 使 e_0 减小, 对距轴力较远一侧受压钢筋 A_s 将更不利(图 7-13)。对 A'_s 合力中心取矩, 有

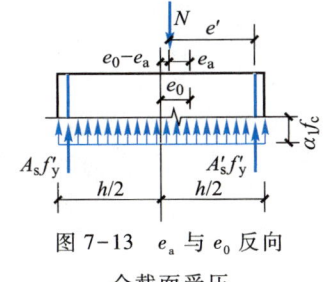

图 7-13 e_a 与 e_0 反向
全截面受压

$$A_s = \frac{Ne' - \alpha_1 f_c b h \left(h'_0 - \frac{h}{2} \right)}{f'_y (h'_0 - a_s)} \tag{7-27}$$

式中, e' 为轴向力 N 至 A'_s 合力中心的距离:

$$e' = \frac{h}{2} - a'_s - (e_0 - e_a) \tag{7-28}$$

按式(7-27)求得的 A_s 应不小于 $0.002bh$, 否则应取 $A_s = 0.002bh$。

为了说明式(7-27)的控制范围, 令式(7-27)等于 $0.002bh$, 对常用的材料强度及 a'_s/h_0 比值进行数值分析的结果表明: 当 $N > \alpha_1 f_c bh$ 时, 按式(7-27)求得的 A_s 才有可能大于 $0.002bh$; 当 $N \le \alpha_1 f_c bh$ 时, 按式(7-27)求得 A_s 将小于 $0.002bh$, 应取 $A_s = 0.002bh$。

如上所述, 在小偏心受压情况下, A_s 可直接由式(7-27)或 $0.002bh$ 中的较大值确定, 与 ξ 及 A'_s 的大小无关, 是独立的条件。因此当 A_s 确定后, 小偏心受压的基本公式(7-24)及式(7-25)中只有两个未知数 ξ 及 A'_s, 故可求得唯一的解。

将式(7-27)或 $0.002bh$ 中的 A_s 较大值代入基本公式, 消去 A'_s, 求解 ξ 为

$$\xi = \left[\frac{a'_s}{h_0} + \frac{A_s f_y (1 - a'_s/h_0)}{(\xi_b - \beta_1) \alpha_1 f_c b h_0} \right] +$$

$$\sqrt{\left[\frac{a'_s}{h_0} + \frac{A_s f_y (1 - a'_s/h_0)}{(\xi_b - \beta_1) \alpha_1 f_c b h_0} \right]^2 + 2 \left[\frac{Ne'}{\alpha_1 f_c b h_0^2} - \frac{\beta_1 A_s f_y (1 - a'_s/h_0)}{(\xi_b - \beta_1) \alpha_1 f_c b h_0} \right]} \tag{7-29}$$

可能出现几种情形:

a. 如 $\xi < 2\beta_1 - \xi_b$, 将 ξ 代入式(7-25)可求得 A'_s, 显然 A'_s 应不小于 $0.002bh$, 否则取 $A'_s = 0.002bh$。

b. 如 $h/h_0 \ge \xi \ge 2\beta_1 - \xi_b$, 这时 $\sigma_s = -f'_y$, 基本公式转化为

$$N = \alpha_1 f_c \xi b h_0 + f'_y A'_s + f_y A_s$$

$$Ne = \alpha_1 f_c b h_0^2 \xi (1 - 0.5\xi) + f'_y A'_s (h_0 - a'_s)$$

将 A_s 代入上式, 需按下式重新求解 ξ 及 A'_s:

$$\xi = \frac{a'_s}{h_0} + \sqrt{\left(\frac{a'_s}{h_0} \right)^2 + 2 \left[\frac{Ne'}{\alpha_1 f_c b h_0^2} - \frac{A_s}{b h_0} \frac{f'_y}{\alpha_1 f_c} \left(1 - \frac{a'_s}{h_0} \right) \right]} \tag{7-30}$$

同样 A'_s 应不小于 $0.002bh$，否则取 $A'_s = 0.002bh$。

c. 如 $\xi > h/h_0$，取 $\xi = h/h_0$，并令 $\sigma_s = -f_y$，再由式（7-25）可求得 A'_s，且使 $A'_s \geq 0.002bh$，否则取 $A'_s = 0.002bh$。

对矩形截面小偏心受压构件，除进行弯矩作用平面内的偏心受力计算外，还应对垂直于弯矩作用平面按轴心受压构件进行验算。

矩形截面偏心受压构件截面配筋计算流程如图 7-14 所示。

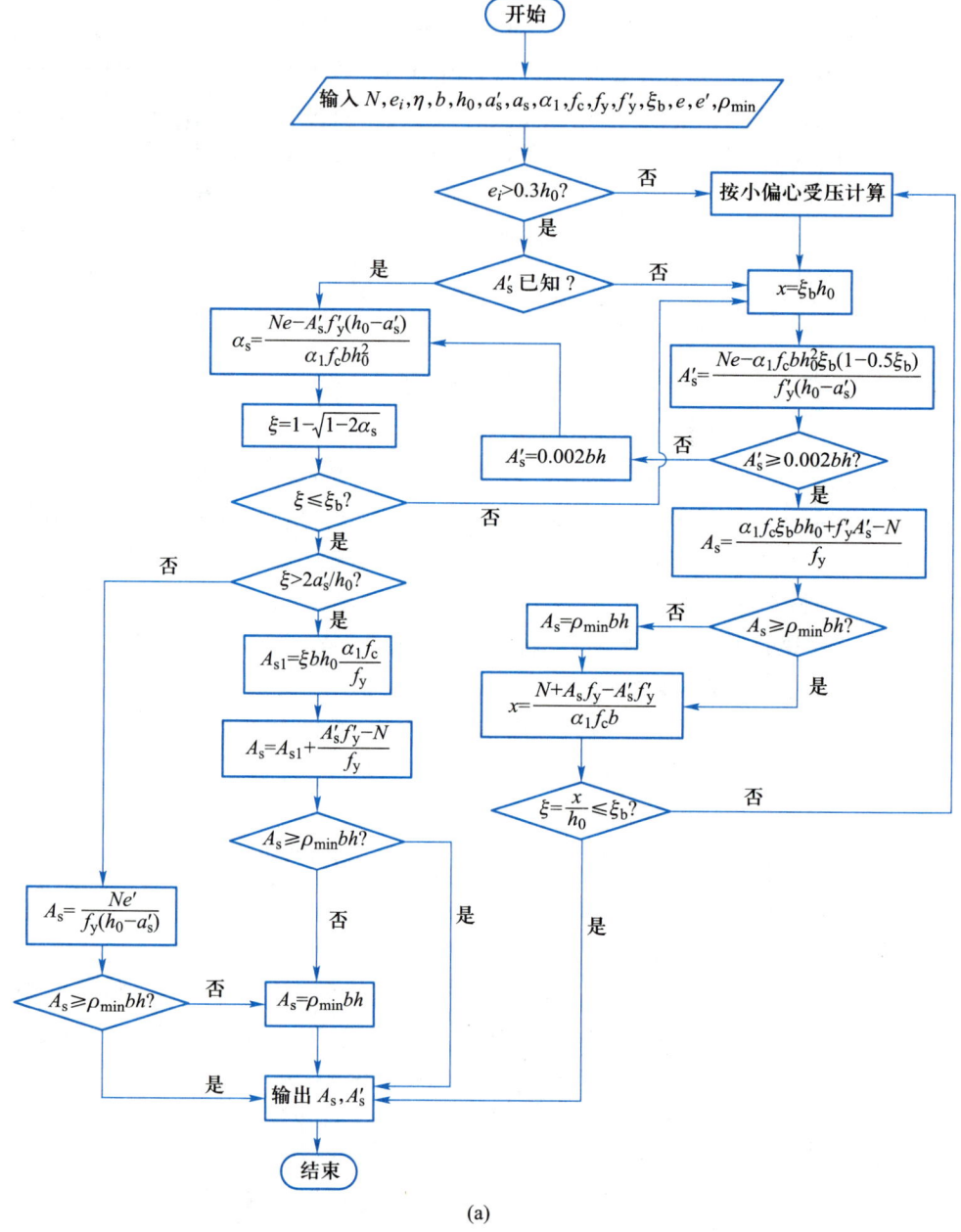

(a)

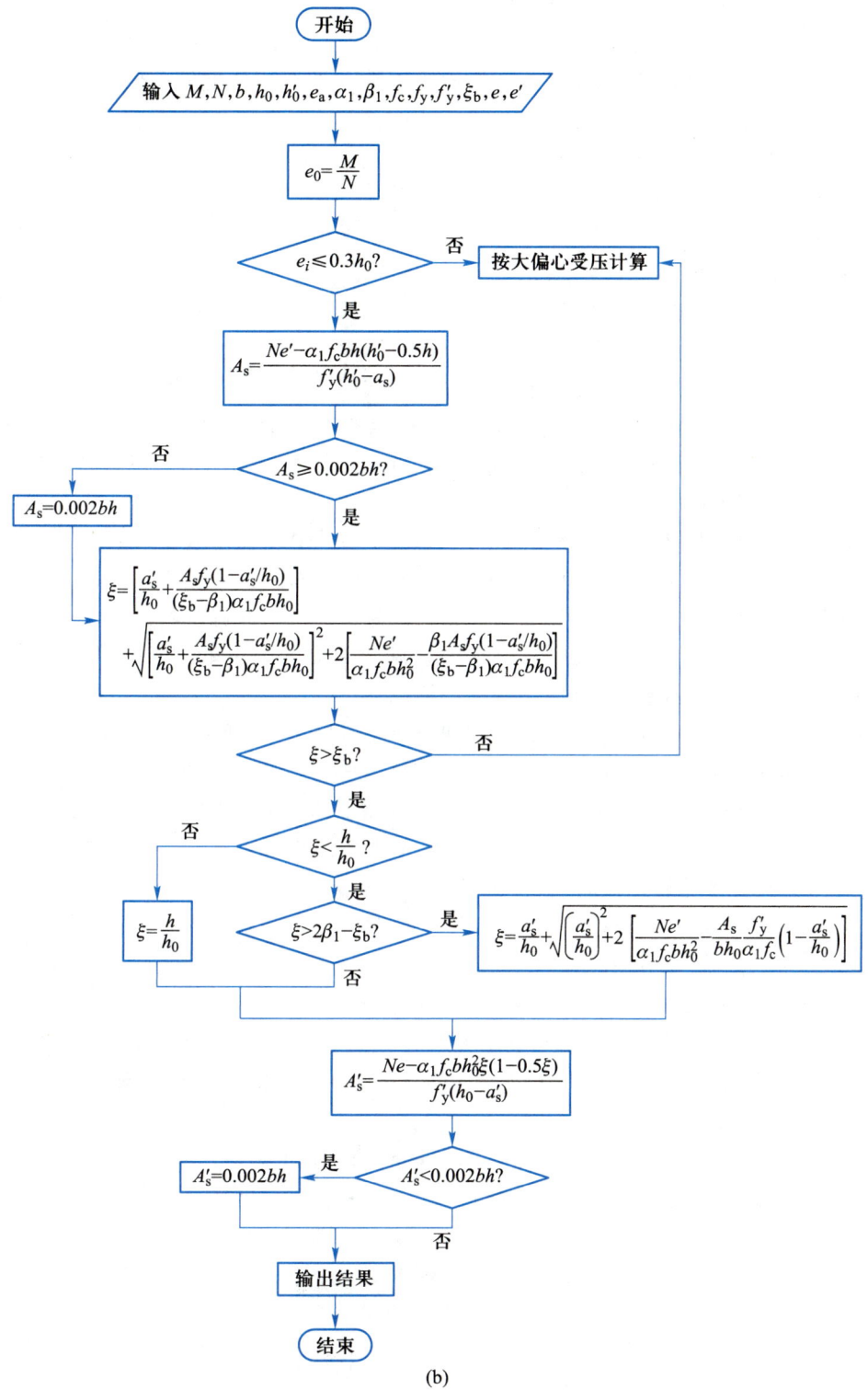

图 7-14 非对称配筋小偏心受压截面设计计算框图

现将非对称配筋偏心受压构件截面设计计算步骤归纳如下：

a. 由结构功能要求及刚度条件初步确定材料强度及截面尺寸 b,h；由结构所处环境类别及结构设计工作年限，确定最外层钢筋的最小保护层厚度。根据预估箍筋及纵筋的钢筋直径确定 a_s,a'_s，计算 h_0 及 $0.3h_0$。

b. 确定截面弯矩设计值 M。用于截面设计的 M 值可以由有限元分析直接求得，也可以用近似计算方法或 C_m-η_{ns} 法求得。

c. 由截面上的设计内力 (M,N) 计算偏心距 $e_0 = M/N$，确定附加偏心距 e_a（20 mm 或 $h/30$ 的较大值），进而计算初始偏心距 $e_i = e_0 + e_a$。

d. 用 e_i 与 $0.3h_0$ 比较，初步判别大小偏心。

e. 当 $e_i > 0.3h_0$ 时，按大偏心受压考虑。根据 A_s 和 A'_s 的状况可分为

(i) A_s 和 A'_s 均未知，引入 $x = \xi_b h_0$，由式(7-18)、式(7-19)确定 A_s 及 A'_s。

(ii) 已知 A'_s 求 A_s，由式(7-29)直接求 ξ。ξ 可能有三种情况：当 $2a'_s \leqslant x \leqslant \xi_b h_0$ 时，直接由式(7-22)求 A_s；当 $\xi > \xi_b$ 时，说明所给定的 A'_s 太少，按 A'_s,A_s 均未知的情况(i)考虑；当 $x < 2a'_s$ 时，取 $x = 2a'_s$，按式(7-23)求 A_s。

f. 当 $e_i \leqslant 0.3h_0$ 时，按小偏心受压考虑。由式(7-27)或 $0.002bh$ 取较大值确定 A_s，由基本公式(7-16)与式(7-13)和式(7-14)求 ξ 和 A'_s。求 ξ 时，采用式(7-29)或式(7-30)，A'_s 由式(7-25)确定。此外还应对垂直于弯矩作用平面按轴心受压构件进行验算。

g. 计算所得的 A_s 和 A'_s，应满足单侧最小用钢量和全部最小用钢量的要求。然后根据截面构造要求确定钢筋的直径和根数，并绘出截面配筋图。

【例 7-1】 已知矩形截面钢筋混凝土柱，构件环境类别为一类，设计工作年限为 50 年。截面尺寸 $b \times h = 300$ mm$\times 500$ mm，荷载产生的轴向压力设计值 $N = 850$ kN，柱两端弯矩设计值分别为 $M_1 = 153$ kN·m，$M_2 = 252$ kN·m。柱的计算长度 $l_0 = 4.8$ m。该柱采用 HRB400 钢筋（$f_y = f'_y = 360$ N/mm^2），混凝土强度等级为 C30（$f_c = 14.3$ N/mm^2）。若采用非对称配筋，试求纵向钢筋截面面积。

【解】 （1）材料强度和几何参数

C30 混凝土，$f_c = 14.3$ N/mm^2

HRB400 钢筋，$f_y = f'_y = 360$ N/mm^2

HRB400 钢筋，C30 混凝土，$\xi_b = 0.518$，$\alpha_1 = 1.0$，$\beta_1 = 0.8$

从构件设计工作年限为 50 年、环境类别为一类及柱类构件考虑，构件最外层钢筋的保护层厚度为 20 mm，初步确定受压柱箍筋直径采用 8 mm，柱受力纵筋为 20~25 mm，则取 $a_s = a'_s =$ （20+8+12） mm = 40 mm。

$$h_0 = (500-40) \text{ mm} = 460 \text{ mm}$$

（2）求弯矩设计值 M（考虑二阶效应后）

由于 $M_1/M_2 = 153/252 = 0.607$，轴压比

$$\frac{N}{f_c bh} = \frac{850\,000}{14.3 \times 300 \times 500} = 0.40$$

$$i = \sqrt{\frac{I}{A}} = \sqrt{\frac{1}{12}} h = \sqrt{\frac{1}{12}} \times 500 \text{ mm} = 144.3 \text{ mm}$$

$$l_0/i = 4\,800/144.3 = 33.26 > 34 - 12M_1/M_2 = 26.71$$

应考虑附加弯矩的影响。

根据式(7-3)~式(7-5),有

$$\zeta_c = \frac{0.5f_cA}{N} = \frac{0.5 \times 14.3 \times 300 \times 500}{850 \times 10^3} = 1.26 > 1.0, \text{取 } \zeta_c = 1.0$$

$$C_m = 0.7 + 0.3\frac{M_1}{M_2} = 0.7 + 0.3\frac{153}{252} = 0.882$$

$$e_a = \frac{h}{30} = \frac{500}{30} \text{ mm} = 16.67 \text{ mm} < 20 \text{ mm}, \text{取 } e_a = 20 \text{ mm}$$

$$\eta_{ns} = 1 + \frac{1}{1\,300(M_2/N + e_a)/h_0}\left(\frac{l_0}{h}\right)^2\zeta_c$$

$$= 1 + \frac{1}{1\,300(252 \times 10^6/850 \times 10^3 + 20)/460}\left(\frac{4\,800}{500}\right)^2 \times 1.0 = 1.1$$

考虑纵向挠曲影响后的弯矩设计值为

$$M = C_m\eta_{ns}M_2$$

由于 $C_m\eta_{ns} = 0.882 \times 1.1 = 0.97 < 1.0$,故取 $C_m\eta_{ns} = 1.0$。则

$$M = 1.0 \times M_2 = 252 \text{ kN} \cdot \text{m}$$

(3) 求 e_i,判别大小偏心受压

$$e_0 = \frac{M}{N} = \frac{252 \times 10^6}{850 \times 10^3} \text{ mm} = 296.5 \text{ mm}$$

$$e_i = e_0 + e_a = 296.5 \text{ mm} + 20 \text{ mm} = 316.5 \text{ mm}$$

$$e_i > 0.3h_0 = 0.3 \times 460 \text{ mm} = 138 \text{ mm}$$

可先按大偏心受压计算。

(4) 求 A_s 及 A_s'

因 A_s 及 A_s' 均为未知,取 $\xi = \xi_b = 0.518$,且 $\alpha_1 = 1.0$。

$$e = e_i + \frac{h}{2} - a_s = (316.5 + 250 - 40) \text{ mm} = 526.5 \text{ mm}$$

由式(7-18)有

$$A_s' = \frac{Ne - \alpha_1 f_c bh_0^2\xi_b(1 - 0.5\xi_b)}{f_y'(h_0 - a_s)}$$

$$= \frac{850 \times 10^3 \times 526.5 - 1.0 \times 14.3 \times 300 \times 460^2 \times 0.518(1 - 0.5 \times 0.518)}{360(460 - 40)} \text{ mm}^2$$

$$= 655.4 \text{ mm}^2 > 0.002bh = 300 \text{ mm}^2$$

再按式(7-19)求 A_s:

$$A_s = \frac{\alpha_1 f_c bh_0\xi_b + f_y'A_s' - N}{f_y}$$

$$= \frac{1.0 \times 14.3 \times 300 \times 460 \times 0.518 + 360 \times 655.4 - 850 \times 10^3}{300} \text{ mm}^2$$

$$= 1\,360.6 \text{ mm}^2$$

(5) 选择钢筋

选择受压钢筋为 3Φ18($A_s' = 763 \text{ mm}^2$),受拉钢筋为 4Φ22($A_s = 1\,520 \text{ mm}^2$),则 $A_s' + A_s = (763 + 1\,520) \text{ mm}^2 = 2\,283 \text{ mm}^2$,全部纵向钢筋的配筋率为

$$\rho = \frac{2\ 283}{300 \times 500} = 1.52\% > 0.55\%$$

满足要求。

箍筋按构造要求选用。

【例 7-2】 某矩形截面钢筋混凝土柱,设计工作年限为 50 年,环境类别为一类。$b = 400$ mm, $h = 600$ mm,柱的计算长度 $l_0 = 6.9$ m。承受轴向压力设计值 $N = 1\ 000$ kN,柱两端弯矩设计值分别为 $M_1 = -125$ kN·m,$M_2 = 450$ kN·m。该柱采用 HRB400 钢筋($f_y = f'_y = 360$ N/mm^2),混凝土强度等级为 C30($f_c = 14.3$ N/mm^2)。若采用非对称配筋,试求纵向钢筋截面面积并绘截面配筋图。

【解】 (1) 材料强度和几何参数

C30 混凝土,$f_c = 14.3$ N/mm^2;

HRB400 钢筋,$f_y = f'_y = 360$ N/mm^2;

HRB400 钢筋,C30 混凝土,$\xi_b = 0.518$,$\alpha_1 = 1.0$,$\beta_1 = 0.8$。

由环境类别为一类、柱类构件及设计工作年限为 50 年,构件最外层钢筋的保护层厚度为 20 mm,初步确定受压柱箍筋直径采用 8 mm,柱受力纵筋为 20~25 mm,则取 $a_s = a'_s = (20+8+12)$ mm $= 40$ mm(后续例题中 a_s、a'_s 的取值原则与此相同,不再分别说明),$h_0 = 600$ mm $- 40$ mm $= 560$ mm。

(2) 求弯矩设计值(考虑二阶效应后)

由于 $M_1/M_2 = -125/450 < 0$,轴压比

$$\frac{N}{f_c bh} = \frac{1\ 000\ 000}{14.3 \times 400 \times 600} = 0.29$$

$$i = \sqrt{\frac{I}{A}} = \sqrt{\frac{1}{12}} h = \sqrt{\frac{1}{12}} 600\ \text{mm} = 173.2\ \text{mm}$$

$$l_0 / i = 6\ 900 / 173.2 = 39.84 > 34 - 12 \frac{M_1}{M_2} = 37.33$$

应考虑附加弯矩的影响。

根据式(7-3)~式(7-5),有

$$\zeta_c = \frac{0.5 f_c A}{N} = \frac{0.5 \times 14.3 \times 400 \times 600}{1\ 000 \times 10^3} = 1.716 > 1.0,\ \text{取}\ \zeta_c = 1.0$$

$$C_m = 0.7 + 0.3 \frac{M_1}{M_2} = 0.7 + 0.3 \frac{-125}{450} < 0.7,\ \text{取}\ C_m = 0.7$$

$$e_a = \frac{h}{30} = \frac{600}{30}\ \text{mm} = 20\ \text{mm}$$

$$\eta_{ns} = 1 + \frac{1}{1\ 300 (M_2/N + e_a)/h_0} \left(\frac{l_0}{h}\right)^2 \zeta_c$$

$$= 1 + \frac{1}{1\ 300 (450 \times 10^6 / 1\ 000 \times 10^3 + 20)/560} \left(\frac{6\ 900}{600}\right)^2 \times 1.0 = 1.12$$

考虑纵向挠曲影响后的弯矩设计值为

$$M = C_m \eta_{ns} M_2$$

由于 $C_m \eta_{ns} = 0.7 \times 1.12 = 0.784 < 1.0$,故取 $C_m \eta_{ns} = 1.0$。则

$$M = C_m \eta_{ns} M_2 = 1.0 \times M_2 = 450\ \text{kN·m}$$

（3）求 e_i，判别大小偏心受压。

$$e_0 = \frac{M}{N} = \frac{450 \times 10^6}{1\,000 \times 10^3}\ \text{mm} = 450\ \text{mm}$$

$$e_i = e_0 + e_a = (450 + 20)\ \text{mm} = 470\ \text{mm}$$

$$e_i > 0.3h_0 = 0.3 \times 560\ \text{mm} = 168\ \text{mm}$$

可先按大偏心受压计算。

（4）求 A_s'

因 A_s 及 A_s' 均为未知，取 $\xi = \xi_b = 0.518$，且 $\alpha_1 = 1.0$。

$$e = e_i + \frac{h}{2} - a_s = (470 + 300 - 40)\ \text{mm} = 730\ \text{mm}$$

由式（7-18），有

$$A_s' = \frac{Ne - \alpha_1 f_c b h_0^2 \xi_b (1 - 0.5\xi_b)}{f_y'(h_0 - a_s)}$$

$$= \frac{1\,000 \times 10^3 \times 730 - 1.0 \times 14.3 \times 400 \times 560^2 \times 0.518(1 - 0.5 \times 0.518)}{360(560 - 40)}\ \text{mm}^2$$

$$= 221.6\ \text{mm}^2 < 0.002bh = 480\ \text{mm}^2$$

由于 A_s' 小于 $\rho_{\min}bh$，选取受压钢筋为 $2\Phi18\ (A_s' = 509\ \text{mm}^2)$，然后按 A_s' 已知的情况再按式（7-22）求 A_s。

（5）求受压区相对高度 ξ

由式（7-8）得

$$\xi = 1 - \sqrt{1 - \frac{Ne - f_y' A_s'(h_0 - a_s')}{0.5 \times \alpha_1 f_c \times b \times h_0^2}}$$

$$= 1 - \sqrt{1 - \frac{1\,000 \times 10^3 \times 730 - 360 \times 509 \times (560 - 40)}{0.5 \times 1.0 \times 14.3 \times 400 \times 560^2}}$$

$$= 0.459 < \xi_b = 0.518$$

$$> \frac{2a_s'}{h_0} = \frac{2 \times 40}{560} = 0.143$$

（6）求受拉钢筋的截面面积 A_s

由式（7-7），有

$$A_s = \frac{\alpha_1 f_c b h_0 \xi + f_y' A_s' - N}{f_y}$$

$$= \frac{1.0 \times 14.3 \times 400 \times 560 \times 0.459 + 360 \times 509 - 1\,000 \times 10^3}{360}\ \text{mm}^2$$

$$= 1\,815.3\ \text{mm}^2$$

选用 $5\Phi22\ (A_s = 1\,900\ \text{mm}^2)$。

则 $A_s' + A_s = 509\ \text{mm}^2 + 1\,900\ \text{mm}^2 = 2\,409\ \text{mm}^2$，全部纵向钢筋的配筋率为

$$\rho = \frac{2\,409}{400 \times 600} = 1.0\% > 0.55\%$$

满足要求。

配筋图如图 7-15 所示,箍筋按相应构造要求选择。

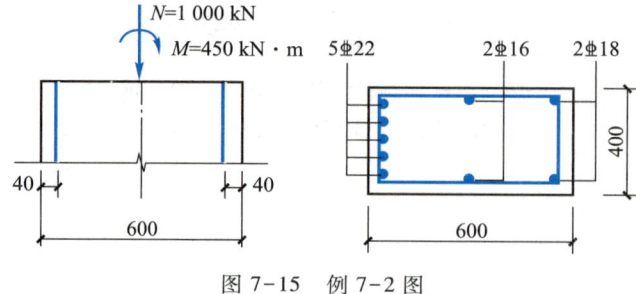

图 7-15　例 7-2 图

【例 7-3】　条件同例 7-2,但已选定受压钢筋为 2Φ28+2Φ32($A_s' = 2\ 841\ mm^2$)。试求受拉钢筋截面面积 A_s 并绘截面配筋图。

【解】　步骤(1)~(3)同例 7-2。由于受压钢筋已定:$a_s' = (20+8+16)\ mm = 44\ mm$, 取 $a_s' = 45\ mm$。

(4) 求受压区相对高度 ξ

由式(7-8)得

$$\xi = 1 - \sqrt{1 - \frac{Ne - f_y'A_s'(h_0 - a_s')}{0.5 \times \alpha_1 f_c \times b \times h_0^2}}$$

$$= 1 - \sqrt{1 - \frac{1\ 000 \times 10^3 \times 730 - 360 \times 2\ 841 \times (560 - 45)}{0.5 \times 1.0 \times 14.3 \times 400 \times 560^2}}$$

$$= 0.121 < \xi_b = 0.518$$

$$< \frac{2a_s'}{h_0} = \frac{2 \times 45}{560} = 0.161$$

(5) 对 A_s' 取矩求 A_s

$$e' = e_i - \frac{h}{2} + a_s' = (470 - 300 + 45)\ mm = 215\ mm$$

由式(7-23),有

$$A_s = \frac{Ne'}{f_y(h_0 - a_s')} = \frac{1\ 000 \times 10^3 \times 215}{360(560 - 45)}\ mm^2 = 1\ 159.65\ mm^2$$

选用 4Φ20($A_s = 1\ 256\ mm^2$)。

配筋图如图 7-16 所示,箍筋按相应构造要求选择。

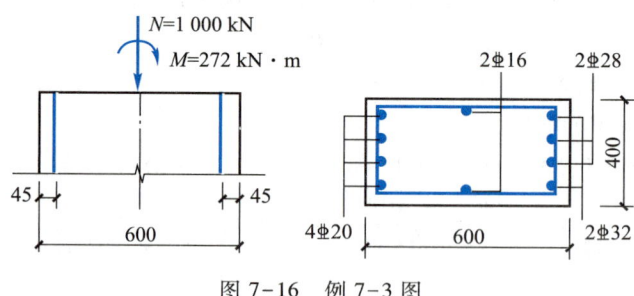

图 7-16　例 7-3 图

【例 7-4】 一截面尺寸 $b \times h = 400 \text{ mm} \times 500 \text{ mm}$ 的钢筋混凝土柱,设计工作年限为 50 年,环境类别为一类。承受轴向压力设计值 $N = 2\,500 \text{ kN}$,两端弯矩设计值分别为 $M_1 = 125 \text{ kN} \cdot \text{m}$,$M_2 = 180 \text{ kN} \cdot \text{m}$,该柱计算长度 $l_0 = 7.2 \text{ m}$,混凝土强度等级为 C30($f_c = 14.3 \text{ N/mm}^2$,$\alpha_1 = 1.0$,$\beta_1 = 0.8$),纵向钢筋为 HRB400($f_y = f'_y = 360 \text{ N/mm}^2$,$\xi_b = 0.518$)。试按非对称配筋选择钢筋 A_s 和 A'_s。

【解】 (1) 材料强度和几何参数

C30 混凝土,$f_c = 14.3 \text{ N/mm}^2$;

HRB400 钢筋,$f_y = f'_y = 360 \text{ N/mm}^2$;

HRB400 钢筋,C30 混凝土,$\xi_b = 0.518$,$\alpha_1 = 1.0$,$\beta_1 = 0.8$。

$a_s \approx (20+8+10) \text{ mm} = 38 \text{ mm}$,取 $a_s = a'_s = 40 \text{ mm}$,则

$$h_0 = h - a'_s = (500-40) \text{ mm} = 460 \text{ mm}$$

(2) 求弯矩设计值(考虑二阶效应后)

由于 $M_1/M_2 = 125/180 = 0.69$,

$$i = \sqrt{\frac{I}{A}} = \sqrt{\frac{1}{12}} h = \sqrt{\frac{1}{12}} 500 \text{ mm} = 144.34 \text{ mm}$$

$$l_0/i = 7\,200/144.34 = 50 > 34 - 12\frac{M_1}{M_2} = 25.67$$

应考虑附加弯矩的影响。

根据式(7-3)~式(7-5),有

$$\zeta_c = \frac{0.5 f_c A}{N} = \frac{0.5 \times 14.3 \times 400 \times 500}{2\,500 \times 10^3} = 0.572$$

$$C_m = 0.7 + 0.3\frac{M_1}{M_2} = 0.7 + 0.3 \times \frac{125}{180} = 0.908$$

$$e_a = \frac{h}{30} = \frac{500}{30} \text{ mm} = 16.67 \text{ mm},\text{取 } e_a = 20 \text{ mm}$$

$$\eta_{ns} = 1 + \frac{1}{1\,300(M_2/N+e_a)/h_0}\left(\frac{l_0}{h}\right)^2 \zeta_c$$

$$= 1 + \frac{1}{1\,300(180 \times 10^6/2\,500 \times 10^3 + 20)/460}\left(\frac{7\,200}{500}\right)^2 \times 0.572 = 1.46$$

考虑纵向挠曲影响后的弯矩设计值为

$$M = C_m \eta_{ns} M_2 = 0.908 \times 1.46 \times 180 \text{ kN} \cdot \text{m} = 238.62 \text{ kN} \cdot \text{m}$$

(3) 求 e_i,判别大小偏心受压

$$e_0 = \frac{M}{N} = \frac{238.62 \times 10^6}{2\,500 \times 10^3} \text{ mm} = 95.45 \text{ mm}$$

$$e_i = e_0 + e_a = (95.45 + 20) \text{ mm} = 115.45 \text{ mm}$$

$$e_i < 0.3h_0 = 0.3 \times 460 \text{ mm} = 138 \text{ mm}$$

可先按小偏心受压计算。

（4）求 A_s 及 A_s'

因小偏心受压的 A_s 无论拉、压均达不到屈服，且本题中

$$N = 2\ 500\ \text{kN} < f_c bh = 14.3 \times 400 \times 500\ \text{N} = 2\ 860\ \text{kN}$$

故取

$$A_s = 0.002bh = 0.002 \times 400 \times 500\ \text{mm}^2 = 400\ \text{mm}^2，实选 2\Phi16（A_s = 402\ \text{mm}^2）$$

由式（7-29）求 ξ：

$$\beta_1 = 0.8$$

$$e' = \frac{h}{2} - e_i - a_s' = (250 - 115.44 - 40)\ \text{mm} = 94.56\ \text{mm}$$

$$a_s'/h_0 = 40/460 = 0.087$$

$$A = f_y A_s(1 - a_s'/h_0) = 360 \times 402(1 - 0.087)\ \text{N} = 132\ 129\ \text{N}$$

$$B = (\xi_b - 0.8)\alpha_1 f_c bh_0 = (0.518 - 0.8) \times 1.0 \times 14.3 \times 400 \times 460\ \text{N} = -741\ 998\ \text{N}$$

$$C = \alpha_1 f_c bh_0^2 = 14.3 \times 400 \times 460^2\ \text{N} \cdot \text{mm} = 1\ 210\ 352\ 000\ \text{N} \cdot \text{mm}$$

则

$$A/B = -0.178$$

$$\frac{a_s'}{h_0} + \frac{A}{B} = 0.087 - 0.178 = -0.091$$

故

$$\xi = \left(\frac{a_s'}{h_0} + \frac{A}{B}\right) + \sqrt{\left(\frac{a_s'}{h_0} + \frac{A}{B}\right)^2 + 2\left(\frac{Ne'}{C} - \beta_1 \frac{A}{B}\right)}$$

$$= -0.091 + \sqrt{(-0.091)^2 + 2\left(\frac{2\ 500 \times 10^3 \times 94.56}{1\ 210\ 352\ 000} + 0.8 \times 0.178\right)}$$

$$= 0.736$$

再按式（7-25）求 A_s'：

$$e = e_i + \frac{h}{2} - a_s = (115.45 + 250 - 40)\ \text{mm} = 325.45\ \text{mm}$$

$$A_s' = \frac{Ne - \alpha_1 f_c bh_0^2 \xi(1 - 0.5\xi)}{f_y'(h_0 - a_s)}$$

$$= \frac{2\ 500 \times 10^3 \times 325.45 - 1.0 \times 14.3 \times 400 \times 460^2 \times 0.736(1 - 0.5 \times 0.736)}{360(460 - 40)}\ \text{mm}^2$$

$$= 1\ 657.6\ \text{mm}^2 > 0.002bh = 400\ \text{mm}^2$$

选用 $2\Phi22 + 2\Phi25（A_s = 1\ 742\ \text{mm}^2）$。

$$A_s + A_s' = (402 + 1\ 742)\ \text{mm}^2 = 2\ 144\ \text{mm}^2$$

全部纵筋的配筋率为

$$\rho = \frac{A_s + A_s'}{bh} = \frac{2\ 144}{400 \times 500} = 1.07\% > 0.55\%$$

满足要求。

（5）按轴心受压验算

$$\frac{l_0}{b} = \frac{7.2}{0.4} = 18,查得 \varphi = 0.81,则$$

$$0.9\varphi(f_c A + f'_y A'_s) = 0.9 \times 0.81[14.3 \times 400 \times 500 + 360 \times (402 + 1\ 742)]\ N = 2\ 647.6\ kN$$
$$> 2\ 500\ kN$$

满足要求。

（3）截面承载力复核

当构件的截面尺寸、配筋面积 A'_s 及 A_s、材料强度和计算长度均为已知,要求根据给定的轴力设计值 N（或偏心距 e_0）确定构件所能承受的弯矩设计值 M（或轴向力 N）时,属于截面承载力复核问题。一般情况下,单向偏心受压构件应进行两个平面内的承载力计算:弯矩作用平面内承载力计算及垂直于弯矩作用平面的承载力计算。

① 弯矩作用平面内的承载力计算。

a. 给定轴向力设计值 N,求弯矩设计值 M。

由于截面尺寸、配筋及材料强度均为已知,故可首先按式（7-12）算得 N_b。如所给的设计轴向力 $N \leqslant N_b$,则为大偏心受压情况,可按式（7-7）求 x。当 $2a'_s \leqslant x \leqslant \xi_b h_0$ 时,则式（7-8）求 e,由式（7-9）求 e_i,进而由式（7-6）求 e_0,则弯矩设计值 $M = Ne_0$;当 $x < 2a'_s$ 时,则式（7-23）求 e',再由 $e' = e_i - h/2 + a'_s$ 求 e_i,进而由式（7-6）求 e_0,则弯矩设计值 $M = Ne_0$。求得的 M 可以直接与有限元分析结果比较;当采用 $C_m-\eta_{ns}$ 法考虑二阶效应时可由 $M = C_m \eta_{ns} M_2$ 反算求得柱两端弯矩设计值中绝对值较大者 M_2,与内力分析结果进行比较,确定是否安全。

b. 给定荷载的偏心距 e_0,求轴向力设计值 N。

此时,最关键的是求 x 和 N_u。为了使公式对于大小偏心受压都适用,注意到对小偏心受压公式中取 $\sigma_s = f_y$,就变成了大偏心受压的基本公式。故为了简化论述,应采用式（7-13）、式（7-14）和式（7-16）这组公式来推导 x 的计算公式。

将式（7-13）代入式（7-14）以消去 N_u,并经整理后可得 x 的二次方程:

$$\frac{x^2}{2} + (e - h_0)x - \frac{\sigma_s A_s e + f'_y A'_s(h_0 - e - a'_s)}{\alpha_1 f_c b} = 0$$

若统一按下式计算 e',有

$$e' = h/2 - e_i - a'_s \tag{7-31}$$

并注意到 e' 与 e 具有 $e' = h_0 - e - a'_s$ 的关系,则上式还可表达为

$$\frac{x^2}{2} + (e - h_0)x - \frac{\sigma_s A_s e + f'_y A'_s e'}{\alpha_1 f_c b} = 0 \tag{7-32}$$

统一规定必须按式（7-31）计算 e',即应特别注意 e' 值的正负号:当 $e_i < \dfrac{h}{2} - a'_s$ 或 $e < h_0 - a'_s$ 时,e' 为"+"号,表示 N 作用在 A_s 与 A'_s 之间（小偏压）;当 $e_i > \dfrac{h}{2} - a'_s$ 或 $e > h_0 - a'_s$ 时,e' 为"−"号,表示 N 作用在 A'_s 以外（大偏压）。

以 $\sigma_s = f_y$ 代入式（7-32）,即可解得大偏心受压时的 x 为

$$x = (h_0 - e) + \sqrt{(h_0 - e)^2 + \frac{2(f_y A_s e + f'_y A'_s e')}{\alpha_1 f_c b}} \tag{7-33}$$

对于小偏心受压的情况,将式(7-16),即 $\sigma_s=f_y\dfrac{\xi-\beta_1}{\xi_b-\beta_1}$ 代入式(7-32),得以下关于 x 的一元二次方程:

$$\frac{x^2}{2}+\left[\left(1-\frac{1}{\xi_b-\beta_1}\cdot\frac{f_yA_s}{\alpha_1f_cbh_0}\right)e-h_0\right]x-\frac{1}{\alpha_1f_cb}\left(\frac{\beta_1}{\xi_b-\beta_1}f_yA_se-f'_yA'_se'\right)=0$$

令

$$A=\frac{1}{2}$$

$$B=\left(1-\frac{1}{\xi_b-\beta_1}\cdot\frac{f_yA_s}{\alpha_1f_cbh_0}\right)e-h_0$$

$$C=\frac{1}{\alpha_1f_cb}\left(\frac{\beta_1}{\xi_b-\beta_1}f_yA_se-f'_yA'_se'\right)$$

可得

$$x=\frac{-B+\sqrt{B^2-4AC}}{2A}=-B+\sqrt{B^2-2C} \tag{7-34}$$

在已知荷载的偏心距 e_0,求轴向力设计值 N_u 时,一般先用 $\dfrac{e_i}{h_0}$ 与 $\dfrac{e_{0b,\min}}{h_0}$ 进行比较,以初步判别大、小偏心受压。当为大偏心受压时,按式(7-34)求出 x。若 $2a'_s\leqslant x\leqslant\xi_bh_0$,则将此 x 代入式(7-7)计算 N_u;若 $x<2a'_s$,则由式(7-23)可得

$$N_u=\frac{f_yA_s(h_0-a'_s)}{e_i-\dfrac{h}{2}+a'_s}$$

并由 N_u 可得 $M_u=N_ue_0$。

若 $x>x_b=\xi_bh_0$,则说明先前的判别是不正确的,应按小偏心受压重新计算;如果初步判别为小偏心受压,则按式(7-34)求出 x,并按以下可能的两种情形处理:

(i) 若 $x\leqslant h$,则由式(7-16)计算 σ_s($\sigma_s\geqslant-f'_y$),然后将 σ_s 代入式(7-13)求得 N_u。

(ii) 若 $x>h$,则取 $x=h$ 且 $\sigma_s=-f'_y$,由式(7-13)求得 N_u。

同时还应考虑反向破坏的可能性,再由式(7-27)得到一个 N_u,与情形(i)或情形(ii)得到的 N_u 进行比较,取较小值作为最后的 N_u。

② 垂直于弯矩作用平面的承载力计算。

当构件在垂直于弯矩作用平面内的长细比较大时,应按轴心受压构件验算垂直于弯矩作用平面的受压承载力。这时应考虑稳定系数 φ 的影响,按式(3-2)计算承载力 N。

【例 7-5】　一矩形截面柱,截面尺寸 $b\times h=400\text{ mm}\times600\text{ mm}$,已知轴向压力设计值 $N=1\,200\text{ kN}$,混凝土强度等级为 C40($\alpha_1=1.0$,$f_c=19.1\text{ N/mm}^2$),采用 HRB500 钢筋($\xi_b=0.482$,$f_y=f'_y=435\text{ N/mm}^2$),$A_s=1\,256\text{ mm}^2$(4$\Phi$20),$A'_s=1\,964\text{ mm}^2$(4$\Phi$25),环境类别为一类,构件计算长度 $l_0=5.0\text{ m}$。求该截面在 h 方向能承受的弯矩设计值。

【解】　$a'_s=(20+8+12.5)\text{ mm}=40.5\text{ mm}$,取 $a_s=a'_s=41\text{ mm}$。设 $a_s=a'_s=41\text{ mm}$,$h_0=h-a_s=$

600 mm−41 mm=559 mm。设为大偏心受压构件,当 $\xi=\xi_b$ 时构件承受的轴向力为

$$N_b = \alpha_1 f_c \xi_b b h_0 + f'_y A'_s - f_y A_s$$

$$= 1.0 \times 19.1 \text{ N/mm}^2 \times 0.482 \times 400 \text{ mm} \times 559 \text{ mm} + 435 \text{ N/mm}^2(1\ 964 \text{ mm}^2 - 1\ 256 \text{ mm}^2)$$

$$= 2\ 366 \text{ kN} > N = 1\ 200 \text{ kN}$$

故属于大偏心受压,再按式(7-7)求 x:

$$x = \frac{N - A'_s f'_y + A_s f_y}{\alpha_1 f_c b}$$

$$= \frac{1\ 200\ 000 \text{ N} - 1\ 964 \text{ mm}^2 \times 435 \text{ N/mm}^2 + 1\ 256 \text{ mm}^2 \times 435 \text{ N/mm}^2}{1.0 \times 19.1 \text{ N/mm}^2 \times 400 \text{ mm}}$$

$$= 116.8 \text{ mm}$$

$$2a'_s = 82 \text{ mm} < x = 116.8 \text{ mm} < \xi_b h_0 = 0.482 \times 559 \text{ mm} = 269.4 \text{ mm}$$

x 符合公式的适用条件,代入式(7-8)求 e:

$$e = \frac{\alpha_1 f_c b x \left(h_0 - \dfrac{x}{2}\right) + A'_s f'_y (h_0 - a'_s)}{N}$$

$$= \frac{1.0 \times 19.1 \text{ N/mm}^2 \times 400 \text{ mm} \times 116.8 \text{ mm} \times \left(559 \text{ mm} - \dfrac{116.8 \text{ mm}}{2}\right) + 1\ 964 \text{ mm}^2 \times 435 \text{ N/mm}^2(559 \text{ mm} - 41 \text{ mm})}{1\ 200\ 000 \text{ N}}$$

$$= 741.05 \text{ mm}$$

又因为

$$e = e_i + \frac{h}{2} - a_s$$

$$e_i = e - h/2 + a_s = 741.05 \text{ mm} - 600 \text{ mm}/2 + 41 \text{ mm} = 482.05 \text{ mm}$$

$e_a = 20 \text{ mm}$ 或 $h/30 = 600 \text{ mm}/30 = 20 \text{ mm}$,取 $e_a = 20 \text{ mm}$。

$$e_i = e_a + e_0$$

$$e_0 = e_i - e_a = 482.05 \text{ mm} - 20 \text{ mm} = 462.05 \text{ mm}$$

则

$$M = N e_0 = 1\ 200 \text{ kN} \times 462.05 \times 10^{-3} \text{ m} = 554.5 \text{ kN} \cdot \text{m}$$

该截面在 h 方向能承受的弯矩设计值 M 为 554.5 kN·m。

(4) 对称配筋矩形截面

在工程设计中,当构件承受变号弯矩作用,或为了构造简单便于施工时,常采用对称配筋截面,即 $A_s = A'_s$,$f'_y = f_y$,且 $a_s = a'_s$。对称配筋情况下,当 $e_i > 0.3 h_0$ 时,不能仅根据这个条件就按大偏心受压构件计算,还需要根据 ξ 与 ξ_b(或 N 与 N_b)的比较来判断属于哪一种偏心受压情况。对称配筋时 $f'_y A'_s = f_y A_s$,故 $N_b = \alpha_1 f_c \xi_b b h_0$。

① 当 $e_i > 0.3 h_0$,且 $N \leq N_b$ 时,为大偏心受压。这时,$x = N/\alpha_1 f_c b$,代入式(7-8),可有

$$A'_s = A_s = \frac{Ne - \alpha_1 f_c b x (h_0 - x/2)}{f'_y (h_0 - a'_s)} \tag{7-35}$$

如 $x < 2a'_s$,近似取 $x = 2a'_s$,则上式转化为

$$A'_s = A_s = \frac{N(e_i - h/2 + a'_s)}{f'_y(h_0 - a'_s)} \tag{7-36}$$

② 当 $e_i \leqslant 0.3h_0$，或 $e_i > 0.3h_0$ 且 $N > N_b$ 时，为小偏心受压，远离纵向力一边的钢筋不屈服，$\sigma_s = \frac{\xi - \beta_1}{\xi_b - \beta_1} f_y$。由式（7-24）及 $A'_s = A_s，f'_y = f_y$，可得

$$N = \alpha_1 f_c \xi b h_0 + f'_y A'_s \frac{\xi_b - \xi}{\xi_b - \beta_1}$$

或

$$f'_y A'_s = (N - \alpha_1 f_c \xi b h_0) \frac{\xi_b - \beta_1}{\xi_b - \xi}$$

将上式代入式（7-25），可得

$$Ne \frac{\xi_b - \xi}{\xi_b - \beta_1} = \alpha_1 f_c b h_0^2 \xi(1 - 0.5\xi) \frac{\xi_b - \xi}{\xi_b - \beta_1} + (N - \alpha_1 f_c \xi b h_0)(h_0 - a'_s) \tag{7-37}$$

这是一个 ξ 的三次方程，用于设计是非常不便的。为了简化计算，设式（7-37）等号右侧第一项中

$$Y = \xi(1 - 0.5\xi)(\xi_b - \xi)/(\xi_b - \beta_1) \tag{7-38}$$

当钢材强度给定时，ξ_b 为已知的定值。当 $\xi > \xi_b$ 时，Y 与 ξ 的关系逼近于直线，可近似取

$$Y = 0.43 \frac{\xi_b - \xi}{\xi_b - \beta_1} \tag{7-39}$$

将上式代入式（7-37），经整理后可得 ξ 的计算公式为

$$\xi = \frac{N - \xi_b \alpha_1 f_c b h_0}{\dfrac{Ne - 0.43\alpha_1 f_c b h_0^2}{(\beta_1 - \xi_b)(h_0 - a'_s)} + \alpha_1 f_c b h_0} + \xi_b \tag{7-40}$$

将算得的 ξ 代入式（7-25），则矩形截面对称配筋小偏心受压构件的钢筋截面面积可按下列公式计算：

$$A'_s = A_s = \frac{Ne - \xi(1 - 0.5\xi)\alpha_1 f_c b h_0^2}{f'_y(h_0 - a'_s)} \tag{7-41}$$

对称配筋矩形截面承载力的复核与非对称配筋矩形截面相同，只是引入对称配筋的条件 $A'_s = A_s，f_y = f'_y$。同样应同时考虑弯矩作用平面的承载力及垂直于弯矩作用平面的承载力。

现将对称配筋偏心受压构件截面设计计算步骤归结如下：

a. 由结构功能要求及刚度条件初步确定材料强度及截面尺寸 $b，h$；由结构所处环境类别及结构设计工作年限，确定最外层钢筋的最小保护层厚度；根据预估箍筋及纵筋的钢筋直径确定 $a_s，a'_s$；计算 h_0 及 $0.3h_0$。

b. 确定截面弯矩设计值 M。用于截面设计的 M 值可以由有限元分析直接求得，也可以用近似计算方法或 $C_m - \eta_{ns}$ 法求得。

c. 由截面上的设计内力 $(M，N)$ 计算偏心距 $e_0 = M/N$，确定附加偏心距 e_a（20 mm 或 $h/30$ 的较大值），进而计算初始偏心距 $e_i = e_0 + e_a$。

d. 计算对称配筋条件下的 $N_b = \alpha_1 f_c b h_0 \xi$，用 e_i 与 $0.3 h_0$，N 与 N_b 进行比较，来判别大小偏心。

e. 当 $e_i > 0.3 h_0$ 且 $N \leqslant N_b$ 时，为大偏心受压，用 $x = \dfrac{N}{\alpha_1 f_c b}$，按式（7-35）或式（7-36）求出 A_s 和 A_s'。

f. 当 $e_i \leqslant 0.3 h_0$ 时，或 $e_i > 0.3 h_0$ 且 $N > N_b$ 时，为小偏心受压，由式（7-40）求 ξ，再代入式（7-41）确定出 $A_s = A_s'$。此外还应对垂直于弯矩作用平面按轴心受压承载力进行验算。

g. 计算所得的 A_s 和 A_s' 应满足单侧最小用钢量和全部最小用钢量的要求。然后根据截面构造要求确定钢筋的直径和根数，并绘出截面配筋图。

【例 7-6】 一矩形截面受压构件，截面尺寸 $b \times h = 300 \text{ mm} \times 500 \text{ mm}$，荷载作用下产生的截面轴向压力设计值 $N = 130 \text{ kN}$，两端弯矩设计值 $M_1 = M_2 = 210 \text{ kN} \cdot \text{m}$，该柱计算长度 $l_0 = 4.5 \text{ m}$，混凝土强度等级为 C30（$f_c = 14.3 \text{ N/mm}^2$，$\alpha_1 = 1.0$，$\beta_1 = 0.8$），纵向钢筋为 HRB400（$f_y = f_y' = 360 \text{ N/mm}^2$，$\xi_b = 0.518$），设计工作年限为 50 年，环境类别为一类。试按对称配筋选择钢筋 A_s 和 A_s'。

【解】 （1）材料强度和几何参数

C30 混凝土，$f_c = 14.3 \text{ N/mm}^2$；

HRB400 钢筋，$f_y = f_y' = 360 \text{ N/mm}^2$；

HRB400 钢筋，C30 混凝土，$\xi_b = 0.518$，$\alpha_1 = 1.0$，$\beta_1 = 0.8$。

$a_s \approx (20 + 8 + 10) \text{ mm} = 38 \text{ mm}$，取 $a_s = a_s' = 40 \text{ mm}$，则

$$h_0 = h - a_s' = (500 - 40) \text{ mm} = 460 \text{ mm}$$

（2）求弯矩设计值（考虑二阶效应后）

由于 $M_1/M_2 = 1.0$，应考虑附加弯矩的影响。

根据式（7-3）~式（7-5），有

$$\zeta_c = \frac{0.5 f_c A}{N} = \frac{0.5 \times 14.3 \times 300 \times 500}{130 \times 10^3} = 8.25 > 1.0，取 \zeta_c = 1.0。$$

$$C_m = 0.7 + 0.3 \frac{M_1}{M_2} = 1.0$$

$$e_a = \frac{h}{30} = \frac{500}{30} \text{ mm} = 16.67 \text{ mm}，取 e_a = 20 \text{ mm}。$$

$$\eta_{ns} = 1 + \frac{1}{1\,300(M_2/N + e_a)/h_0}\left(\frac{l_0}{h}\right)^2 \zeta_c$$

$$= 1 + \frac{1}{1\,300(210 \times 10^6/130 \times 10^3 + 20)/460}\left(\frac{4\,500}{500}\right)^2 \times 1.0 = 1.02$$

考虑纵向挠曲影响后的弯矩设计值为

$$M = C_m \eta_{ns} M_2 = 1.0 \times 1.02 \times 210 \text{ kN} \cdot \text{m} = 214.2 \text{ kN} \cdot \text{m}$$

（3）求 e_i，N_b，判别大小偏心受压

$$e_0 = \frac{M}{N} = \frac{214.2 \times 10^6}{130 \times 10^3} \text{ mm} = 1\,647.7 \text{ mm}$$

$$e_i = e_0 + e_a = (1\,647.7 + 20) \text{ mm} = 1\,667.7 \text{ mm}，e_i > 0.3 h_0 = 0.3 \times 460 \text{ mm} = 138 \text{ mm}$$

由于是对称配筋，$A_s = A_s'$，$f_y = f_y'$，所以：

$$N_b = \alpha_1 f_c \xi_b b h_0 = 1.0 \times 14.3 \times 0.518 \times 300 \times 460 \text{ N} = 1\,022.2 \text{ kN}$$

$$N = 130 \text{ kN} < N_b$$

$e_i > 0.3h_0$，$N < N_b$，满足对称配筋大偏心受压的条件。

（4）求 A_s 及 A'_s

$$\xi = \frac{N}{\alpha_1 f_c b h_0} = \frac{130 \times 10^3}{1.0 \times 14.3 \times 300 \times 460} = 0.066 < \frac{2a'_s}{h_0} = \frac{2 \times 40}{460} = 0.174$$

近似取 $x = 2a'_s = 80$ mm，则由式（7-36）可得

$$
\begin{aligned}
A_s = A'_s &= \frac{N(e_i - h/2 + a'_s)}{f'_y(h_0 - a_s)} \\
&= \frac{130 \times 10^3(1\,667.7 - 500/2 + 40)}{360(460 - 40)} \text{ mm}^2 \\
&= 1\,253.3 \text{ mm}^2 > 0.002bh = 300 \text{ mm}^2
\end{aligned}
$$

全部纵筋的配筋率 $\rho = \dfrac{A_s + A'_s}{bh} = \dfrac{2 \times 1\,253.3}{300 \times 500} = 1.67\% > 0.55\%$，满足要求。

每边选用纵筋 4Φ20 对称配置（$A_s = A'_s = 1\,256$ mm^2），按构造要求箍筋选用 Φ8@250。截面配筋如图 7-17 所示。

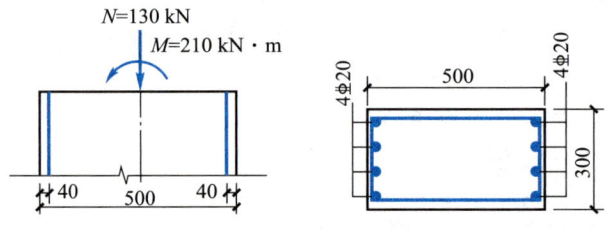

图 7-17 例 7-6 图

【例 7-7】 一矩形截面钢筋混凝土柱，截面尺寸 $b \times h = 400$ mm$\times 600$ mm，该柱计算长度 $l_0 = 6.0$ m，控制截面上轴向压力设计值 $N = 3\,000$ kN，两端弯矩设计值 $M_1 = M_2 = 85$ kN·m，设计工作年限为 50 年，环境类别为一类。混凝土强度等级为 C30（$f_c = 14.3$ N/mm^2，$\alpha_1 = 1.0$，$\beta_1 = 0.8$），纵向钢筋为 HRB400（$f_y = f'_y = 360$ N/mm^2，$\xi_b = 0.518$）。试按对称配筋选择钢筋 A_s 和 A'_s。

【解】 （1）材料强度和几何参数

C30 混凝土，$f_c = 14.3$ N/mm^2；

HRB400 钢筋，$f_y = f'_y = 360$ N/mm^2；

HRB400 钢筋，C30 混凝土，$\xi_b = 0.518$，$\alpha_1 = 1.0$，$\beta_1 = 0.8$。

$a_s \approx (20 + 8 + 10)$ mm $= 38$ mm，取 $a_s = a'_s = 40$ mm，则

$$h_0 = h - a'_s = (600 - 40) \text{ mm} = 560 \text{ mm}$$

（2）求弯矩设计值（考虑二阶效应后）

由于 $M_1/M_2 = 1.0$，应考虑附加弯矩的影响。

根据式（7-3）~式（7-5），有

$$\zeta_c = \frac{0.5f_c A}{N} = \frac{0.5 \times 14.3 \times 400 \times 600}{3\,000 \times 10^3} = 0.572$$

$$C_{\mathrm{m}} = 0.7 + 0.3 \frac{M_1}{M_2} = 1.0$$

$e_{\mathrm{a}} = \dfrac{h}{30} = \dfrac{600}{30} \, \mathrm{mm} = 20 \, \mathrm{mm}$，取 $e_{\mathrm{a}} = 20 \, \mathrm{mm}$。

$$\eta_{\mathrm{ns}} = 1 + \frac{1}{1\,300(M_2/N + e_{\mathrm{a}})/h_0} \left(\frac{l_0}{h}\right)^2 \zeta_{\mathrm{c}}$$

$$= 1 + \frac{1}{1\,300(85 \times 10^6/3\,000 \times 10^3 + 20)/560} \times \left(\frac{6\,000}{600}\right)^2 \times 0.572 = 1.51$$

考虑纵向挠曲影响后的弯矩设计值为

$$M = C_{\mathrm{m}} \eta_{\mathrm{ns}} M_2 = 1.0 \times 1.51 \times 85 \, \mathrm{kN \cdot m} = 128.35 \, \mathrm{kN \cdot m}$$

（3）求 e_i 和 N_{b}，判别大小偏心受压

$$e_0 = \frac{M}{N} = \frac{128.35 \times 10^6}{3\,000 \times 10^3} \, \mathrm{mm} = 42.78 \, \mathrm{mm}$$

$$e_i = e_0 + e_{\mathrm{a}} = (42.78 + 20) \, \mathrm{mm} = 62.78 \, \mathrm{mm}$$

$$e_i < 0.3 h_0 = 0.3 \times 560 \, \mathrm{mm} = 168 \, \mathrm{mm}$$

由于是对称配筋，$A_{\mathrm{s}} = A_{\mathrm{s}}'$，$f_{\mathrm{y}} = f_{\mathrm{y}}'$，所以：

$$N_{\mathrm{b}} = \alpha_1 f_{\mathrm{c}} \xi_{\mathrm{b}} b h_0 = 1.0 \times 14.3 \times 0.518 \times 400 \times 560 \, \mathrm{N} = 1\,659.2 \, \mathrm{kN}$$

$$N = 3\,000 \, \mathrm{kN} > N_{\mathrm{b}}$$

$e_i < 0.3 h_0$，$N > N_{\mathrm{b}}$，满足对称配筋小偏心受压的条件。

$$e = e_i + h/2 - a_{\mathrm{s}} = (62.78 + 600/2 - 40) \, \mathrm{mm} = 322.78 \, \mathrm{mm}$$

（4）求 A_{s} 及 A_{s}'

先由式（7-40）求 ξ：

$$\xi = \frac{N - \xi_{\mathrm{b}} \alpha_1 f_{\mathrm{c}} b h_0}{\dfrac{Ne - 0.43 \alpha_1 f_{\mathrm{c}} b h_0^2}{(\beta_1 - \xi_{\mathrm{b}})(h_0 - a_{\mathrm{s}}')} + \alpha_1 f_{\mathrm{c}} b h_0} + \xi_{\mathrm{b}}$$

$$= \frac{3\,000 \times 10^3 - 0.518 \times 1.0 \times 14.3 \times 400 \times 560}{\dfrac{3\,000 \times 10^3 \times 322.78 - 0.43 \times 1.0 \times 14.3 \times 400 \times 560^2}{(0.8 - 0.518) \times (560 - 40)} + 1.0 \times 14.3 \times 400 \times 560} + 0.518$$

$$= 0.813$$

代入式（7-41）求 A_{s}，A_{s}'：

$$A_{\mathrm{s}} = A_{\mathrm{s}}' = \frac{Ne - \alpha_1 f_{\mathrm{c}} b h_0^2 \xi(1 - 0.5\xi)}{f_{\mathrm{y}}'(h_0 - a_{\mathrm{s}})}$$

$$= \frac{3\,000 \times 10^3 \times 322.78 - 1.0 \times 14.3 \times 400 \times 560^2 \times 0.813(1 - 0.5 \times 0.813)}{360(560 - 40)} \, \mathrm{mm}^2$$

$$= 549 \, \mathrm{mm}^2 > 0.002 bh = 480 \, \mathrm{mm}^2$$

全部纵筋的配筋率 $\rho = \dfrac{A_{\mathrm{s}} + A_{\mathrm{s}}'}{bh} = \dfrac{2 \times 549}{400 \times 600} = 0.46\% < 0.55\%$，不满足要求。

每边选用纵筋 3Φ18 对称配置（$A_{\mathrm{s}} = A_{\mathrm{s}}' = 763 \, \mathrm{mm}^2$），按构造要求箍筋选用 Φ8@250。此时，全

部纵筋的配筋率 $\rho = \dfrac{A_s + A_s'}{bh} = \dfrac{2 \times 763}{400 \times 600} = 0.64\% > 0.55\%$，满足要求。

（5）垂直于弯矩作用平面的验算

由 $\dfrac{l_0}{b} = \dfrac{6.0}{0.4} = 15$，查得 $\varphi = \dfrac{0.92 + 0.87}{2} = 0.895$，则

$\quad\quad 0.9\varphi(f_c A + f_y' A_s') = 0.9 \times 0.895(14.3 \times 400 \times 600 + 360(2 \times 763)) \; N = 3\,207 \text{ kN} > N$

且 $A_s + A_s' = 2 \times 763 \text{ mm}^2 = 1\,526 \text{ mm}^2 < 0.03bh = 7\,200 \text{ mm}^2$，满足要求。

计算结果表明平面外承载力足够。如果不足，在条件允许时，可采用增加侧向支承以减小计算长度的方法解决。否则，必须采用增加 A_s' 或加大截面宽度 b 和提高混凝土强度等级的措施加以解决。

最终的截面配筋图如图 7-18 所示。

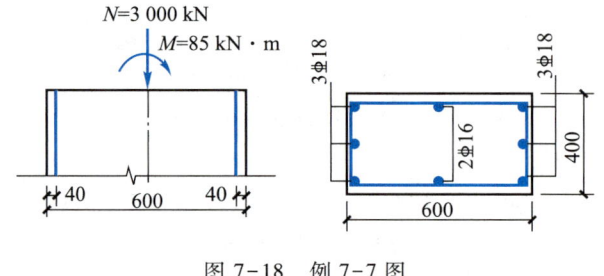

图 7-18　例 7-7 图

一般工程结构中的构件多为对称配筋，为加深对正截面承载力计算公式的理解及对对称配筋特点的理解，请读者认真思考两方面的问题：

① 在截面设计中，非对称配筋用 e_i 与 $0.3h_0$ 比较作为大小偏心受压的判别条件，而对称配筋要用 e_i 与 $0.3h_0$ 和 N 与 N_b 两个条件来判别，为什么？是不是必要？两个条件判别一致时的情况是什么？两者矛盾时的情况又是什么？如何处理？

② 将例 7-6、例 7-7 用非对称考虑进行设计，比较对称配筋和非对称配筋的总用钢量，解释产生差别的原因。

2. T 形及工字形截面偏心受压构件计算

现浇刚架及拱中常出现 T 形截面的偏心受压构件，当翼缘位于截面的受压区时，翼缘计算宽度 b_f' 应按表 4-7 的规定确定。在单层工业厂房中，为了节省混凝土和减轻构件自重，对截面高度 h 大于 600 mm 的柱，可采用工字形截面。工字形截面柱的翼缘厚度一般不宜小于 120 mm，腹板厚度不宜小于 100 mm。T 形截面、工字形截面偏心受压构件的破坏特性、计算方法与矩形截面是相似的，区别只在于增加了受压区翼缘的参与受力，而 T 形截面可作为工字形截面的特殊情况处理，计算时同样可分为 $\xi \leqslant \xi_b$ 的大偏心受压和 $\xi > \xi_b$ 的小偏心受压两种情况进行。

（1）非对称配筋截面

① 大偏心受压情况（$\xi \leqslant \xi_b$）。

与 T 形截面受弯构件相同，大偏心受压工字形截面按受压区高度 x 的不同可分为两类（图 7-19）。

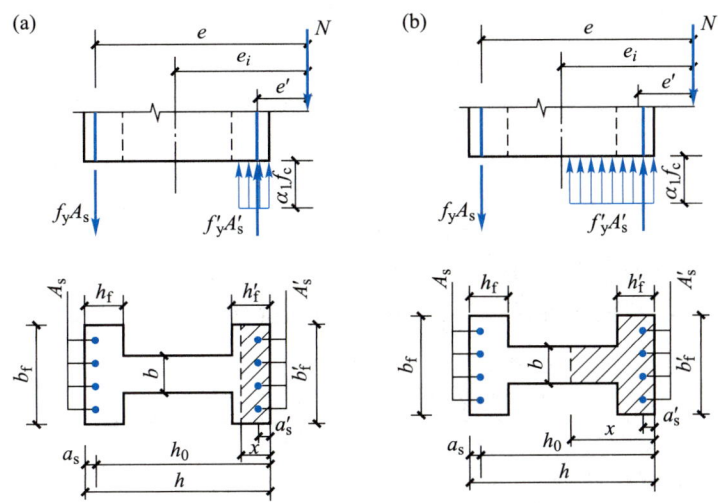

图 7-19 大偏心受压工字形截面的受力图式

a. 当受压区高度在翼缘内（$x \leqslant h'_f$）时，按照宽度为 b'_f 的矩形截面计算。在式（7-7）及式（7-8）中，将 b 替换为 b'_f。

b. 当受压区高度进入腹板时，$x>h'_f$，应考虑腹板的受压作用，按下列公式计算：

$$N=\alpha_1 f_c[bx+(b'_f-b)h'_f]+f'_y A'_s-f_y A_s \tag{7-42}$$

$$Ne=\alpha_1 f_c[bx(h_0-0.5x)+(b'_f-b)h'_f(h_0-0.5h'_f)]+f'_y A'_s(h_0-a'_s) \tag{7-43}$$

② 小偏心受压情况（$\xi>\xi_b$）。

在这种情况下，通常受压区高度已进入腹板（$x>h'_f$），按下列公式计算：

$$N=\alpha_1 f_c A_c+f'_y A'_s-\sigma_s A_s \tag{7-44}$$

$$Ne=\alpha_1 f_c S_c+f'_y A'_s(h_0-a'_s) \tag{7-45}$$

式中 A_c, S_c——混凝土受压区面积及其对 A_s 合力中心的面积矩（图 7-20）。

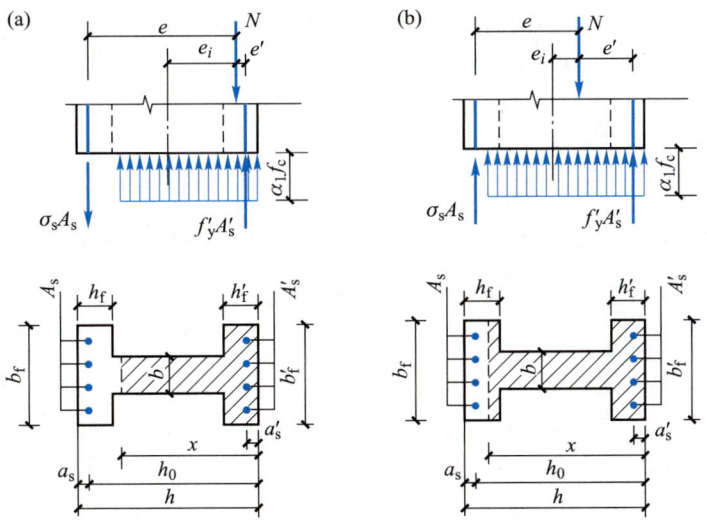

图 7-20 小偏心受压工字形截面的受力图式

当 $x < h - h_f$ 时

$$A_c = bx + (b_f' - b) h_f'$$
$$S_c = bx(h_0 - 0.5x) + (b_f' - b) h_f'(h_0 - 0.5h_f')$$

当 $x > h - h_f$ 时

$$A_c = bx + (b_f' - b) h_f' + (b_f - b)(x - h + h_f)$$
$$S_c = bx(h_0 - 0.5x) + (b_f' - b) h_f'(h_0 - 0.5h_f') + (b_f - b)(x - h + h_f)[h_f - a_s - 0.5(x - h + h_f)]$$

与矩形截面相同，钢筋应力 σ_s 按式（7-16）计算。全截面受压的情况与式（7-27）相似，应考虑附加偏心距 e_a 与 e_0 反向对 A_s 的不利影响。这时取初始偏心距 $e_i = e_0 - e_a$。对 A_s' 合力中心取矩，可得

$$A_s = \frac{N[0.5h - a_s' - (e_0 - e_a)] - \alpha_1 f_c A(0.5h - a_s')}{f_y'(h_0 - a_s')} \tag{7-46}$$

式中　$A = bh + (b_f' - b) h_f' + (b_f - b) h_f$。

（2）对称配筋截面

工字形截面一般为对称配筋（$A_s' = A_s$）的预制柱，可按下列情况进行配筋计算：

① 当 $N \leqslant \alpha_1 f_c b_f' h_f'$ 时，受压区高度 x 小于翼缘厚度 h_f'，可按宽度为 b_f' 的矩形截面计算，一般截面尺寸情况下 $\xi \leqslant \xi_b$，属于大偏心受压情况，这时

$$x = N / \alpha_1 f_c b_f' \tag{7-47}$$

故

$$A_s' = A_s = \frac{Ne - \alpha_1 f_c b_f' x(h_0 - 0.5x)}{f_y'(h_0 - a_s')} \tag{7-48}$$

如 $x < 2a_s'$，则近似取 $x = 2a_s'$ 计算。

② 当 $\alpha_1 f_c[\xi_b bh_0 + (b_f' - b) h_f'] \geqslant N > \alpha_1 f_c b_f' h_f'$ 时，受压区已进入腹板，$x > h_f'$，但 $x \leqslant \xi_b h_0$，仍属于大偏心受压情况。这时在式（7-42）中取 $f_y' A_s' = f_y A_s$，可求得受压区高度 x，代入式（7-43）可求解钢筋截面面积 $A_s' = A_s$。

③ 当 $N > \alpha_1 f_c[\xi_b bh_0 + (b_f' - b) h_f']$ 时，为 $\xi > \xi_b$ 的小偏心受压情况。与矩形截面类似，为了避免求解 ξ 的三次方程，ξ 可按下列近似公式计算：

$$\xi = \frac{N - \alpha_1 f_c[\xi_b bh_0 + (b_f' - b) h_f']}{\dfrac{Ne - \alpha_1 f_c[0.43bh_0^2 + (b_f' - b) h_f'(h_0 - 0.5h_f')]}{(\beta_1 - \xi_b)(h_0 - a_s')} + \alpha_1 f_c bh_0} + \xi_b \tag{7-49}$$

由上式得出的 ξ，可算得 $x = \xi h_0$ 及 S_c，再代入式（7-45），即可计算 $A_s' = A_s$：

$$A_s' = A_s = \frac{Ne - \alpha_1 f_c S_c}{f_y'(h_0 - a_s')} \tag{7-50}$$

【例 7-8】　某工字形截面柱，截面尺寸如图 7-21a 所示，该柱的设计荷载效应 $N = 890$ kN，$M_1 = 382.3$ kN·m，$M_2 = 592$ kN·m。采用 C30 混凝土（$f_c = 14.3$ N/mm²，$\alpha_1 = 1.0$，$\beta_1 = 0.8$），HRB400 纵向钢筋（$f_y = f_y' = 360$ N/mm²，$\xi_b = 0.518$），计算长度 $l_0 = 7.2$ m（另一方向 $l_0 = 0.8 \times 7.2$ m = 5.76 m）。试按对称配筋设计该截面的 A_s，A_s'。

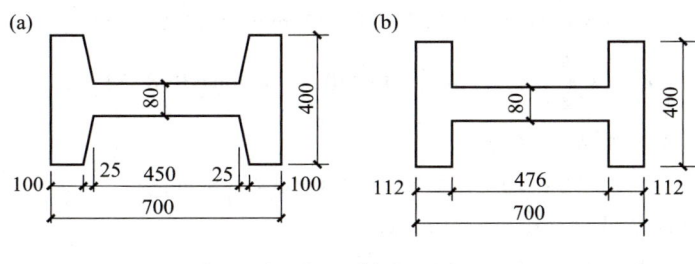

图 7-21　例 7-8 图

【**解**】　（1）计算考虑纵向弯曲影响的设计弯矩 M

取 $a_s = a'_s = 40$ mm，$h_0 = (700-40)$ mm $= 660$ mm。

在计算时，可近似地把图 7-21a 简化为图 7-21b：

$b = 80$ mm，$h = 700$ mm，$b_f = b'_f = 400$ mm，$h_f = h'_f = 112$ mm。

由于

$$M_1/M_2 = 382.3/592 = 0.646 < 0.9$$

$$A = bh + 2(b'_f - b)h'_f = [80 \times 700 + 2 \times (400-80) \times 112] \text{ mm}^2 = 127\ 680 \text{ mm}^2$$

轴压比

$$N/f_c A = 890 \times 10^3/(14.3 \times 127\ 680) = 0.487 < 0.9$$

验算是否考虑附加弯矩的最大长细比：

$$i = \sqrt{\frac{I}{A}} = \sqrt{\frac{\dfrac{1}{12} \times (400 \times 700^3 - 320 \times 476^3)}{400 \times 700 - 320 \times (700 - 2 \times 112)}} \text{ mm} = 258.9 \text{ mm}$$

$l_0/i = 7\ 200/258.9 = 27.8 > 34 - 12\dfrac{M_1}{M_2} = 26.25$。应考虑附加弯矩的影响。

根据式（7-3）~ 式（7-5），有

$$\zeta_c = \frac{0.5 f_c A}{N} = \frac{0.5 \times 14.3 \times 127\ 680}{890 \times 10^3} = 1.026，取 \zeta_c = 1.0$$

$$C_m = 0.7 + 0.3\frac{M_1}{M_2} = 0.894$$

$$e_a = \frac{h}{30} = \frac{700}{30} \text{ mm} = 23.33 \text{ mm} > 20 \text{ mm}$$

$$\eta_{ns} = 1 + \frac{1}{1\ 300(M_2/N + e_a)/h_0}\left(\frac{l_0}{h}\right)^2 \zeta_c$$

$$= 1 + \frac{1}{1\ 300(592 \times 10^6/890 \times 10^3 + 23.33)/660}\left(\frac{7\ 200}{700}\right)^2 \times 1.0 = 1.08$$

考虑纵向挠曲影响后的弯矩设计值为

$$M = C_m \eta_{ns} M_2 = 0.894 \times 1.08 \times 592 = 571.6 \text{ kN} \cdot \text{m}，取 M = 592 \text{ kN} \cdot \text{m}$$

$$e_0 = \frac{M}{N} = \frac{592 \times 10^6}{890 \times 10^3} \text{ mm} = 665.2 \text{ mm}$$

$$e_i = e_0 + e_a = (665.2 + 23.33) \text{ mm} = 688.53 \text{ mm}$$

$$e = e_i + \frac{h}{2} - a_s = (688.53 + 350 - 40) \text{ mm} = 998.53 \text{ mm}$$

（2）偏心受压类型判断及 ξ 的计算

$$e_i > 0.3h_0 = 0.3 \times 660 \text{ mm} = 198 \text{ mm}$$

$$\begin{aligned}
N_b &= \alpha_1 f_c b h_0 \xi_b + \alpha_1 f_c (b'_f - b) h'_f \\
&= 1.0 \times 14.3 \times 80 \times 660 \times 0.518 \text{ N} + 1.0 \times 14.3 \times (400 - 80) \times 112 \text{ N} \\
&= 903.62 \text{ kN} > N = 890 \text{ kN}
\end{aligned}$$

为大偏心受压，且

$$\alpha_1 f_c b'_f h'_f = 1.0 \times 14.3 \times 400 \times 112 \text{ N} = 640.6 \text{ kN} < N = 890 \text{ kN}$$

故混凝土受压区进入腹板，则：

$$\xi = \frac{N - \alpha_1 f_c (b'_f - b) h'_f}{\alpha_1 f_c b h_0} = \frac{890 \times 10^3 - 1.0 \times 14.3 \times (400 - 80) \times 112}{1.0 \times 14.3 \times 80 \times 660} = 0.5$$

（3）计算配筋

$$\begin{aligned}
A_s = A'_s &= \frac{Ne - \alpha_1 f_c b h_0^2 \xi (1 - 0.5\xi) - \alpha_1 f_c (b'_f - b) h'_f (h_0 - 0.5 h'_f)}{f'_y (h_0 - a_s)} \\
&= \frac{890 \times 10^3 \times 998.5 - 1.0 \times 14.3 \times 80 \times 660^2 \times 0.5 \times (1 - 0.5 \times 0.5) - 1.0 \times 14.3 \times (400 - 80) \times 112 \times (660 - 0.5 \times 112)}{360 \times (660 - 40)} \\
&= 1\ 757.3 \text{ mm}^2 > 0.002A = 255.4 \text{ mm}^2
\end{aligned}$$

实配纵筋每边 6⫶20（$A_s = A'_s = 1\ 884 \text{ mm}^2$），配筋图如图 7-22 所示。

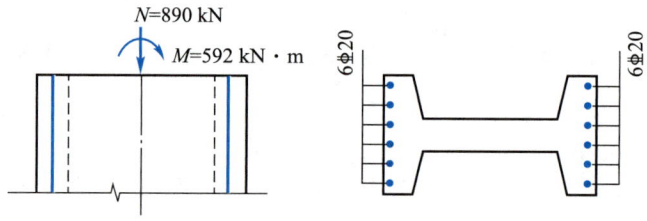

图 7-22　例 7-8 配筋图

（4）验算轴心受压承载力

$$I = \frac{1}{12} \times 700 \times 400^3 \text{ mm}^4 - 2 \times \frac{1}{12} \times 476 \times 160^3 \text{ mm}^4 - 2 \times 476 \times 160 \times 120^2 \text{ mm}^4 = 1.215 \times 10^9 \text{ mm}^4$$

$$A = 127\ 680 \text{ mm}^2$$

$$i = \sqrt{\frac{I}{A}} = \sqrt{\frac{1.215 \times 10^9}{127\ 680}} \text{ mm} = 97.55 \text{ mm}$$

$l_0/i = 5\ 760/97.54 = 59$，查得 $\varphi = 0.84$。

则

$$0.9\varphi(f_c A + f'_y A'_s) = 0.9 \times 0.84 \times (14.3 \times 127\ 680 + 360 \times 2 \times 1\ 884) \text{ N} = 2\ 405.8 \text{ kN} > N$$

满足要求。

【例7-9】 同上例,但轴向力设计值 $N=1\,500$ kN,弯矩设计值 $M_1=M_2=320$ kN·m,试计算对称配筋时的钢筋截面面积。

【解】 (1)计算考虑纵向弯曲影响的设计弯矩 M

由于 $M_1/M_2=1.0$,有

$$l_0/i=7\,200/258.9=27.8>34-12\frac{M_1}{M_2}=22$$

应考虑附加弯矩的影响。

根据式(7-3)~式(7-5),有

$$\zeta_c=\frac{0.5f_cA}{N}=\frac{0.5\times14.3\times127\,680}{1\,500\times10^3}=0.609$$

$$C_m=0.7+0.3\frac{M_1}{M_2}=1.0$$

$$e_a=\frac{h}{30}=\frac{700}{30}\text{ mm}=23.33\text{ mm}>20\text{ mm}$$

$$\eta_{ns}=1+\frac{1}{1\,300(M_2/N+e_a)/h_0}\left(\frac{l_0}{h}\right)^2\zeta_c$$

$$=1+\frac{1}{1\,300\times(320\times10^6/1\,500\times10^3+23.33)/660}\times\left(\frac{7\,200}{700}\right)^2\times0.609=1.14$$

考虑纵向挠曲影响后的弯矩设计值为

$$M=C_m\eta_{ns}M_2=1.0\times1.14\times320\text{ kN·m}=364.8\text{ kN·m}$$

$$e_0=\frac{M}{N}=\frac{364.8\times10^6}{1\,500\times10^3}\text{ mm}=243.2\text{ mm}$$

$$e_i=e_0+e_a=243.2\text{ mm}+23.33\text{ mm}=266.53\text{ mm}$$

$$e_i>0.3\,h_0=0.3\times660\text{ mm}=198\text{ mm}$$

$$e=e_i+\frac{h}{2}-a_s=(266.53+350-40)\text{ mm}=576.53\text{ mm}$$

(2)偏心受压类型判断及 ξ 的计算

由上例 $N_b<N=1\,500$ kN,故为小偏心受压,则

① $A'_sf'_y=\dfrac{Ne-0.43\alpha_1f_cbh_0^2-\alpha_1f_c(b'_f-b)h'_f(h_0-0.5h'_f)}{h_0-a'_s}$

$$=\frac{\begin{matrix}1\,500\times10^3\times576.53-0.43\times1.0\times14.3\times80\times660^2-1.0\times14.3\times\\(400-80)\times112\times(660-0.5\times112)\end{matrix}}{660-40}\text{ N}$$

$$=549\,931.2\text{ N}$$

② $\xi = \dfrac{(\beta_1 - \xi_b)\left[N - \alpha_1 f_c (b'_f - b) h'_f\right] + \xi_b f'_y A'_s}{(\beta_1 - \xi_b)\alpha_1 f_c b h_0 + f'_y A'_s}$

$ = \dfrac{(0.8 - 0.518)\times\left[1\,500\times10^3 - 1.0\times14.3\times(400 - 80)\times112\right] + 0.518\times549\,931.2}{(0.8 - 0.518)\times1.0\times14.3\times80\times660 + 549\,931.2} = 0.738$

③ 计算配筋

$A_s = A'_s = \dfrac{Ne - \alpha_1 f_c b h_0^2 \xi(1 - 0.5\xi) - \alpha_1 f_c (b'_f - b) h'_f (h_0 - 0.5 h'_f)}{f'_y (h_0 - a_s)}$

$ = \dfrac{\begin{array}{c}1\,500\times10^3\times576.53 - 1.0\times14.3\times80\times660^2\times0.738\times(1 - 0.5\times0.738) - \\ 1.0\times14.3\times(400 - 80)\times112\times(660 - 0.5\times112)\end{array}}{360\times(660 - 40)}\ \text{mm}^2$

$ = 1\,447.9\ \text{mm}^2 > 0.002A = 255.4\ \text{mm}^2$

实配纵筋每边 4Φ22($A_s = A'_s = 1\,520\ \text{mm}^2$)，配箍同例 7-8，轴心受压承载力验算同前例，满足要求。

3. 双向偏心受压构件计算

地震区的框架柱是最常见的同时承受轴向力 N 及两个主轴方向弯矩 M_x，M_y 作用的双向偏心受压构件（图 7-1b）。双向偏心受压构件的正截面承载力计算，同样可根据正截面承载力计算的基本假定，将受压区混凝土的应力图形简化为等效矩形应力图，任意位置处的钢筋应力 σ_s 可根据平截面假定求出应变 ε_s 再乘以弹性模量 E_s 求得。采用上述正截面承载力的一般理论进行分析时，需借助计算机用迭代方法求解，比较复杂。在工程设计中，通常采用下面给出的近似计算方法。

对于截面具有两个相互垂直的对称轴的钢筋混凝土双向偏心受压构件（图 7-23），采用基于弹性理论应力叠加原理的近似方法，计算其正截面受压承载力。

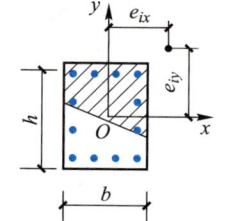

图 7-23　双向偏心
受压构件

设 N_{u0} 为不考虑稳定系数 φ 及系数 0.9 的截面轴心受压承载力设计值，$N_{ux}(N_{uy})$ 为轴向力作用于 $x(y)$ 轴、考虑相应的计算偏心距 $e_{ix}(e_{iy})$ 后，按全部纵向钢筋计算的构件偏心受压承载力设计值，N 为在截面两个对称轴方向同时有偏心距 $e_{ix}(e_{iy})$ 时，构件所能承受的轴向力设计值。设 A_0 为截面的换算面积，W_x 及 W_y 分别为 x 轴和 y 轴方向的换算截面抵抗矩。假设材料处于弹性阶段工作，在轴向力 N_{u0}，N_{ux}，N_{uy} 及 N 作用下，截面所能承受的最大应力均为 σ，则

$$\frac{N_{u0}}{A_0} = \sigma \tag{7-51}$$

$$N_{ux}\left(\frac{1}{A_0} + \frac{e_{ix}}{W_x}\right) = \sigma \tag{7-52}$$

$$N_{uy}\left(\frac{1}{A_0} + \frac{e_{iy}}{W_y}\right) = \sigma \tag{7-53}$$

$$N\left(\frac{1}{A_0} + \frac{e_{ix}}{W_x} + \frac{e_{iy}}{W_y}\right) = \sigma \tag{7-54}$$

在以上各式中消去 σ，A_0，W_x 及 W_y，可得

$$\frac{1}{N} = \frac{1}{N_{ux}} + \frac{1}{N_{uy}} - \frac{1}{N_{u0}} \tag{7-55}$$

或

$$N \leqslant \frac{1}{\dfrac{1}{N_{ux}} + \dfrac{1}{N_{uy}} - \dfrac{1}{N_{u0}}} \tag{7-56}$$

双向偏心受压构件的纵向受力钢筋通常沿截面四边布置(图7-24)。

当计算 N_{ux} 及 N_{uy} 时要考虑全部纵向钢筋,由于双向偏心受压构件中各钢筋的位置不同,达到承载能力极限状态时,其中一部分纵向钢筋的应力将达不到强度设计值,因此需计算出任意位置处的钢筋应力 σ_{si}。如图7-24所示多排钢筋截

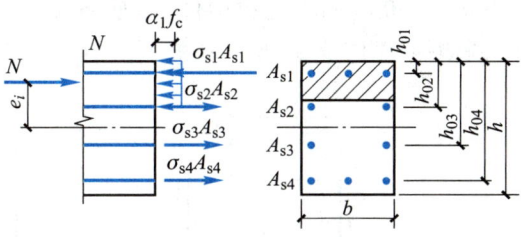

图7-24 多排配筋截面

面,对每一排钢筋逐次编号,$i = 1, 2, 3, 4$。根据轴向力和对截面中心取矩的平衡条件,可写出

$$N = \alpha_1 f_c bx - \sum_{i=1}^{4} \sigma_{si} A_i \tag{7-57}$$

$$Ne_i = \alpha_1 f_c bx(h-x)/2 - \sum_{i=1}^{4} \sigma_{si} A_{si}(0.5h - h_{0i}) \tag{7-58}$$

式中　A_{si} ——第 i 排钢筋的截面面积;

　　　h_{0i} ——第 i 排钢筋中心到受压边缘的距离;

　　　σ_{si} ——第 i 排钢筋的应力,可近似按下列公式计算:

$$\sigma_{si} = \frac{f_y\left(\dfrac{x}{h_{0i}} - \beta_1\right)}{\xi_b - \beta_1} \tag{7-59}$$

求得的 σ_{si} 应符合下列条件

$$-f_y' \leqslant \sigma_{si} \leqslant f_y \tag{7-60}$$

§7.3　偏心受拉构件正截面承载力计算
Strength of Eccentric Tension Members

7.3.1　偏心受拉构件的受力特点
Resistance Characteristic of Eccentric Tension Members

偏心受拉构件同时承受轴心拉力 N 和弯矩 M,其偏心距 $e_0 = M/N$。它是介于轴心受拉($e_0 = 0$)和受弯($N = 0$,相当于 $e_0 = \infty$)之间的一种受力构件,因此,其受力和破坏特点与 e_0 的大小有关。当偏心距很小时($e_0 < h/6$),构件处于全截面受拉的状态,开裂前的应力分布如图7-25a所示,随着偏心拉力的增大,截面受拉较大一侧的混凝土将先开裂,并迅速向对边贯通。此时,裂缝截面混凝土退出工作,偏心拉力由两侧的钢筋(A_s 和 A_s')共同承受,只是 A_s 承受的拉力较大。当偏心距稍大时($h/6 < e_0 < h/2 - a_s$),起初,截面一侧受拉另一侧受压,其应力分布如图7-25b所

示,随着偏心拉力的增大,靠近偏心拉力一侧的混凝土先开裂。由于偏心拉力作用于 A_s 和 A'_s 之间,在 A_s 一侧的混凝土开裂后,为保持力的平衡,在 A'_s 一侧的混凝土将不可能再存在受压区,此时中和轴已经移至截面之外,使这部分混凝土转为受拉,并随偏心拉力的增大而开裂。由于截面应变的变化,A'_s 也转为受拉钢筋。因此,如图 7-25a,b 所示的两种受力情况,截面混凝土都将裂通,偏心拉力全由左、右两侧的纵向受拉钢筋承受。只要两侧钢筋均不超过正常需要量,则当截面达到承载能力极限状态时,钢筋 A_s 和 A'_s 的拉应力均可能达到屈服强度。因此可以认为,对 $h/2-a_s>e_0>0$ 的偏心受拉构件,即轴向拉力位于 A_s 与 A'_s 之间的受拉构件,混凝土完全不参加工作,两侧钢筋 A_s 及 A'_s 均受拉屈服。这种构件称为小偏心受拉构件。

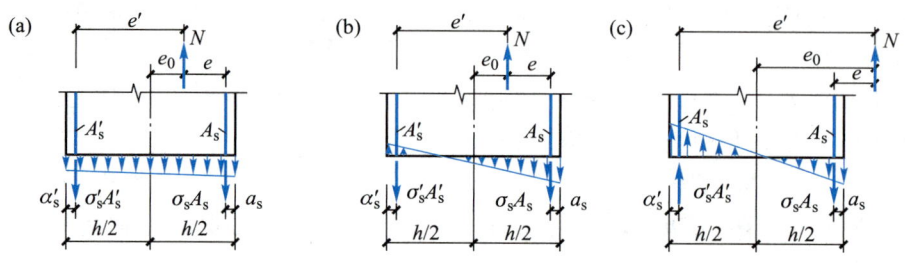

图 7-25　偏心受拉构件截面应力状态
（a）$e_0<h/6$;（b）$h/6<e_0<h/2-a_s$;（c）$e_0>h/2-a_s$

当偏心距 $e_0>h/2-a_s$ 时,即轴向拉力位于 A_s 和 A'_s 之外时,截面应力分布如图 7-25c 所示,混凝土受压区比图 7-25b 明显增大,随着偏心拉力的增加,靠近偏心拉力一侧的混凝土开裂,裂缝虽能开展,但不会贯通全截面,而始终保持一定的受压区。其破坏特点取决于靠近偏心拉力一侧的纵向受拉钢筋 A_s 的数量。当 A_s 适量时,它将先达到屈服强度,随着偏心拉力的继续增大,裂缝开展、混凝土受压区缩小。最后,受压区混凝土达到极限压应变及纵向受压钢筋 A'_s 达到屈服,使构件进入承载能力极限状态,如图 7-26b 所示。这种构件称为大偏心受拉构件。

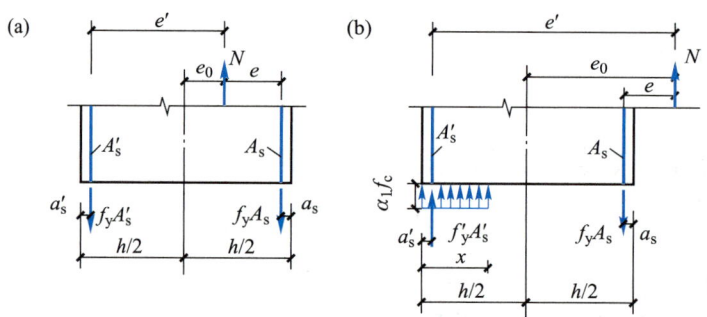

图 7-26　偏心受拉构件承载力计算图式

7.3.2　偏心受拉构件正截面承载力计算
Strength of Eccentric Tension Members

1. 基本计算公式

（1）小偏心受拉

由图 7-26a 建立力和力矩的平衡方程:

$$N \leqslant A_s f_y + A'_s f_y \tag{7-61}$$

$$Ne' = A_s f_y (h_0 - a'_s) \tag{7-62}$$

$$Ne \leqslant A'_s f_y (h_0 - a'_s) \tag{7-63}$$

式中，$e' = \dfrac{h}{2} - a'_s + e_0$，$e = \dfrac{h}{2} - a_s - e_0$。

（2）大偏心受拉

由图 7-26b 建立力和力矩的平衡方程：

$$N \leqslant f_y A_s - f'_y A'_s - \alpha_1 f_c bx \tag{7-64}$$

$$Ne \leqslant \alpha_1 f_c bx \left(h_0 - \frac{x}{2} \right) + A'_s f'_y (h_0 - a'_s) \tag{7-65}$$

式中，$e = e_0 - \dfrac{h}{2} + a_s$。

为保证构件不发生超筋和少筋破坏，并在破坏时纵向受压钢筋 A'_s 达到屈服强度，上述公式的适用条件是

$$x \leqslant \xi_b h_0$$

$$2a'_s \leqslant x$$

$$A_s \geqslant \rho_{\min} bh$$

同时还应指出，偏心受拉构件在弯矩和轴心拉力的作用下，也发生纵向弯曲。但与偏心受压构件相反，这种纵向弯曲将减小轴向拉力的偏心距。为计算简化，在设计基本公式中一般不考虑这种有利的影响。

2. 截面配筋计算

（1）小偏心受拉

当截面尺寸、材料强度及截面的作用效应 M 及 N 为已知时，可直接由式（7-62）及式（7-63）求出两侧的受拉钢筋。

（2）大偏心受拉

大偏心受拉时，可能存在下述几种情况。

情况 1：A_s 及 A'_s 均为未知。

此时式（7-64）及式（7-65）中有三个未知数 A_s，A'_s 及 x，需要补充一个方程才能求解。为节约钢筋，充分发挥受压混凝土的作用，令 $x = \xi_b h_0$，将 x 代入式（7-65）即可求得受压钢筋 A'_s。如果 $A'_s \geqslant \rho_{\min} bh$，说明取 $x = \xi_b h_0$ 成立，可进一步将 $x = \xi_b h_0$ 及 A'_s 代入式（7-64）求得 A_s。如果 $A'_s < \rho_{\min} bh$ 或为负值，则说明取 $x = \xi_b h_0$ 不能成立，此时应根据构造要求选用钢筋 A'_s 的直径及根数，然后按 A'_s 为已知的情况 2 考虑。

情况 2：已知 A'_s，求 A_s。

此时的计算为两个方程解两个未知数，故可由式（7-64）及式（7-65）联立求解。其步骤是：由式（7-65）求得混凝土相对受压区高度 ξ：

$$\xi = 1 - \sqrt{1 - 2 \frac{Ne - A'_s f'_y (h_0 - a'_s)}{\alpha_1 f_c b h_0^2}} \tag{7-66}$$

若 $2a_s' \leqslant x \leqslant \xi_b h_0$，则可将 x 代入式 $(7-64)$，求得靠近偏心拉力一侧的受拉钢筋截面面积为

$$A_s = (N + \alpha_1 f_c bx + A_s' f_y') / f_y \tag{7-67}$$

若 $x < 2a_s'$ 或为负值，则表明受压钢筋位于混凝土受压区合力作用点的内侧，破坏时将达不到其屈服强度，即 A_s' 的应力为一未知量，此时，应按情况 3 处理。

情况 3：A_s' 为已知，但 $x < 2a_s'$ 或为负值。

此时可取 $x = 2a_s'$ 计算 A_s 值，然后取该值作为截面配筋的依据。

矩形截面偏心受拉构件承载力设计计算框图如图 7-27 所示。

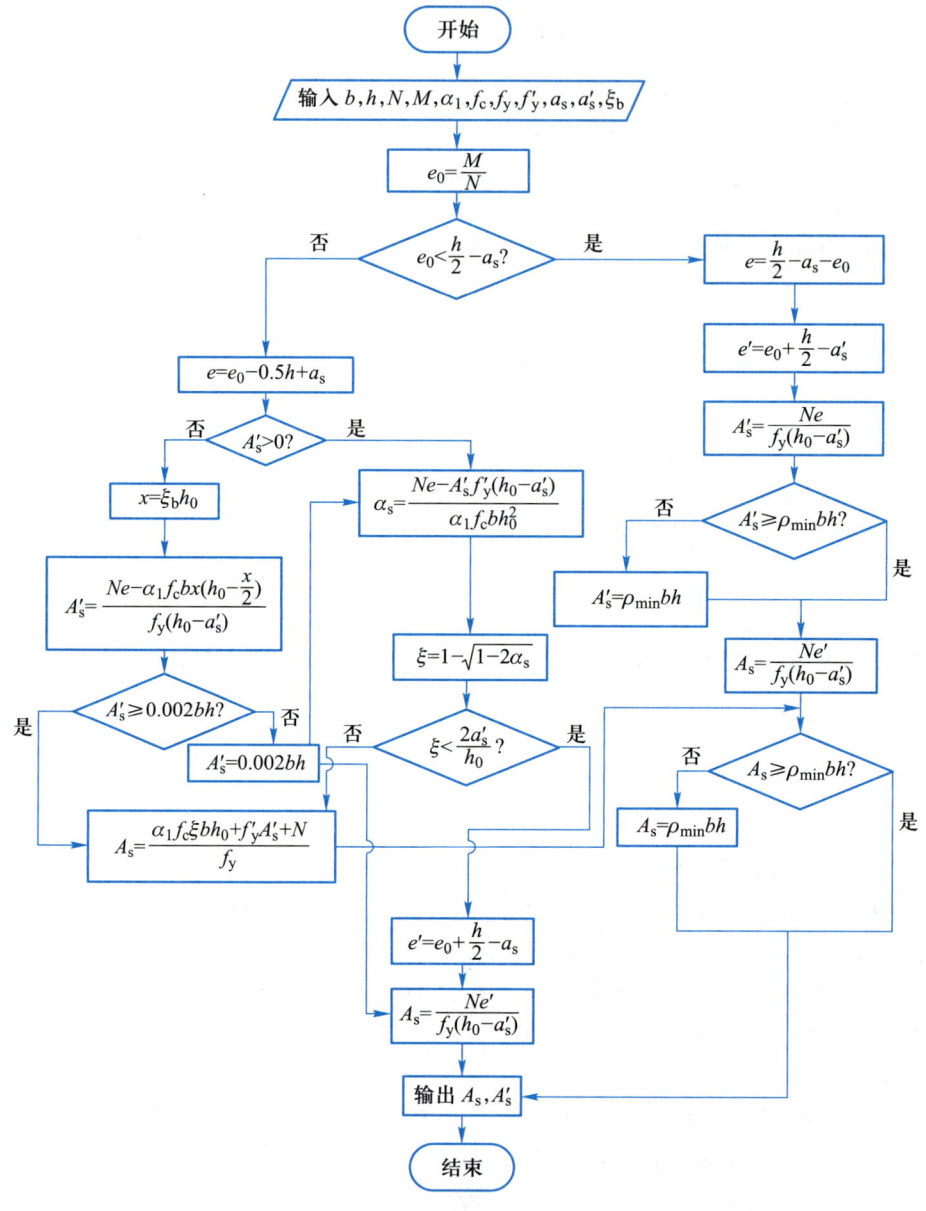

图 7-27　矩形截面偏心受拉构件承载力设计计算框图

3. 截面承载力复核

当截面复核时,截面尺寸、配筋、材料强度及截面的作用效应(M 和 N)均为已知。大偏心受拉时,在式(7-64)和式(7-65)中,仅 x 和截面偏心受拉承载力 N_u 为未知,故可联立求解。

若由式(7-64)和式(7-65)联立求得的 x 满足公式的适用条件,则将 x 代入式(7-64),即可得截面偏心受拉承载力为

$$N_u = f_y A_s - f'_y A'_s - \alpha_1 f_c bx \tag{7-68}$$

若 $x > \xi_b h_0$,说明 A_s 过量,截面破坏时,A_s 达不到屈服强度,需按式(7-16)计算纵筋 A_s 的应力 σ_s,并对偏心拉力作用点取矩,重新求 x,然后按下式计算截面偏心受拉承载力:

$$N_u = \sigma_s A_s - f'_y A'_s - \alpha_1 f_c bx \tag{7-69}$$

若 $x < 2a'_s$,可利用截面上的内外力对 A'_s 合力作用点取矩的平衡条件,求得 N_u。

小偏心受拉时,可由式(7-62)及式(7-63)分别求出 N_u,取其中的较小值作为 N_u。

以上求得的 N_u 与 N 比较,即可判别截面承载力是否足够。

【例 7-10】 某矩形水池,池壁厚度为 250 mm,混凝土强度等级为 C30($\alpha_1 = 1.0$, $f_c = 14.3$ N/mm^2),纵筋为 HRB400($f_y = f'_y = 360$ N/mm^2, $\xi_b = 0.518$),由内力计算得池壁某垂直截面中的弯矩设计值 $M = 25$ kN·m(使池壁内侧受拉),轴向拉力设计值 $N = 22.4$ kN。试确定垂直截面中沿池壁内侧和外侧所需钢筋 A_s 及 A'_s 的数量。

【解】 设 $a_s = a'_s = 35$ mm,则

$$h_0 = 250 \text{ mm} - 35 \text{ mm} = 215 \text{ mm}$$

$$e_0 = \frac{M}{N} = \frac{25\,000 \text{ kN·mm}}{22.4 \text{ kN}} = 1\,116 \text{ mm} > \frac{h}{2} - a_s = \frac{250 \text{ mm}}{2} - 35 \text{ mm} = 90 \text{ mm}$$

属于大偏心受拉构件。

$$e = e_0 - \frac{h}{2} + a_s = 1\,116 \text{ mm} - \frac{250 \text{ mm}}{2} + 35 \text{ mm} = 1\,026 \text{ mm}$$

A_s, A'_s 均为未知,为充分发挥混凝土的作用,令 $x = \xi_b h_0 = 0.518 \times 215 \text{ mm} = 111.37 \text{ mm}$,由式(7-65)求受压钢筋:

$$A'_s = \frac{Ne - \alpha_1 f_c b h_0^2 \xi_b (1 - 0.5\xi_b)}{f'_y (h_0 - a'_s)}$$

$$= \frac{22.4 \times 10^3 \text{ N} \times 1\,026 \text{ mm} - 1.0 \times 14.3 \text{ N/mm}^2 \times 1\,000 \text{ mm} \times 215^2 \text{ mm}^2 \times 0.518 \times (1 - 0.5 \times 0.518)}{360 \text{ N/mm}^2 \times (215 \text{ mm} - 35 \text{ mm})} < 0$$

说明根据计算不需要配置受压钢筋,故按最小配筋率确定 A'_s。查表得 $\rho'_{\min} = 0.2\%$,取 $A'_s = A'_{s,\min} = 0.002bh = 0.002 \times 1\,000 \text{ mm} \times 250 \text{ mm} = 500 \text{ mm}^2$,选用 $\Phi 8@100$($A'_s = 503$ mm^2/m),此时本题变为已知 A'_s 求 A_s 的问题。

$$Ne = 22\,400 \text{ N} \times 1\,026 \text{ mm} = 22.98 \text{ kN·m}$$

$$< 2a'_s(h_0 - a'_s)\alpha_1 f_c b = 2 \times 35 \text{ mm} \times (215 \text{ mm} - 35 \text{ mm}) \times 1.0 \times 14.3 \text{ N/mm}^2 \times 1\,000 \text{ mm}$$

$$= 180.2 \text{ kN·m}$$

因为 $x < 2a'_s$,取 $x = 2a'_s$,求 A_s:

$$e' = e_0 + \frac{h}{2} - a_s = 1\ 116\ \text{mm} + \frac{250\ \text{mm}}{2} - 35\ \text{mm} = 1\ 206\ \text{mm}$$

$$A_s = \frac{Ne'}{f_y(h_0 - a'_s)} = \frac{22\ 400\ \text{N} \times 1\ 206\ \text{mm}}{360\ \text{N/mm}^2 \times (215\ \text{mm} - 35\ \text{mm})} = 254.7\ \text{mm}^2$$

受拉钢筋选择 Φ8@140($A_s = 359\ \text{mm}^2/\text{m}$),考虑到偏心受拉构件一侧的受拉钢筋配筋率应不小于 0.2%和 $0.45f_t/f_y$ 的较大值,本题将材料数据代入,取 $\rho_{\min}$ 为 0.2%,故受拉钢筋与受压钢筋相同,也选择 Φ8@100。截面配筋如图 7-28 所示。

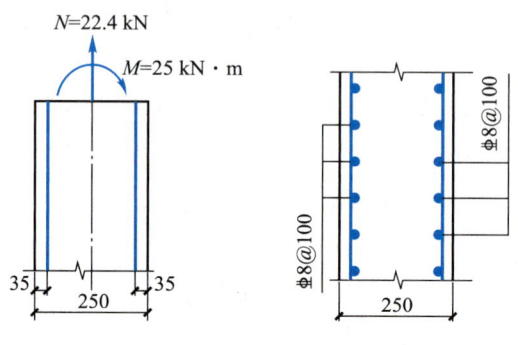

图 7-28   例 7-10 图

§7.4   偏心受力构件斜截面受剪承载力计算
Shear Strength of Diagonal Sections in Eccentric Members

7.4.1   偏心受力构件斜截面受剪性能
Shear Behavior of Diagonal Sections in Eccentric Members

对于偏心受力构件,往往在截面受到弯矩 M 及轴力 N(无论拉力或压力)共同作用的同时,还受到较大的剪力 V 作用。因此,对偏心受力构件,除进行正截面承载力计算外,还要验算其斜截面的受剪承载力。轴力的存在对斜截面的受剪承载力会产生一定的影响。例如在偏心受压构件中,轴向压应力的存在延缓了斜裂缝的出现和开展,使混凝土的剪压区高度增大,构件的受剪承载力得到提高。但在偏心受拉构件中,轴向拉力的存在使混凝土剪压区的高度比受弯构件的小,轴向拉力使构件的抗剪能力明显降低。

7.4.2   偏心受力构件斜截面受剪承载力计算公式
Formulas of Shear Strength of Diagonal Sections in Eccentric Members

1. 偏心受压构件

试验表明,当 $N < 0.3f_c bh$ 时,轴力引起的受剪承载力的增量 ΔV_N 与轴力 N 近乎成比例增长;当 $N > 0.3f_c bh$ 时,ΔV_N 将不再随 N 的增大而提高。如果 $N > 0.7f_c bh$,将发生偏心受压破坏。《标准》对矩形截面偏心受压构件的斜截面受剪承载力采用下列公式计算:

$$V = \frac{1.75}{\lambda + 1.0} f_t bh_0 + f_{yv}\frac{A_{sv}}{s}h_0 + 0.07N \tag{7-70}$$

式中　λ——偏心受压构件的计算剪跨比。对框架结构中的框架柱,当其反弯点在层高范围内时,可取 $\lambda = H_n/(2h_0)$;当 $\lambda < 1$ 时,取 $\lambda = 1$;当 $\lambda > 3$ 时,取 $\lambda = 3$;此处,H_n 为柱的净高,M 为计算截面上与剪力设计值 V 相应的弯矩设计值。对其他偏心受压构件,当承受均布荷载时,取 $\lambda = 1.5$;当承受集中荷载时(包括作用有多种荷载,且集中荷载对支座截面或节点边缘所产生的剪力值占总剪力值的 75% 以上的情况),取 $\lambda = a/h_0$;当 $\lambda < 1.5$ 时,取 $\lambda = 1.5$;当 $\lambda > 3$ 时,取 $\lambda = 3$;此处 a 为集中荷载至支座或节点边缘的距离。

　　N——与剪力设计值 V 相应的轴向压力设计值,当 $N > 0.3f_c A$ 时,取 $N = 0.3f_c A$,A 为构件的截面面积。

　　为了防止斜压破坏,截面尺寸应满足下列条件:

$$V \leqslant 0.25\beta_c f_c b h_0 \tag{7-71}$$

当符合下列条件时:

$$V \leqslant \frac{1.75}{\lambda + 1.0} f_t b h_0 + 0.07N \tag{7-72}$$

可不进行斜截面受剪承载力计算,按 5.2.1 小节所述的构造要求配置箍筋。

【例 7-11】　某钢筋混凝土矩形截面偏心受压框架柱,设计工作年限为 50 年,环境类别为一类,$b \times h = 400 \text{ mm} \times 600 \text{ mm}$,$H_n = 3.0 \text{ m}$,$a_s = a_s' = 40 \text{ mm}$。混凝土强度等级为 C30($f_t = 1.43 \text{ N/mm}^2$,$\beta_c = 1.0$),箍筋采用 HPB300($f_{yv} = 270 \text{ N/mm}^2$),纵向钢筋用 HRB400。在柱端作用轴向压力设计值 $N = 1\,500 \text{ kN}$,剪力设计值 $V = 282 \text{ kN}$,试求所需箍筋数量。

【解】　取 $a_s = 40 \text{ mm}$,$h_0 = h - a_s = 600 \text{ mm} - 40 \text{ mm} = 560 \text{ mm}$

(1) 验算截面尺寸

$$h_w = h_0 = 560 \text{ mm}$$

$$h_w/b = 560 \text{ mm}/400 \text{ mm} = 1.4 < 4.0$$

$V = 282 \text{ kN} \leqslant 0.25\beta_c f_c b h_0 = 0.25 \times 1.0 \times 14.3 \text{ N/mm}^2 \times 400 \text{ mm} \times 560 \text{ mm} = 800.8 \text{ kN}$
截面尺寸符合要求。

(2) 验算截面是否需按计算配置箍筋

$$\lambda = \frac{H_n}{2h_0} = \frac{3\,000 \text{ mm}}{2 \times 560 \text{ mm}} = 2.68, 1.0 < \lambda < 3.0$$

$$\frac{1.75}{\lambda + 1} f_t b h_0 = \frac{1.75}{2.68 + 1} \times 1.43 \text{ N/mm}^2 \times 400 \text{ mm} \times 560 \text{ mm} = 152.3 \text{ kN}$$

$$0.3f_c A = 0.3 \times 14.3 \text{ N/mm}^2 \times 400 \text{ mm} \times 600 \text{ mm} = 1\,029.6 \text{ kN} < N = 1\,500 \text{ kN}$$

故取 $N = 1\,029.6 \text{ kN}$。

$$\frac{1.75}{\lambda + 1} f_t b h_0 + 0.07N = \frac{1.75}{2.68 + 1} \times 1.43 \text{ N/mm}^2 \times 400 \text{ mm} \times 560 \text{ mm} + 0.07 \times 1\,029.6 \times 10^3 \text{ N}$$

$$= 224.4 \text{ kN} < 282 \text{ kN}$$

截面尺寸满足要求,但应按计算配置箍筋。

由式(7-70),有

$$\frac{nA_{sv1}}{s} = \frac{V-\left(\dfrac{1.75}{\lambda+1}f_t bh_0+0.07N\right)}{f_{yv}h_0} = \frac{282\ 000\ \text{N}-224.4\times10^3\ \text{N}}{270\ \text{N/mm}^2\times560\ \text{mm}} = 0.381\ \text{mm}^2/\text{mm}$$

采用 Φ8@250 的双肢箍筋时

$$\frac{nA_{sv1}}{s} = \frac{2\times50.3\ \text{mm}^2}{250\ \text{mm}} = 0.402\ \text{mm}^2/\text{mm}>0.381\ \text{mm}^2/\text{mm}$$

满足要求。

2. 偏心受拉构件

通过试验资料的分析,偏心受拉构件的斜截面受剪承载力可按下式计算:

$$V = \frac{1.75}{\lambda+1.0}f_t bh_0+f_{yv}\frac{A_{sv}}{s}h_0-0.2N \tag{7-73}$$

式中　　N ——与剪力设计值 V 相应的轴向拉力设计值;

　　　　λ ——计算截面的剪跨比,与偏心受压构件斜截面受剪承载力计算中的规定相同。

当式(7-73)右边的计算值小于 $f_{yv}\dfrac{A_{sv}}{s}h_0$ 时,考虑到箍筋承受的剪力,应取 $f_{yv}\dfrac{A_{sv}}{s}h_0$,且 $f_{yv}\dfrac{A_{sv}}{s}h_0$ 的值不得小于 $0.36f_t bh_0$。

【**例 7-12**】　某钢筋混凝土偏心受拉构件,设计工作年限为 50 年,环境类别为一类,截面配筋如图 7-29 所示。构件上作用轴向拉力设计值 $N=65$ kN,跨中承受集中荷载设计值为 120 kN,混凝土强度等级为 C30($f_t=1.43$ N/mm^2,$f_c=14.3$ N/mm^2,$\beta_c=1.0$),箍筋采用 HRB400($f_{yv}=360$ N/mm^2),纵向钢筋采用 HRB400。求箍筋的数量。

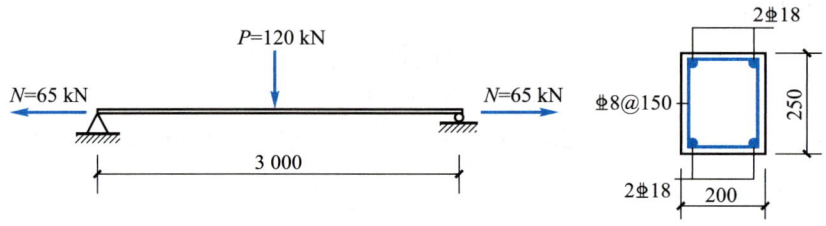

图 7-29　例 7-12 图

【**解**】　设 $a_s=a_s'=40$ mm,则

$$h_0 = 250\ \text{mm}-40\ \text{mm} = 210\ \text{mm}$$

由题意,有

$$N = 65\ \text{kN}$$

$$V = \frac{120\ \text{kN}}{2} = 60\ \text{kN}$$

$$M = 60\ \text{kN}\times1.5\ \text{m} = 90\ \text{kN}\cdot\text{m}$$

$$\lambda = \frac{a}{h_0} = \frac{1\ 500\ \text{mm}}{210\ \text{mm}} = 7.14>3.0$$

取 $\lambda=3.0$。

验算截面尺寸：

$$0.25\beta_c f_c bh_0 = 0.25 \times 1.0 \times 14.3 \text{ N/mm}^2 \times 200 \text{ mm} \times 210 \text{ mm} = 150.15 \text{ kN} > V = 60 \text{ kN}$$

截面尺寸符合要求。

由式(7-73)求箍筋的数量：

$$V_c = \frac{1.75}{1+\lambda} f_t bh_0 = \frac{1.75}{1+3} \times 1.43 \text{ N/mm}^2 \times 200 \text{ mm} \times 210 \text{ mm} = 26\ 276.25 \text{ N}$$

$$> 0.2 N = 0.2 \times 65\ 000 \text{ N} = 13\ 000 \text{ N}$$

$$\frac{nA_{sv1}}{s} = \frac{V - V_c + 0.2 N}{f_{yv} h_0} = \frac{60\ 000 \text{ N} - 26\ 276.25 \text{ N} + 13\ 000 \text{ N}}{360 \text{ N/mm}^2 \times 210 \text{ mm}} = 0.618 \text{ mm}^2/\text{mm}$$

采用 ⊕8@150 的双肢箍筋时

$$\frac{nA_{sv1}}{s} = \frac{2 \times 50.3 \text{ mm}^2}{150 \text{ mm}} = 0.670 \text{ mm}^2/\text{mm} > 0.618 \text{ mm}^2/\text{mm}$$

满足要求。

§7.5 偏心受力构件的构造要求
Detailing Requirements of Eccentric Members

1. 混凝土强度等级、计算长度及截面尺寸

（1）混凝土强度等级

受压构件的承载力主要取决于混凝土，因此采用较高强度等级的混凝土是经济合理的。一般柱的混凝土强度等级采用 C25 及 C30，对多层及高层建筑结构的下层柱，必要时可采用更高的强度等级。

（2）柱的计算长度

一般多层房屋中梁柱为刚接的框架结构各层柱段，其计算长度可根据表 7-2 的规定取用。

表 7-2 框架结构各层柱段的计算长度

楼盖类型	柱的类型	计算长度 l_0
现浇楼盖	底层柱	1.0 H
	其余各层柱	1.25 H
装配式楼盖	底层柱	1.25 H
	其余各层柱	1.5 H

注：表中 H 对底层柱为从基础顶面到一层楼盖顶面的高度，对其余各层柱为上、下两层楼盖顶面之间的高度。

表 7-2 中框架柱的计算长度 l_0 主要用于计算轴心受压框架柱稳定系数 φ，以及计算偏心受压构件裂缝宽度的偏心距增大系数。

刚性屋盖单层房屋排架柱的计算长度可按表 7-3 的规定取用。

表 7-3　刚性屋盖的单层房屋排架柱、露天吊车柱和栈桥柱的计算长度 l_0

柱的类别		排架方向	垂直排架方向	
			有柱间支撑	无柱间支撑
无吊车房屋排架柱	单跨	$1.5H$	$1.0H$	$1.2H$
	两跨及多跨	$1.25H$	$1.0H$	$1.2H$
有吊车房屋排架柱	上柱	$2.0H_u$	$1.25H_u$	$1.5H_u$
	下柱	$1.0H_l$	$0.8H_l$	$1.0H_l$
露天吊车柱和栈桥柱		$2.0H_l$	$1.0H_l$	—

注：1. 表中 H 为从基础顶面算起的柱子全高；H_l 为从基础顶面至装配式吊车梁底面或现浇式吊车梁顶面的柱子下部高度；H_u 为从装配式吊车梁底面或从现浇吊车梁顶面算起的柱子上部高度。

　　2. 表中有吊车房屋排架柱的计算长度，当计算中不考虑吊车荷载时，可按无吊车房屋的计算长度采用，但上柱的计算长度仍按有吊车房屋采用。

　　3. 表中有吊车房屋排架柱的上柱在排架方向的计算长度，仅适用于 H_u/H_l 不小于 0.3 的情况；当 H_u/H_l 小于 0.3 时，计算长度宜采用 $2.5H_u$。

在上述规定中，对底层柱段，H 为从基础顶面到一层楼盖顶面的高度，对其余各层柱段，H 为上、下两层楼盖顶面之间的高度。

（3）截面尺寸

为了充分利用材料强度，使构件的承载力不致因长细比大而降低过多，柱截面尺寸不宜过小，矩形截面的最小尺寸不宜小于 300 mm，同时截面的长边 h 与短边 b 的比值常选用为 $h/b=1.5\sim3.0$。一般截面应控制在 $l_0/b\leqslant30$ 及 $l_0/h\leqslant25$（b 为矩形截面的短边，h 为长边）。当柱截面的边长在 800 mm 以下时，截面尺寸以 50 mm 为模数；边长在 800 mm 以上时，以 100 mm 为模数。

2. 纵向钢筋及箍筋

（1）纵向钢筋

纵向钢筋配筋率过小时，纵筋对柱的承载力影响很小，接近于素混凝土柱，纵筋将起不到防止脆性破坏的缓冲作用。同时为了承受由于偶然附加偏心距（垂直于弯矩作用平面）、收缩及温度变化引起的拉应力，对受压构件的最小配筋率应有所限制。受压构件的最小配筋率限值见附表 9-1。从经济和施工方面考虑，为了不使截面配筋过于拥挤，全部纵向钢筋配筋率不宜超过 5%。纵向受力钢筋一般选用 HRB400、HRB500、HRBF400、HRBF500 钢筋，纵向受力钢筋直径 d 不宜小于 12 mm，一般直径为 12~40 mm。柱中宜选用根数较少、直径较粗的钢筋，但根数不得少于 4 根。圆柱中纵向钢筋应沿周边均匀布置，根数不宜少于 8 根，且不应少于 6 根。纵向钢筋的保护层厚度要求与梁相同。当柱为竖向浇筑混凝土时，纵筋的净距不应小于 50 mm，也不应大于 300 mm，配置在垂直于弯矩作用平面的纵向受力钢筋的间距不应大于 300 mm。对水平浇筑的预制柱，其纵筋间距的要求与梁相同。

当偏心受压柱的 $h\geqslant600$ mm 时，在侧面应设置直径为 10~16 mm 的纵向构造钢筋，并相应设置复合箍筋或拉筋。

（2）箍筋

受压构件中的箍筋应为封闭式。箍筋一般采用 HPB300、HRB400 钢筋，其直径不应小于

$d/4$,且不应小于 6 mm,此处,d 为纵向钢筋的最大直径。

箍筋间距不应大于 400 mm,不应大于构件截面的短边尺寸,且不应大于 15d,d 为纵向钢筋的最小直径。

当柱中全部纵向钢筋的配筋率超过 3% 时,箍筋直径不应小于 8 mm,间距不应大于 10d,且不应大于 200 mm,箍筋末端应做成 135° 的弯钩,弯钩末端平直段的长度不应小于 10 倍箍筋直径。箍筋间距不应大于 10d(d 为纵向钢筋的最小直径)。

当柱截面短边尺寸大于 400 mm 且纵筋根数超过 3 根时,应设置复合箍筋;当柱的短边尺寸不大于 400 mm,但纵向钢筋多于 4 根时,应设置复合箍筋(图 7-30)。箍筋不允许内折角。

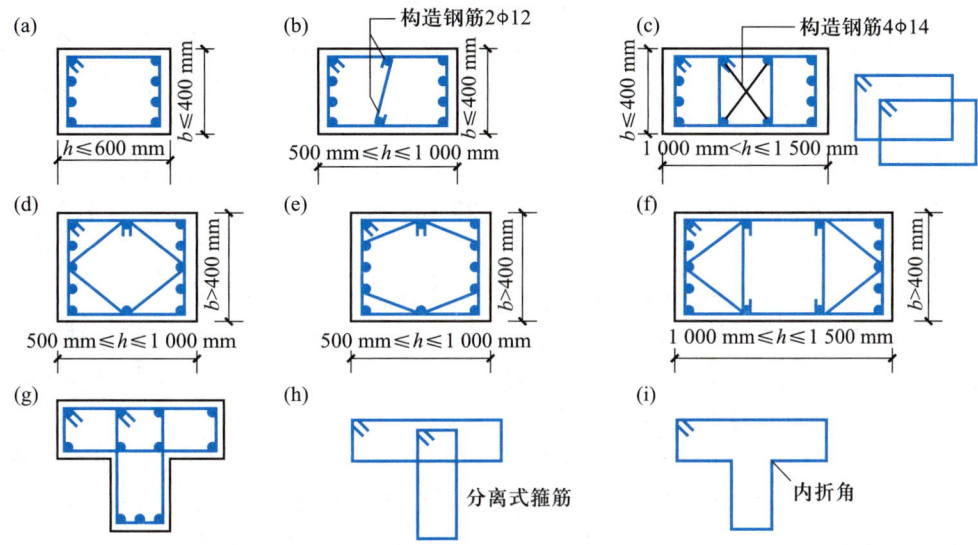

图 7-30　偏心受压构件的构造要求

柱内纵向钢筋搭接长度范围内的箍筋间距应符合梁中搭接长度范围内的相应规定。

工字形柱的翼缘厚度不宜小于 120 mm,腹板厚度不宜小于 100 mm。当腹板开有孔洞时,宜在孔洞周边每边设置 2~3 根直径不小于 8 mm 的补强钢筋。每个方向补强钢筋的截面面积不宜小于该方向被截断钢筋的截面面积。

腹板开孔洞的工字形柱,当孔洞的横向尺寸小于柱截面高度的一半,孔洞的竖向尺寸小于相邻两孔洞之间的净距时,柱的刚度可按实腹工字形柱计算,但在计算承载力时应扣除孔洞的削弱部分;当开孔洞尺寸超过规定时,柱的刚度和承载力应按双肢柱计算。

3. 上、下层柱的接头

在多层现浇钢筋混凝土结构中,一般在楼盖顶面处设置施工缝,上下柱须做成接头。通常是将下层柱的纵筋伸出楼面一段距离,其长度为纵筋的搭接长度 l_l,与上层柱纵筋相搭接。纵向受拉钢筋绑扎搭接接头的搭接长度 l_l,应根据位于同一连接区段的钢筋搭接接头的面积百分率,由 $l_l = \zeta l_a$ 计算(ζ 为纵向受拉钢筋搭接长度修正系数),且不应小于 300 mm;受压钢筋的搭接长度取受拉钢筋搭接长度的 70%,且不应小于 200 mm,l_a 见附录 8。在搭接长度范围内箍筋应加密,当搭接钢筋为受拉钢筋时,其箍筋间距不应大于 5d,且不应大于 100 mm;当搭接钢筋为受压钢筋时,其箍筋间距不应大于 $10d$,且不应大于 200 mm。d 为受力钢筋中的最小直径。当上、下层柱截面尺寸不同时,可在梁高范围内将下层柱的纵筋弯折一倾斜角,然后伸入上层柱,也可采用附加短筋与上层柱纵筋搭接。

§7.6　小结
Summary

① 单向偏心受压构件随配筋特征值(即受压区高度)ξ 的不同,有受拉破坏和受压破坏两种不同的破坏形式。这两种破坏形式与受弯构件的适筋破坏和超筋破坏基本相同。

　　两种偏心受压破坏的分界条件:$\xi \leqslant \xi_b$ 时为大偏心受压破坏;$\xi > \xi_b$ 时为小偏心受压破坏。两种偏心受压构件的正截面承载力计算方法不同,故在计算时必须首先进行判别。在截面设计时,由于往往无法首先确定 ξ 值,也就不可能直接利用上述分界条件进行判别。此时可用 e_i 进行近似判别,即 $e_i > 0.3h_0$ 时为大偏心受压构件,否则为小偏心受压构件。

② 工程实际中存在着荷载作用位置的不定性、混凝土质量的不均匀性及施工的偏差等因素,考虑在偏心方向存在附加偏心距 e_a,其值应取 20 mm 和偏心方向截面尺寸的 1/30 两者中的较大值。

③ 在结构发生层间位移和挠曲变形时,会产生 $P-\Delta$ 效应和 $P-\delta$ 效应。本章重点介绍了不须考虑 $P-\delta$ 效应的条件和考虑 $P-\delta$ 效应的计算方法 $C_m-\eta_{ns}$ 法。截面设计时应针对结构内力分析的结果(M_1,M_2,N),结合构件的长细比、柱两端弯矩的大小及方向求得考虑侧向挠曲效应后的弯矩的设计值 M,再进行柱截面承载力设计。

④ 建立偏心受压构件正截面承载力计算公式的基本假定与受弯构件是完全一样的。大偏心受压构件的计算方法与受弯构件双筋截面的计算方法大同小异。小偏心受压构件由于受拉边或受压较小边钢筋 A_s 的应力 σ_s 为非确定值($-f_y' \leqslant \sigma_s \leqslant f_y$),计算较为复杂。

⑤ 单向偏心受压构件有非对称配筋与对称配筋两种配筋形式,后者在工程中比较常用。单向偏心受压构件利用基本公式进行计算的方法和步骤可归纳成图 7-14a 和图 7-14b 所示的计算框图。

⑥ 单向偏心受压构件常用的截面形式有矩形截面、工字形截面、T 形截面、箱形截面和圆形截面,其正截面受力特征基本相同,只是由于截面尺寸的特点在计算公式的表达上及截面几何特征的计算上有所不同。

⑦ 偏心受拉构件由于偏心力的作用位置不同分为大偏心受拉和小偏心受拉两种情况。小偏心受拉构件破坏时拉力全部由钢筋承受,在满足构造要求的前提下,以采用较小的截面尺寸为宜;大偏心受拉构件的受力特点类似于受弯构件,随着受拉钢筋配筋率的变化,将出现少筋、适筋和超筋破坏。截面尺寸的加大有利于抗弯和抗剪。

⑧ 偏心受力构件的斜截面受剪承载力计算与受弯构件类似,只是压力的存在一般可使受剪承载力有所提高,拉力的存在一般可使抗剪能力明显降低。

⑨ 双向偏心受压构件的正截面承载力计算方法,同样可以根据平截面假定,将受压区混凝土的应力图形简化成等效应力图形(即与单向偏心受压构件类同的破坏条件)建立起计算公式。但是,这样建立起来的计算方法,其计算过程相当冗繁,实际上只有利用计算机才能求解。因此,国内外一般均采用简化的近似方法。我国规范所采用的方法是基于倪克勤按材料力学导出的承

载力相关公式,并利用这一公式建立了便于设计应用的直接计算法。

　　⑩ 表 7-4、表 7-5 列出了工程中偏心受拉及偏心受压构件正截面承载力计算公式。应用基本计算公式进行截面设计时,不必死背公式,可以根据构件截面承载力极限状态的图式,考虑基本计算假定后,自行推导公式(利用平衡条件)。这样概念明确,符号和数值都不易出错。

表 7-4　工程中偏心受拉构件正截面承载力计算公式

矩形截面		计算公式
	大偏拉	$N \leqslant f_y A_s - f'_y A'_s - \alpha_1 f_c bx$ $Ne \leqslant \alpha_1 f_c bx \left(h_0 - \dfrac{x}{2} \right) + A'_s f'_y (h_0 - a'_s)$ $e = e_0 - \dfrac{h}{2} + a_s$
	小偏拉	$N \leqslant A_s f_y + A'_s f_y$ $Ne \leqslant A'_s f_y (h_0 - a'_s)$ $Ne' = A_s f_y (h_0 - a'_s)$ $e = \dfrac{h}{2} - a_s - e_0$ $e' = \dfrac{h}{2} - a'_s + e_0$

表 7-5　工程中偏心受压构件正截面承载力计算公式

矩形截面		计算公式
	大偏压	$N = \alpha_1 f_c bx + f'_y A'_s - f_y A_s$ $Ne = \alpha_1 f_c bx \left(h_0 - \dfrac{x}{2} \right) + f'_y A'_s (h_0 - a'_s)$ $e = e_i + \dfrac{h}{2} - a_s$
	小偏压	$N = \alpha_1 f_c bx + f'_y A'_s - \sigma_s A_s$ $Ne = \alpha_1 f_c bx \left(h_0 - \dfrac{x}{2} \right) + f'_y A'_s (h_0 - a'_s)$ $\sigma_s = f_y \dfrac{\xi - \beta_1}{\xi_b - \beta_1}$
工字形截面	$x \leqslant h'_f$	$N = \alpha_1 f_c b'_f x + f'_y A'_s - f_y A_s$ $Ne = \alpha_1 f_c b'_f x \left(h_0 - \dfrac{x}{2} \right) + f'_y A'_s (h_0 - a'_s)$
	$h'_f < x \leqslant \xi_b h_0$	$N = \alpha_1 f_c [bx + (b'_f - b) h'_f] + f'_y A'_s - f_y A_s$ $Ne = \alpha_1 f_c [bx (h_0 - 0.5x) + (b'_f - b) h'_f (h_0 - 0.5 h'_f)] + f'_y A'_s (h_0 - a'_s)$

续表

	计算公式
工字形截面	$\xi_b h_0 < x \leqslant h - h_f$ $N = \alpha_1 f_c A_c + f'_y A'_s - \sigma_s A_s$ $Ne = \alpha_1 f_c S_c + f'_y A'_s (h_0 - a'_s)$ $A_c = bx + (b'_f - b) h'_f$ $S_c = bx(h_0 - 0.5x) + (b'_f - b) h'_f (h_0 - 0.5h'_f)$
	$\xi_b h_0 < x$ 且 $h - h_f < x$ $N = \alpha_1 f_c A_c + f'_y A'_s - \sigma_s A_s$ $Ne = \alpha_1 f_c S_c + f'_y A'_s (h_0 - a'_s)$ $A_c = bx + (b'_f - b) h'_f + (b_f - b)(x - h + h_f)$ $S_c = bx(h_0 - 0.5x) + (b'_f - b) h'_f (h_0 - 0.5h'_f) + (b_f - b)(x - h + h_f)[h_f - a_s - 0.5(x - h + h_f)]$

思 考 题
Questions

7-1　为什么要考虑附加偏心距?

7-2　试说明弯矩增大系数 η_{ns} 的意义,并扼要说明建立 η_{ns} 计算公式的途径。

7-3　如何根据构件内力分析结果 M_1, M_2, N 及构件的几何特征来确定考虑二阶效应影响的柱截面弯矩的设计值 M?

7-4　试从破坏原因、破坏性质及影响承载力的主要因素来分析偏心受压构件的两种破坏特征。当构件的截面、配筋及材料强度给定时,形成两种破坏特征的条件是什么?

7-5　大偏心受压和小偏心受压的破坏特征有何区别? 截面应力状态有何不同? 它们的分界条件是什么?

7-6　试比较大偏心受压构件和双筋受弯构件的应力分布和计算公式的异同。

7-7　在大偏心和小偏心受压构件截面设计时为什么都要补充一个条件(或方程)? 这个补充条件是根据什么建立的?

7-8　试写出界限受压承载力设计值 N_b 及界限偏心距 e_{0b} 的表达式,这些表达式说明了什么?

7-9　在截面设计中为什么要以界限偏心距来判断大偏心或小偏心受压情况? 在对称配筋情况下为什么不能单凭它来判断?

7-10　对称配筋与非对称配筋偏心受压构件的判别式和计算公式有何不同?

7-11　对称配筋矩形截面偏心受压构件的 N-M 相关曲线是怎样推导出来的? 它可以用来说明哪些问题?

7-12　试从大小偏心受压破坏的特征,解释 N-M 相关曲线的规律。

7-13　条件 $e_i \leqslant 0.3h_0$ 可以用来判别是哪一种偏心受压?

7-14　在偏心受压构件的截面配筋计算中,当 A_s 及 A'_s 均未知和 A'_s(或 A_s)为已知时,分别应如何进行截面的配筋计算?

7-15　在偏心受压构件的截面配筋计算中,如 $e_i \leqslant 0.3h_0$,为什么需首先确定距轴力较远一侧的配筋截面面积? 而 A_s 的确定为什么与 A'_s 及 ξ 无关?

7-16　对截面尺寸、配筋(A_s 及 A'_s)及材料强度均给定的非对称配筋矩形截面偏心受压构件,当已知 e_0 要验算截面的受压承载力时,为什么不能用 $e_i \leqslant 0.3h_0$ 或 $e_i > 0.3h_0$ 判别大小偏心受压情况?

7-17　对称配筋矩形截面偏心受压构件,当出现下列情况时:

(1) $e_i > 0.3 h_0$ 且 $N > \alpha_1 f_c \xi_b b h_0$

(2) $e_i \leqslant 0.3 h_0$ 且 $N < \alpha_1 f_c \xi_b b h_0$

应如何判别是哪一种偏心受压情况? 出现上述现象应如何解释?

7-18　钢筋混凝土受压构件配置箍筋有何作用? 对其直径、间距和附加箍筋有何要求?

7-19　偏心受压构件斜截面受剪承载力的计算公式是根据什么破坏特征建立的? 怎样防止出现其他破坏情况?

7-20　工程中哪些结构构件属于双向偏心受压构件? 其承载力计算有哪几种方法?

习　题
Exercises

7-1　已知矩形截面柱 $b = 300$ mm,$h = 400$ mm。构件的环境类别为一类,设计工作年限为 50 年。计算长度 $l_0 = 3$ m,作用轴向力设计值 $N = 450$ kN,弯矩设计值 $M_1 = 125$ kN·m,$M_2 = 190$ kN·m,混凝土强度等级为 C30,钢筋采用 HRB400。试设计纵向钢筋 A_s 及 A'_s 的数量。

7-2　已知条件与习题 7-1 相同,但受压钢筋已配有 4Φ16 的 HRB400 纵向钢筋。试设计 A_s 的数量。

7-3　已知矩形截面柱 $h = 600$ mm,$b = 400$ mm,计算长度 $l_0 = 6$ m,柱上作用轴向力设计值 $N = 2\,600$ kN,弯矩设计值 $M_1 = M_2 = 180$ kN·m,混凝土强度等级为 C30,钢筋为 HRB400。设计工作年限为 50 年,构件的环境类别为二 a。试设计纵向钢筋 A_s 及 A'_s 的数量,并验算垂直弯矩作用平面的抗压承载力。

7-4　已知矩形截面偏心受压柱 $h = 600$ mm,$b = 300$ mm,计算长度 $l_0 = 4$ m,受压区已配有 2Φ16 的钢筋,柱上作用轴向力设计值 $N = 780$ kN,弯矩设计值 $M_1 = -125$ kN·m,$M_2 = 390$ kN·m,混凝土强度等级为 C30,钢筋为 HRB400。设计工作年限为 50 年,环境类别为二 b。试设计配筋的数量。

7-5　已知矩形截面偏心受压柱 $h = 600$ mm,$b = 400$ mm,计算长度 $l_0 = 4.5$ m,受压区已配有 4Φ25 钢筋,柱上作用轴向力设计值 $N = 468$ kN,弯矩设计值 $M_1 = M_2 = 234$ kN·m,混凝土强度等级为 C30,钢筋为 HRB400。设计工作年限为 50 年,环境类别为二 a。试设计配筋数量。

7-6　已知条件同习题 7-1,试设计对称配筋的钢筋数量。

7-7　已知条件同习题 7-3,试设计对称配筋的钢筋数量。

7-8　已知矩形截面偏心受压构件,$b = 300$ mm,$h = 500$ mm,$a_s = a'_s = 36$ mm,$l_0 = 4.0$ m,采用对称配筋,$A_s = A'_s = 804$ mm²(4Φ16),混凝土强度等级为 C30,纵筋为 HRB400。设轴向力沿长边方向的偏心距 $e_0 = 120$ mm(已考虑纵向弯曲的影响),试求此柱的受压承载力设计值。

7-9　已知矩形截面偏心受压构件 $b \times h = 400$ mm×600 mm,$l_0 = 6.0$ m,截面配筋 $A'_s = 1\,256$ mm²(4Φ20),$A_s = 1\,964$ mm²(4Φ25)。混凝土强度等级为 C30,纵筋为 HRB400。$a_s = a'_s = 40$ mm,轴向力沿长边方向的偏心距 $e_0 = 100$ mm(已考虑纵向弯曲的影响)。试求该构件的受压承载力设计值 N。

7-10　已知矩形截面偏心受压构件 $b \times h = 400$ mm×600 mm,$l_0 = 6.0$ m,构件环境类别为一类,设计工作年限为 50 年。在截面上作用一偏心力 $N = 1\,500$ kN,其偏心距 e_0 分别为 100 mm,200 mm,300 mm,400 mm,500 mm,600 mm,700 mm,800 mm。采用对称配筋($A_s = A'_s$),混凝土强度等级为 C30,纵向受力钢筋采用 HRB400。试分别设计以上 8 种情况下截面的配筋数量,并绘出用钢量随偏心距变化的关系图。

7-11　已知工字形截面柱尺寸如图 7-31 所示,计算长度 $l_0 = 6$ m,构件环境类别为一类,设计工作年限为 50 年。轴向力设计值 $N = 650$ kN,弯矩设计值 $M_1 = M_2 = 226.2$ kN·m,混凝土强度等级为 C30,钢筋为 HRB400。试设计对称配筋的数量。

7-12　已知工字形截面柱,尺寸如图 7-32 所示,构件环境类别为一类,设计工作年限为 50 年。计算长度

$l_0 = 7.6$ m,柱承受轴向力设计值 $N = 1\,900$ kN,弯矩设计值 $M_1 = 91.2$ kN·m,$M_2 = 114.9$ kN·m,混凝土强度等级为 C30,钢筋为 HRB400。试设计对称配筋的数量。

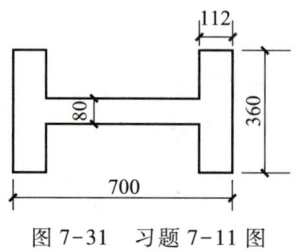

图 7-31　习题 7-11 图

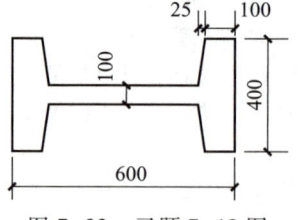

图 7-32　习题 7-12 图

7-13　已知双向偏心受压构件截面尺寸 $b×h = 500$ mm×800 mm,$a_x = a_y = a'_x = a'_y = 40$ mm,柱承受内力设计值 $N = 2\,700$ kN,$M_x = 330$ kN·m(沿截面高度 h 方向),$M_y = 180$ kN·m(沿截面宽度 b 方向),混凝土强度等级为 C30,钢筋采用 HRB400。试计算该截面配筋。

7-14　某悬臂式桁架的上弦截面为矩形,$b×h = 200$ mm×300 mm,截面中内力设计值 $N = 225$ kN,$M = 22.5$ kN·m;混凝土强度等级为 C30,钢筋为 HRB400,$a_s = a'_s = 40$ mm。试设计该截面的纵向受力钢筋。

7-15　某钢筋混凝土涵洞尺寸如图 7-33 所示,其顶板 1-1 截面在板上荷载(包括自重)及洞内水压力作用下,沿洞长 1 m 垂直截面中的内力设计值 $N = 630$ kN(轴心拉力),$M = 490$ kN·m(板底受拉);混凝土强度等级为 C30,钢筋为 HRB400,$a_s = a'_s = 60$ mm。试计算 1-1 截面($b×h = 1\,000$ mm×400 mm)的纵向受力钢筋 A_s 和 A'_s。

7-16　如图 7-34 所示,某厂房双肢柱拉肢截面尺寸 $b×h = 800$ mm×300 mm,其内力设计值 $N = 250$ kN(轴心拉力),$M = 45$ kN·m;混凝土强度等级为 C30,钢筋为 HRB400,$a_s = a'_s = 35$ mm。试计算该柱拉肢的纵向受力钢筋 A_s 和 A'_s。

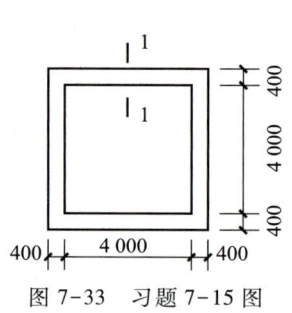

图 7-33　习题 7-15 图

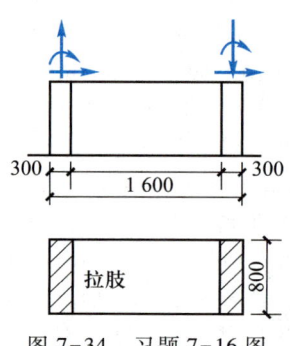

图 7-34　习题 7-16 图

7-17　已知矩形截面偏心受拉构件,截面尺寸 $b×h = 300$ mm×400 mm,截面上作用的弯矩设计值为 $M = 56$ kN·m,轴向拉力设计值 $N = 252$ kN。设 $a_s = a'_s = 40$ mm,混凝土强度等级为 C30,纵向钢筋为 HRB400。试求该截面所需的 A_s 和 A'_s。

7-18　已知矩形截面偏心受拉构件,截面尺寸为 300 mm×500 mm,截面配筋为 $A'_s = 982$ mm²(2Φ25),$A_s = 942$ mm²(3Φ20);混凝土强度等级为 C30,纵向钢筋为 HRB400,设轴向拉力的偏心距 $e_0 = 120$ mm。构件环境类别为一类,设计工作年限为 50 年。试求该偏心受拉构件的受拉承载力设计值 N。

7-19　某偏心受压柱,截面尺寸 $b×h = 400$ mm×600 mm,柱净高 $H_n = 3.5$ m。设 $a_s = a'_s = 35$ mm,混凝土强度等级为 C30,箍筋为 HPB300,在柱端作用轴向压力设计值 $N = 800$ kN,剪力设计值 $V = 269$ kN。构件环境类别为一类,设计工作年限为 50 年。试确定满足该柱斜截面受剪承载力所需的箍筋数量。

7-20　某偏心受拉构件,截面尺寸 $b×h = 300$ mm×400 mm,截面承受轴向力设计值 $N = 852$ kN,在距节点边缘 480 mm 处作用有一集中力,集中力产生的节点边缘截面剪力设计值 $V = 30$ kN。构件环境类别为一类,设计工作年限为 50 年。混凝土强度等级为 C30,箍筋为 HPB300,纵筋为 HRB400。试求该拉杆所需配置的箍筋。

第 **8** 章
Chapter 8

钢筋混凝土构件的裂缝、变形和耐久性
Crack, Deflection and Durability of Reinforced Concrete Members

本章学习目标：

了解构件变形、裂缝和耐久性的重要性；

掌握钢筋混凝土构件变形和裂缝宽度的验算方法；

熟悉减小构件变形和裂缝宽度及提高结构构件耐久性的方法。

本章的重点是构件变形和裂缝宽度的验算方法，难点是验算公式的推导过程。

§8.1　概述
Introduction

设计任何建筑物和构筑物时，必须使其满足下列各项预定的功能要求：

① 安全性：即结构构件能承受在正常施工和正常使用时可能出现的各种作用，以及在偶然事件发生时及发生后，仍能保持必需的整体稳定性。

② 适用性：即在正常使用时，结构构件具有良好的工作性能，不出现过大的变形、过宽的裂缝和不舒适的振动。

③ 耐久性：即在正常的维护下，结构构件具有足够的耐久性能，不发生锈蚀和风化现象。

安全、适用和耐久，是结构可靠的标志，总称为结构的可靠性。

以上各章讨论的承载力设计问题主要解决结构构件的安全性问题，不能解决结构构件的适用性和耐久性问题。对于使用上需要控制变形和裂缝的结构构件，除了要进行临近破坏阶段的承载力计算以外，还要进行正常使用情况下的变形和裂缝验算。因为，过大的变形会造成房屋内粉刷层剥落、填充墙和隔断墙开裂及屋面积水等后果；在多层精密仪表车间中，过大的楼面变形可能会影响产品的质量；水池、油罐等结构开裂会引起渗漏现象；过大的裂缝会影响结构的耐久性；过大的变形和裂缝也将使使用户在心理上产生不安全感。

此外，混凝土结构是由多种材料组成的复合人工材料，由于结构本身组成成分及承载受力特点，在周围环境中水及侵蚀性介质的作用下，随着时间的推移，

第 8 章 课件

混凝土将出现裂缝、破碎、酥裂、磨损、溶蚀等现象,钢筋将出现锈蚀、脆化、疲劳、应力腐蚀等现象,钢筋与混凝土之间的黏结锚固作用将逐渐减弱,即出现耐久性问题。开始时耐久性问题表现为对结构构件外观和使用功能的影响,到一定阶段可能引发承载力方面的问题,使结构构件出现突然的破坏。

图 8-1 为结构构件超过正常使用极限状态的示例。

进行结构构件设计时,既要保证它们不超过承载能力极限状态,又要保证它们不超过正常使用极限状态。为此,要求对它们进行下列计算和验算:

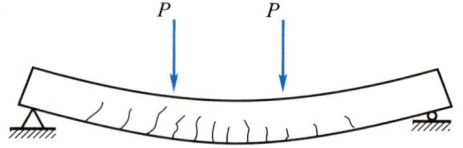

图 8-1   结构构件超过正常使用
极限状态的示例

① 所有结构构件均应进行承载力(包括压屈失稳)计算;在必要时尚应进行结构的倾覆和滑移验算。

处于地震区的结构,尚应进行结构构件抗震的承载力验算。

② 对某些直接承受重复荷载的构件,应进行疲劳强度验算。

③ 对使用上需要控制变形值的结构构件,应进行变形验算。

④ 根据裂缝控制等级的要求,应对混凝土结构构件的裂缝控制情况进行验算。对叠合式受弯构件,尚应进行纵向钢筋拉应力验算。

如同第 2 章所述,正常使用极限状态和承载能力极限状态对应着结构的两个不同的工作阶段,因而要采用不同的荷载效应代表值和荷载效应组合进行验算与计算。此外,在荷载保持不变的情况下,由于混凝土的徐变等特性,裂缝和变形将随着时间的推移而发展。因此在讨论裂缝和变形的荷载效应组合时,应该区分荷载效应的标准组合和准永久组合。对构件进行正常使用极限状态的验算时,应该根据不同要求,分别按荷载效应的标准组合或准永久组合进行验算,以保证变形、裂缝、应力等计算值不超过相应的规定限值。正常使用极限状态的一般验算公式和各种荷载组合的公式见式(2-19)~式(2-22)。

§8.2   裂缝宽度验算
Check of Width of Crack

裂缝按其形成的原因可分为两大类:一类是由荷载引起的裂缝;另一类是由变形因素(非荷载)引起的裂缝,如由材料收缩、温度变化、钢筋锈蚀膨胀及地基不均匀沉降等原因引起的裂缝。很多裂缝往往是几种因素共同作用的结果。调查表明,工程实践中结构物的裂缝属于变形因素为主引起的约占 80%,属于荷载为主引起的约占 20%。非荷载引起的裂缝十分复杂,目前主要通过构造措施(如加强配筋、设变形缝等)进行控制。本节所讨论的为荷载引起的正截面裂缝验算。

8.2.1   验算公式
Checking Formulas of the Width

根据正常使用阶段对结构构件裂缝的不同要求,将裂缝的控制等级分为三级:正常使用阶段严格要求不出现裂缝的构件,裂缝控制等级属于一级;正常使用阶段一般要求不出现裂缝的构件,裂缝控制等级属于二级;正常使用阶段允许出现裂缝的构件,裂缝控制等级属于三级。

钢筋混凝土结构构件由于混凝土的抗拉强度低,在正常使用阶段常带裂缝工作,因此,其裂缝控制等级属于三级。若要使结构构件的裂缝控制等级达到一级或二级要求,必须对其施加预应力,将结构构件做成预应力混凝土结构构件。

试验和工程实践表明,在一般环境情况下,只要将钢筋混凝土结构构件的裂缝宽度限制在一定的范围以内,结构构件内的钢筋并不会锈蚀,对结构构件的耐久性也不会构成威胁。因此,裂缝宽度的验算可以按下面的公式进行:

$$w_{\max} \leqslant w_{\lim} \tag{8-1}$$

式中 $w_{\max}$——按荷载效应的标准组合或准永久组合并考虑长期作用影响计算的最大裂缝宽度;

$w_{\lim}$——最大裂缝宽度限值,建筑工程结构构件的最大裂缝宽度限值见附表3-2。

因此,裂缝宽度的验算主要是按荷载效应的标准组合或准永久组合并考虑长期作用影响的最大裂缝宽度 $w_{\max}$ 的计算。求得 $w_{\max}$ 后,按式(8-1)即可判定是否超出限值。

8.2.2 $w_{\max}$ 的计算方法
Calculation Methods of $w_{\max}$

规范采用平均裂缝宽度乘以扩大系数的方法确定最大裂缝宽度 $w_{\max}$。下面介绍如何建立 $w_{\max}$ 公式。

1. 平均裂缝宽度 w_{m}

在裂缝出现的过程中,存在一个裂缝基本稳定的阶段。因此,对于一根特定的构件,其平均裂缝间距 l_{cr} 可以用统计方法根据试验资料求得,相应地也存在一个平均裂缝宽度 w_{m}。

现仍以轴心受拉构件为例来建立平均裂缝宽度 w_{m} 的计算公式。

如图8-2a所示,在轴向力 N_{k} 作用下,平均裂缝间距 l_{cr} 之间的各截面,由于混凝土承受的应力(应变)不同,相应的钢筋应力(应变)也发生变化,在裂缝截面混凝土退出工作,钢筋应变最大(图8-2c);中间截面由于黏结应力使混凝土应变恢复到最大值(图8-2b),而钢筋应变最小。根据裂缝开展的黏结-滑移理论,认为裂缝宽度是由于钢筋与混凝土之间的黏结破坏,出现相对滑移,引起裂缝处混凝土回缩而产生的。因此,平均裂缝宽度 w_{m} 应等于平均裂缝间距 l_{cr} 之间沿钢筋水平位置处钢筋和混凝土总伸长之差,即

$$w_{\mathrm{m}} = \int_0^{l_{\mathrm{cr}}} (\varepsilon_{\mathrm{s}} - \varepsilon_{\mathrm{c}}) \, \mathrm{d}l$$

为计算方便,现将曲线应变分布简化为竖标为平均应变 $\varepsilon_{\mathrm{cm}}$ 和 $\varepsilon_{\mathrm{sm}}$ 的直线分布,如图8-2b,c所示,于是

$$
\begin{aligned}
w_{\mathrm{m}} &= (\varepsilon_{\mathrm{sm}} - \varepsilon_{\mathrm{cm}}) l_{\mathrm{cr}} \\
&= \left(1 - \frac{\varepsilon_{\mathrm{cm}}}{\varepsilon_{\mathrm{sm}}}\right) \varepsilon_{\mathrm{sm}} l_{\mathrm{cr}} \\
&= \alpha_{\mathrm{c}} \frac{\sigma_{\mathrm{sm}}}{E_{\mathrm{s}}} l_{\mathrm{cr}}
\end{aligned}
\tag{8-2}
$$

对轴心受拉构件,由试验得知 $\varepsilon_{\mathrm{cm}}/\varepsilon_{\mathrm{sm}} = 0.15$,故 $\alpha_{\mathrm{c}} = 1 - \varepsilon_{\mathrm{cm}}/\varepsilon_{\mathrm{sm}} = 1 - 0.15 = 0.85$,令 $\sigma_{\mathrm{sm}} = \psi \sigma_{\mathrm{s}}$,则式(8-2)为

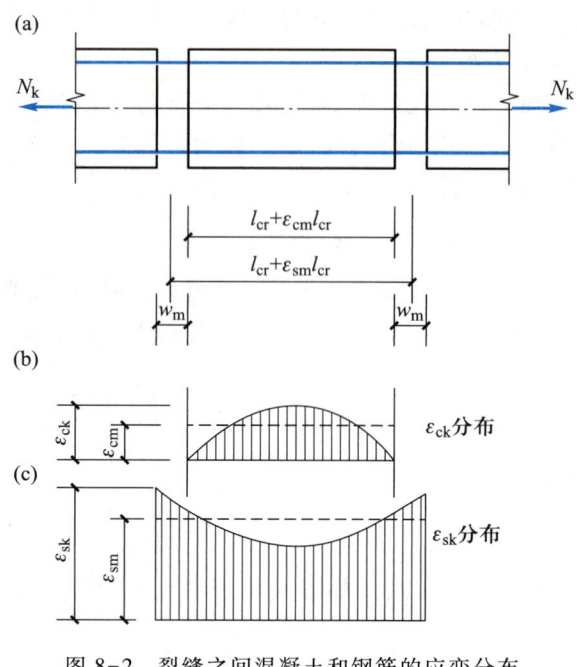

图 8-2   裂缝之间混凝土和钢筋的应变分布

（a）裂缝宽度计算简图；（b）ε_{ck} 分布图；（c）ε_{sk} 分布图

$$w_{m} = \alpha_{c} \psi \frac{\sigma_{s}}{E_{s}} l_{cr} \qquad (8-3)$$

式（8-3）不仅适用于轴心受拉构件，也同样适用于受弯、偏心受拉和偏心受压构件。式中 E_{s} 为钢筋弹性模量。但是，应该指出的是，按式（8-3）计算的 w_{m} 是指构件表面的裂缝宽度，在钢筋位置处，由于钢筋对混凝土的约束，截面上各点的裂缝宽度并非如图 8-2a 所示处处相等。现再将 l_{cr}，σ_{sq}，ψ 的计算分述如下。

（1）平均裂缝间距 l_{cr} 的计算

理论分析表明，裂缝间距主要取决于有效配筋率 ρ_{te}、钢筋直径 d 及其表面形状，此外，还与混凝土保护层厚度 c 有关。

有效配筋率 ρ_{te} 是指按有效受拉混凝土截面面积 A_{te} 计算的纵向受拉钢筋的配筋率，即

$$\rho_{te} = A_{s} / A_{te} \qquad (8-4)$$

有效受拉混凝土截面面积 A_{te} 按下列规定取用：对轴心受拉构件，A_{te} 取构件截面面积；对受弯、偏心受压和偏心受拉构件，取

$$A_{te} = 0.5bh + (b_{f} - b) h_{f} \qquad (8-5)$$

式中 b——矩形截面宽度，T 形和工字形截面腹板厚度；

h——截面高度；

b_{f}，h_{f}——受拉翼缘的宽度和高度。

对于矩形、T 形、倒 T 形及工字形截面，A_{te} 的取用见图 8-3a，b，c，d 所示的阴影面积。

试验表明，有效配筋率 ρ_{te} 越高，钢筋直径 d 越小，则裂缝越密，其宽度越小。随着混凝土保护层 c 的增大，外表混凝土比靠近钢筋的内部混凝土所受约束要小。因此，当构件出现第一批

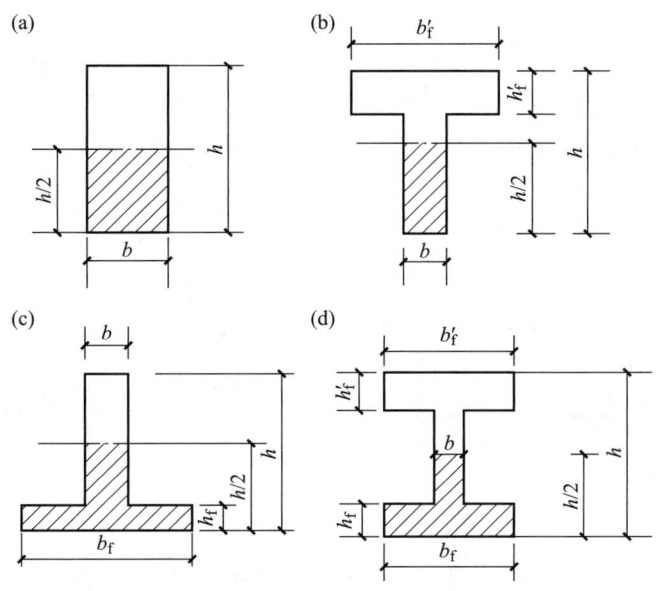

图 8-3 有效受拉混凝土截面面积(图中阴影部分面积)

(条)裂缝后,保护层大的与保护层小的相比,在离开裂缝截面较远的地方,外表混凝土的拉应力才能增大到其抗拉强度,才可能出现第二批(条)裂缝,其间距 l_{cr} 将相应增大。

根据试验结果,平均裂缝间距可按半理论半经验公式计算:

$$l_{cr} = \beta \left(1.9 c_s + 0.08 \frac{d_{eq}}{\rho_{te}} \right) \qquad (8-6)$$

式中　β——系数,对轴心受拉构件取 $\beta = 1.1$,对受弯、偏心受压和偏心受拉构件取 $\beta = 1.0$。

　　　　c_s——最外层纵向受拉钢筋外边缘至受拉区底边的距离,单位为 mm。当 $c_s < 20$ mm 时,取 $c_s = 20$ mm;当 $c_s > 65$ mm 时,取 $c_s = 65$ mm。

　　　　d_{eq}——受拉区纵向钢筋的等效直径,单位为 mm。$d_{eq} = \dfrac{\sum n_i d_i^2}{\sum n_i \nu_i d_i}$,$n_i$ 为受拉区第 i 种纵向钢筋根数,d_i 为受拉区第 i 种钢筋的公称直径。ν 为纵向受拉钢筋相对黏结特性系数,对变形钢筋,取 $\nu = 1.0$;对光圆钢筋,取 $\nu = 0.7$。

钢筋直径换算的条件是单位周长上的面积相等,即 $\dfrac{\pi d^2/4}{\pi d} = \dfrac{A_s}{u}$,故得 $d = 4 A_s / u$。

(2)裂缝截面钢筋应力 σ_{sq} 的计算

在荷载效应的准永久组合作用下,构件裂缝截面处纵向受拉钢筋的应力 σ_{sq},根据使用阶段(第 II 阶段)的应力状态(图 8-4),可按下列公式计算。

① 轴心受拉(图 8-4a):

$$\sigma_{sq} = \frac{N_q}{A_s} \qquad (8-7a)$$

② 偏心受拉(图 8-4b):

$$\sigma_{sq} = \frac{N_q e'}{A_s (h_0 - a_s')} \qquad (8-7b)$$

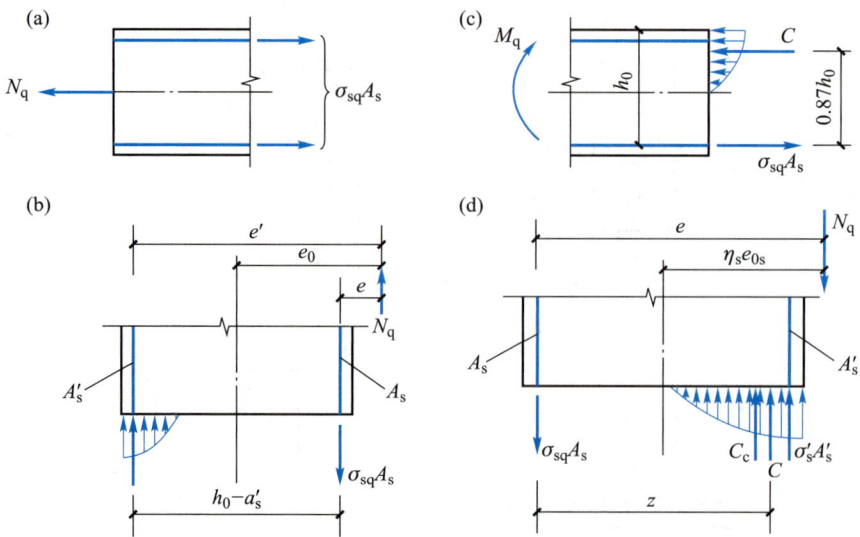

C—受压区总压应力合力；C_c—受压区混凝土压应力合力。

图 8-4　构件使用阶段的截面应力状态

（a）轴心受拉；（b）偏心受拉；（c）受弯；（d）偏心受压

③ 受弯（图 8-4c）：

$$\sigma_{sq}=\frac{M_q}{0.87h_0A_s} \tag{8-7c}$$

④ 偏心受压（图 8-4d）：

$$\sigma_{sq}=\frac{N_q(e-z)}{A_sz} \tag{8-7d}$$

$$z=\left[0.87-0.12(1-\gamma'_f)\left(\frac{h_0}{e}\right)^2\right]h_0 \tag{8-7e}$$

$$e=\eta_s e_0+y_s \tag{8-7f}$$

$$\eta_s=1+\frac{1}{4\,000\dfrac{e_0}{h_0}}\left(\frac{l_0}{h}\right)^2 \tag{8-7g}$$

当 $\dfrac{l_0}{h}\leqslant 14$ 时，可取 $\eta_s=1.0$。

以上式中

A_s——受拉区纵向钢筋截面面积。对轴心受拉构件，A_s 取全部纵向钢筋截面面积；对偏心受拉构件，A_s 取受拉较大边的纵向钢筋截面面积；对受弯构件和偏心受压构件，A_s 取受拉区纵向钢筋截面面积。

e'——轴向拉力作用点至受压区或受拉较小边纵向钢筋合力点的距离。

e——轴向压力作用点至纵向受拉钢筋合力点的距离。

z——纵向受拉钢筋合力点至受压区合力点之间的距离，且 $z\leqslant 0.87h_0$。

η_s——使用阶段的偏心距增大系数。

y_s——截面重心至纵向受拉钢筋合力点的距离,对矩形截面 $y_s = h/2 - a_s$。

γ_f'——受压翼缘面积与腹板有效面积之比值,$\gamma_f' = \dfrac{(b_f'-b)h_f'}{bh_0}$,其中,$b_f'$,$h_f'$ 为受压翼缘的宽

度、高度,当 $h_f' > 0.2h_0$ 时,取 $h_f' = 0.2h_0$。

(3)钢筋应变不均匀系数 ψ 的计算

系数 ψ 为裂缝之间钢筋的平均应变(或平均应力)与裂缝截面钢筋应变(或应力)之比,即

$$\psi = \varepsilon_{sm}/\varepsilon_{sq} = \sigma_{sm}/\sigma_{sq}$$

系数 ψ 越小,裂缝之间的混凝土协助钢筋抗拉作用越强;当系数 $\psi = 1$,即 $\sigma_{sm} = \sigma_{sq}$ 时,裂缝截面之间的钢筋应力等于裂缝截面的钢筋应力,钢筋与混凝土之间的黏结应力完全退化,混凝土不再协助钢筋抗拉。因此,系数 ψ 的物理意义是,反映裂缝之间混凝土协助钢筋抗拉工作的程度。《标准》规定,该系数可按下列经验公式计算:

$$\psi = 1.1 - \frac{0.65f_{tk}}{\rho_{te}\sigma_{sq}} \tag{8-8}$$

式中　f_{tk}——混凝土抗拉强度标准值,按附表1-1采用。

为避免过高估计混凝土协助钢筋抗拉的作用,当按式(8-8)算得的 $\psi < 0.2$ 时,取 $\psi = 0.2$;当 $\psi > 1.0$ 时,取 $\psi = 1.0$。对直接承受重复荷载的构件,$\psi = 1.0$。

2.最大裂缝宽度 w_{max}

由于混凝土的非匀质性及其随机性,裂缝并非均匀分布,具有较大的离散性。因此,在荷载短期效应组合作用下,其短期最大裂缝宽度应等于平均裂缝宽度 w_m 乘以荷载短期效应裂缝扩大系数 τ_s。根据可靠概率为95%的要求,该系数可由实测裂缝宽度分布直方图的统计分析求得:对于轴心受拉和偏心受拉构件,$\tau_s = 1.9$;对于受弯和偏心受压构件,$\tau_s = 1.66$。此外,最大裂缝宽度 w_{max} 尚应考虑在荷载长期效应组合作用下,由于受拉区混凝土应力松弛和滑移徐变,裂缝间受拉钢筋平均应变还将继续增长,同时混凝土收缩,也使裂缝宽度有所增大。因此,短期最大裂缝宽度还需乘以荷载长期效应裂缝扩大系数 τ_l。对各种受力构件,《标准》均取 $\tau_l = 0.9 \times 1.66 \approx 1.5$。这样,最大裂缝宽度为

$$w_{max} = \tau_s\tau_l w_m$$

将式(8-3)和式(8-6)代入上式,可得

$$w_{max} = \tau_s\tau_l\alpha_c\psi\frac{\sigma_{sq}}{E_s}\beta\left(1.9c_s + 0.08\frac{d_{eq}}{\rho_{te}}\right) \tag{8-9}$$

令

$$\alpha_{cr} = \tau_s\tau_l\alpha_c\beta$$

即可得到用于各种受力构件正截面最大裂缝宽度的统一的计算公式为

$$w_{max} = \alpha_{cr}\psi\frac{\sigma_{sq}}{E_s}\left(1.9c_s + 0.08\frac{d_{eq}}{\rho_{te}}\right) \tag{8-10}$$

式中　α_{cr}——构件受力特征系数,利用式(8-9)和前述数据可算得:对轴心受拉构件,$\alpha_{cr} = 2.7$;
　　　　对偏心受拉构件,$\alpha_{cr} = 2.4$;对受弯和偏心受压构件,$\alpha_{cr} = 1.9$。

c_s——最外层纵向受拉钢筋外边缘至受拉区底边的距离：当 $c_s < 20$ mm 时，取 $c_s = 20$ mm；当 $c_s > 65$ mm 时，取 $c_s = 65$ mm。

在计算最大裂缝宽度时，按式(8-4)算得的 $\rho_{te} < 0.01$ 时，《标准》规定应取 $\rho_{te} = 0.01$。这一规定是基于目前对低配筋构件的试验和理论研究尚不充分的缘故。

对 $e_0/h_0 \leqslant 0.55$ 的偏心受压构件，可不作裂缝宽度验算。

按式(8-10)算得的最大裂缝宽度 w_{max} 不应超过附表 3-2 中规定的最大裂缝宽度允许值 w_{lim}。

在验算裂缝宽度时，构件的材料、截面尺寸及配筋、按荷载的准永久组合计算的钢筋应力，即式(8-10)中的 ψ，E_s，σ_{sq}，ρ_{te} 均为已知，而 c_s 值按构造要求一般变化很小，故 w_{max} 主要取决于 d，ν 这两个参数。因此，当计算得出 $w_{max} > w_{lim}$ 时，宜选择较细直径的变形钢筋，以增大钢筋与混凝土接触的表面积，提高钢筋与混凝土的黏结强度。但钢筋直径的选择也要考虑施工方便。

如采用上述措施不能满足要求时，也可增加钢筋截面面积 A_s，加大有效配筋率 ρ_{te}，从而减小钢筋应力 σ_{sq} 和裂缝间距 l_{cr}，达到符合式(8-1)的要求。改变截面形式和尺寸，提高混凝土强度等级，效果甚差，一般不宜采用。

式(8-10)用于计算在纵向受拉钢筋水平处的最大裂缝宽度，而在结构试验或质量检验时，通常只能观察构件外表面的裂缝宽度，后者比前者约大 τ_b 倍。该倍数可按下列经验公式估算：

$$\tau_b = 1 + 1.5 a_s/h_0$$

式中　a_s——从受拉钢筋截面重心到构件近边缘的距离。

【例 8-1】　简支矩形截面梁的截面尺寸 $b \times h = 200$ mm $\times 500$ mm，设计工作年限为 50 年，环境类别为一类，混凝土强度等级为 C30，配置 4$\underline{\Phi}$14 的 HRB400 钢筋，箍筋直径为 6 mm，混凝土保护层厚度 $c = 20$ mm，按荷载准永久组合计算的跨中弯矩 $M_q = 70$ kN·m，最大裂缝宽度限值 $w_{lim} = 0.3$ mm。试验算其最大裂缝宽度是否符合要求。

【解】　由附表 1-1 和附表 2-6 查得

$$f_{tk} = 2.01 \text{ N/mm}^2, \quad E_s = 200 \times 10^3 \text{ N/mm}^2$$

$$h_0 = 500 \text{ mm} - \left(20 \text{ mm} + 6 \text{ mm} + \frac{14 \text{ mm}}{2}\right) = 467 \text{ mm}, A_s = 615 \text{ mm}^2$$

$$\nu_i = \nu = 1.0, \quad d_{eq} = d/\nu = 14 \text{ mm}, c_s = 20 \text{ mm} + 6 \text{ mm} = 26 \text{ mm}$$

$$\rho_{te} = \frac{A_s}{0.5bh} = \frac{615 \text{ mm}^2}{0.5 \times 200 \text{ mm} \times 500 \text{ mm}} = 0.012\ 3$$

$$\sigma_{sq} = \frac{M_q}{0.87 h_0 A_s} = \frac{70 \times 10^6 \text{ N·mm}}{0.87 \times 467 \text{ mm} \times 615 \text{ mm}^2} = 280.15 \text{ N/mm}^2$$

$$\psi = 1.1 - \frac{0.65 f_{tk}}{\rho_{te} \cdot \sigma_{sq}} = 1.1 - \frac{0.65 \times 2.01 \text{ N/mm}^2}{0.012\ 3 \times 280.15 \text{ N/mm}^2} = 0.721$$

$$w_{max} = 1.9 \psi \cdot \frac{\sigma_{sq}}{E_s}\left(1.9 c_s + 0.08 \frac{d_{eq}}{\rho_{te}}\right)$$

$$= 1.9 \times 0.721 \times \frac{280.15 \text{ N/mm}^2}{200 \times 10^3 \text{ N/mm}^2}\left(1.9 \times 26 \text{ mm} + 0.08 \times \frac{14 \text{ mm}}{0.012\ 3}\right)$$

$$= 0.27 \text{ mm} < 0.3 \text{ mm}$$

满足要求。

§ 8.3 受弯构件挠度验算
Check of Deflection of Flexural Members

变形验算主要指受弯构件的挠度验算。因此,本节对受弯构件的挠度验算方法进行介绍。

8.3.1 验算公式
Checking Formulas of the Deflection

进行受弯构件的挠度验算时,要求满足下面的条件:

$$a_{f,max} \leq a_{f,lim} \tag{8-11}$$

式中 $a_{f,max}$ ——受弯构件按荷载的准永久组合并考虑荷载长期作用影响计算的挠度最大值;

$a_{f,lim}$ ——受弯构件的挠度限值,建筑工程受弯构件的挠度限值见附表 3-1。

因此,受弯构件挠度验算主要计算其按荷载的准永久组合并考虑荷载长期作用影响的挠度最大值 $a_{f,max}$,待求得后 $a_{f,max}$,按式(8-11)即可知其挠度是否符合限值规定。

8.3.2 $a_{f,max}$ 的计算方法
Calculation Methods of $a_{f,max}$

1. 钢筋混凝土受弯构件挠度计算的特点

承受均布荷载 $g_k + \psi_q q_k$ 的简支弹性梁,其跨中挠度为

$$a_f = \frac{5(g_k + \psi_q q_k) l_0^4}{384\,EI} = \frac{5 M_q l_0^2}{48 EI}$$

式中 EI ——匀质弹性材料梁的抗弯刚度。

当梁的材料、截面和跨度一定时,挠度与弯矩呈线性关系,如图 8-5 中的线 1 所示。

钢筋混凝土梁的挠度与弯矩的关系是非线性的,因为梁的截面刚度不但随弯矩变化(图 8-5b),而且随荷载持续作用的时间变化(图 8-6),因此不能用 EI 这个常量来表示。通常用 B_s 表示钢筋混凝土梁在荷载短期效应组合作用下的截面抗弯刚度,简称短期刚度;而用 B 表示荷载长期效应组合影响的截面抗弯刚度,简称长期刚度。

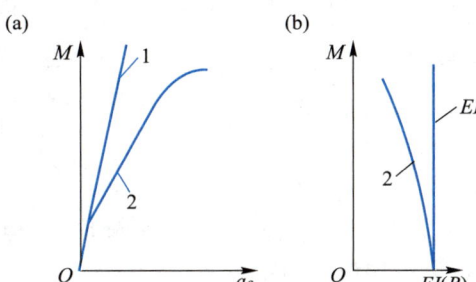

1—匀质弹性材料梁;2—钢筋混凝土适筋梁。

图 8-5 M-a_f 与 M-$EI(B)$ 的关系曲线

(a) M-a_f 关系曲线;(b) M-$EI(B)$ 关系曲线

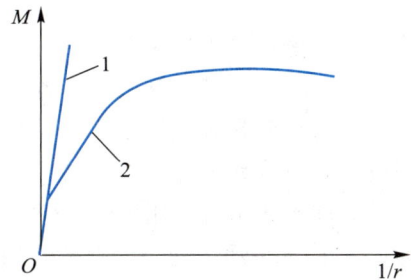

1—匀质弹性材料梁;2—钢筋混凝土适筋梁。

图 8-6 M-$\dfrac{1}{r}$ 关系曲线

由于在钢筋混凝土受弯构件中可采用平截面假定,故在变形计算中可以直接引用材料力学中的计算公式。唯一不同的是,钢筋混凝土受弯构件的抗弯刚度不再是常量 EI,而是变量 B。例如,承受均布荷载 $g_k + \psi_q q_k$ 的钢筋混凝土简支梁,其跨中挠度

$$a_f = \frac{5(g_k + \psi_q q_k)l_0^4}{384\ B} = \frac{5M_q l_0^2}{48B} \qquad (8-12)$$

由此可见,钢筋混凝土受弯构件的变形计算问题实质上是如何确定其抗弯刚度的问题。

下面,在分别解决短期刚度 B_s 和长期刚度 B 计算的基础上,讨论钢筋混凝土受弯构件变形的计算方法。

2. 短期刚度 B_s 的计算

截面曲率与其刚度有关。从几何关系分析可知曲率是由构件截面受拉区伸长、受压区缩短形成的。显然,截面拉、压变形越大,其曲率也越大。如果知道截面受拉区和受压区的应变值,则能求得其曲率,再根据相应的弯矩与曲率的关系,即可确定钢筋混凝土受弯构件的截面刚度。

由材料力学可知,匀质弹性材料梁的弯矩 M 和曲率 $\dfrac{1}{r}$ 的关系为

$$\frac{1}{r} = \frac{M}{EI} \qquad (8-13)$$

或

$$EI = \frac{M}{\dfrac{1}{r}} \qquad (8-14)$$

式中,r 为截面曲率半径;$1/r$ 即为截面曲率。刚度 EI 也就是 $M-1/r$ 曲线的斜率(图 8-6)。

试验表明,钢筋混凝土适筋梁 $M-1/r$ 曲线的斜率随弯矩增大而减小(图 8-6)。如果把实测的抗弯刚度(即实测 $M-1/r$ 曲线的斜率)与按换算截面惯性矩 I_0 和混凝土弹性模量 E_c 求得的抗弯刚度 $E_c I_0$ 相比较,则可知即使在未开裂之前的第 I 阶段,由于混凝土在受拉区已经表现出一定的塑性,实测抗弯刚度已经较 $E_c I_0$ 为低。在混凝土未裂之前,通常可偏安全地取钢筋混凝土构件的短期刚度为

$$B_s = 0.85 E_c I_0 \qquad (8-15)$$

构件受拉区混凝土开裂后,由于裂缝截面受拉区混凝土逐步退出工作,截面抗弯刚度比第 I 阶段的明显下降。钢筋混凝土受弯构件一般允许带裂缝工作,因此,其变形(刚度)计算就以第 II 阶段的应力应变状态为根据。

现以图 8-7 所示的适筋构件纯弯段为分析对象。

在荷载准永久组合作用下,该区段内裂缝基本稳定,裂缝分布实际上并不十分均匀,但可理想化为如图 8-7 所示的均匀分布状态,其间距 l_{cr} 可视为平均裂缝间距。

裂缝出现后,受压混凝土和受拉钢筋的应变沿构件长度方向的分布是不均匀的(图 8-7),中和轴呈波浪状,曲率分布也是不均匀的:裂缝截面曲率最大,裂缝中间截面曲率最小。为简化计算,截面上的应变、中和轴位置、曲率均采用平均值。若以裂缝平均间距 l_{cr} 为一单元(图 8-8),根据平截面假定,其受拉钢筋伸长 Δ_s 为

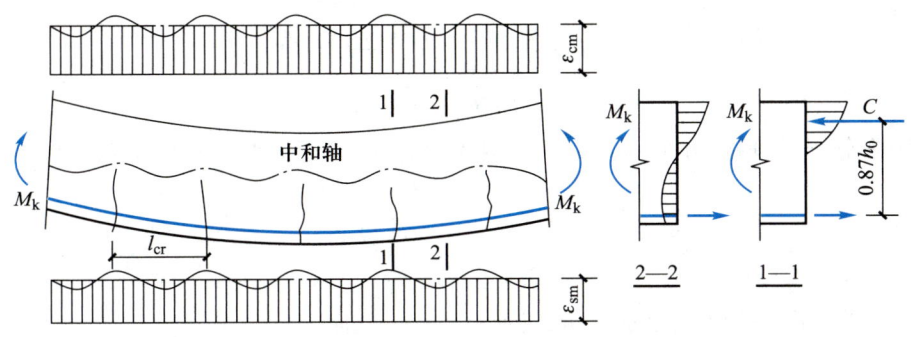

图 8-7   构件中混凝土和钢筋的应变分布

$$\Delta_s = \varepsilon_{sm} l_{cr}$$

受压边缘混凝土缩短 Δ_c 为

$$\Delta_c = \varepsilon_{cm} l_{cr}$$

由图 8-8 可知,由于三角形 Oab 与三角形 $O'a'b'$ 相似,利用几何关系即可得出

$$\frac{l_{cr}}{r} = \frac{\Delta_c + \Delta_s}{h_0} = \frac{(\varepsilon_{cm} + \varepsilon_{sm}) l_{cr}}{h_0}$$

故

$$\frac{1}{r} = \frac{\varepsilon_{cm} + \varepsilon_{sm}}{h_0} \tag{8-16}$$

而曲率 $1/r$ 与弯矩 M_q 和刚度 B_s 有如下关系:

$$\frac{1}{r} = \frac{M_q}{B_s} \tag{8-17}$$

将式(8-16)代入式(8-17)并整理得

$$B_s = \frac{M_q h_0}{\varepsilon_{cm} + \varepsilon_{sm}} \tag{8-18}$$

图 8-8   截面曲率计算简图

式中 ε_{sm}——裂缝截面之间钢筋的平均应变;

ε_{cm}——裂缝截面之间受压区混凝土边缘的平均应变。

由前述可知,ε_{sm} 的计算公式为

$$\varepsilon_{sm} = \psi \varepsilon_s = \psi \frac{\sigma_{sq}}{E_s} = \psi \frac{M_q}{\eta h_0 A_s E_s} \tag{8-19}$$

而 ε_{cm} 则可按下式计算:

$$\varepsilon_{cm} = \frac{M_q}{\zeta b h_0^2 E_c} \tag{8-20}$$

式中 ζ——确定受压边缘混凝土平均应变的抵抗矩系数,它综合反映受压区混凝土塑性、应力图形完整性、内力臂系数及裂缝间混凝土应变不均匀性等因素的影响,故又称综合影响系数。

将式(8-19)和式(8-20)代入式(8-18)得

$$B_s = \frac{h_0}{\dfrac{1}{\zeta bh_0^2 E_c} + \dfrac{\psi}{\eta h_0 A_s E_s}} \qquad (8\text{-}21)$$

以 $E_s h_0 A_s$ 同乘分子和分母，并取 $\alpha_E = E_s/E_c$，$\rho = A_s/bh_0$，同时近似地取 $\eta = 0.87$，即得

$$B_s = \frac{E_s A_s h_0^2}{1.15\psi + \dfrac{\alpha_E \rho}{\zeta}} \qquad (8\text{-}22)$$

通过常见截面受弯构件实测结果的分析，可取

$$\frac{\alpha_E \rho}{\zeta} = 0.2 + \frac{6\alpha_E \rho}{1 + 3.5\gamma'_f}$$

从而可得矩形、T 形、倒 T 形、工字形截面受弯构件短期刚度的公式为

$$B_s = \frac{E_s A_s h_0^2}{1.15\psi + 0.2 + \dfrac{6\alpha_E \rho}{1 + 3.5\gamma'_f}} \qquad (8\text{-}23)$$

式中，ψ 按式(8-8)计算；ρ 为纵向受拉钢筋配筋率；γ'_f 为 T 形、工字形截面受压翼缘面积与腹板有效面积之比，计算公式为

$$\gamma'_f = \frac{(b'_f - b)h'_f}{bh_0} \qquad (8\text{-}24)$$

b'_f，h'_f 分别为截面受压翼缘的宽度和高度。

3. 长期刚度 B 的计算

如前所述，构件在持续荷载作用下，其挠度将随时间而不断缓慢增长，这也可理解为构件的抗弯刚度将随时间而不断缓慢降低。这一过程往往持续数年之久，主要原因是截面受压区混凝土的徐变。此外，裂缝之间受拉混凝土的应力松弛，以及受拉钢筋和混凝土之间的滑移徐变使裂缝之间的受拉混凝土不断退出工作，从而引起受拉钢筋在裂缝之间的应变不断增长。

《标准》关于变形验算的条件如前所述，要求在荷载的准永久组合作用下并考虑荷载长期作用影响后的构件挠度不超过规定的允许挠度值。

矩形、T 形、倒 T 形和工字形截面受弯构件考虑荷载长期作用影响的刚度 B 可按下列规定计算：

① 采用荷载标准组合时

$$B = \frac{M_k}{M_q(\theta - 1) + M_k} B_s \qquad (8\text{-}25)$$

② 采用荷载准永久组合时

$$B = \frac{B_s}{\theta} \qquad (8\text{-}26)$$

式中 M_k——按荷载的标准组合计算的弯矩，取计算区段内的最大弯矩值；

M_q——按荷载的准永久组合计算的弯矩，取计算区段内的最大弯矩值；

B_s——按荷载准永久组合计算的钢筋混凝土受弯构件或按标准组合计算的预应力混凝土受弯构件的短期刚度；

θ——考虑荷载长期作用对挠度增大的影响系数。

当 $\rho'=0$ 时,取 $\theta=2.0$;当 $\rho'=\rho$ 时,取 $\theta=1.6$;当 ρ' 为中间数值时,θ 按线性内插法取用。此处,$\rho'=A_s'/(bh_0)$,$\rho=A_s/(bh_0)$。

对翼缘位于受拉区的倒 T 形截面,θ 应增加 20%。

4. 受弯构件挠度的计算

钢筋混凝土受弯构件截面的抗弯刚度随弯矩增大而减小。因此,即使对于等截面梁,由于各截面的弯矩并不相同,故其抗弯刚度都不相等。例如,承受均布荷载的简支梁,当中间部分开裂后,其抗弯刚度分布情况如图 8-9a 所示。按照这样的变刚度来计算梁的挠度显然是十分烦琐的。在实用计算中,考虑到支座附近弯矩较小区段虽然刚度较大,但它对全梁变形的影响不大,故一般取同号弯矩区段内弯矩最大截面的抗弯刚度作为该区段的抗弯刚度。对于简支梁,即取最大正弯矩截面按式(8-25)计算的截面刚度,并以此作为全梁的抗弯刚度(图 8-9b)。对于带悬挑的简支梁、连续梁或框架梁,则取最大正弯矩截面和最小负弯矩截面的刚度,分别作为相应弯矩区段的刚度。这就是挠度计算中通称的"最小刚度原则",据此可很方便地确定构件的刚度分布。例如,受均布荷载作用带悬挑的等截面简支梁的弯矩如图 8-10a 所示,而截面刚度分布如图 8-10b 所示。

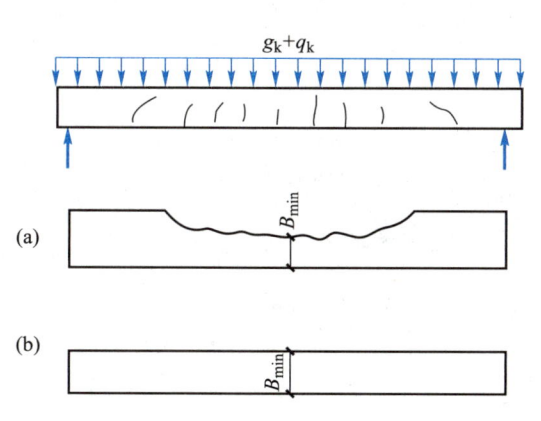

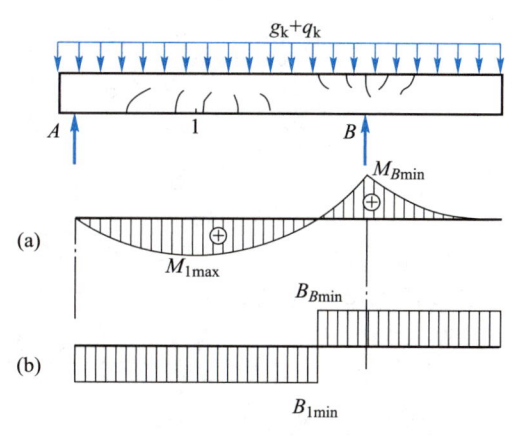

1—跨中截面。

图 8-9　简支梁抗弯刚度分布图　　　　　　图 8-10　带悬挑简支梁抗弯刚度分布图

（a）实际抗弯刚度分布图;（b）计算抗弯刚度分布图　　　（a）弯矩分布图;（b）计算抗弯刚度分布图

确定构件刚度分布图后,即可按结构力学的方法计算钢筋混凝土受弯构件的挠度。

受弯构件挠度除受弯曲变形影响外,还受剪切变形的影响。一般情况下,这种剪切变形的影响很小,可忽略不计。但是,对于受载较大的工字形、T 形截面等薄腹构件,则应酌情考虑。

由按荷载准永久组合并考虑荷载长期效应影响的长期刚度 B 计算所得的长期挠度 a_f,应不大于《标准》规定的允许挠度 $a_{f,lim}$,亦即应满足正常使用极限状态式(8-11)的要求。当该要求不能满足时,从短期及长期刚度公式(8-23)和公式(8-25)可知,最有效的措施是增加截面高度;当设计的构件截面尺寸不能加大时,可考虑增加纵向受拉钢筋截面面积或提高混凝土强度等级;对某些构件还可以充分利用纵向受压钢筋对长期刚度的有利影响,在构件受压区配置一定数量的受压钢筋。此外,采用预应力混凝土构件也是提高受弯构件刚度的有效措施。

【例 8-2】　简支矩形截面梁的截面尺寸 $b \times h = 250\ mm \times 600\ mm$，设计工作年限为 50 年，环境类别为一类，混凝土强度等级为 C30，配置 HRB400 的 4Φ18 钢筋，混凝土保护层厚度 $c = 20\ mm$，承受均布荷载，按荷载的准永久组合计算的跨中弯矩 $M_q = 60\ kN \cdot m$，梁的计算跨度 $l_0 = 6.5\ m$，箍筋直径为 6 mm，挠度允许值为 $l_0/250$。试验算挠度是否符合要求。

【解】　查附表 1-1、附表 1-3 和附表 2-6 可得：$f_{tk} = 2.01\ N/mm^2$，$E_s = 200 \times 10^3\ N/mm^2$，$E_c = 30 \times 10^3\ N/mm^2$，$\alpha_E = \dfrac{E_s}{E_c} = 6.67$。

$$h_0 = 600\ mm - \left(20\ mm + 6\ mm + \frac{18\ mm}{2}\right) = 565\ mm, \quad A_s = 1\ 017\ mm^2$$

$$\rho = \frac{A_s}{bh_0} = \frac{1\ 017\ mm^2}{250\ mm \times 565\ mm} = 0.007\ 20$$

$$\rho_{te} = \frac{A_s}{0.5bh} = \frac{1\ 017\ mm^2}{0.5 \times 250\ mm \times 600\ mm} = 0.013\ 6$$

$$\sigma_{sq} = \frac{M_q}{0.87h_0 A_s} = \frac{60 \times 10^6\ N \cdot mm}{0.87 \times 565\ mm \times 1\ 017\ mm^2} = 120\ N/mm^2$$

$$\psi = 1.1 - \frac{0.65 f_{tk}}{\rho_{te}\sigma_{sq}} = 1.1 - \frac{0.65 \times 2.01\ N/mm^2}{0.013\ 6 \times 120\ N/mm^2} = 0.299$$

$$B_s = \frac{E_s A_s h_0^2}{1.15\psi + 0.2 + 6\alpha_E \rho}$$

$$= \frac{200 \times 10^3\ N/mm^2 \times 1\ 017\ mm^2 \times 565^2\ mm^2}{1.15 \times 0.299 + 0.2 + 6 \times 6.67 \times 0.007\ 20} = 7.804 \times 10^{13}\ N \cdot mm^2$$

受压区未配受力钢筋，$\rho' = 0$，故 $\theta = 2.0$。考虑荷载长期影响的刚度为

$$B = \frac{B_s}{\theta} = \frac{7.804 \times 10^{13}\ N \cdot mm^2}{2.0} = 3.902 \times 10^{13}\ N \cdot mm^2$$

此简支梁在均布荷载作用下的挠度为

$$a_f = \frac{5M_q l_0^2}{48B} = \frac{5}{48} \times \frac{60 \times 10^6\ N \cdot mm \times 6\ 500^2\ mm^2}{3.902 \times 10^{13}\ N \cdot mm^2} = 6.77\ mm < \frac{l_0}{250} = 26\ mm$$

符合要求。

§8.4　耐久性设计
Design of Durability

混凝土结构的耐久性是指在正常维护的条件下，在预计的使用时期内，在指定的工作环境中保证结构满足既定的功能要求。所谓正常维护，是指不因耐久性问题而需支付过高维修费用。预计设计使用时间也称设计使用寿命，例如保证使用 50 年、100 年等，这可根据建筑物的重要程度或业主需要而定。指定的工作环境，是指建筑物所在地区的环境及工业生产形成的环境等。耐久性设计涉及面广，影响因素多，主要考虑以下几个方面：① 环境分类，针对不同环境，采取不同的措施；② 耐久性等级或结构寿命分类等；③ 耐久性计算，对设计寿命或既存结构的寿命作

出预计;④ 保证耐久性的构造措施和施工要求等。

8.4.1 结构工作环境分类
Environment Classes of Structures

混凝土结构的耐久性与结构工作的环境有密切关系。同一结构在强腐蚀环境中要比在一般大气环境中使用寿命短。工作环境分类可使设计者针对不同的环境种类采用相应的对策。如在恶劣环境中工作的混凝土,一味增大混凝土保护层是很不经济的,效果也不好,还不如采取防护涂层覆面,并规定定期重涂的年限。目前一些地区和国家的耐久性设计均对工作环境进行分类。

结构工作环境分为五大类,见表 8-1。

表 8-1　混凝土结构的工作环境类别

环境类别	条件
一	室内正常环境; 无侵蚀性静水浸没环境
二 a	室内潮湿环境; 非严寒和非寒冷地区的露天环境; 非严寒和非寒冷地区与无侵蚀性的水或土壤直接接触的环境; 严寒和寒冷地区的冰冻线以下与无侵蚀性的水或土壤直接接触的环境
二 b	干湿交替环境; 水位频繁变动环境; 严寒和寒冷地区的露天环境; 严寒和寒冷地区的冰冻线以上与无侵蚀性的水或土壤直接接触的环境
三 a	严寒和寒冷地区冬季水位变动区环境; 受除冰盐影响环境; 海风环境
三 b	盐渍土环境; 受除冰盐作用环境; 海岸环境
四	海水环境
五	受人为或自然的侵蚀性物质影响的环境

注:1. 室内潮湿环境是指构件表面经常处于结露或湿润状态的环境。

2. 严寒和寒冷地区的划分应符合现行国家标准 GB 50176—2016《民用建筑热工设计规范》的有关规定。

3. 海岸环境和海风环境宜根据当地情况,考虑主导风向及结构所处迎风、背风部位等因素的影响,由调查研究和工程经验确定。

4. 受除冰盐影响环境是指受到除冰盐盐雾影响的环境;受除冰盐作用环境是指被除冰盐溶液溅射的环境及使用除冰盐地区的洗车房、停车楼等建筑。

5. 暴露的环境是指混凝土结构表面所处的环境。

8.4.2 对混凝土的基本要求
Basic Requirements of Environment to Structures

影响结构耐久性的另一个重要因素是混凝土的质量。控制水胶比、减小渗透性、提高混凝土的强度等级、增加混凝土的密实性及控制混凝土中氯离子和碱的含量等,对于混凝土的耐久性起着非常重要的作用。

建筑工程耐久性对混凝土质量的主要要求如下。

① 一类、二类和三类环境中,设计工作年限为 50 年的结构混凝土应符合表 8-2 的规定。

表 8-2 结构混凝土材料的耐久性基本要求

环境类别	最大水胶比	最低强度等级	水溶性氯离子最大含量/%	最大碱含量/$(kg \cdot m^{-3})$
一	0.60	C25	0.30	不限制
二 a	0.55	C25	0.20	
二 b	0.50(0.55)	C30(C25)	0.15	
三 a	0.45(0.50)	C35(C30)	0.15	3.0
三 b	0.40	C40	0.10	

注:1. 氯离子含量指其占胶凝材料用量的质量百分比,计算时辅助胶凝材料的量不应大于硅酸盐水泥的量。

    2. 预应力构件混凝土中的水溶性氯离子最大含量为 0.06%,其最低混凝土强度等级宜按表中的规定提高不少于两个等级。

    3. 素混凝土结构的混凝土最大水胶比及最低强度等级的要求可适当放松,但混凝土应符合本书第 1 章中的有关规定。

    4. 有可靠工程经验时,二类环境中的最低混凝土强度等级可为 C25。

    5. 处于严寒和寒冷地区二 b、三 a 类环境中的混凝土应使用引气剂,并可采用括号中的有关参数。

    6. 当使用非碱活性骨料时,对混凝土中的碱含量可不作限制。

② 一类环境中,设计工作年限为 100 年的结构混凝土应符合下列规定:

a. 钢筋混凝土结构的最低混凝土强度等级为 C30;预应力混凝土结构的最低混凝土强度等级为 C40。

b. 混凝土中的最大氯离子含量为 0.06%。

c. 宜使用非碱活性骨料;当使用碱活性骨料时,混凝土中的最大碱含量为 3.0 kg/m^3。

d. 混凝土保护层厚度应按附表 7-1 的规定增加 40%;当采取有效的表面防护措施时,混凝土保护层厚度可适当减少。

e. 在使用过程中,应定期维护。

③ 二类和三类环境中,设计工作年限为 100 年的混凝土结构,应采取专门有效措施。

④ 严寒及寒冷地区的潮湿环境中,结构混凝土应满足抗冻要求,混凝土抗冻等级应符合有关标准的要求。

⑤ 有抗渗要求的混凝土结构,混凝土的抗渗等级应符合有关标准的要求。

⑥ 三类环境中的结构构件,其受力钢筋宜采用环氧树脂涂层带肋钢筋;对预应力筋、锚具及连接器,应采取专门防护措施。

⑦ 四类和五类环境中的混凝土结构,其耐久性要求应符合有关标准的规定。

⑧ 对临时性混凝土结构,可不考虑混凝土的耐久性要求。

　　混凝土结构的耐久性除了根据环境类别和工作年限对混凝土的质量提出要求以外,还通过混凝土保护层厚度等构造措施进行控制。此外,还要求对结构进行合理使用及定期的检查与维护。

§8.5　小结
Summary

　　① 对钢筋混凝土构件的裂缝、变形和耐久性进行验算,可以保证钢筋混凝土结构构件在正常工作年限内不出现过大的变形、过宽的裂缝、钢筋锈蚀、混凝土保护层剥落等现象。

　　② 工程中出现的裂缝分为荷载裂缝与非荷载裂缝,本章的裂缝宽度验算只限于荷载引起的正截面裂缝验算。

　　③ 裂缝的控制等级分为三级:一级指正常使用阶段严格要求不出现裂缝;二级指正常使用阶段一般要求不出现裂缝;三级指正常使用阶段允许出现裂缝。

　　④ 钢筋混凝土受弯构件的裂缝宽度按荷载效应准永久组合并考虑长期作用影响进行验算。

　　⑤ 钢筋混凝土受弯构件的挠度按荷载效应的准永久组合计算短期刚度 B_s,并考虑长期荷载的影响计算长期刚度 B 进行验算。

　　⑥ 耐久性设计目前主要是针对结构物所处的工作环境,对混凝土的材料提出保证耐久性的要求和钢筋的保护措施。

思　考　题
Questions

8-1　为什么要对混凝土结构构件的变形和裂缝进行验算?

8-2　钢筋混凝土梁的纯弯段在裂缝间距稳定以后,钢筋和混凝土的应变沿构件长度上的分布具有哪些特征?

8-3　试说明建立受弯构件刚度(B_s)计算公式的基本思路和方法,它在哪些方面反映了钢筋混凝土的特点?

8-4　试说明参数 ψ,η,ζ 的物理意义及其主要影响因素。

8-5　试说明受弯构件刚度 B 的意义。

8-6　试说明《标准》关于受弯构件挠度计算的基本规定。

8-7　试扼要说明《标准》的最大裂缝计算公式是怎样建立的。

8-8　试分析减少受弯构件挠度和裂缝宽度的有效措施。

8-9　试分析影响混凝土结构耐久性的主要因素。

8-10　减小裂缝宽度最有效的措施是什么?

8-11　减小受弯构件挠度的措施有哪些?

8-12　如何提高混凝土结构的耐久性?

习　题
Exercises

8-1　某门厅入口悬挑板 $l_0 = 3$ m,板厚 $h = 300$ mm,配置 Φ16@200 的 HRB400 钢筋,如图 8-11 所示。环境

类别为一类,设计工作年限为 50 年,混凝土强度等级为 C30,板上均布荷载标准值:永久荷载 $g_k = 8$ kN/m^2;可变荷载 $q_k = 0.5$ kN/m^2(准永久值系数为 1.0)。试验算板的最大挠度是否满足《标准》允许挠度值的要求。

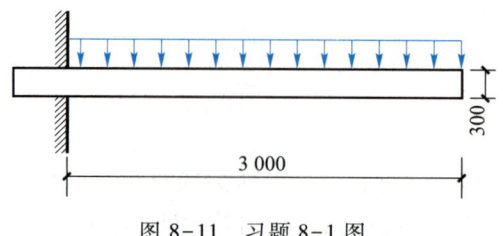

图 8-11　习题 8-1 图

8-2　计算习题 8-1 中悬挑板的最大裂缝宽度。

8-3　某桁架下弦为偏心受拉构件,环境类别为一类,设计工作年限为 50 年,截面为矩形,$b \times h = 200$ mm × 300 mm,混凝土强度等级为 C30,钢筋采用 HRB400,$a_s = a'_s = 35$ mm;按正截面承载力计算靠近轴向力一侧配钢筋 3Φ18($A_s = 763$ mm^3);已知按荷载准永久组合计算的轴向力 $N_q = 180$ kN,弯矩 $M_q = 18$ kN·m;最大裂缝宽度限值 $w_{lim} = 0.3$ mm。试验算其裂缝宽度是否满足要求。

8-4　受均布荷载作用的矩形截面简支梁,环境类别为一类,设计工作年限为 50 年,混凝土强度等级为 C30,采用 HRB400 钢筋,$h = 1.075 h_0$,允许挠度值为 $l_0/200$。设可变荷载标准值 Q_k 与永久荷载标准值 G_k 的比值等于 2.0,可变荷载准永久值系数为 0.4,可变荷载与永久荷载的分项系数分别为 1.5 及 1.3。试画出此梁不需进行挠度验算的最大跨高比 l/h 与配筋率 ρ 的关系曲线。

8-5　设 $c = 25$ mm,其他条件同习题 8-4,最大裂缝宽度限值 $w_{lim} = 0.3$ mm。试画出此梁不需进行裂缝宽度验算的钢筋直径 d 与配筋率 ρ 的关系曲线。

8-6　已知工字形截面受弯构件,截面尺寸如图 8-12 所示。环境类别为一类,设计工作年限为 50 年,混凝土强度等级为 C30,钢筋采用 HRB400,A_s 钢筋为 5Φ25,A'_s 钢筋为 5Φ12,$c = 25$ mm,$M_k = 620$ kN·m,$M_q = 550$ kN·m,跨度 $l_0 = 11.7$ m,构件 $a_{f,lim} = l/300$。试求构件的挠度(取 $a_s = 65$ mm,$a'_s = 35$ mm)。

8-7　已知工字形截面受弯构件为一简支梁,环境类别为一类,设计工作年限为 50 年,梁的受拉钢筋为 HRB400,36Φ25,钢筋布置如图 8-13 所示,裂缝处受拉钢筋重心的应力 $\sigma_{sq} = 175$ MPa。混凝土强度等级为 C30,$M_q/M_k = 0.65$,$a_s = 115$ mm,$\rho = 0.855\%$。试计算构件的裂缝宽度。

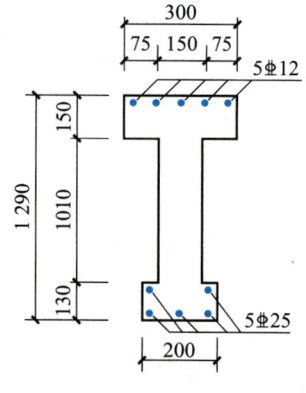

图 8-12　习题 8-6 图

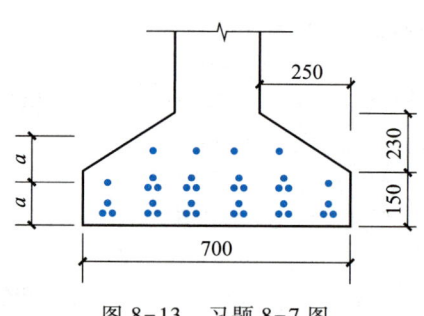

图 8-13　习题 8-7 图

第 **9** 章
Chapter 9

预应力混凝土构件设计
Design of Prestressed Concrete Members

本章学习目标：

熟悉预应力混凝土的基本知识、分类方法、预应力损失及计算方法；

掌握轴心受拉构件和受弯构件各阶段受力分析及设计方法；

熟悉预应力混凝土构件的施工工艺及构造要求。

本章的重点是预应力的基本知识及轴心受拉构件和受弯构件的设计，难点是各阶段预应力损失的计算。

§9.1 预应力混凝土的基本知识
Basic Knowledge of Prestressed Concrete

9.1.1 一般概念
General Concepts

钢筋混凝土构件的最大缺点是抗裂性能差。由于混凝土的极限拉应变很小，在使用荷载作用下受拉区混凝土均已开裂，构件的刚度降低，变形增大。裂缝的存在使构件不适用于高湿度及侵蚀性环境。为了满足对变形和裂缝控制的较高要求，可以加大构件截面尺寸和用钢量，但这不经济。自重太大时，构件所能承受的自重以外的有效荷载减小，因而特别不适用于大跨度、重荷载的结构。另外，提高混凝土强度等级和钢筋强度对改善构件的抗裂和变形性能效果也不大，这是因为采用高强度等级的混凝土，其抗拉强度提高很少；对于使用时允许裂缝宽度为 $0.2 \sim 0.3$ mm 的构件，受拉钢筋应力只能达到 $150 \sim 250$ MPa 左右，这与各种热轧钢筋的正常工作应力相近，即在普通钢筋混凝土结构中采用高强度的钢筋是不能充分发挥作用的。

预应力混凝土是改善构件抗裂性能的有效途径。在混凝土构件承受外荷载之前，对其受拉区预先施加压应力，就成为预应力混凝土结构。美国混凝土协会（ACI）对预应力混凝土给出的定义是：预应力混凝土是根据需要人为地引入某一

第 9 章 课件

数值与分布的内应力,用以全部或部分抵消外荷载应力的一种加筋混凝土。这种预压应力可以部分或全部抵消外荷载产生的拉应力,因而可推迟甚至避免裂缝的出现。

如图 9-1a 所示简支梁,承受外荷载之前,先在梁的受拉区施加一对偏心预压力 N_p,从而在梁截面混凝土中产生预压应力,如图 9-1b 所示;而后,按荷载标准值 p_k 计算时,梁跨中截面应力如图 9-1c 所示。将图 9-1b,c 叠加得梁跨中截面应力分布,如图 9-1d 所示。显然,通过人为控制预压力 N_p 的大小,可使梁截面受拉边缘混凝土产生压应力、零应力或很小的拉应力,以满足不同的裂缝控制要求,从而改变了普通钢筋混凝土构件原有的裂缝状态,成为预应力混凝土受弯构件。

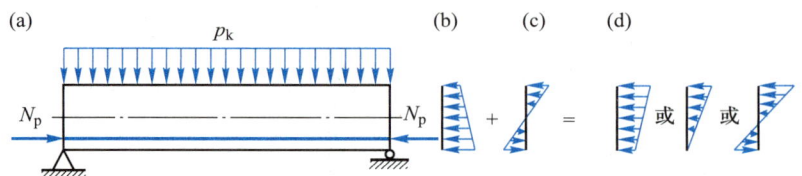

图 9-1   预应力混凝土受弯构件

9.1.2   预应力混凝土的分类
Classification of Prestressed Concrete

根据制作、设计和施工的特点,预应力混凝土可以有不同的分类。

1. 先张法与后张法

先张法是制作预应力混凝土构件时,先张拉预应力筋后浇灌混凝土的一种方法;而后张法是先浇灌混凝土,待混凝土达到规定强度后再张拉预应力筋的一种预加应力方法。

2. 全预应力和部分预应力

全预应力是在使用荷载作用下,构件截面混凝土不出现拉应力,即为全截面受压。部分预应力是在使用荷载作用下,构件截面混凝土允许出现拉应力或开裂,即只有部分截面受压。部分预应力又分为 A,B 两类,A 类指在使用荷载作用下,构件预压区混凝土正截面的拉应力不超过规定的容许值;B 类则指在使用荷载作用下,构件预压区混凝土正截面的拉应力允许超过规定的限值,但当裂缝出现时,其宽度不超过容许值。可见,以上是按照构件中预加应力大小的程度划分的。

3. 有黏结预应力与无黏结预应力

有黏结预应力,是指沿预应力筋全长其周围均与混凝土黏结、握裹在一起的预应力混凝土结构。先张预应力混凝土结构及预留孔道穿筋压浆的后张预应力混凝土结构均属于此类。

无黏结预应力,指预应力筋伸缩、滑动自由,不与周围混凝土黏结的预应力混凝土结构。这种结构的预应力筋表面涂有防锈材料,外套防老化的塑料管,防止与混凝土黏结。无黏结预应力混凝土结构通常与后张预应力工艺相结合。

9.1.3   施加预应力的方法
Methods of Prestressing

1. 先张法

通常通过机械张拉钢筋给混凝土施加预应力,可采用台座长线张拉或钢模短线张拉,其基本工序如下:

① 在台座(或钢模)上用张拉机具张拉预应力筋至控制应力,并用夹具临时固定,如图 9-2a,b 所示;

② 支模并浇灌混凝土,如图 9-2c 所示;

③ 养护混凝土(一般为蒸汽养护)至其达设计强度的 75% 以上时,切断预应力筋,如图 9-2d 所示。

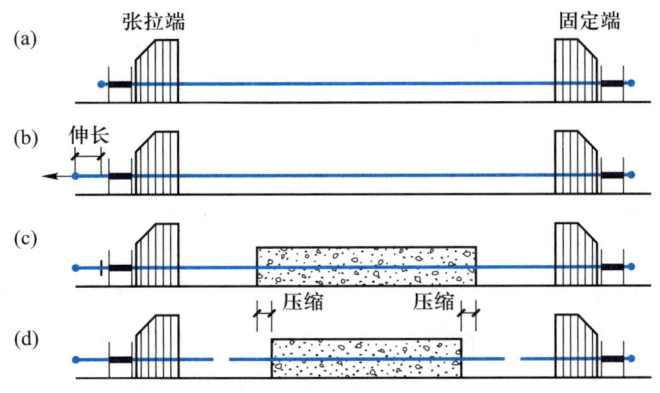

图 9-2 先张法构件制作

先张法构件是通过预应力筋与混凝土之间的黏结力传递预应力的。此方法适用于在预制厂大批制作中、小型构件,如预应力混凝土楼板、屋面板、梁等。

2. 后张法

后张法的基本工序如下:

① 浇灌混凝土制作构件,并预留孔道,如图 9-3a 所示;

② 养护混凝土到规定强度值;

③ 在孔道中穿筋,并在构件上用张拉机具张拉预应力筋至控制应力,如图 9-3b 所示;

④ 在张拉端用锚具锚住预应力筋,并在孔道内压力灌浆,如图 9-3c 所示。

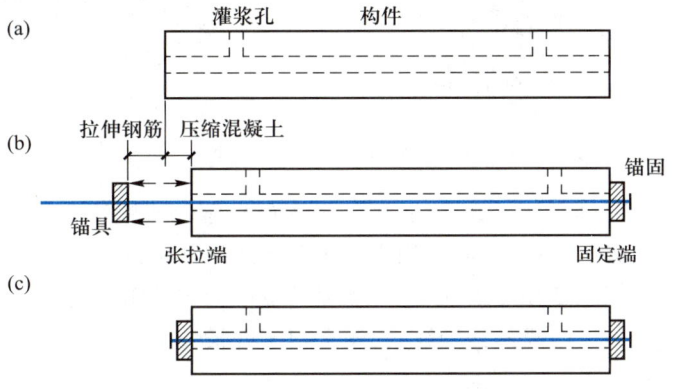

图 9-3 后张法构件制作

后张法构件是依靠其两端的锚具锚住预应力筋并传递预应力的。因此,这样的锚具是构件的一部分,是永久性的,不能重复使用。此方法适用于在施工现场制作大型构件,如预应力屋架、吊车梁、大跨度桥梁等。

对于水管、贮水池等圆形构件,可以用张拉机具将拉紧的钢丝缠绕在管壁的外围,对其施加预压应力,锚固后再在其上喷一层水泥砂浆以保护预应力钢丝。

9.1.4　锚具
Anchorages

锚具是预应力混凝土构件锚固预应力筋的装置,它对在构件中建立有效预应力起着至关重要的作用。先张法构件中的锚具也称夹具或工作锚,可重复使用;后张法构件依靠锚具传递预应力,锚具也是构件的组成部分,不能重复使用。

对锚具的要求是:安全可靠、使用有效、节约钢材及制作简单。

锚具的种类繁多,按其构造形式及锚固原理,可以分为三种基本类型。

1. 锚块锚塞型

锚块锚塞型锚具(图 9-4)由锚块和锚塞两部分组成,其中锚块的形式有锚板、锚圈、锚筒等;根据所锚钢筋的根数,锚塞也可分成若干片。锚块内的孔洞及锚塞做成楔形或锥形,预应力筋回缩时受到挤压而被锚住。这种锚具通常用于预应力筋的张拉端,也可用于固定端。锚块置于台座、钢模(先张法)或构件上(后张法)。用于固定端时,在张拉过程中锚塞即就位挤紧;而用于张拉端时,钢筋张拉完毕才将锚塞挤紧。

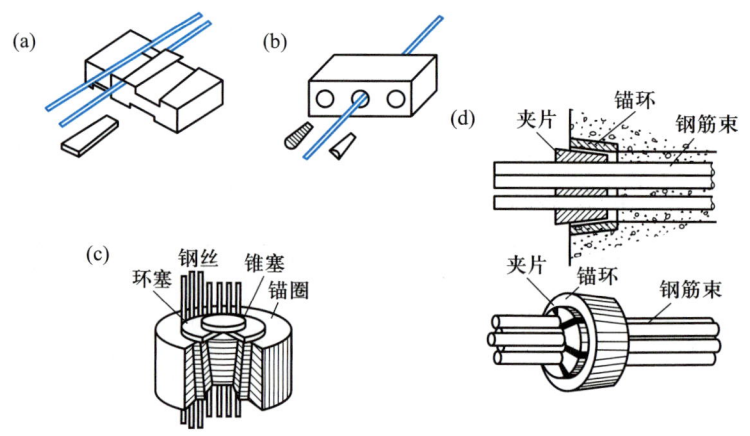

图 9-4　锚块锚塞型锚具

图 9-4a,b 所示的锚具通常用于先张法,用于锚固单根钢丝或钢绞线,分别称为楔形锚具及锥形锚具。图 9-4c 所示也是一种锥形锚具,用来锚固后张法构件中的钢丝束(双层)。图 9-4d 所示为 JM12 型锚具,有多种规格,适用于 3~6 根直径为 12 mm 的热处理钢筋及 5~6 根 7 股 4 mm 钢丝的钢绞线(直径 $d=12$ mm)所组成的钢绞线束,通常用于后张法构件。

2. 螺杆螺帽型

图 9-5 所示为两种常用的螺杆螺帽型锚具,图 9-5a 所示的锚具用于粗钢筋,图 9-5b 所示的锚具用于钢丝束。前者由螺杆、螺帽、垫板组成,螺杆焊于预应力筋的端部。后者由锥形螺杆、套筒、螺帽、垫板组成,通过套筒紧紧地将钢丝束与锥形螺杆挤压成一体。预应力筋或钢丝束张

拉完毕时,旋紧螺帽使其锚固。有时螺杆中螺纹长度不够或预应力筋伸长过大,则需在螺帽下增放后加垫板,以便能旋紧螺帽。

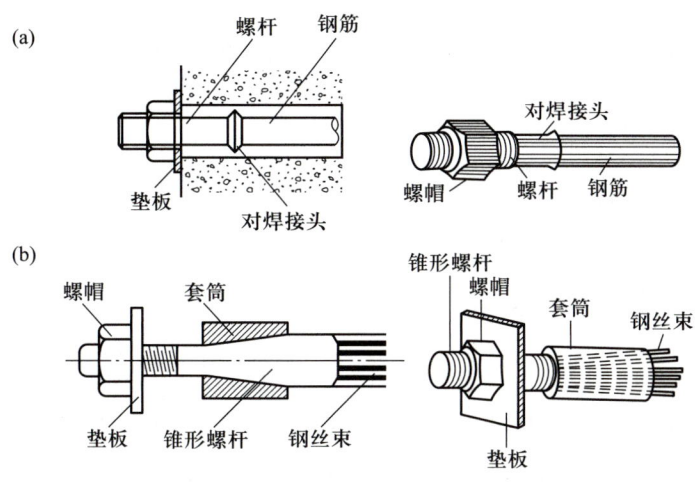

图 9-5 螺杆螺帽型锚具

螺杆螺帽型锚具通常用于后张法构件的张拉端,也可应用于先张法构件或后张法构件的固定端。

3. 镦头型

图 9-6 所示为两种镦头型锚具,图 9-6a 所示的锚具用于预应力筋的张拉端,图 9-6b 所示的锚具用于预应力筋的固定端。镦头型锚具通常为后张法构件的钢丝束所采用。对于先张法构件的单根预应力钢丝,在固定端有时也采用镦头型锚具,即将钢丝的一端镦粗,将钢丝穿过台座或钢模上的锚孔,在另一端进行张拉。

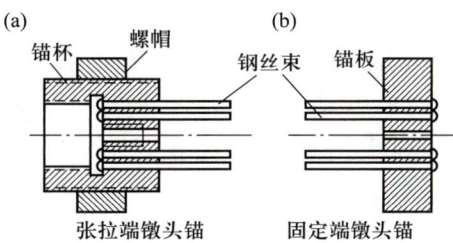

图 9-6 镦头型锚具

9.1.5 预应力混凝土的材料
Materials of Prestressed Concrete

1. 钢筋

预应力混凝土结构中的钢筋包括预应力筋和普通钢筋。普通钢筋的选用与钢筋混凝土结构中的普通钢筋相同。预应力筋宜采用预应力钢丝、钢绞线和预应力螺纹钢筋。此外,预应力筋还应具有一定的塑性、良好的可焊性及用于先张法构件时与混凝土有足够的黏结力。

2. 混凝土

预应力混凝土结构中,混凝土强度等级越高,能够承受的预压应力也越高;同时,采用高强度等级的混凝土与高强度钢筋相配合,可以获得较经济的构件截面尺寸;另外,高强度等级的混凝土与钢筋的黏结力也高,这一点对依靠黏结传递预应力的先张法构件尤为重要。因此,预应力混凝土结构的混凝土强度等级不应低于 C40,预应力混凝土楼板结构的混凝土强度等级不应低于 C30。

9.1.6 预应力混凝土的特点
Features of Prestressed Concrete

预应力混凝土与普通钢筋混凝土相比,有如下特点。

1. 提高了构件的抗裂能力

因为承受外荷载之前预应力混凝土构件的受拉区已有预压应力存在,所以在外荷载作用下,只有当混凝土的预压应力被全部抵消转而受拉且拉应变超过混凝土的极限拉应变时,构件才会开裂。

2. 增大了构件的刚度

因为预应力混凝土构件正常使用时,在荷载标准组合下可能不开裂或只有很小的裂缝,混凝土基本上处于弹性阶段工作,因而构件的刚度比普通钢筋混凝土构件有所增大。

3. 充分利用高强度材料

如前所述,普通钢筋混凝土构件不能充分利用高强度材料。而预应力混凝土构件中,预应力筋先被预拉,而后在外荷载作用下钢筋拉应力进一步增大,因而始终处于高拉应力状态,即能够有效利用高强度钢筋;而且钢筋的强度高,可以减小所需要的钢筋截面面积。与此同时,应该尽可能采用高强度等级的混凝土,以便与高强度钢筋相配合,获得较经济的构件截面尺寸。

4. 扩大了构件的应用范围

由于预应力混凝土改善了构件的抗裂性能,因而可用于有防水、抗渗透及抗腐蚀要求的环境;采用高强度材料,结构轻巧,刚度大、变形小,可用于大跨度、重荷载及承受反复荷载的结构。

如上所述,预应力混凝土构件有很多优点,但它也存在一定的局限性,因而并不能完全代替普通钢筋混凝土构件。预应力混凝土具有施工工序多、对施工技术要求高且需要张拉设备、锚夹具及劳动力费用高等特点,因此特别适用于普通钢筋混凝土构件力不能及的情形(如大跨度及重荷载结构);而普通钢筋混凝土结构由于施工方便、造价较低等特点,适用于允许带裂缝工作的一般工程结构,仍具有强大的生命力。随着我国建筑业的飞速发展和施工技术水平及施工队伍素质的不断提高,预应力混凝土必将迎来更加广阔的应用前景。

§9.2 预应力混凝土构件设计的一般规定
General Rules for Design of Prestressed Concrete Members

9.2.1 张拉控制应力 σ_{con}
The Control Stress σ_{con} of Tension

张拉控制应力是指张拉预应力筋时,张拉设备的测力仪表所指示的总张拉力除以预应力筋截面面积得出的拉应力值,以 σ_{con} 表示。对于如钢制锥形锚具等一些因锚具构造影响而存在(锚圈口)摩擦阻力的锚具,σ_{con} 指经过锚具、扣除此摩擦阻力后的(锚下)应力值。因此,σ_{con} 是指张拉预应力筋时的锚下张拉控制应力。

σ_{con} 是施工时张拉预应力筋的依据,其取值应适当。当构件截面尺寸及配筋量一定时,σ_{con} 越大,在构件受拉区建立的混凝土预压应力也越大,则构件使用时的抗裂度也越高。但是,若 σ_{con} 过大,则会产生如下问题:① 个别钢筋可能被拉断;② 施工阶段可能会引起构件某些部位受到拉力(称为预拉区)甚至开裂,还可能使后张法构件端部混凝土产生局部受压破坏;③ 使开裂荷载与破坏荷载相近,一旦开裂,将很快破坏,即可能产生无预兆的脆性破坏。另外,σ_{con} 过大,还会增大预应力筋的松弛损失(见后)。综上所述,对 σ_{con} 应规定上限值,同时,为了保证在构件中建立必要的有效预应力,σ_{con} 也不能过小,即 σ_{con} 也应有下限值。

根据国内外设计与施工经验及近年来的科研成果,混凝土标准规定预应力筋的张拉控制应力值 σ_{con} 应符合下列规定:

消除应力钢丝、钢绞线

$$\sigma_{con} \leqslant 0.75 f_{ptk} \tag{9-1}$$

中强度预应力钢丝

$$\sigma_{con} \leqslant 0.70 f_{ptk} \tag{9-2}$$

预应力螺纹钢筋

$$\sigma_{con} \leqslant 0.85 f_{pyk} \tag{9-3}$$

式中　f_{ptk}——预应力筋极限强度标准值;
　　　f_{pyk}——预应力螺纹钢筋屈服强度标准值。

消除应力钢丝、钢绞线、中强度预应力钢丝的张拉控制应力值不应小于 $0.4f_{ptk}$;预应力螺纹钢筋的张拉控制应力值不宜小于 $0.5f_{pyk}$。

当符合下列情况之一时,上述张拉控制应力限值可提高 $0.05f_{ptk}$ 或 $0.05f_{pyk}$:

① 要求提高构件在施工阶段的抗裂性能而在使用阶段受压区(即预拉区)内设置的预应力筋;

② 要求部分抵消由于应力松弛、摩擦、钢筋分批张拉及预应力筋与张拉台座之间的温差等因素产生的预应力损失。

9.2.2 预应力损失
The Losses of Prestress

将预应力筋张拉到控制应力 σ_{con} 后,由于种种原因,其拉应力值将逐渐下降一定程度,即存在预应力损失。经损失后预应力筋的应力才会在混凝土中建立相应的有效预应力。因此,只有正确认识和计算预应力筋的预应力损失值,才能比较准确地估计混凝土中的预应力水平。在预应力混凝土结构发展初期,曾由于没有高强度钢材和对预应力损失的认识不足而使建立预应力的预想遭到失败。下面分项讨论引起预应力损失的原因、损失值的计算及减少预应力损失的措施。

1. 张拉端锚具变形和预应力筋内缩引起的预应力损 σ_{l1}

无论是先张法临时固定预应力筋,还是后张法张拉完毕锚固预应力筋,在张拉端由于锚具的压缩变形,锚具与垫板之间、垫板与垫板之间、垫板与构件之间的所有缝隙被挤紧,或由于钢筋、钢丝、钢绞线在锚具内的滑移,使得被拉紧的预应力筋松动缩短,从而引起预应力损失。

直线预应力筋由于锚具变形和预应力筋内缩引起的预应力损失值 σ_{l1} 应按下列公式计算:

$$\sigma_{l1} = \frac{a}{l}E_s \tag{9-4}$$

式中　a ——张拉端锚具变形和预应力筋内缩值,可按表 9-1 采用,mm;

　　　l ——张拉端至锚固端之间的距离,mm;

　　　E_s ——预应力筋的弹性模量。

块体拼成的结构,其预应力损失尚应计及块体间填缝的预压变形。当采用混凝土或砂浆为填缝材料时,每条填缝的预压变形值可取为 1 mm。

式(9-4)中,a 越小或 l 越大,则 σ_{l1} 越小。为了减小锚具变形和预应力筋内缩引起的预应力损失 σ_{l1},应尽量少用垫板,因为每增加一块垫板,a 值就增加 1 mm。先张法采用长线台座张拉时 σ_{l1} 较小,而后张法中构件长度越大则 σ_{l1} 越小。后张法构件中,为了减小预应力筋与孔道壁之间的摩擦引起的预应力损失 σ_{l2}(见后),常采用两端张拉预应力筋的方法,此时预应力筋的锚固端应为构件长度的中点,即公式(9-4)中的 l 应取构件长度的一半。

表 9-1　锚具变形和预应力筋内缩值 a　　　　　　　　　　mm

锚　具　类　别		a
支承式锚具(钢丝束镦头锚具等)	螺帽缝隙	1
	每块后加垫板的缝隙	1
夹片式锚具	有顶压时	5
	无顶压时	6~8

注:1. 表中的锚具变形和预应力筋内缩值也可根据实测资料确定;

　　2. 其他类型的锚具变形和预应力筋内缩值应根据实测数据确定。

后张法构件曲线或折线预应力筋由于锚具变形和预应力筋内缩引起的预应力损失值 σ_{l1},应根据曲线或折线预应力筋与孔道壁之间反向摩擦(与张拉钢筋时,预应力筋和孔道壁间的摩擦力方向相反)影响长度 l_f 范围内的预应力筋变形值等于锚具变形和预应力筋内缩值的条件确定。

对于通常采用的抛物线形预应力筋,可近似按圆弧形曲线预应力筋考虑。当其对应的圆心角 $\theta \leqslant 45°$ 时(图 9-7),由于锚具变形和预应力筋内缩,在反向摩擦影响长度 l_f 范围内的预应力损失值 σ_{l1} 可按下列公式计算:

$$\sigma_{l1} = 2\sigma_{con}l_f\left(\frac{\mu}{r_c} + \kappa\right)\left(1 - \frac{x}{l_f}\right) \tag{9-5}$$

反向摩擦影响长度 l_f(单位为 m)可按下列公式计算:

$$l_f = \sqrt{\frac{aE_s}{1\,000\sigma_{con}(\mu/r_c + \kappa)}} \tag{9-6}$$

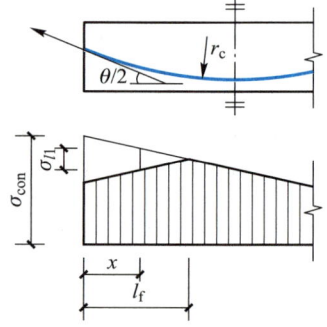

图 9-7　圆弧形曲线预应力
筋的预应力损失 σ_{l1}

式中 r_c——圆弧形曲线预应力筋的曲率半径,m;

μ——预应力筋与孔道壁之间的摩擦系数,按表 9-2 采用;

κ——考虑孔道每米局部偏差的摩擦系数,按表 9-2 采用;

x——张拉端至计算截面的距离(单位为 m),$0 \leq x \leq l_f$;

a——张拉端锚具变形和预应力筋内缩值,按表 9-1 采用,mm;

E_s——预应力筋弹性模量。

表 9-2 摩 擦 系 数

孔道成型方式	κ/m^{-1}	μ	
		钢绞线、钢丝束	预应力螺纹钢筋
预埋金属波纹管	0.001 5	0.25	0.50
预埋塑料波纹管	0.001 5	0.15	—
预埋钢管	0.001 0	0.30	—
抽芯成型	0.001 4	0.55	0.60
无黏结预应力筋	0.004 0	0.09	

注:摩擦系数也可根据实测数据确定。

2. 预应力筋与孔道壁之间的摩擦引起的预应力损失 σ_{l2}

后张法预应力筋的预留孔道有直线形和曲线形。由于孔道的制作偏差、孔道壁粗糙等原因,张拉预应力筋时,钢筋将与孔壁发生接触摩擦。距离张拉端越远,摩擦阻力的累积值越大,从而使构件每一截面上预应力筋的拉应力值逐渐减小,这种预应力值的差额称为摩擦损失,记为 σ_{l2}。这种摩擦力可分为曲率效应和长度效应两部分:前者是由于孔道弯曲使预应力筋与孔壁混凝土之间相互挤压而产生的摩擦力,其大小与挤压力成正比;后者是由于孔道制作偏差或孔道偏摆使预应力筋与孔壁混凝土之间产生的接触摩擦力(即使直线孔道也存在),其大小与钢筋的拉力及长度成正比。预应力筋与孔道壁之间的摩擦引起的预应力损失 σ_{l2} 的计算公式如下:

$$\sigma_{l2} = \sigma_{con}\left(1 - \frac{1}{e^{\kappa x + \mu\theta}}\right) \tag{9-7}$$

式中 x——张拉端至计算截面的孔道长度(弧长),m,可近似取该段孔道在纵轴上的投影长度;

θ——张拉端至计算截面曲线孔道部分切线(或法线)的夹角,rad;

κ——考虑孔道每米长度局部偏差的摩擦系数,按表 9-2 采用,m^{-1};

μ——预应力筋与孔道壁之间的摩擦系数,按表 9-2 采用。

当 $(\kappa x + \mu\theta) \leq 0.3$ 时,σ_{l2} 可按以下近似公式计算:

$$\sigma_{l2} = (\kappa x + \mu\theta)\sigma_{con} \tag{9-8}$$

发生摩擦损失 σ_{l2} 之后,预应力筋内的应力分布如图 9-8 所示。张拉端处 $\sigma_{l2}=0$,距离张拉端越远 σ_{l2} 越大,锚固端 σ_{l2} 最大,因而在锚固端建立的有效预应力最小,此处的抗裂能力最低。

为了减小摩擦损失 σ_{l2},对于较长的构件可一端张拉另一端补拉,或两端张拉,也可采用超张拉的方式。超张拉程序为 $0 \to 1.1\sigma_{con} \xrightarrow{2\ \mathrm{min}} 0.85\sigma_{con} \to \sigma_{con}$。

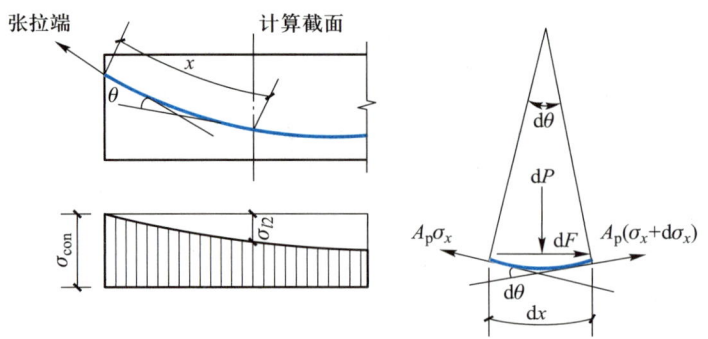

图 9-8　摩擦损失计算简图

当采用夹片式群锚体系时,在 σ_{con} 中宜扣除张拉端锚口摩擦损失(按实测值或厂家提供的数据确定)。

当先张法构件采用折线形预应力筋时,在转向装置处也有摩擦力,由此产生的预应力筋摩擦损失按实际情况确定。

当采用电热后张法时,不考虑这项损失。

3. 混凝土加热养护时,预应力筋与承受拉力的设备之间的温差引起的预应力损失 σ_{l3}

制作先张法构件时,为了缩短生产周期,常采用蒸汽养护促使混凝土快硬。当新浇筑的混凝土尚未结硬时,加热升温,预应力筋伸长,但两端的台座因与大地相接,温度基本上不升高,台座间距离保持不变。即由于预应力筋与台座间形成温差,使预应力筋内部紧张程度降低,预应力下降。降温时,混凝土已结硬并与预应力筋结成整体,钢筋应力不能恢复原值,于是就产生了预应力损失 σ_{l3}。

也可以这样理解预应力损失 σ_{l3} 的发生:加热升温时,预应力筋先产生了自由伸长 Δl,原应力值保持不变;随后又施加了一个压应力,将钢筋压回原长,则该压应力就是预应力损失 σ_{l3},相应的压应变为

$$\varepsilon = \frac{\Delta l}{l} = \frac{l\alpha\Delta t}{l} = \alpha\Delta t$$

式中　α——钢筋的温度线膨胀系数,约为 $1.0\times10^{-5}\ ℃^{-1}$;

Δt——预应力筋与台座间的温差,℃;

l——台座间的距离。

取钢筋的弹性模量 $E_s = 2.0\times10^5\ \text{N/mm}^2$,则有

$$\sigma_{l3} = E_s\varepsilon = 2.0\times10^5\times1.0\times10^{-5}\Delta t = 2\Delta t \tag{9-9}$$

式中,σ_{l3} 以 N/mm^2 计。

由上式可知,若温度一次升高 75~80 ℃时,则 $\sigma_{l3} = 150~160\ \text{N/mm}^2$,预应力损失太大。通常采用两阶段升温养护来减小温差损失:先升温 20~25 ℃,待混凝土强度达到 7.5~10 N/mm^2 后,混凝土与预应力筋之间已具有足够的黏结力而结成整体;当再次升温时,二者可共同变形,不再引起预应力损失。因此,计算时取 $\Delta t = 20~25$ ℃。

当在钢模上生产预应力混凝土构件时,钢模和预应力筋同时被加热,无温差,则该项损失为零。

4. 预应力筋的应力松弛引起的预应力损失 σ_{l4}

应力松弛是指钢筋受力后,在长度不变的条件下,钢筋应力随时间的增长而降低的现象。其本质是钢筋沿应力方向的徐变受到约束而产生松弛,导致应力下降。先张法当预应力筋固定于台座上或后张法当预应力筋锚固于构件上时,都可看作钢筋长度基本不变,因而将发生预应力筋的应力松弛损失。

试验证明,应力松弛损失值与钢种有关,钢种不同,则损失大小不同;另外,张拉控制应力 σ_{con} 越大,则 σ_{l4} 也大;应力松弛的发生先快后慢,第一小时可完成 50% 左右(头两分钟内可完成其中的大部分),24 小时内完成 80% 左右,此后发展较慢。

根据应力松弛的上述性质,可以采用超张拉的方法减小松弛损失。超张拉时可采取以下两种张拉程序:第一种为 $0 \rightarrow 1.03\sigma_{con}$;第二种为 $0 \rightarrow 1.05\sigma_{con} \xrightarrow{2\ min} \sigma_{con}$。其原理是:高应力(超张拉)下短时间内发生的损失在低应力下需要较长时间;持荷 2 min 可使相当一部分松弛损失发生在钢筋锚固之前,则锚固后损失减小。

根据试验研究及实践经验,松弛损失计算如下:

消除应力钢丝、钢绞线普通松弛情况下

$$\sigma_{l4} = 0.4\left(\frac{\sigma_{con}}{f_{ptk}} - 0.5\right)\sigma_{con} \tag{9-10}$$

消除应力钢丝、钢绞线低松弛情况下,当 $\sigma_{con} \leqslant 0.7f_{ptk}$ 时

$$\sigma_{l4} = 0.125\left(\frac{\sigma_{con}}{f_{ptk}} - 0.5\right)\sigma_{con} \tag{9-11}$$

当 $0.7f_{ptk} < \sigma_{con} \leqslant 0.8f_{ptk}$ 时

$$\sigma_{l4} = 0.2\left(\frac{\sigma_{con}}{f_{ptk}} - 0.575\right)\sigma_{con} \tag{9-12}$$

中强度预应力钢丝,$\sigma_{l4} = 0.08\sigma_{con}$; $\tag{9-13}$

预应力螺纹钢筋,$\sigma_{l4} = 0.03\sigma_{con}$。 $\tag{9-14}$

当 $\sigma_{con}/f_{ptk} \leqslant 0.5$ 时,预应力筋的应力松弛损失值可取为零。

考虑时间影响的预应力筋应力松弛引起的预应力损失值,可由式(9-10)~式(9-14)算得的预应力损失值 σ_{l4} 乘以相应的系数确定。

5. 混凝土的收缩和徐变引起的预应力损失 σ_{l5}

混凝土在空气中结硬时体积收缩,而在预压力作用下,混凝土沿压力方向又发生徐变。收缩、徐变都导致预应力混凝土构件的长度缩短,预应力筋也随之回缩,产生预应力损失 σ_{l5}。由于收缩和徐变均使预应力筋回缩,二者难以分开,所以通常合在一起考虑。混凝土收缩和徐变引起的预应力损失很大,在曲线配筋的构件中,约占总损失的 30%,在直线配筋构件中可达 60%。

试验表明,混凝土收缩和徐变所引起的预应力损失值与构件配筋率、张拉预应力筋时混凝土的预压应力值、混凝土的强度等级、预应力的偏心距、受载时的龄期、构件的尺寸及环境的温湿度等因素有关,且以前三者为主。纵向钢筋将阻碍收缩和徐变变形的发展,随着配筋率加大,收缩和徐变产生的预应力值损失将减小。由于普通钢筋也起阻碍作用,故配筋率计算中包括普通钢筋。混凝土承受压应力的大小是影响徐变的主要因素,当预压应力 σ_{pc} 和混凝土抗压强度 f'_{cu} 的

比值 $\sigma_{pc}/f'_{cu}<0.5$ 时,徐变和压应力大致呈线性关系,称为线性徐变,由此引起的预应力损失值也呈线性变化。当 $\sigma_{pc}/f'_{cu}>0.5$ 时,徐变的增长速度大于应力增长速度,称为非线性徐变,这时预应力损失也大。

混凝土收缩、徐变引起受拉区和受压区纵向预应力筋的预应力损失值 σ_{l5},σ'_{l5}(单位为 N/mm^2)可按下列方法确定。

① 在一般情况下,对先张法、后张法构件的预应力损失值 σ_{l5},σ'_{l5} 可按下列公式计算:

先张法构件

$$\sigma_{l5}=\frac{60+340\dfrac{\sigma_{pc}}{f'_{cu}}}{1+15\rho} \tag{9-15}$$

$$\sigma'_{l5}=\frac{60+340\dfrac{\sigma'_{pc}}{f'_{cu}}}{1+15\rho'} \tag{9-16}$$

后张法构件

$$\sigma_{l5}=\frac{55+300\dfrac{\sigma_{pc}}{f'_{cu}}}{1+15\rho} \tag{9-17}$$

$$\sigma'_{l5}=\frac{55+300\dfrac{\sigma'_{pc}}{f'_{cu}}}{1+15\rho'} \tag{9-18}$$

式中　σ_{pc},σ'_{pc}——受拉区、受压区预应力筋在各自合力点处的混凝土法向压应力。

f'_{cu}——施加预应力时的混凝土立方体抗压强度。

ρ,ρ'——受拉区、受压区预应力筋和普通钢筋的配筋率:对先张法构件,$\rho=(A_p+A_s)/A_0$,$\rho'=(A'_p+A'_s)/A_0$;对后张法构件,$\rho=(A_p+A_s)/A_n$,$\rho'=(A'_p+A'_s)/A_n$,A_0 为构件的换算截面面积,A_n 为构件的净截面面积;对于对称配置预应力筋和普通钢筋的构件(如轴心受拉构件),配筋率 ρ,ρ' 应分别按钢筋总截面面积的一半进行计算。

计算受拉区、受压区预应力筋在各自合力点处的混凝土法向压应力 σ_{pc},σ'_{pc} 时,预应力损失值仅考虑混凝土预压前(第一批)的损失(即这里取 $\sigma_{pc}=\sigma_{pcI}$,$\sigma'_{pc}=\sigma'_{pcI}$),其普通钢筋中的预应力损失 σ_{l5},σ'_{l5} 值应取为零;σ_{pc},σ'_{pc} 值不得大于 $0.5f'_{cu}$;当 σ'_{pc} 为拉应力时,则式(9-16)、式(9-18)中的 σ'_{pc} 应取为零。计算混凝土法向应力 σ_{pc},σ'_{pc} 时,可根据构件制作情况考虑自重的影响。

结构处于年平均相对湿度低于40%的环境下,σ_{l5} 及 σ'_{l5} 值应增加30%。

② 对重要结构构件,当需要考虑与时间相关的混凝土收缩、徐变预应力损失值时,可按《标准》附录 K 进行计算。

由于后张法构件在开始施加预应力时,混凝土已完成部分收缩,故后张法的 σ_{l5} 比先张法的低。

所有能减少混凝土收缩、徐变的措施,相应地都将减少 σ_{l5}。

6. 用螺旋式预应力筋作配筋的环形构件,由于混凝土的局部挤压引起的预应力损失 σ_{l6}

对水管、蓄水池等圆形结构物,可采用后张法施加预应力。先用混凝土或喷射砂浆建造池壁,待池壁硬化达足够强度后,用缠丝机沿圆周方向把钢丝连续不断地缠绕在池壁上并加以锚固,最后围绕池壁敷设一层喷射砂浆作保护层。把钢筋张拉完毕锚固后,由于张紧的预应力筋挤压混凝土,钢筋处构件的直径由原来的 d 减小到 d_1,一圈内钢筋的周长减小,预拉应力下降,计算如下:

$$\sigma_{l6} = \frac{\pi d - \pi d_1}{\pi d} E_s = \frac{d - d_1}{d} E_s$$

由上式可见,构件的直径 d 越大,则 σ_{l6} 越小。因此,当 d 较大时,这项损失可以忽略不计。《标准》规定:当构件直径 $d \leqslant 3$ m 时,$\sigma_{l6} = 30$ N/mm^2;当构件直径 $d > 3$ m 时,$\sigma_{l6} = 0$。

7. 预应力损失的分阶段组合

以上分项介绍了各种预应力损失。不同的施加预应力方法,产生的预应力损失也不相同。一般地,先张法构件的预应力损失有 σ_{l1},σ_{l3},σ_{l4},σ_{l5};而后张法构件有 σ_{l1},σ_{l2},σ_{l4},σ_{l5}(当为环形构件时还有 σ_{l6})。

预应力筋的有效预应力 σ_{pe} 定义为:锚下张拉控制应力 σ_{con} 扣除相应应力损失 σ_l 并考虑混凝土弹性压缩引起的预应力筋应力降低后,在预应力筋内存在的预拉应力。因为各项预应力损失是先后发生的,则有效预应力值亦随不同受力阶段而变化。将预应力损失按各受力阶段进行组合,可计算出不同阶段预应力筋的有效预拉应力值,进而计算出在混凝土中建立的有效预应力 σ_{pc}。

在实际计算中,以"预压"为界,把预应力损失分成两批。所谓"预压",对先张法,是指放松预应力筋(简称放张),开始给混凝土施加预应力的时刻;对后张法,因为是在混凝土构件上张拉预应力筋,混凝土从张拉钢筋开始就受到预压,故这里的"预压"特指张拉预应力筋至 σ_{con} 并加以锚固的时刻。预应力混凝土构件在各阶段的预应力损失值宜按表 9-3 的规定进行组合。

表 9-3 各阶段预应力损失值的组合

预应力损失值的组合	先张法构件	后张法构件
混凝土预压前(第一批)的损失	$\sigma_{l1} + \sigma_{l2} + \sigma_{l3} + \sigma_{l4}$	$\sigma_{l1} + \sigma_{l2}$
混凝土预压后(第二批)的损失	σ_{l5}	$\sigma_{l4} + \sigma_{l5} + \sigma_{l6}$

先张法中,当预应力筋张拉完毕固定在台座上时,有应力松弛损失。而实际上,切断钢筋后,预应力筋与混凝土间靠黏结传力,在构件两端之间,预应力筋长度也基本保持不变,因此还要发生部分应力松弛损失。所以,先张法构件由于钢筋应力松弛引起的损失值 σ_{l4} 在第一批和第二批损失中所占的比例,如需区分,可根据实际情况确定,一般将 σ_{l4} 全部计入第一批损失中。

第一批损失记为 $\sigma_{l\text{I}}$,第二批损失记为 $\sigma_{l\text{II}}$。在后面的混凝土预应力计算公式的通式中,预应力损失的通用符号为 σ_l,它既可以表示全部损失 $\sigma_{l\text{I}} + \sigma_{l\text{II}}$,也可以表示第一批损失 $\sigma_{l\text{I}}$,视具体情况而定。

考虑到预应力损失计算值与实际值的差异,并为了保证预应力混凝土构件具有足够的抗裂度,应对预应力总损失值作最低限值的规定。《标准》规定:当计算求得的预应力总损失值小于下列数值时,应按下列数值取用:先张法构件,100 N/mm^2;后张法构件,80 N/mm^2。

8. 混凝土的弹性压缩(或伸长)

当混凝土受预应力作用而产生弹性压缩(或伸长)时,若钢筋(包括预应力筋和普通钢筋)与混凝土协调变形(即共同缩短或伸长),则二者的应变变化量相等,即 $\Delta\varepsilon_s = \Delta\varepsilon_c$,或写成 $\Delta\sigma/E_s = \Delta\sigma_c/E_c$,所以钢筋的应力变化量为

$$\Delta\sigma = \frac{E_s}{E_c}\Delta\sigma_c = \alpha_E \Delta\sigma_c \tag{9-19}$$

式中　α_E——钢筋弹性模量与混凝土弹性模量的比值,即 $\alpha_E = E_s/E_c$。

式(9-19)可表述为:若钢筋与混凝土协调变形,则当与钢筋在同一水平线上的混凝土正应力变化 $\Delta\sigma_c$ 时,钢筋的应力相应变化 $\alpha_E\Delta\sigma_c$。因为预应力混凝土构件一般采用高强混凝土,其应力–应变关系的线性段处于 $(0.75\sim0.90)f_{ck}$ 之前,故式(9-19)中采用混凝土弹性模量 E_c。

应用式(9-19),可求出预应力混凝土构件任一时刻预应力筋或普通钢筋的应力。方法是:先找出构件中这种钢筋与混凝土"协调变形"的起点,然后,欲求其后任一状态的钢筋应力,只需以起点应力为基础,求出相对于起点的应力变化量(含弹性伸缩及预应力损失两部分),最后叠加即可。

该方法的优点在于,只要有起点应力,就可直接写出其后任一时刻的钢筋应力,而不依赖于任何中间过程。

9. 后张法构件分批张拉预应力筋时混凝土弹性变形的考虑

后张法构件的预应力筋采用分批张拉时,应考虑后批张拉钢筋所产生的混凝土弹性压缩(或伸长)对先批张拉钢筋的影响,将先批张拉钢筋的张拉控制应力值 σ_{con} 增加(或减小)$\alpha_E\sigma_{pci}$。此处,σ_{pci} 为后批张拉钢筋在先批张拉钢筋重心处产生的混凝土法向应力。

9.2.3　有效预应力沿构件长度的分布
The Length of Effect Prestress

1. 先张法——预应力传递长度 l_{tr} 和锚固长度 l_a

对于先张法构件,理论上各项预应力损失值沿构件长度方向均相同,但由于它是依靠预应力筋与混凝土之间的黏结力传递预应力的,因此,在构件端部需经过一段传递长度 l_{tr}(传递长度内黏结应力的合力应等于预应力筋的有效预拉力 $A_p\sigma_{pe}$)才能在构件的中间区段建立起不变的有效预应力,如图 9-9 所示。由于黏结应力非均匀分布,则 l_{tr} 范围内钢筋与混凝土的预应力本应为曲线变化,但为了简单起见,《标准》近似按线性变化规律考虑,并规定先张法构件预应力筋的预应力传递长度 l_{tr} 应按下式计算:

$$l_{tr} = \alpha\frac{\sigma_{pe}}{f'_{tk}}d \tag{9-20}$$

式中　σ_{pe}——放张时预应力筋的有效预拉应力;

　　　　d——预应力筋的公称直径;

　　　　α——预应力筋的外形系数,按表 9-4 采用;

　　　　f'_{tk}——与放张时混凝土立方体抗压强度 f'_{cu} 相应的轴心抗拉强度标准值,可按线性内插法确定。

当采用骤然放松预应力筋的施工工艺时,因构件端部一定长度范围内预应力筋与混凝土之间的黏结力被破坏,因此对光面预应力钢丝,l_{tr} 的起点应从距构件末端 $0.25l_{tr}$ 处开始计算。

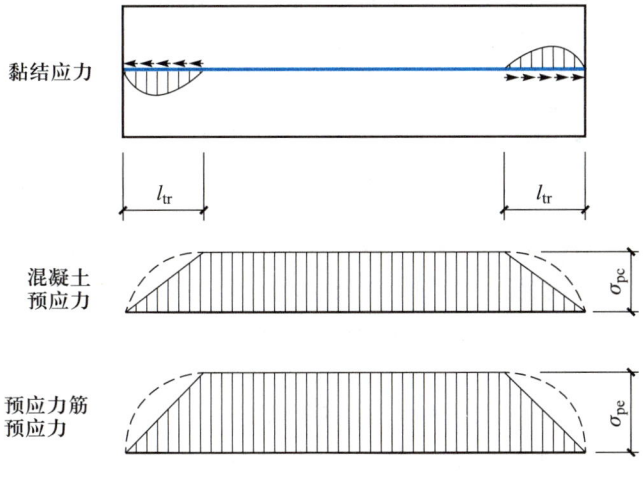

图 9-9　先张法构件有效预应力分布

必须指出,先张法构件端部的预应力传递长度 l_{tr} 和预应力筋的锚固长度 l_a 是两个不同的概念。前者是指从预应力筋应力为零的端部到应力为 σ_{pe} 的这一段长度 l_{tr},在正常使用阶段,对先张法构件端部进行抗裂验算时,应考虑 l_{tr} 内实际应力值的变化;而后者是当构件在外荷载作用下达到承载能力极限状态时,预应力筋的应力达到抗拉强度设计值 f_{py},为了使预应力筋不致被拔出,预应力筋应力从端部的零到 f_{py} 的这一段长度 l_a。

表 9-4　钢筋的外形系数 α

钢筋类型	光圆钢筋	带肋钢筋	螺旋肋钢丝	三股钢绞线	七股钢绞线
α	0.16	0.14	0.13	0.16	0.17

计算先张法预应力混凝土受弯构件端部锚固区的正截面和斜截面受弯承载力时,锚固长度范围内的预应力筋抗拉强度设计值在锚固起点处应取为零,在锚固终点处应取为 f_{py},两点之间可按线性内插法确定。预应力筋的锚固长度 l_a 应按下式计算:

$$l_a = \alpha \frac{f_{py}}{f_t} d \qquad (9-21)$$

式中　l_a——纵向受拉预应力筋的锚固长度;

　　　f_{py}——预应力筋的抗拉强度设计值;

　　　f_t——混凝土轴心抗拉强度设计值,当混凝土强度等级高于 C60 时,按 C60 取值;

　　　d,α——含义与式(9-20)中相同。

当采用骤然放松预应力筋的施工工艺时,先张法光面预应力钢丝的锚固长度 l_a 应从距构件末端 $0.25l_{tr}$ 处开始计算,此处,l_{tr} 为预应力传递长度。

2. 后张法构件有效预应力沿构件长度的分布

后张法构件中,摩擦损失 σ_{l2} 在张拉端为零,然后逐渐增大,至锚固端达最大值;若为直线预应力筋,则其他各项损失值沿构件长度方向不变。因此,预应力筋的有效应力沿构件长度方向的各截面是不同的,从而在混凝土中建立的有效预应力也是变化的(张拉端最大,锚固端最小),其分布规律同摩擦损失。所以,计算后张法构件时,必须特别注意针对的是哪个截面。若为曲线预应力筋,则 σ_{l5} 沿构件长度方向也有变化,应力分布较复杂。

9.2.4　无黏结预应力混凝土结构
Unbonded Prestressed Concrete Structures

无黏结预应力混凝土结构,一般是指在预应力筋外面涂防腐油脂、外包塑料套管防止钢筋与混凝土黏结,按后张法制作的预应力混凝土结构。施工时,无黏结预应力筋可如同普通钢筋一样,按设计要求铺放在模板内,然后浇灌混凝土,待混凝土达到设计要求强度后,再张拉、锚固。此时,无黏结预应力筋与混凝土不直接接触,而成为无黏结状态。在外荷载作用下,结构中预应力筋与混凝土在横截面内存在线性变形协调关系,但在纵向可以相对周围混凝土发生纵向滑移。无黏结预应力混凝土的设计理论与有黏结预应力混凝土相似,一般需增设普通受力钢筋以改善结构的性能,避免构件在极限状态下发生集中裂缝。无黏结部分预应力混凝土是继有黏结预应力混凝土和部分预应力混凝土之后又一种新的预应力形式。由于无黏结预应力混凝土结构在施工时不需要事先预留孔道、穿筋和张拉后灌浆等,极大地简化了常规后张法预应力混凝土结构的施工工艺,尤其适用于多跨、连续的整体现浇结构。大量实践与研究表明,无黏结预应力混凝土结构有如下优点:

① 结构自重轻。因为不需预留孔道,可以减小构件尺寸,减轻自重,有利于减小下部支承结构的荷载和降低造价。

② 施工简便、速度快。施工时,无黏结预应力筋同普通钢筋一样,按设计要求铺放在模板内,然后浇灌混凝土,待混凝土达到设计要求强度后,再张拉、锚固、封堵端部。无须预留孔道、穿筋和张拉后灌浆等复杂工序,简化了施工工艺,加快了施工进度。同时,构件可以预制也可以现浇,特别适用于构造比较复杂的曲线布筋构件和运输不便、施工场地狭小的建筑。

③ 抗腐蚀能力强。涂有防腐油脂、外包塑料套管的无黏结预应力筋束,具有双重防腐能力,可以避免预留孔道穿筋的后张法预应力构件因压浆不密实而发生预应力筋锈蚀以致断丝的危险。

④ 使用性能良好。在使用荷载作用下,容易使应力状态满足要求,挠度和裂缝宽度得到控制。通过采用无黏结预应力筋束和普通钢筋的混合配筋,在满足极限承载能力的同时,可以避免较大集中裂缝的出现,使之具有与有黏结预应力混凝土相似的力学性能。

⑤ 防火性能满足要求。现浇后张平板结构的防火和火灾灾害试验表明,只要具有适当的保护层厚度与板的厚度,防火性能是可靠的。

⑥ 抗震性能好。试验和实践表明,地震作用下,无黏结预应力混凝土结构经受大幅度位移时,无黏结预应力筋一般处于受拉状态,不像有黏结预应力筋可能由受拉转为受压。无黏结预应力筋承受的应力变化幅度较小,可将局部变形均匀地分布到构件全长上,使无黏结预应力筋的应力保持在弹性阶段,加上部分预应力构件中配置的普通钢筋,使结构的能量消散能力得到保证,并且保持良好的挠度恢复性能。

⑦ 应用广泛。无黏结预应力混凝土适用于多层和高层建筑中的单向板、双向连续平板,以及井字梁、悬臂梁、框架梁、扁梁等。无黏结预应力混凝土也适用于桥梁结构中的简支板(梁)、连续梁、预应力混凝土拱桥、桥梁下部结构、灌注桩的墩台等,也可应用于旧桥加固工程。

§9.3   预应力混凝土轴心受拉构件的应力分析
Stress Analysis of Prestressed Concrete Axially Tensile Members

预应力混凝土轴心受拉构件从张拉钢筋开始到构件破坏为止,可分为两个阶段:施工阶段和使用阶段。构件内存在两个力系:内部预应力(施工制作时施加的)和外荷载(使用阶段施加的)。

本节用 A_p 和 A_s 表示预应力筋和普通钢筋的截面面积,A_c 为混凝土截面面积;以 σ_{pe},σ_s 及 σ_{pc} 表示预应力筋、普通钢筋及混凝土的应力。以下推导公式时规定:σ_{pe} 以受拉为正,σ_{pc} 及 σ_s 以受压为正。

9.3.1   先张法轴心受拉构件
Pretension Axially Tensile Members

先张法构件中,预应力筋和普通钢筋与混凝土协调变形的起点均为预压前(即完成 σ_{lI})的时刻,此时,预应力筋的拉应力为 $\sigma_{con}-\sigma_{lI}$,而普通钢筋与混凝土的应力均为零。求任一时刻钢筋(包括预应力筋及普通钢筋)的应力,除扣除相应的预应力损失外,还应考虑混凝土的弹性压缩引起的钢筋应力的变化。

下面仅考虑对构件计算有特殊意义的几个特定时刻的应力状态。

1. 施工阶段

这里仅考虑施工制作阶段,应力图形如图 9-10 所示。此阶段构件任一截面各部分应力均为自平衡体系。

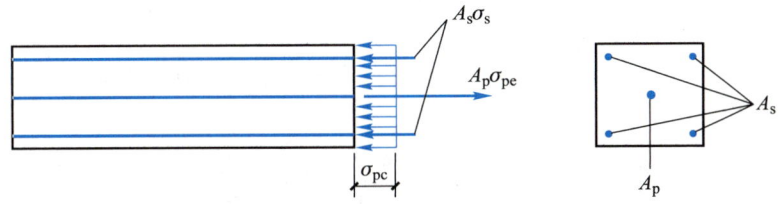

图 9-10   先张法构件截面预应力

(1) 放松预应力筋,压缩混凝土(完成第一批预应力损失)

制作先张法构件时,首先张拉预应力筋至 σ_{con},并锚固于台座上。然后浇筑混凝土构件,并进行蒸汽养护。于是,预应力筋产生了第一批预应力损失 $\sigma_{lI}=\sigma_{l1}+\sigma_{l3}+\sigma_{l4}$,而此时混凝土尚未受力。

待混凝土强度达 $75\%f_{cu,k}$ 以上时,放松预应力筋,混凝土才开始受压。此时,设混凝土的预压应力为 σ_{pcI},则有

$$\sigma_{pc}=\sigma_{pcI}$$

$$\sigma_{pe}=\sigma_{con}-\sigma_{lI}-\alpha_E\sigma_{pcI}$$

$$\sigma_s=\alpha_{Es}\sigma_{pcI}$$

由平衡条件得

$$\sigma_{\mathrm{pe}} A_{\mathrm{p}} = \sigma_{\mathrm{pc}} A_{\mathrm{c}} + \sigma_{\mathrm{s}} A_{\mathrm{s}}$$

即

$$(\sigma_{\mathrm{con}} - \sigma_{l\mathrm{I}} - \alpha_{\mathrm{E}} \sigma_{\mathrm{pc\,I}}) A_{\mathrm{p}} = \sigma_{\mathrm{pc\,I}} A_{\mathrm{c}} + \alpha_{\mathrm{Es}} \sigma_{\mathrm{pc\,I}} A_{\mathrm{s}}$$

解得

$$\sigma_{\mathrm{pc\,I}} = \frac{(\sigma_{\mathrm{con}} - \sigma_{l\mathrm{I}}) A_{\mathrm{p}}}{A_{\mathrm{c}} + \alpha_{\mathrm{Es}} A_{\mathrm{s}} + \alpha_{\mathrm{E}} A_{\mathrm{p}}} = \frac{(\sigma_{\mathrm{con}} - \sigma_{l\mathrm{I}}) A_{\mathrm{p}}}{A_0} \tag{9-22}$$

式中,A_0 为构件的换算截面面积,$A_0 = A_{\mathrm{c}} + \alpha_{\mathrm{Es}} A_{\mathrm{s}} + \alpha_{\mathrm{E}} A_{\mathrm{p}}$,$\alpha_{\mathrm{E}}$ 和 α_{Es} 分别为预应力筋和普通钢筋的弹性模量与混凝土弹性模量的比值。对先张法轴心受拉构件,混凝土截面面积 $A_{\mathrm{c}} = A - A_{\mathrm{p}} - A_{\mathrm{s}}$,$A = bh$ 为构件的毛截面面积。

先张法构件放松预应力筋时,混凝土受到的预压应力达最大值。此时的应力状态,可作为施工阶段对构件进行承载能力计算的依据。另外,$\sigma_{\mathrm{pc\,I}}$ 还用于计算 σ_{l5}。

（2）完成第二批预应力损失

当第二批预应力损失 $\sigma_{l\mathrm{II}} = \sigma_{l5}$ 完成后（此时 $\sigma_l = \sigma_{l\mathrm{I}} + \sigma_{l\mathrm{II}}$）,因预应力筋的拉应力降低,导致混凝土的预压应力下降至 $\sigma_{\mathrm{pc\,II}}$；同时由于混凝土的收缩和徐变及弹性压缩,也使构件内的普通钢筋随混凝土构件的缩短而缩短,在普通钢筋中产生应力,这种应力减少了受拉区混凝土的法向预压应力,使构件的抗裂能力降低,因而计算时应考虑其影响。为了简化计算,假定普通钢筋由于混凝土收缩、徐变引起的压应力增量与预应力筋的该项预应力损失值相同,即近似取 σ_{l5}。此时

$$\sigma_{\mathrm{pc}} = \sigma_{\mathrm{pc\,II}}$$
$$\sigma_{\mathrm{pe}} = \sigma_{\mathrm{con}} - \sigma_l - \alpha_{\mathrm{E}} \sigma_{\mathrm{pc\,II}}$$
$$\sigma_{\mathrm{s}} = \alpha_{\mathrm{Es}} \sigma_{\mathrm{pc\,II}} + \sigma_{l5}$$

代入平衡方程,即

$$(\sigma_{\mathrm{con}} - \sigma_l - \alpha_{\mathrm{E}} \sigma_{\mathrm{pc\,II}}) A_{\mathrm{p}} = \sigma_{\mathrm{pc\,II}} A_{\mathrm{c}} + (\alpha_{\mathrm{Es}} \sigma_{\mathrm{pc\,II}} + \sigma_{l5}) A_{\mathrm{s}}$$

解得

$$\sigma_{\mathrm{pc\,II}} = \frac{(\sigma_{\mathrm{con}} - \sigma_l) A_{\mathrm{p}} - \sigma_{l5} A_{\mathrm{s}}}{A_0} \tag{9-23}$$

上式给出了先张法构件中最终建立的混凝土有效预压应力。

2. 使用阶段

指从施加外荷载开始的阶段。

（1）加载至混凝土预压应力被抵消时

设此时外荷载产生的轴向拉力为 N_0（图 9-11）,相应的预应力筋的有效应力为 σ_{p0},则有

$$\sigma_{\mathrm{pc}} = 0$$
$$\sigma_{\mathrm{pe}} = \sigma_{\mathrm{p0}} = \sigma_{\mathrm{con}} - \sigma_l$$
$$\sigma_{\mathrm{s}} = \sigma_{l5}$$

平衡条件为

$$N_0 = \sigma_{\mathrm{pe}} A_{\mathrm{p}} - \sigma_{\mathrm{s}} A_{\mathrm{s}}$$

将 σ_{pe},σ_{s} 代入并利用式（9-23）可得

$$N_0 = (\sigma_{\mathrm{con}} - \sigma_l) A_{\mathrm{p}} - \sigma_{l5} A_{\mathrm{s}} = \sigma_{\mathrm{pc\,II}} A_0 \tag{9-24}$$

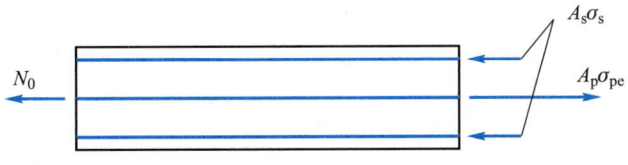

图 9-11　消压状态

此时,构件截面上混凝土的应力为零,相当于普通钢筋混凝土构件还没有受到外荷载的作用,但预应力混凝土构件已能承担外荷载产生的轴向拉力 N_0,故称 N_0 为"消压拉力"。

（2）继续加载至混凝土即将开裂

随着轴向拉力的继续增大,构件截面上混凝土将转而受拉,当拉应力达到混凝土抗拉强度标准值 f_{tk} 时,构件截面即将开裂,设相应的轴向拉力为 N_{cr},如图 9-12 所示。此时

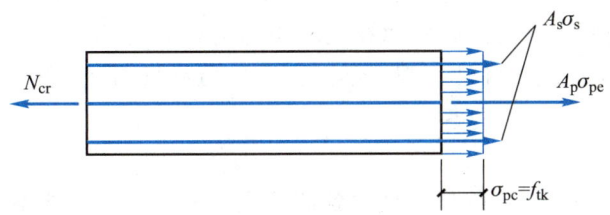

图 9-12　截面即将开裂

$$\sigma_{pc} = -f_{tk}$$

$$\sigma_{pe} = \sigma_{con} - \sigma_l + \alpha_E f_{tk}$$

$$\sigma_s = \sigma_{l5} - \alpha_{Es} f_{tk}$$

平衡条件为

$$N_{cr} = \sigma_{pe} A_p - \sigma_{pc} A_c - \sigma_s A_s$$

即

$$
\begin{aligned}
N_{cr} &= (\sigma_{con} - \sigma_l + \alpha_E f_{tk}) A_p + f_{tk} A_c - (\sigma_{l5} - \alpha_{Es} f_{tk}) A_s \\
&= (\sigma_{con} - \sigma_l) A_p - \sigma_{l5} A_s + f_{tk}(A_c + \alpha_E A_p + \alpha_{Es} A_s) \\
&= \sigma_{pcII} A_0 + f_{tk} A_0 = N_0 + f_{tk} A_0 \\
&= (\sigma_{pcII} + f_{tk}) A_0
\end{aligned}
\tag{9-25}
$$

上式可作为使用阶段对构件进行抗裂度验算的依据。

（3）加载直至构件破坏

由于轴心受拉构件的裂缝沿正截面贯通,则开裂后裂缝截面混凝土完全退出工作。随着荷载继续增大,当裂缝截面上预应力筋及普通钢筋的拉应力先后达到各自的抗拉强度设计值时,贯通裂缝骤然加宽,构件破坏。相应的轴向拉力极限值（即极限承载力）为 N_u,如图 9-13 所示。

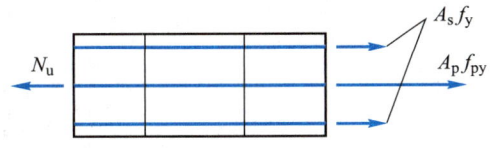

由平衡条件可得

$$N_u = f_{py} A_p + f_y A_s \tag{9-26}$$

上式可作为使用阶段对构件进行承载能力极

图 9-13　极限状态

限状态计算的依据。

9.3.2 后张法轴心受拉构件
Post-tension Axially Tensile Members

后张法构件中,普通钢筋与混凝土协调变形的起点是张拉预应力筋之前,此时二者的起点应力均为零。因此,由混凝土的弹性压缩引起的普通钢筋应力的变化量等于相应时刻混凝土应力的 α_{Es} 倍。与先张法不同,由于后张法是在混凝土构件上张拉预应力筋,张拉过程中,混凝土已产生了弹性压缩,因而在预应力筋应力达 σ_{con} 以前(测力仪表还在计数),这种弹性压缩对预应力筋的应力没有影响。后张法构件施工制作阶段,一般不考虑混凝土弹性压缩引起的预应力筋的应力变化,近似认为,从完成第二批预应力损失的时刻开始,预应力筋才和混凝土协调变形,此时混凝土的起点压应力为 σ_{pcII},而预应力筋的拉应力为 $\sigma_{con}-\sigma_l$。因此,在混凝土应力达 σ_{pcII} 以前,预应力筋的应力只扣除预应力损失;而在混凝土应力达 σ_{pcII} 以后,预应力筋应力除扣除预应力损失外,还应考虑由于混凝土弹性压缩引起的钢筋应力增量,其值等于相应时刻混凝土应力相对于 σ_{pcII} 增量的 α_E 倍。

1. 施工阶段

应力图形如图 9-14 所示,构件任一截面各部分应力亦为自平衡体系。

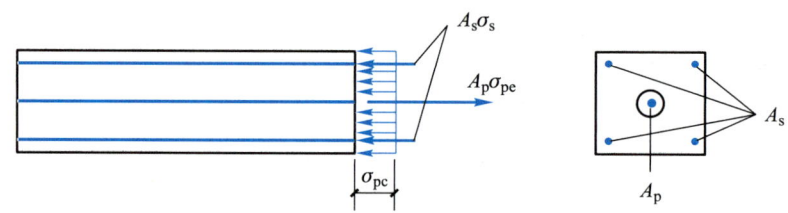

图 9-14   后张法构件截面预应力

(1)在构件上张拉预应力筋至 σ_{con},同时压缩混凝土

在张拉预应力筋的过程中,沿构件长度方向各截面均产生了数值不等的摩擦损失 σ_{l2}。将预应力筋张拉到 σ_{con} 时,设混凝土应力为 σ_{cc},此时任一截面处

$$\sigma_{pc}=\sigma_{cc}$$

$$\sigma_{pe}=\sigma_{con}-\sigma_{l2}$$

$$\sigma_s=\alpha_{Es}\sigma_{cc}$$

由平衡条件,有

$$\sigma_{pe}A_p=\sigma_{pc}A_c+\sigma_sA_s$$

即

$$(\sigma_{con}-\sigma_{l2})A_p=\sigma_{cc}A_c+\alpha_{Es}\sigma_{cc}A_s$$

解得

$$\sigma_{cc}=\frac{(\sigma_{con}-\sigma_{l2})A_p}{A_c+\alpha_{Es}A_s}=\frac{(\sigma_{con}-\sigma_{l2})A_p}{A_n} \tag{9-27}$$

式中 A_n——构件扣除孔洞以后的换算截面面积,$A_n=A_c+\alpha_{Es}A_s$。

在式(9-27)中,当 $\sigma_{l2}=0$(张拉端)时,σ_{cc} 达最大值,即

$$\sigma_{cc}=\frac{\sigma_{con}A_p}{A_n} \tag{9-28}$$

上式可作为施工阶段对构件进行承载力验算的依据。

(2)完成第一批预应力损失

当张拉完毕,将预应力筋锚固于构件上时,又发生了 σ_{l1},至此第一批预应力损失 $\sigma_{lI}=\sigma_{l1}+\sigma_{l2}$ 完成。此时

$$\sigma_{pc}=\sigma_{pcI}$$
$$\sigma_{pe}=\sigma_{con}-\sigma_{lI}$$
$$\sigma_s=\alpha_{Es}\sigma_{pcI}$$

代入平衡方程,得

$$(\sigma_{con}-\sigma_{lI})A_p=\sigma_{pcI}A_c+\alpha_{Es}\sigma_{pcI}A_s$$

解得

$$\sigma_{pcI}=\frac{(\sigma_{con}-\sigma_{lI})A_p}{A_c+\alpha_{Es}A_s}=\frac{(\sigma_{con}-\sigma_{lI})A_p}{A_n} \tag{9-29}$$

这里的 σ_{pcI} 用于计算 σ_{l5}。

(3)完成第二批预应力损失

第二批损失 $\sigma_{lII}=\sigma_{l4}+\sigma_{l5}$。此时

$$\sigma_{pc}=\sigma_{pcII}$$
$$\sigma_{pe}=\sigma_{con}-\sigma_l$$
$$\sigma_s=\alpha_{Es}\sigma_{pcII}+\sigma_{l5}$$

代入平衡方程,可解得

$$\sigma_{pcII}=\frac{(\sigma_{con}-\sigma_l)A_p-\sigma_{l5}A_s}{A_n} \tag{9-30}$$

σ_{pcII} 即为后张法构件中最终建立的混凝土有效预压应力。

2. 使用阶段

相应时刻的应力图形与先张法构件的相同,外荷载产生的轴向拉力符号也相同。

(1)加载至混凝土预压应力被抵消时

此时

$$\sigma_{pc}=0$$
$$\sigma_{pe}=\sigma_{p0}=\sigma_{con}-\sigma_l+\alpha_E\sigma_{pcII}$$
$$\sigma_s=\sigma_{l5}$$

则

$$N_0=\sigma_{pe}A_p-\sigma_sA_s$$
$$=(\sigma_{con}-\sigma_l+\alpha_E\sigma_{pcII})A_p-\sigma_{l5}A_s$$
$$=\sigma_{pcII}A_n+\alpha_E\sigma_{pcII}A_p$$
$$=\sigma_{pcII}A_0 \tag{9-31}$$

可见,后张法构件 N_0 的意义及计算公式的形式与先张法构件的相同[注意式(9-24)与式

（9-31）中的 $\sigma_{pcⅡ}$ 计算公式不同〕，二者都用构件的换算截面面积 A_0 计算。

（2）继续加载至混凝土即将开裂

$$\sigma_{pc} = -f_{tk}$$

$$\sigma_{pe} = \sigma_{con} - \sigma_l + \alpha_E(f_{tk} + \sigma_{pcⅡ})$$

$$\sigma_s = \sigma_{l5} - \alpha_{Es} f_{tk}$$

同理，由平衡条件可推出

$$N_{cr} = N_0 + f_{tk}A_0$$

$$= (\sigma_{pcⅡ} + f_{tk})A_0 \tag{9-32}$$

上式可作为使用阶段对构件进行抗裂度验算的依据。

（3）加载直至构件破坏

$$N_u = f_{py}A_p + f_y A_s \tag{9-33}$$

N_u 是使用阶段对构件进行承载能力极限状态计算的依据。

注意：在后张法中

$$A_n = A_c + \alpha_{Es}A_s$$

$$A_0 = A_n + \alpha_E A_p$$

$$A_c = A - A_s - A_孔$$

构件扣除孔洞以后的换算截面面积 A_n 的物理意义是：混凝土截面面积 A_c 与普通钢筋换算成的具有同样变形性能的混凝土面积之和。而构件的换算截面面积 A_0，是将预应力筋和普通钢筋都换算成具有同样变形性能的混凝土面积后与混凝土截面面积之和。

9.3.3 先、后张法计算公式比较
Comparison of Calculation Formulas between Pretension Members and Post-tension Members

比较先张法与后张法预应力混凝土轴心受拉构件的相应计算公式，可得出如下规律。

1. 钢筋应力

无论先、后张法，普通钢筋任何相应时刻的应力公式形式均相同，这是由于两种方法中，普通钢筋与混凝土协调变形的起点均是混凝土应力为零时；预应力筋应力公式中，后张法比先张法的相应时刻应力少 $\alpha_E\sigma_{pc}$ 这一项，这是因为后张法构件在张拉预应力筋的过程中，混凝土的弹性压缩所引起的预应力筋应力变化已被融入测力仪表读数内，因而两种方法中，预应力筋与混凝土协调变形的起点不同。

2. 混凝土应力

施工阶段，两种张拉方法的 $\sigma_{pcⅠ}$，$\sigma_{pcⅡ}$ 公式形式相似，差别在于：先张法公式中用构件的换算截面面积 A_0，而后张法用构件的净截面面积 A_n。

前面推导出的混凝土预压应力 σ_{pc} 公式，可归纳为以下通式：

先张法

$$\sigma_{pc} = \frac{(\sigma_{con} - \sigma_l)A_p - \sigma_{l5}A_s}{A_0} = \frac{N_p}{A_0} \tag{9-34}$$

后张法

$$\sigma_{pc} = \frac{(\sigma_{con}-\sigma_l)A_p-\sigma_{l5}A_s}{A_n} = \frac{N_p}{A_n} \tag{9-35}$$

式中

$$N_p = (\sigma_{con}-\sigma_l)A_p-\sigma_{l5}A_s \tag{9-36}$$

用式(9-34)及式(9-35)求 σ_{pcI} 时,令式中的 $\sigma_l=\sigma_{lI}$, $\sigma_{l5}=0$,因为此时 σ_{l5} 还没有发生。求 σ_{pcII} 时,令 $\sigma_l=\sigma_{lI}+\sigma_{lII}$,当然此时 $\sigma_{l5}\neq 0$。

由式(9-34)和式(9-35)可得如下重要结论:计算预应力混凝土轴心受拉构件混凝土的有效预压应力 σ_{pc} 时,可以将一个轴心压力 N_p 作用于构件截面上,然后按材料力学公式计算。压力 N_p 由相应时刻预应力筋和普通钢筋仅扣除预应力损失后的应力[如完成第二批损失后,预应力筋拉应力取 $(\sigma_{con}-\sigma_l)$,普通钢筋压应力取 σ_{l5}]乘以各自的截面面积,并反向(预应力筋的拉力反向后为压力,普通钢筋的压力反向后为拉力),然后再叠加而得,如图9-15所示;计算时所用构件截面为:先张法用构件的换算截面面积 A_0,而后张法用构件的净截面面积 A_n。弹性压缩部分的影响隐含于构件截面面积内,故在钢筋应力中未出现。

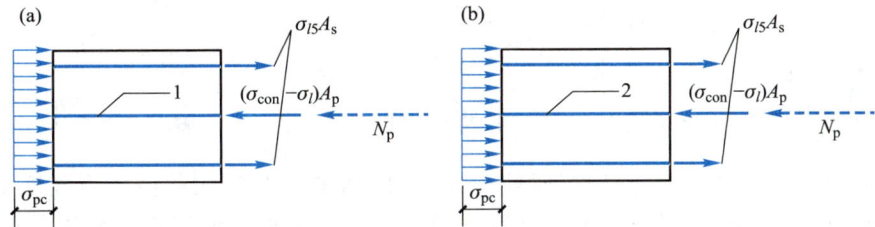

1—换算截面重心轴;2—净截面重心轴。

图9-15 预应力筋及普通钢筋合力位置

(a)先张法构件;(b)后张法构件

重要的是,该结论可推广用于计算预应力混凝土受弯构件中的混凝土预应力,只需将 N_p 改为偏心压力。

3. 轴向拉力

使用阶段,构件在各特定时刻的轴向拉力 N_0, N_{cr} 及 N_u 的公式形式均相同。无论先、后张法,均采用构件的换算截面面积 A_0 计算。

由 $N_{cr} = (\sigma_{pcII}+f_{tk})A_0 = N_0+f_{tk}A_0$ 可知,预应力混凝土构件比同条件的普通钢筋混凝土构件的开裂荷载提高了 N_0。

预应力混凝土轴心受拉构件的极限承载力 N_u 公式与截面尺寸及材料均相同的普通钢筋混凝土构件的极限承载力公式相同,而与预应力的存在及大小无关,即施加预应力不能提高轴心受拉构件的承载力,但后者因裂缝过大早已不满足使用要求。

§9.4 预应力混凝土轴心受拉构件的计算和验算
Calculation and Check of Strength of Prestressed Concrete Axially Tensile Members

为了保证预应力混凝土轴心受拉构件的可靠性,除应进行构件使用阶段的承载力计算和裂缝控制验算外,还应进行施工阶段(制作、运输、安装)的承载力验算,以及后张法构件端部混凝土的局部受压验算。

9.4.1　使用阶段正截面承载力计算
Calculation of Load-Carrying Capacity of Normal Section during Serviceability Stage

进行使用阶段正截面承载力计算的目的是保证构件在使用阶段具有足够的安全性。因属于承载能力极限状态的计算,故荷载效应及材料强度均采用设计值。计算公式如下:

$$N \leqslant N_u = f_{py}A_p + f_y A_s \tag{9-37}$$

式中　N ——轴向拉力设计值;

　　　N_u ——构件截面所能承受的轴向拉力设计值;

　　　f_{py} ——预应力筋的抗拉强度设计值;

　　　f_y ——普通钢筋的抗拉强度设计值。

应用式(9-37)解题时,一个方程只能求解一个未知量。一般先按构造要求或经验定出普通钢筋的数量(此时 A_s 已知),然后再由公式求解 A_p。

9.4.2　使用阶段正截面裂缝控制验算
Approval Analysis of Crack Control of Normal Section during Serviceability Stage

预应力混凝土轴心受拉构件,应按所处环境类别和结构类别选用相应的裂缝控制等级,并按下列规定进行混凝土拉应力或正截面裂缝宽度验算。由于是正常使用极限状态的验算,因而须采用荷载的标准组合或准永久组合,且材料强度采用标准值。

1. 一级——严格要求不出现裂缝的构件

在荷载标准组合下应符合下列规定:

$$\sigma_{ck} - \sigma_{pc} \leqslant 0 \tag{9-38}$$

即要求在荷载标准组合 N_k 下,克服了有效预压应力后,使构件截面混凝土不出现拉应力。其中 σ_{pc} 按式(9-34)或式(9-35)计算,并扣除全部预应力损失。由 $N_k - N_0 \leqslant 0$,得 $N_k - \sigma_{pc}A_0 \leqslant 0$,令 $\sigma_{ck} = N_k / A_0$ 即得式(9-38)。

2. 二级——一般要求不出现裂缝的构件

在荷载标准组合下应符合下列规定:

$$\sigma_{ck} - \sigma_{pc} \leqslant f_{tk} \tag{9-39}$$

式(9-39)是要求在荷载标准组合 N_k 下,克服了混凝土有效预压应力后,构件截面混凝土可以出现拉应力但不能开裂。由 $N_k - N_{cr} \leqslant 0$,即 $N_k - A_0(\sigma_{pc} + f_{tk}) \leqslant 0$,易得式(9-39)。

式中　N_k ——按荷载标准组合计算的轴向拉力值;

　　　σ_{ck} ——荷载标准组合下的混凝土法向应力,无论先张法或后张法轴心受拉构件,均有 $\sigma_{ck} = N_k / A_0$;

　　　σ_{pc} ——扣除全部预应力损失后混凝土的预压应力,按式(9-34)或式(9-35)计算;

　　　f_{tk} ——混凝土轴心抗拉强度标准值;

　　　A_0 ——构件的换算截面面积。

3．三级——允许出现裂缝的构件

按荷载标准组合并考虑长期作用影响计算的最大裂缝宽度,应符合下列规定:

$$w_{\max} \leqslant w_{\lim} \tag{9-40}$$

式中　$w_{\max}$——按荷载标准组合并考虑长期作用影响计算的最大裂缝宽度;

　　　　$w_{\lim}$——最大裂缝宽度限值,查附表 3-2 确定。

对环境类别为二 a 类的三级预应力混凝土构件,在荷载的准永久组合下尚应符合下列规定:

$$\sigma_{cq} - \sigma_{pc} \leqslant f_{tk} \tag{9-41}$$

式中　σ_{cq}——荷载准永久组合下抗裂验算边缘的混凝土法向应力,$\sigma_{cq} = \dfrac{N_q}{A_0}$;$N_q$ 为按荷载准永久

　　　　组合计算的轴向拉力值。

在预应力混凝土轴心受拉构件中,按荷载标准组合并考虑长期作用影响的最大裂缝宽度(单位为 mm)可按下列公式计算:

$$w_{\max} = \alpha_{cr} \psi \frac{\sigma_{sk}}{E_s} \left(1.9 c_s + 0.08 \frac{d_{eq}}{\rho_{te}} \right) \tag{9-42}$$

$$\psi = 1.1 - 0.65 \frac{f_{tk}}{\rho_{te} \sigma_{sk}} \tag{9-43}$$

$$d_{eq} = \frac{\sum n_i d_i^2}{\sum n_i \nu_i d_i} \tag{9-44}$$

$$\rho_{te} = \frac{A_s + A_p}{A_{te}} \tag{9-45}$$

式中　α_{cr}——构件受力特征系数,对预应力混凝土轴心受拉构件取 2.2。

　　　　ψ——裂缝间纵向受拉钢筋应变不均匀系数,当 $\psi < 0.2$ 时,取 $\psi = 0.2$;当 $\psi > 1.0$ 时,取 $\psi = 1.0$;对直接承受重复荷载的构件,取 $\psi = 1.0$。

　　　　σ_{sk}——按荷载标准组合计算的预应力混凝土构件纵向受拉钢筋的等效应力,对轴心受拉构件:

$$\sigma_{sk} = \frac{N_k - N_{p0}}{A_p + A_s} \tag{9-46}$$

　　　　E_s——钢筋弹性模量。

　　　　c_s——最外层纵向受拉钢筋外边缘至受拉区底边的距离(单位为 mm),当 $c_s < 20$ mm 时,取 $c_s = 20$ mm;当 $c_s > 65$ mm 时,取 $c_s = 65$ mm。

　　　　ρ_{te}——按有效受拉混凝土截面面积计算的纵向受拉钢筋配筋率;对无黏结后张构件,仅取纵向受拉普通钢筋计算配筋率;在最大裂缝宽度计算中,当 $\rho_{te} < 0.01$ 时,取 $\rho_{te} = 0.01$。

　　　　A_{te}——有效受拉混凝土截面面积,对轴心受拉构件,取构件截面面积。

　　　　A_s——受拉区纵向普通钢筋截面面积。

　　　　A_p——受拉区纵向预应力筋截面面积。

　　　　d_{eq}——受拉区纵向钢筋的等效直径,mm。

d_i——受拉区第 i 种纵向钢筋的公称直径,mm;对于有黏结预应力钢绞线束,其直径取为 $\sqrt{n_1}d_{p1}$,其中 d_{p1} 为单根钢绞线的公称直径,n_1 为单束钢绞线根数。

n_i——受拉区第 i 种纵向钢筋的根数;对于有黏结预应力钢绞线,取为钢绞线束数。

ν_i——受拉区第 i 种纵向钢筋的相对黏结特性系数,按表 9-5 采用。

N_{p0}——混凝土法向预应力等于零时预应力筋及普通钢筋的合力:

$$N_{p0} = \sigma_{p0}A_p - \sigma_{l5}A_s \tag{9-47}$$

其中,σ_{p0} 为受拉区预应力筋合力点处混凝土法向应力等于零时的预应力筋应力,按下式计算:

先张法　　　　　　　　　　　$\sigma_{p0} = \sigma_{con} - \sigma_l$

后张法　　　　　　　　　　　$\sigma_{p0} = \sigma_{con} - \sigma_l + \alpha_E \sigma_{pcII}$

注意,这里的 N_{p0} 与前面的 N_0 不同。

关于抗裂验算时计算截面的位置,当沿构件长度方向各截面尺寸相同时,应该取混凝土预压应力 σ_{pc} 最小处。对先张法轴心受拉构件,两端预应力传递长度范围除外的中间段,所有截面的混凝土预压应力 σ_{pc} 均相同,因而抗裂能力也相同;传递长度 l_{tr} 范围内,混凝土预压应力由零开始逐渐增大至中间段的 σ_{pc},由于杆端与其他杆件连接形成节点区,截面尺寸较大,一般当节点区该构件的最小截面位于 l_{tr} 内时,则有必要验算该截面的抗裂能力,相应的混凝土预压应力取值应在 0 与 σ_{pc} 之间线性内插。对后张法轴心受拉构件,抗裂验算时计算截面的位置应取锚固端,因为此处混凝土预压应力最小,但需注意锚固端的位置与张拉预应力筋的程序有关:如一端张拉时,锚固端在构件的另一端;而两端张拉时,锚固端则在构件长度的中点截面。

表 9-5　钢筋的相对黏结特性系数

钢筋类别	普通钢筋		先张法预应力筋			后张法预应力筋		
	光圆钢筋	带肋钢筋	带肋钢筋	螺旋肋钢丝	钢绞线	带肋钢筋	钢绞线	光面钢丝
ν_i	0.7	1.0	1.0	0.8	0.6	0.8	0.5	0.4

注:对环氧树脂涂层带肋钢筋,其相对黏结特性系数应按表中系数的 80% 取用。

9.4.3　施工阶段承载力验算
Approval Analysis of Load-Carrying Capacity during Construction Stage

为了保证预应力混凝土轴心受拉构件在施工阶段(主要是制作时)的安全性,应限制施加预应力过程中的混凝土法向压应力值,以免混凝土被压坏。混凝土法向压应力应符合下列规定:

$$\sigma_{cc} \leqslant 0.8f'_{ck} \tag{9-48}$$

式中　σ_{cc}——施工阶段构件计算截面混凝土的最大法向压应力;

f'_{ck}——与各施工阶段混凝土立方体抗压强度 f'_{cu} 相应的抗压强度标准值,按线性内插法查表确定。

如前所述,先张法构件放张时混凝土受到的预压应力最大,而后张法构件张拉预应力筋至 σ_{con}(超张拉时应取相应应力值,如 $1.05\sigma_{con}$)时,张拉端的混凝土预压应力最大。即

对先张法构件

$$\sigma_{cc} = \sigma_{pcI} = \frac{A_p(\sigma_{con} - \sigma_{lI})}{A_0}$$

对后张法构件

$$\sigma_{cc} = \frac{A_p\sigma_{con}}{A_n}$$

9.4.4 施工阶段后张法构件端部局部受压承载力验算
Approval Analysis of Local Compression Load-Carrying Capacity of Post-Tensioned Prestressed Concrete Members during Construction Stage

在后张法构件的端部,预应力筋的回缩力通过锚具下的垫板压在混凝土上,由于通过锚具下垫板作用在混凝土上的面积 A_l(可按照压力沿锚具边缘在垫板中以 45°角扩散后传到混凝土的受压面积计算)小于构件端部的截面面积,因此构件端部混凝土是局部受压的。这种很大的局部压力 F_l 需经过一段距离才能扩散到整个截面上,从而产生均匀的预压应力,这段距离近似等于构件截面的高度,称为锚固区,如图 9-16 所示。

锚固区内混凝土处于三向应力状态,除沿构件纵向的压应力 σ_x 外,还有横向应力 σ_y,后者在距端部较近处为侧向压应力,而较远处则为侧向拉应力。当拉应力超过混凝土的抗拉强度时,构件端部将出现纵向裂缝,甚至导致局部受压破坏。通常在端部锚固区内配置方格网式或螺旋式间接钢筋,以提高局部受压承载力并控制裂缝宽度,但不能防止混凝土开裂。

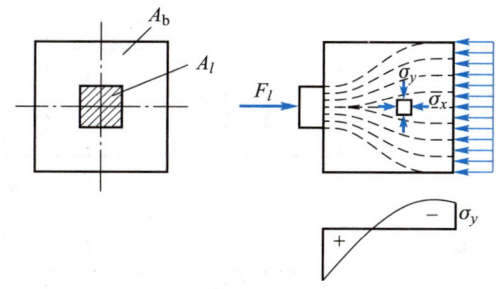

图 9-16 后张法构件端部锚固区的应力状态

试验表明,发生局部受压破坏时混凝土的强度值大于单轴受压时的混凝土强度值,增大的幅度与局部受压面积 A_l 周围混凝土面积的大小有关,这是由于 A_l 周围混凝土的约束作用所致,混凝土局部受压时的强度提高系数 β_l 按式(9-50)计算。

对后张法预应力混凝土构件,除了进行与先张法构件相同的施工阶段和使用阶段两种极限状态的计算外,为了防止构件端部发生局部受压破坏,还应进行施工阶段构件端部的局部受压承载力计算。

1. 构件端部截面尺寸验算

试验表明,当局部受压区配置的间接钢筋过多时,虽然能提高局部受压承载力,但垫板下的混凝土会产生过大的下沉变形,导致局部破坏。为了限制下沉变形,应使构件端部截面尺寸不能过小。配置间接钢筋的混凝土结构构件,其局部受压区的截面尺寸应符合下列要求:

$$F_l \leqslant 1.35\beta_c\,\beta_l\,f_cA_{ln} \tag{9-49}$$

$$\beta_l = \sqrt{\frac{A_b}{A_l}} \tag{9-50}$$

式中 F_l——局部受压面上作用的局部荷载或局部压力设计值,在后张法预应力混凝土构件中的锚头局部受压区,应取 1.2 倍张拉控制力(超张拉时还应再乘以相应增大系数);

f_c——混凝土轴心抗压强度设计值,在后张法预应力混凝土构件的张拉阶段验算中,应根据相应阶段的混凝土立方体抗压强度 f'_{cu} 值,按线性内插法确定对应的轴心抗压强度设计值;

β_c——混凝土强度影响系数,取值查表 9-6;

β_l——混凝土局部受压时的强度提高系数;

A_l——混凝土局部受压面积;

A_{ln}——混凝土局部受压净面积,对后张法构件,应在混凝土局部受压面积中扣除孔道、凹槽部分的面积;

A_b——局部受压的计算底面积。

局部受压的计算底面积 A_b,可由局部受压面积 A_l 与计算底面积 A_b 按同心、对称的原则确定。对常用情况,可按图 9-17 取用。

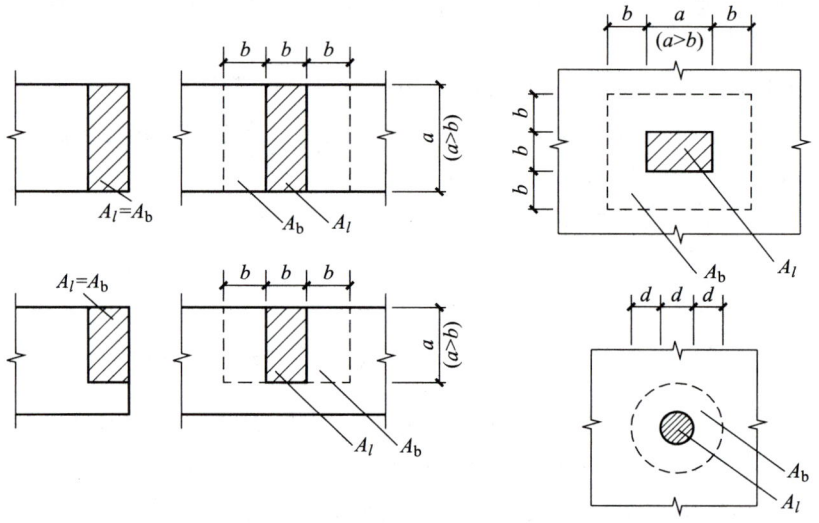

图 9-17　局部受压的计算底面积

式(9-49)主要是防止局部受压面的过大下沉,因而应按承载力问题来考虑,局部压力取设计值。当预应力作为荷载且对结构不利时,其分项系数取 1.3。当满足式(9-49)时,锚固区的抗裂要求一般均可满足。当不满足式(9-49)时,应加大构件端部尺寸,调整锚具位置,调整混凝土的强度或增大垫板厚度等。

2. 构件端部局部受压承载力验算

配置方格网式或螺旋式间接钢筋的局部受压承载力应按下列公式计算:

$$F_l \leqslant 0.9(\beta_c \beta_l f_c + 2\alpha\rho_v \beta_{cor} f_{yv})A_{ln} \tag{9-51}$$

当为方格网式配筋时(图 9-18a),其体积配筋率 ρ_v 应按下列公式计算:

$$\rho_v = \frac{n_1 A_{s1} l_1 + n_2 A_{s2} l_2}{A_{cor}s} \tag{9-52}$$

此时,钢筋网两个方向上单位长度内钢筋截面面积的比值不宜大于 1.5。

当为螺旋式配筋时(图 9-18b),其体积配筋率 ρ_v 应按下列公式计算:

$$\rho_v = \frac{4A_{ss1}}{d_{cor}s} \tag{9-53}$$

式中　β_{cor}——配置间接钢筋的局部受压承载力提高系数,仍按式(9-50)计算,但 A_b 以 A_{cor} 代替,当 $A_{cor} > A_b$ 时,应取 $A_{cor} = A_b$;当 A_{cor} 不大于混凝土局部受压面积 A_l 的 1.25 倍时,β_{cor} 取 1.0。

　　f_{yv}——间接钢筋的抗拉强度设计值。

　　α——间接钢筋对混凝土约束的折减系数,取值查表 9-6。

　　A_{cor}——方格网式或螺旋式间接钢筋内表面范围内的混凝土核心截面面积,其重心应与 A_l 的重心重合,计算中仍按同心、对称的原则取值。

　　ρ_v——间接钢筋的体积配筋率(核心截面面积 A_{cor} 范围内单位体积混凝土所含间接钢筋的体积)。

　n_1, A_{s1}——方格网沿 l_1 方向的钢筋根数、单根钢筋的截面面积。

　n_2, A_{s2}——方格网沿 l_2 方向的钢筋根数、单根钢筋的截面面积。

　　A_{ss1}——螺旋式单根间接钢筋的截面面积。

　　d_{cor}——螺旋式间接钢筋内表面范围内的混凝土截面直径。

　　s——方格网式或螺旋式间接钢筋的间距,宜取 30~80 mm。

间接钢筋应配置在图 9-18 所规定的高度 h 范围内,对方格网式配筋,不应少于 4 片;对螺旋式配筋,不应少于 4 圈。

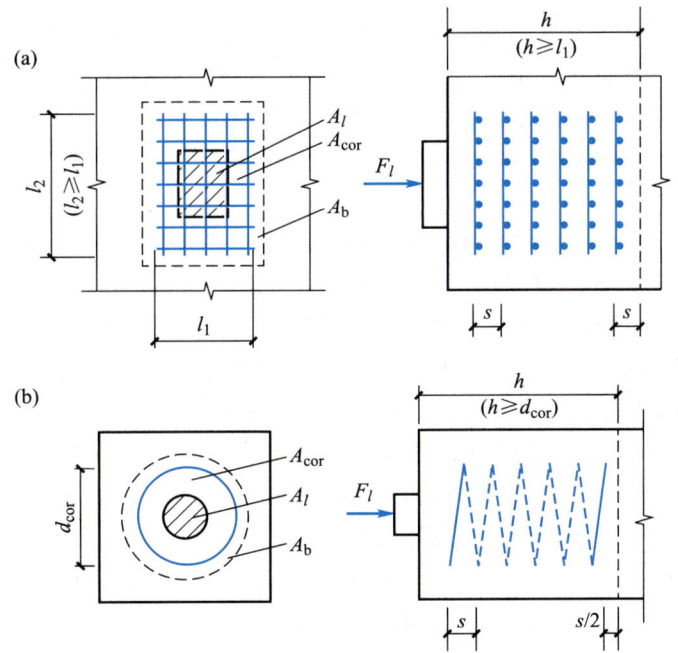

图 9-18　局部受压区的间接钢筋

(a) 方格网式配筋;(b) 螺旋式配筋

对锚固区配置方格网式或螺旋式间接钢筋的构件,横向钢筋限制了混凝土的横向膨胀,抑制微裂缝的开展,使核心混凝土处于三向受压应力状态,提高了混凝土的抗压强度和变形能力。试验表明,其局部受压承载力可由混凝土项承载力和间接钢筋项承载力之和组成(式(9-51))。间接钢筋项承载力与其体积配筋率 ρ_v 有关,且随混凝土强度等级的提高,该项承载力有降低的趋势,为了反映这一特点,公式中引入了系数 α。为适当提高可靠度,将右边抗力项乘以系数 0.9。

《标准》规定,计算局部受压面积 A_l、底面积 A_b 和间接钢筋范围内的混凝土核心截面面积 A_{cor} 时,不应扣除孔道面积。经试验校核,这样计算比较合适。

§9.5　预应力混凝土受弯构件的设计计算
Design and Calculation of Prestressed Concrete Members with Bending

9.5.1　各阶段应力分析
Stress Analysis of Every Stage

如前所述,预应力混凝土轴心受拉构件中,预应力筋 A_p 和普通钢筋 A_s 均在截面内对称布置,因而在混凝土内建立了均匀的预压应力 σ_{pc}。

与轴心受拉构件不同,预应力混凝土受弯构件中,沿构件长度方向,预应力筋的布置可以为直线形或曲线形。在构件截面内,设置在使用阶段受拉区的预应力筋 A_p 的重心与截面的重心有偏心;为了防止在制作、运输和吊装等施工阶段,构件的使用阶段受压区(称预拉区,即在预应力作用下可能受拉)出现裂缝或裂缝过宽,有时也在受压区设置预应力筋 A_p';同时在构件的受拉区和受压区往往也设置少量的普通钢筋 A_s 和 A_s',如图 9-19 所示。由于预应力混凝土受弯构件截面内钢筋为非对称布置,因此通过张拉预应力筋所建立的混凝土预应力 σ_{pc} 值(一般为压应力,有时也可能为拉应力)沿截面高度方向是变化的。

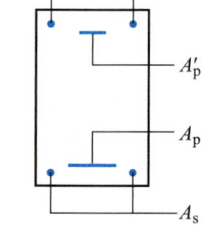

图 9-19　预应力混凝土受弯构件截面内钢筋布置

1. 钢筋应力

与预应力混凝土轴心受拉构件类似,在预应力混凝土受弯构件中,普通钢筋与混凝土协调变形的起点也是混凝土应力为零时的点。预应力筋与混凝土协调变形的起点:先张法为切断预应力筋的时刻(混凝土起点应力为零);后张法为完成第二批预应力损失的时刻(该起点混凝土应力为 σ_{pcII})。但必须注意,计算钢筋应力时所用的混凝土应力 σ_{pc} 应是与该钢筋(预应力筋或普通钢筋)在同一水平处之值,因为沿截面高度混凝土应力分布不均匀。

这里的面积、应力、压力等的符号同轴心受拉构件,只需注意到受压区的钢筋面积和应力符号加撇号。应力的正负号规定为:预应力筋以受拉为正,普通钢筋及混凝土以受压为正。

例如,第一批损失(σ_{lI},σ_{lI}')完成后,受拉区预应力筋 A_p 的应力如下:

先张法
$$\sigma_{pe} = \sigma_{con} - \sigma_{lI} - \alpha_E \sigma_{pcI}$$

后张法
$$\sigma_{pe} = \sigma_{con} - \sigma_{lI}$$

分别加载至受拉区和受压区预应力筋各自合力点处混凝土法向应力等于零时,受拉区和受压区的预应力筋 A_p 和 A_p' 的应力为

先张法
$$\begin{cases} \sigma_{p0} = \sigma_{con} - \sigma_l \\ \sigma'_{p0} = \sigma'_{con} - \sigma'_l \end{cases}$$

后张法
$$\begin{cases} \sigma_{p0} = \sigma_{con} - \sigma_l + \alpha_E \sigma_{pcII} \\ \sigma'_{p0} = \sigma'_{con} - \sigma'_l + \alpha_E \sigma'_{pcII} \end{cases}$$

2. 混凝土预应力

仿照轴心受拉构件,计算预应力混凝土受弯构件中由预加力产生的混凝土法向应力 σ_{pc} 时,可看作将一个偏心压力 N_p 作用于构件截面上,然后按材料力学公式计算(图 9-20)。计算时,先张法用构件的换算截面(面积 A_0,惯性矩 I_0),而后张法用构件的净截面(A_n, I_n)。计算公式如下:

先张法构件

$$\sigma_{pc} = \frac{N_p}{A_0} \pm \frac{N_p e_{p0}}{I_0} y_0 \tag{9-54}$$

后张法构件

$$\sigma_{pc} = \frac{N_p}{A_n} \pm \frac{N_p e_{pn}}{I_n} y_n \pm \sigma_{p2} \tag{9-55}$$

式中　A_0——构件的换算截面面积,包括扣除孔道、凹槽等削弱部分以外的混凝土全部截面面积及全部纵向预应力筋和普通钢筋截面面积换算成混凝土的截面面积(对由不同混凝土强度等级组成的截面,应根据混凝土弹性模量比值换算成同一混凝土强度等级的截面面积);

　　　　A_n——构件的净截面面积,换算截面面积减去全部纵向预应力筋换算成混凝土的截面面积;

　　I_0, I_n——换算截面惯性矩、净截面惯性矩;

e_{p0}, e_{pn}——换算截面重心、净截面重心至预应力筋及普通钢筋合力点的距离,即 N_p 的偏心距;

　y_0, y_n——换算截面重心、净截面重心至所计算纤维处的距离;

　　　　σ_l——相应阶段的预应力损失值;

　　　　α_E——钢筋弹性模量与混凝土弹性模量的比值;

　　　　N_p——预应力筋及普通钢筋的合力;

　　　　σ_{p2}——由预加力 N_p 在后张法预应力混凝土超静定结构中产生的次弯矩引起的混凝土截面法向应力。

在式(9-54)和式(9-55)中,右边第二、第三项与第一项的应力方向相同时取加号,相反时取减号。

(1)预应力筋及普通钢筋的合力 N_p(图 9-20)

无论先、后张法,偏心压力 N_p 均按下式计算:

$$N_p = (\sigma_{con} - \sigma_l) A_p + (\sigma'_{con} - \sigma'_l) A'_p - \sigma_{l5} A_s - \sigma'_{l5} A'_s \tag{9-56}$$

(2)预应力筋及普通钢筋合力点的偏心距

先张法构件

$$e_{p0} = \frac{(\sigma_{con} - \sigma_l) A_p y_p - (\sigma'_{con} - \sigma'_l) A'_p y'_p - \sigma_{l5} A_s y_s + \sigma'_{l5} A'_s y'_s}{N_p} \tag{9-57}$$

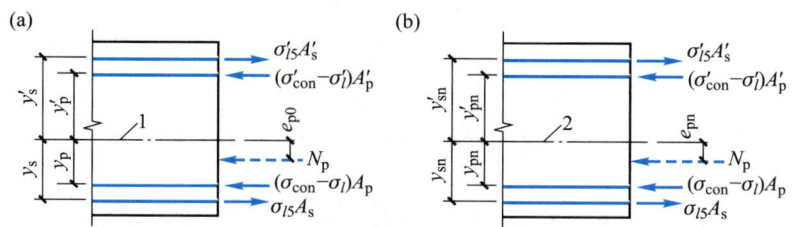

1—换算截面重心轴；2—净截面重心轴。

图 9-20　预应力筋及普通钢筋合力位置

（a）先张法构件；（b）后张法构件

后张法构件

$$e_{pn} = \frac{(\sigma_{con} - \sigma_l)A_p y_{pn} - (\sigma'_{con} - \sigma'_l)A'_p y'_{pn} - \sigma_{l5}A_s y_{sn} + \sigma'_{l5}A'_s y'_{sn}}{N_p} \quad (9-58)$$

式中　A_p，A'_p——受拉区、受压区纵向预应力筋的截面面积；

A_s，A'_s——受拉区、受压区纵向普通钢筋的截面面积；

y_p，y'_p——受拉区、受压区的预应力筋合力点至换算截面重心的距离；

y_s，y'_s——受拉区、受压区的普通钢筋重心至换算截面重心的距离；

σ_{l5}，σ'_{l5}——受拉区、受压区的预应力筋在各自合力点处由混凝土收缩和徐变引起的预应力损失值；

y_{pn}，y'_{pn}——受拉区、受压区的预应力筋合力点至净截面重心的距离；

y_{sn}，y'_{sn}——受拉区、受压区的普通钢筋重心至净截面重心的距离。

当式（9-56）至式（9-58）中的 $A'_p = 0$（即受压区不配置预应力筋）时，可取式中 $\sigma'_{l5} = 0$；当计算第一批损失完成后混凝土的预应力时，以上各式中，令 $\sigma_l = \sigma_{lI}$，$\sigma'_l = \sigma'_{lI}$，并取 $\sigma_{l5} = 0$，$\sigma'_{l5} = 0$；计算全部损失完成后的混凝土预应力时，则取 $\sigma_l = \sigma_{lI} + \sigma_{lII}$，$\sigma'_l = \sigma'_{lI} + \sigma'_{lII}$，此时 σ_{l5} 和 σ'_{l5} 已经发生。

偏心压力 N_p 的偏心距，即式（9-57）及式（9-58），是根据合力 N_p 对任一点（例如截面重心）的矩等于其分力的矩之和推得的。

（3）截面几何特征

先张法构件

$$A_0 = A_c + \alpha_{Es}A_s + \alpha'_{Es}A'_s + \alpha_E A_p + \alpha'_E A'_p$$

$$A_c = A - A_s - A_p - A'_s - A'_p$$

后张法构件

$$A_n = A_c + \alpha_{Es}A_s + \alpha'_{Es}A'_s$$

$$A_0 = A_n + \alpha_E A_p + \alpha'_E A'_p$$

$$A_c = A - A_s - A_{孔} - A'_s$$

式中　$A_{孔}$——孔洞面积。

3. 外荷载作用下构件截面内混凝土应力计算

施加预应力后，构件在正常使用时可能不开裂甚至不出现拉应力，因而可以视混凝土为理想弹性材料。仿照轴心受拉构件,在外荷载作用下,无论先、后张法,均采用构件的换算截面,按材料力学公式计算混凝土应力。

例如,正截面抗裂验算时,加载至构件受拉边缘混凝土应力为零时,设外弯矩为 M_0,则有

$$\sigma_{\text{pc}\,\text{II}} - \frac{M_0}{W_0} = 0$$

可得

$$M_0 = \sigma_{\text{pc}\,\text{II}} W_0 \tag{9-59}$$

式中　$\sigma_{\text{pc}\,\text{II}}$——第二批损失完成后,受弯构件受拉边缘处的混凝土预压应力,对先、后张法,分别按式(9-54)和式(9-55)计算;

　　　W_0——换算截面受拉边缘的弹性抵抗矩,$W_0 = I_0/y_{01}$;

　　　y_{01}——换算截面重心至受拉边缘的距离。

必须注意,受弯构件中,当加载至 M_0 时,仅截面受拉边缘处的混凝土应力为零,而截面上其他纤维处的混凝土应力都不等于零。对于轴心受拉构件,当加载至 N_0 时,全截面的混凝土应力均等于零。

加载至受拉边缘混凝土即将开裂时,设开裂弯矩为 M_{cr}。对预应力混凝土受弯构件,确定 M_{cr} 可有以下两种考虑。

(1) 按弹性材料计算

不考虑受拉区混凝土的塑性,即构件截面上混凝土应力按直线分布(图9-21a),则加载至受拉边缘混凝土应力等于 f_{tk} 时,有

$$\frac{M_{\text{cr1}}}{W_0} - \sigma_{\text{pc}\,\text{II}} = f_{\text{tk}}$$

可解得

$$M_{\text{cr1}} = (\sigma_{\text{pc}\,\text{II}} + f_{\text{tk}}) W_0 \tag{9-60}$$

(2) 考虑受拉区混凝土的塑性

取受拉区混凝土应力图形为梯形、受拉边缘混凝土极限拉应变为 $2f_{\text{tk}}/E_{\text{c}}$,按平截面应变假定,可确定混凝土构件的截面抵抗矩塑性影响系数基本值 γ_{m}(对常用的截面形状可查附表5-1),则混凝土构件的截面抵抗矩塑性影响系数 γ 可按以下公式计算:

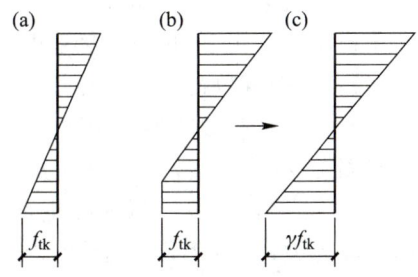

图9-21　确定开裂弯矩

$$\gamma = \left(0.7 + \frac{120}{h}\right)\gamma_{\text{m}} \tag{9-61}$$

γ 的意义是将构件截面受拉区考虑混凝土塑性的应力图形等效转化为直线分布时,受拉边缘的应力为 γf_{tk}(图9-21b),γ 是一个大于1的系数。当加载至受拉边缘即将开裂时,按材料力学公式有

$$\frac{M_{\text{cr2}}}{W_0} - \sigma_{\text{pc}\,\text{II}} = \gamma f_{\text{tk}}$$

可解得

$$M_{\text{cr2}} = (\sigma_{\text{pc}\,\text{II}} + \gamma f_{\text{tk}}) W_0 \tag{9-62}$$

显然,按弹性计算的开裂弯矩 $M_{\text{cr}} = M_{\text{cr1}}$ 值偏小,即有 $M_{\text{cr1}} < M_{\text{cr2}}$。

4. 由预加力 N_p 在后张法预应力混凝土超静定结构中产生的次弯矩和次剪力

《标准》规定,对后张法预应力混凝土超静定结构,在进行正截面受弯承载力计算及抗裂验算时,在弯矩设计值中应组合次弯矩;在进行斜截面受剪承载力计算及抗裂验算时,在剪力设计值中应组合次剪力。现将其原因及次内力的计算简述如下。

按弹性分析计算时,次弯矩 M_2 宜按下列公式确定:

$$M_2 = M_r - M_1 \tag{9-63}$$

$$M_1 = N_p e_{pn} \tag{9-64}$$

式中　N_p——预应力筋及普通钢筋的合力,按式(9-56)计算;

　　　e_{pn}——净截面重心至预应力筋及普通钢筋合力点的距离,按式(9-58)计算;

　　　M_1——预加力 N_p 对净截面重心偏心引起的弯矩值,也称主弯矩;

　　　M_r——由预加力 N_p 的等效荷载在结构构件截面上产生的弯矩值,也称综合弯矩。

次剪力宜根据构件各截面次弯矩分布按结构力学方法计算。

由美籍华裔预应力混凝土专家林同炎教授提出的荷载平衡法,把施加预应力视作对混凝土构件预先施加与使用荷载方向相反的等效荷载,用以抵消部分或全部使用荷载效应。这种抵消荷载作用的概念,在处理超静定结构体系时尤为简便。

“等效荷载”的概念是穆曼(R. B. B. Moorman)于 20 世纪 50 年代初提出的。预加力 N_p 的等效荷载由两部分组成:其一是通过锚具作用于锚固点的荷载,一般称为节点等效荷载;其二是预应力筋线形改变在构件上产生竖向、水平及扭转的集中和分布荷载,一般称为线形等效荷载或等效荷载。

现以简支梁为例,就预加力 N_p 的等效荷载简述如下。

在预应力作用下,预应力筋和相应的混凝土构件(包括普通钢筋)组成了一个受力自平衡的体系,或者说在等效荷载反力作用下的预应力筋本身也是自平衡的,因此其等效荷载属于一种自平衡力系。等效荷载的形式及大小与预应力筋沿构件长度方向的布置有关。

现以抛物线形预应力筋为例加以说明。如图 9-22 所示,跨中垂度为 f,梁跨度为 L,将混凝土部分看作脱离体,因为预应力筋的等效荷载与坐标系的选取无关,所以为简单起见,取梁轴线与预应力筋两端点连线重合,坐标原点取在左端。在此坐标系下,抛物线形预应力筋的曲线方程为

$$y_p(x) = \frac{4f}{L^2}x^2 - \frac{4f}{L}x \tag{a}$$

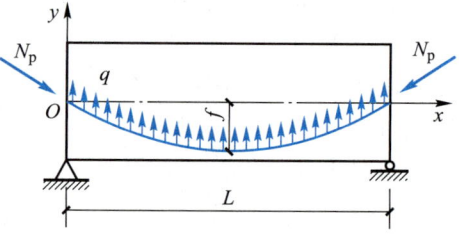

图 9-22　预加力的等效荷载

正负号规定:预应力筋在梁内产生的弯矩 $M(x)$ 以梁下部纤维受拉为正;剪力 $V(x)$ 以使所在脱离体产生顺时针转动趋势为正;梁上等效分布荷载 $q(x)$ 以向上为正。

设想将梁从 x 截面处切开,则预加力 N_p 在 x 截面产生的弯矩为 $M(x) = N_p y_p(x) \cos\theta$,其中 θ 为抛物线在 x 截面处的倾角,由于一般情况下曲线变化较平缓,即 θ 很小,可近似取 $\cos\theta \approx 1$,则有

$$M(x) = N_p y_p(x) \tag{b}$$

$$q(x) = \frac{d^2 M}{dx^2} = q = \frac{8N_p f}{L^2} \tag{9-65}$$

即抛物线形的预应力筋的作用可视为两端的集中力 N_p 和方向向上、集度为 q 的均布荷载。式中 f 为抛物线形预应力筋的跨中垂度(矢高);两端的集中力 N_p 也可分解为水平和竖向分量,其中向下的竖向分量为 $N_p \sin \theta = 4N_p f/L$。

由 N_p 的等效荷载在任意截面所产生的综合弯矩 M_r 为

$$M_r = -\frac{4N_p f}{L}x + \frac{4N_p f}{L^2}x^2 \qquad\qquad (c)$$

任意截面的主弯矩 M_1 为

$$M_1 = N_p y_p(x) = \frac{4N_p f}{L^2}x^2 - \frac{4N_p f}{L}x \qquad\qquad (d)$$

将式(c)、式(d)代入式(9-63),可得简支梁的次弯矩 M_2 为零,相应的次剪力亦为零。

对静定结构,由预加力 N_p 的等效荷载在结构构件截面上产生的弯矩值 M_r 与主弯矩 M_1 相等,相应的次弯矩及次剪力为零;但是,对超静定结构,由于多余约束的存在,次弯矩及次剪力都不为零,故设计时应予以考虑。当等效荷载确定后,超静定结构的次弯矩及次剪力都可按结构力学方法求出。

如果梁受到的均布外荷载值与预应力的等效荷载恰好相等,则二者叠加后的效果是,梁正截面只承受由 N_p 的水平分量产生的均布压应力,因而梁处于平直状态,没有反拱和挠度,这是一种理想的荷载平衡状态。如果梁上外荷载大于预加力的等效荷载,则由其荷载差额在梁截面产生的混凝土应力可用材料力学公式计算,然后与上述均布压应力相叠加即得到梁截面混凝土的最终法向应力。

在对截面进行受弯及受剪承载力计算时,当组合的次弯矩、次剪力不利时,预应力分项系数取 1.3;有利时取 1.0。

对允许出现裂缝的后张法有黏结预应力混凝土框架梁及连续梁,在重力荷载作用下按承载能力极限状态计算,当截面相对受压区高度 $0.1 < \xi \leqslant 0.3$ 时,可考虑内力重分布,任一跨内支座截面最大负弯矩可按 20% 以下幅度进行调幅,并应满足正常使用极限状态验算要求;当 $\xi > 0.3$ 时,不应考虑内力重分布。

9.5.2　使用阶段计算
Calculation of Serviceability Stage

对预应力混凝土受弯构件,使用阶段两种极限状态的计算内容有:正截面受弯承载力及斜截面承载力计算;正截面抗裂度和斜截面抗裂度验算及挠度验算。

1. 正截面受弯承载力计算

(1) 预应力混凝土构件计算特点

预应力混凝土受弯构件破坏时,其正截面的应力状态与普通钢筋混凝土受弯构件类似,但也有以下特点。

① 基本假定中的截面应变保持平面、不考虑混凝土的抗拉强度及采用的混凝土受压应力与应变关系曲线这三条对预应力混凝土受弯构件仍然适用;而"纵向钢筋的应力取等于钢筋应变与其弹性模量的乘积,但其绝对值不应大于其相应的强度设计值"这一条,对预应力筋是近似的,因为预应力筋采用没有明显流幅的钢筋。

② 破坏时,受拉区预应力筋 A_p 达到 f_{py} 的条件。

考虑界限破坏,即受拉区预应力筋 A_p 达 f_{py} 的同时,截面受压边缘混凝土达到极限压应变 ε_{cu},如图 9-23 所示。注意到图中预应力筋 A_p 的应变为 $\varepsilon_{py}-\varepsilon_{p0}$,这是由于预应力筋水平处混凝土应力为零时,预应力筋已经受有拉应力 σ_{p0}(相应的应变 $\varepsilon_{p0}=\sigma_{p0}/E_s$)。对没有明显流幅的钢筋,$\varepsilon_{py}$ 与条件屈服点有关(图 9-24),有

$$\varepsilon_{py}=0.002+\frac{f_{py}}{E_s}$$

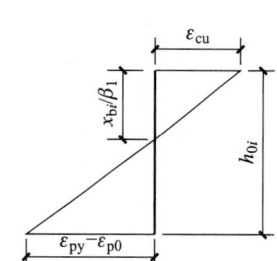

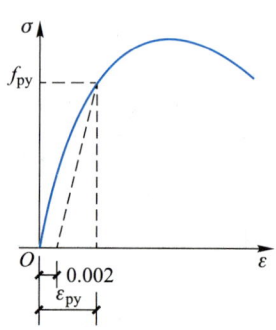

图 9-23　界限破坏时截面应变分布　　　图 9-24　无屈服点钢筋的应力-应变曲线

由图 9-23 的几何关系可推得

$$\frac{x_{bi}}{h_{0i}}=\frac{\beta_1}{1+\dfrac{0.002}{\varepsilon_{cu}}+\dfrac{f_{py}-\sigma_{p0}}{E_s\varepsilon_{cu}}} \tag{9-66}$$

式中　x_{bi}——界限破坏时受压区混凝土等效矩形应力图形的高度;

h_{0i}——受拉区预应力筋 A_p 合力点至截面受压边缘的距离;

f_{py}——预应力筋抗拉强度设计值;

E_s——预应力筋弹性模量;

σ_{p0}——受拉区纵向预应力筋合力点处混凝土法向应力等于零时的预应力筋应力;

ε_{cu}——非均匀受压时的混凝土极限压应变;

β_1——系数,取值查表 9-6。

表 9-6　系数 $\alpha_1,\beta_1,\beta_c,\alpha$

混凝土强度等级	≤C50	C55	C60	C65	C70	C75	C80
α_1	1.0	0.99	0.98	0.97	0.96	0.95	0.94
β_1	0.8	0.79	0.78	0.77	0.76	0.75	0.74
β_c	1.0	29/30	28/30	0.9	26/30	25/30	0.8
α	1.0	0.975	0.95	0.925	0.9	0.875	0.85

当截面受拉区内配置有不同种类或不同预应力值的钢筋时,受弯构件的界限受压区高度应

分别计算,并取其较小值。

③ 破坏时,普通受拉钢筋 A_s 达到 f_y 的条件与普通混凝土构件相同,即有屈服点钢筋:

$$\frac{x_{bj}}{h_{0j}} = \frac{\beta_1}{1 + \dfrac{f_y}{E_s \varepsilon_{cu}}} \tag{9-67}$$

无屈服点钢筋:

$$\frac{x_{bj}}{h_{0j}} = \frac{\beta_1}{1 + \dfrac{0.002}{\varepsilon_{cu}} + \dfrac{f_y}{E_s \varepsilon_{cu}}} \tag{9-68}$$

式中 x_{bj}——界限破坏时受压区混凝土等效矩形应力图形的高度;

  h_{0j}——受拉区普通钢筋 A_s 合力点至截面受压边缘的距离。

④ 破坏时,受压区预应力筋 A'_p 的应力 σ'_p。

配置在受压区的预应力筋 A'_p 在施工阶段已受有预拉应力 σ'_{pe},当与 A'_p 同一水平处的混凝土应力为零时,A'_p 的拉应力为 σ'_{p0},因而当受压边缘混凝土达到极限压应变 ε_{cu} 时,平截面应变分布图中,A'_p 水平处的混凝土应变(绝对值)为 $\sigma'_{p0}/E_s - \varepsilon'_p$($\varepsilon'_p$ 以受拉为正),可推出预应力筋 A'_p 的应变 ε'_p 和受压区高度 x 的关系,从而得到应力 σ'_p。但这将使求解 x 的计算很烦琐,一般破坏时 A'_p 无论受拉或受压,均达不到屈服强度,因此《标准》近似取 $\sigma'_p = \sigma'_{p0} - f'_{py}$(与 x 无关),以简化计算。

(2)矩形截面或翼缘位于受拉边的倒 T 形截面预应力混凝土受弯构件正截面受弯承载力计算

与钢筋混凝土受弯构件类似,图 9-25 所示平面力系,竖向力为自平衡,因而只有两个独立平衡方程。

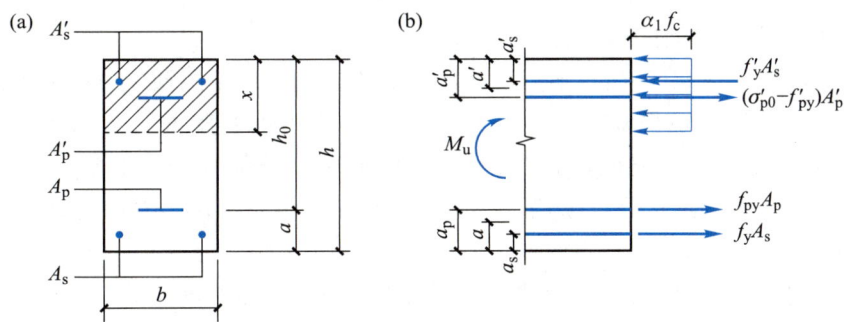

图 9-25 矩形截面受弯构件正截面受弯承载力计算

由受拉区预应力筋和普通钢筋合力点的力矩平衡条件(即 $\sum M = 0$)可得

$$M \leqslant M_u = \alpha_1 f_c b x \left(h_0 - \frac{x}{2}\right) + f'_y A'_s (h_0 - a'_s) - (\sigma'_{p0} - f'_{py}) A'_p (h_0 - a'_p) \tag{9-69}$$

由水平方向力的平衡条件(即 $\sum F_x = 0$)可得

$$\alpha_1 f_c b x = f_y A_s - f'_y A'_s + f_{py} A_p + (\sigma'_{p0} - f'_{py}) A'_p \tag{9-70}$$

式(9-69)和式(9-70)联立可求解两个独立未知量。

公式的适用条件为

$$x \leqslant \xi_b h_0 \qquad (9-71)$$

$$x \geqslant 2a' \qquad (9-72)$$

式中　　M——弯矩设计值；

M_u——受弯承载力设计值；

α_1——系数，取值查表 9-6；

f_c——混凝土轴心抗压强度设计值；

A_s,A_s'——受拉区、受压区纵向普通钢筋的截面面积；

A_p,A_p'——受拉区、受压区纵向预应力筋的截面面积；

σ_{p0}'——受压区纵向预应力筋 A_p' 合力点处混凝土法向应力等于零时的预应力筋应力；

b——矩形截面的宽度或倒 T 形截面的腹板宽度；

a_s',a_p'——受压区纵向普通钢筋合力点、预应力筋合力点至截面受压边缘的距离；

a'——受压区全部纵向钢筋合力点至截面受压边缘的距离，当受压区未配置纵向预应力筋或受压区纵向预应力筋应力（$\sigma_{p0}'-f_{py}'$）为拉应力时，公式(9-72)中的 a' 用 a_s' 代替；

h_0——截面有效高度，为受拉区预应力和普通钢筋合力点至截面受压边缘的距离，$h_0=h-a$；

a——受拉区全部纵向钢筋合力点至截面受拉边缘的距离，按下式计算：

$$a = \frac{A_p f_{py} a_p + A_s f_y a_s}{A_p f_{py} + A_s f_y} \qquad (9-73)$$

a_s,a_p——受拉区纵向普通钢筋合力点、预应力筋合力点至截面受拉边缘的距离；

ξ_b——相对界限受压区高度，$\xi_b = x_b/h_0$；

x_b——界限受压区高度，当截面受拉区配置有不同种类或不同预应力值的钢筋时，x_b 应按式(9-66)、式(9-67)或式(9-68)计算，并取其较小值，即 $x_b = \min(x_{bi}, x_{bj})$。

与普通混凝土受弯构件类似，满足式(9-71)，能保证破坏时受拉纵筋达到屈服强度，而式(9-72)则保证破坏时普通受压纵筋屈服（因为破坏时 A_p' 总不能达到屈服，所以直接改用 $x \geqslant 2a_s'$ 更简单也更合理）。

（3）翼缘位于受压区的 T 形、工字形截面受弯构件正截面受弯承载力计算

因为这类截面翼缘位于受压区，所以应先判断中和轴在翼缘内（第一类 T 形截面）还是在腹板内（第二类 T 形截面）。

① 当符合下列条件时（即中和轴在受压翼缘内，图 9-26a）：

$$f_y A_s + f_{py} A_p \leqslant \alpha_1 f_c b_f' h_f' + f_y' A_s' - (\sigma_{p0}' - f_{py}') A_p' \qquad (9-74)$$

应按宽度为 b_f' 的矩形截面计算。

② 当不符合式(9-74)的条件时（中和轴在腹板内，图 9-26b），其正截面受弯承载力应按下列公式计算：

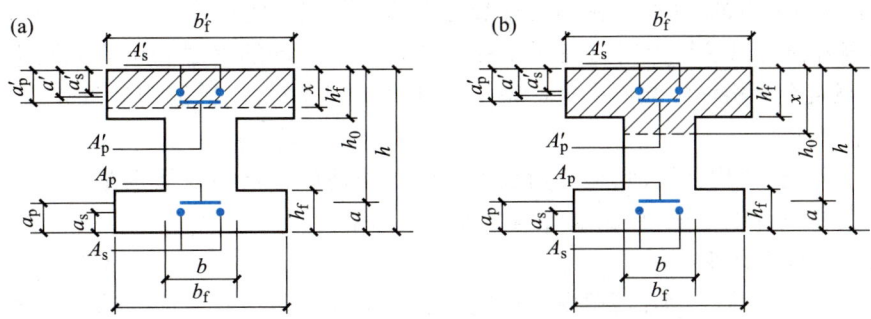

图 9-26 工字形截面受弯构件受压区高度位置

(a) $x \leqslant h_f'$;(b) $x > h_f'$

由受拉区预应力筋和普通钢筋合力点的力矩平衡条件可得

$$M \leqslant M_u = \alpha_1 f_c bx\left(h_0 - \frac{x}{2}\right) + \alpha_1 f_c (b_f' - b) h_f'\left(h_0 - \frac{h_f'}{2}\right) +$$

$$f_y' A_s'(h_0 - a_s') - (\sigma_{p0}' - f_{py}') A_p'(h_0 - a_p') \tag{9-75}$$

由水平方向力的平衡条件可得

$$\alpha_1 f_c \left[bx + (b_f' - b) h_f'\right] = f_y A_s - f_y' A_s' + f_{py} A_p + (\sigma_{p0}' - f_{py}') A_p' \tag{9-76}$$

式中 h_f'——T 形、工字形截面受压区的翼缘高度;

　　　b_f'——T 形、工字形截面受压区的翼缘计算宽度。

按式(9-75)和式(9-76)计算 T 形、工字形截面受弯构件时,混凝土受压区高度仍应符合式(9-71)和式(9-72)的要求。

当式(9-71)或式(9-72)所表示的适用条件得不到满足时,可按以下方法处理:

受弯构件正截面受弯承载力的计算,应符合式(9-71)的要求。当由构造要求或按正常使用极限状态验算要求配置的纵向受拉钢筋截面面积大于受弯承载力要求的配筋截面面积时,按式(9-70)或式(9-76)计算的混凝土受压区高度 x,可仅计入受弯承载力条件所需的纵向受拉钢筋截面面积。

当计算中计入纵向普通受压钢筋时,应符合式(9-72)的条件;当不符合此条件时,认为破坏时受压区非预应力筋 A_s' 达不到 f_y',可近似取 $x = 2a_s'$(此时受压区混凝土合力作用点与 A_s' 重心正好重合),并对 A_s' 重心处取矩得

$$M \leqslant M_u = f_{py} A_p(h - a_p - a_s') + f_y A_s(h - a_s - a_s') + (\sigma_{p0}' - f_{py}') A_p'(a_p' - a_s') \tag{9-77}$$

式中 a_s, a_p——受拉区纵向普通钢筋、预应力筋至受拉边缘的距离。

预应力混凝土受弯构件的正截面受弯承载力设计值应符合下列要求:

$$M_u \geqslant M_{cr} \tag{9-78}$$

式中 M_u——构件的正截面受弯承载力设计值,按式(9-69)、式(9-75)或式(9-77)计算;

　　　M_{cr}——构件的正截面开裂弯矩值,按式(9-62)计算。

我国混凝土结构设计标准规定的混凝土受弯构件最小配筋率,是根据构件开始出现裂缝的

同时也丧失承载力求得的,即按照截面的开裂弯矩值等于截面的承载力设计值求得的。因此,由式(9-78)取等号便可以求得预应力混凝土受弯构件的最小配筋率。和钢筋混凝土受弯构件一样,预应力混凝土受弯构件的配筋率也不得小于其最小配筋率,以保证构件具有一定的延性,不发生脆性破坏。

与普通混凝土受弯构件类似,预应力混凝土受弯构件的正截面计算也是求解两个独立平衡方程的问题,无论设计或复核,只能求解两个独立未知量。

2. 斜截面承载力计算

与普通混凝土受弯构件类似,预应力混凝土受弯构件也包括斜截面受剪承载力和斜截面受弯承载力的计算。只需注意施加预应力对构件斜截面承载力的影响,其余与普通混凝土受弯构件相同的内容不再赘述。

(1) 斜截面受剪承载力计算

矩形、T 形和工字形截面的受弯构件,其受剪截面应符合下列条件:

当 $h_w/b \leqslant 4$ 时

$$V \leqslant 0.25\beta_c f_c bh_0 \tag{9-79}$$

当 $h_w/b \geqslant 6$ 时

$$V \leqslant 0.2\beta_c f_c bh_0 \tag{9-80}$$

当 $4 < h_w/b < 6$ 时,按线性内插法确定。混凝土强度影响系数 β_c 值查表 9-6。

矩形、T 形和工字形截面的一般预应力混凝土受弯构件,当仅配置箍筋时,其斜截面受剪承载力应按下列公式计算:

$$V \leqslant V_{cs} + V_p \tag{9-81}$$

$$V_p = 0.05N_{p0} \tag{9-82}$$

式中　V——构件斜截面上的最大剪力设计值;

　　　V_p——由预加力所提高的构件的受剪承载力设计值;

　　　V_{cs}——构件斜截面上混凝土和箍筋的受剪承载力设计值,其计算公式与普通混凝土受弯构件相同;

　　　N_{p0}——计算截面上混凝土法向预应力等于零时的预加力,当 $N_{p0} > 0.3f_c A_0$ 时,取 $N_{p0} = 0.3f_c A_0$,此处 A_0 为构件的换算截面面积。

对预应力混凝土受弯构件,N_{p0} 按下式计算:

$$N_{p0} = \sigma_{p0}A_p + \sigma'_{p0}A'_p - \sigma_{l5}A_s - \sigma'_{l5}A'_s \tag{9-83}$$

由式(9-81)可见,一般情况下预应力对梁的受剪承载力起有利作用。这主要是因为当 N_{p0} 对梁产生的弯矩与外弯矩方向相反时,预压应力能阻止斜裂缝的出现和开展,增加了混凝土剪压区高度,故而提高了混凝土剪压区所承担的剪力。但对预加力 N_{p0} 引起的截面弯矩与外弯矩方向相同的情况,预应力对受剪承载力起不利作用,故不予考虑,取 $V_p = 0$。另外,对预应力混凝土连续梁尚缺乏深入研究,对允许出现裂缝的预应力混凝土简支梁,考虑构件达到承载力时,预应力可能消失,故暂不考虑这两种情况时预应力的有利作用,均应取 $V_p = 0$。对先张法预应力混凝土构件,在计算预加力 N_{p0} 时,应考虑预应力筋传递长度的影响。

矩形、T 形和工字形截面的预应力混凝土受弯构件,当配置箍筋和弯起钢筋时,其斜截面受剪承载力应按下列公式计算:

$$V \leqslant V_{cs} + V_p + 0.8 f_y A_{sb} \sin \alpha_s + 0.8 f_{py} A_{pb} \sin \alpha_p \qquad (9-84)$$

式中　V——配置弯起钢筋处的剪力设计值；

　　　V_p——按式(9-82)计算，但计算预加力 N_{p0} 时不考虑弯起预应力钢筋的作用；

A_{sb}, A_{pb}——同一弯起平面内的弯起普通钢筋、弯起预应力筋的截面面积；

　α_s, α_p——斜截面上弯起普通钢筋、弯起预应力筋的切线与构件纵向轴线的夹角。

　　　矩形、T形和工字形截面的一般预应力混凝土受弯构件，当符合下列公式的要求时：

$$V \leqslant 0.7 f_t b h_0 + 0.05 N_{p0} \qquad (9-85)$$

　　　集中荷载作用下的独立梁，当符合下列公式的要求时：

$$V \leqslant \frac{1.75}{\lambda + 1.0} f_t b h_0 + 0.05 N_{p0} \qquad (9-86)$$

均可不进行斜截面的受剪承载力计算，而仅需按构造要求配置箍筋。

　　　受拉边倾斜的矩形、T形和工字形截面的预应力混凝土受弯构件，其斜截面受剪承载力可按下列公式计算(图 9-27)：

$$V \leqslant V_{cs} + V_{sp} + 0.8 f_y A_{sb} \sin \alpha_s \qquad (9-87)$$

$$V_{sp} = \frac{M - 0.8 \left(\sum f_{yv} A_{sv} z_{sv} + \sum f_y A_{sb} z_{sb} \right)}{z + c \tan \beta} \tan \beta \qquad (9-88)$$

式中　V——构件斜截面上的最大剪力设计值。

　　　M——构件斜截面受压区末端的弯矩设计值。

　　V_{cs}——构件斜截面上混凝土和箍筋的受剪承载力设计值，计算公式同普通混凝土构件，其中，h_0 取斜截面受拉区始端的垂直截面有效高度。

　　V_{sp}——构件截面上受拉边倾斜的纵向受拉普通钢筋和受拉预应力筋合力的设计值在垂直方向的投影。对钢筋混凝土受弯构件，其值不应大于 $f_y A_s \sin \beta$；对预应力混凝土受弯构件，其值不应大于 $(f_{py} A_p + f_y A_s) \sin \beta$，且不应小于 $\sigma_{pe} A_p \sin \beta$。

　　z_{sv}——同一截面内箍筋的合力至斜截面受压区合力点的距离。

　　z_{sb}——同一弯起平面内的弯起钢筋的合力至斜截面受压区合力点的距离。

　　　z——斜截面受拉区始端处纵向受拉钢筋合力的水平分力至斜截面受压区合力点的距离，可近似取 $z = 0.9 h_0$。

　　　β——斜截面受拉区始端处倾斜的纵向受拉钢筋的倾角。

　　　c——斜截面的水平投影长度，可近似取 $c = h_0$。

　　　式(9-88)是由作用在梁脱离体(图 9-27)上的全部外力和内力对斜截面受压区末端合力作用点的力矩平衡条件而得出的。

　　　在梁截面高度开始变化处，斜截面的受剪承载力应按等截面高度梁和变截面高度梁的有关公式分别计算，并应按其中不利者配置箍筋和弯起钢筋。

　　　(2) 斜截面受弯承载力计算

　　　预应力混凝土受弯构件斜截面的受弯承载力应按下列公式计算(图 9-28)：

$$M \leqslant (f_y A_s + f_{py} A_p) z + \sum f_y A_{sb} z_{sb} + \sum f_{py} A_{pb} z_{pb} + \sum f_{yv} A_{sv} z_{sv} \qquad (9-89)$$

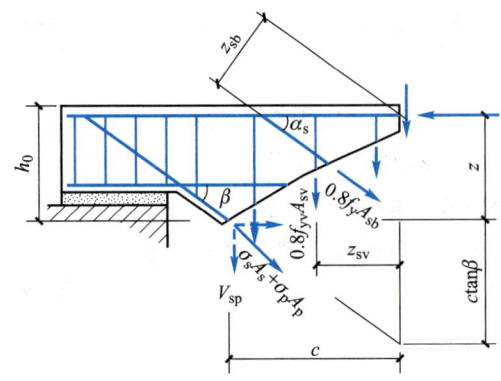

图 9-27　受拉边倾斜的受弯构件
　　　　斜截面受剪承载力计算

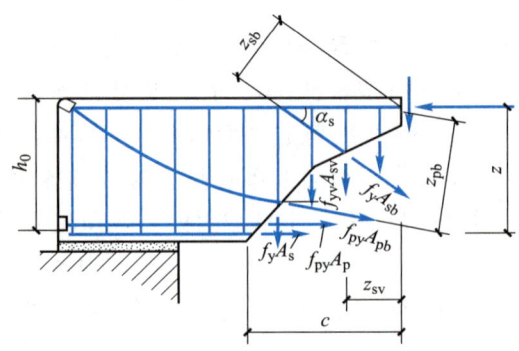

图 9-28　受弯构件斜截面受弯承载力计算

此时,斜截面的水平投影长度 c 可按下列条件确定:

$$V = \sum f_y A_{sb} \sin \alpha_s + \sum f_{py} A_{pb} \sin \alpha_p + \sum f_{yv} A_{sv} \tag{9-90}$$

式中　V——斜截面受压区末端的剪力设计值;

　　　　z——纵向受拉普通钢筋和预应力筋的合力点至受压区合力点的距离,可近似取 $z = 0.9h_0$;

　　z_{sb},z_{pb}——同一弯起平面内的弯起普通钢筋、弯起预应力筋的合力点至斜截面受压区合力点的距离;

　　　z_{sv}——同一斜截面上箍筋的合力点至斜截面受压区合力点的距离。

　　在计算先张法预应力混凝土构件端部锚固区的斜截面受弯承载力时,式(9-89)中的 f_{py} 应按下列规定确定:锚固区内的纵向预应力筋抗拉强度设计值在锚固起点处应取为零,在锚固终点处应取为 f_{py},在两点之间可按线性内插法确定。

　　预应力混凝土受弯构件中配置的纵向钢筋和箍筋,当符合《标准》中关于纵筋的锚固、截断、弯起及箍筋的直径、间距等构造要求时,可不进行构件斜截面的受弯承载力计算。

　　3. 正截面裂缝控制验算

　　对预应力混凝土受弯构件,应按所处环境类别和结构类别选用相应的裂缝控制等级,并进行受拉边缘法向应力或正截面裂缝宽度验算。验算公式的形式与预应力混凝土轴心受拉构件的相同(注意这里计算的混凝土应力是截面受拉边缘处之值),具体如下。

　　(1) 一级——严格要求不出现裂缝的构件

　　在荷载标准组合下应符合下列规定:

$$\sigma_{ck} - \sigma_{pc} \leqslant 0 \tag{9-91}$$

　　在受弯构件的受拉边缘,当在荷载标准组合的弯矩值 M_k 下不允许出现拉应力时,应有 $M_k \leqslant M_0$,即 $M_k \leqslant \sigma_{pc} W_0$,令 $\sigma_{ck} = \dfrac{M_k}{W_0}$,即可得式(9-91)。

　　(2) 二级——一般要求不出现裂缝的构件

　　在荷载标准组合下应符合下列规定:

$$\sigma_{ck} - \sigma_{pc} \leqslant f_{tk} \tag{9-92}$$

式中　σ_{ck}——荷载标准组合下受拉边缘的混凝土法向应力;

　　　σ_{pc}——扣除全部预应力损失后在受拉边缘混凝土的预压应力;

　　　f_{tk}——混凝土轴心抗拉强度标准值。

对受弯构件的受拉边缘,当在荷载标准组合的弯矩值 M_k 下不允许开裂时,应有 $M_k \leqslant M_{cr}$,按弹性方法计算 M_{cr} 时,即 $M_k \leqslant (\sigma_{pc}+f_{tk})W_0$,可导出式(9-92);考虑受拉区混凝土塑性计算 M_{cr} 时,则为 $M_k \leqslant (\sigma_{pc}+\gamma f_{tk})W_0$,可得验算式 $\sigma_{ck}-\sigma_{pc} \leqslant \gamma f_{tk}$,因为 $\gamma>1$,所以采用式(9-92)控制较严格。

(3) 三级——允许出现裂缝的构件

按荷载标准组合并考虑长期作用影响计算的最大裂缝宽度,应符合下列规定:

$$w_{max} \leqslant w_{lim} \tag{9-93}$$

式中　w_{max}——按荷载标准组合并考虑长期作用影响计算的最大裂缝宽度;

　　　w_{lim}——最大裂缝宽度限值。

对环境类别为二 a 类的三级预应力混凝土构件,在荷载准永久组合下尚应符合下列规定:

$$\sigma_{cq}-\sigma_{pc} \leqslant f_{tk} \tag{9-94}$$

式中　σ_{cq}——荷载准永久组合下抗裂验算边缘的混凝土法向应力,$\sigma_{cq}=\dfrac{M_q}{W_0}$;$M_q$ 为按荷载准永久组合计算的弯矩值。

在矩形、T 形、倒 T 形和工字形截面的预应力混凝土受弯构件中,按荷载标准组合并考虑长期作用影响的最大裂缝宽度 w_{max} 仍可按式(9-42)计算,但其中 α_{cr} 取 1.5,有效受拉混凝土截面面积及受拉区纵向钢筋的等效应力分别按下列各式计算:

$$A_{te} = 0.5bh+(b_f-b)h_f \tag{9-95}$$

$$\sigma_{sk} = \frac{M_k-N_{p0}(z-e_p)}{(A_p+A_s)z} \tag{9-96}$$

$$z = \left[0.87-0.12(1-\gamma_f')\left(\frac{h_0}{e}\right)^2\right]h_0 \tag{9-97}$$

$$\gamma_f' = \frac{(b_f'-b)h_f'}{bh_0} \tag{9-98}$$

$$e = e_p + \frac{M_k}{N_{p0}} \tag{9-99}$$

$$e_p = y_{ps}-e_{p0} \tag{9-100}$$

式中　z——受拉区纵向普通钢筋和预应力筋合力点至受压区合力点的距离;

　　　e_p——混凝土法向预应力等于零时全部纵向普通钢筋和预应力筋的合力 N_{p0} 的作用点至受拉区纵向普通钢筋和预应力筋合力点的距离;

　　　y_{ps}——受拉区纵向普通钢筋和预应力筋合力点的偏心距;

　　　e_{p0}——N_{p0} 的偏心距;

　　b_f',h_f'——受压区翼缘的宽度、高度,在式(9-98)中,当 $h_f'>0.2h_0$ 时,取 $h_f'=0.2h_0$;

　　　γ_f'——受压翼缘截面面积与腹板有效截面面积的比值;

N_{p0}——计算截面上混凝土法向预应力等于零时的纵向普通钢筋及预应力筋的合力，N_{p0} 按下式计算：

$$N_{p0} = \sigma_{p0}A_p + \sigma'_{p0}A'_p - \sigma_{l5}A_s - \sigma'_{l5}A'_s$$

对承受吊车荷载但不需进行疲劳验算的受弯构件，可将计算求得的最大裂缝宽度乘以系数 0.85。

4. 斜截面抗裂度验算

当预应力混凝土受弯构件内的主拉应力过大时，会产生与主拉应力方向垂直的斜裂缝。因此，为了避免斜裂缝的出现，应对斜截面上的混凝土主拉应力进行验算，同时按裂缝控制等级的不同予以区别对待。过大的主压应力将导致混凝土抗拉强度降低过大和裂缝过早出现，因而也应限制主压应力值。验算公式如下。

（1）混凝土主拉应力

① 一级——严格要求不出现裂缝的构件，应符合下列规定：

$$\sigma_{tp} \leqslant 0.85f_{tk} \tag{9-101}$$

② 二级——一般要求不出现裂缝的构件，应符合下列规定：

$$\sigma_{tp} \leqslant 0.95f_{tk} \tag{9-102}$$

式中　σ_{tp}——混凝土的主拉应力。

（2）混凝土主压应力

对严格要求和一般要求不出现裂缝的构件，均应符合下列规定：

$$\sigma_{cp} \leqslant 0.6f_{ck} \tag{9-103}$$

式中　σ_{cp}——混凝土的主压应力。

此时，应选择跨度内不利位置的截面，对该截面的换算截面重心处和截面宽度突变处进行验算。

对允许出现裂缝的吊车梁，在静力计算中应符合式（9-102）和式（9-103）的规定。

混凝土主拉应力和主压应力应按下列公式计算：

$$\left.\begin{array}{r}\sigma_{tp}\\\sigma_{cp}\end{array}\right\} = \frac{\sigma_x + \sigma_y}{2} \pm \sqrt{\left(\frac{\sigma_x - \sigma_y}{2}\right)^2 + \tau^2} \tag{9-104}$$

$$\sigma_x = \sigma_{pc} + \frac{M_k y_0}{I_0} \tag{9-105}$$

$$\tau = \frac{(V_k - \sum \sigma_{pe}A_{pb}\sin\alpha_p)S_0}{I_0 b} \tag{9-106}$$

式中　σ_x——由预加力和弯矩值 M_k 在计算纤维处产生的混凝土法向应力。

　　　σ_y——由集中荷载标准值 F_k 产生的混凝土竖向压应力。

　　　τ——由剪力值 V_k 和弯起预应力筋的预加力在计算纤维处产生的混凝土剪应力（当计算截面上有扭矩作用时，尚应计入扭矩引起的剪应力；对超静定后张法预应力混凝土结构构件，尚应计入预加力引起的次剪应力）。

　　　σ_{pc}——扣除全部预应力损失后，在计算纤维处由预加力产生的混凝土法向应力，按式（9-54）或式（9-55）计算。

　　　y_0——换算截面重心至计算纤维处的距离。

　　　I_0——换算截面惯性矩。

　　　V_k——按荷载标准组合计算的剪力值。

　　　S_0——计算纤维以上部分的换算截面面积对构件换算截面重心的面积矩。

　　　σ_{pe}——弯起预应力筋的有效预应力。

　　　A_{pb}——计算截面上同一弯起平面内的弯起预应力筋的截面面积。

　　　α_p——计算截面上弯起预应力筋的切线与构件纵向轴线的夹角。

　　式(9-104)、式(9-105)中的 σ_x,σ_y,σ_{pc} 和 $M_k y_0/I_0$,当为拉应力时,以正值代入;当为压应力时,以负值代入。

　　对预应力混凝土吊车梁,当梁顶作用有较大集中力(如吊车轮压)时,应考虑其对斜截面抗裂的有利影响。实测及弹性理论分析表明,在集中力作用点附近会产生竖向压应力 σ_y,另外,集中力作用点附近剪应力也显著减小,这两者均可使主拉应力值减小,因而对斜截面抗裂有利。上述竖向压应力及剪应力的分布比较复杂,为简化计算可采用直线分布。在集中力作用点两侧各 $0.6h$ 的长度范围内,由集中荷载标准值 F_k 产生的混凝土竖向压应力和剪应力的简化分布可按图9-29确定,其应力的最大值可按下列公式计算:

$$\sigma_y = \frac{0.6F_k}{bh} \qquad (9\text{-}107)$$

$$\tau_F = \frac{\tau^l - \tau^r}{2} \qquad (9\text{-}108)$$

$$\tau^l = \frac{V_k^l S_0}{I_0 b} \qquad (9\text{-}109)$$

$$\tau^r = \frac{V_k^r S_0}{I_0 b} \qquad (9\text{-}110)$$

式中　　τ^l,τ^r——位于集中荷载标准值 F_k 作用点左侧、右侧 $0.6h$ 处的剪应力;

　　　　　τ_F——集中荷载标准值 F_k 作用截面上的剪应力;

　　V_k^l,V_k^r——集中荷载标准值 F_k 作用点左侧、右侧的剪力标准值。

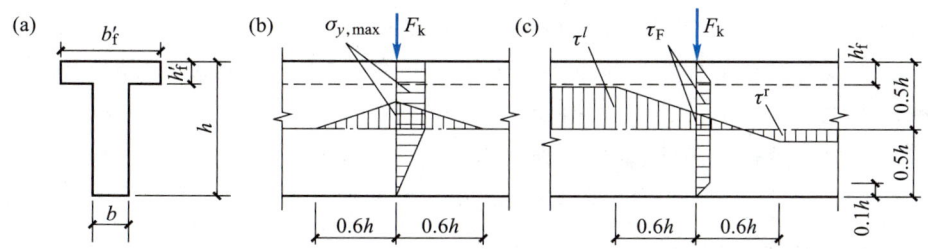

图9-29　预应力混凝土吊车梁集中力作用点附近的应力分布

(a)截面;(b)竖向压应力 σ_y 分布;(c)剪应力 τ 分布

5. 挠度验算

与普通混凝土受弯构件不同,预应力混凝土受弯构件的挠度由两部分组成。一部分是外荷

载产生的向下挠度 f_l；另一部分是预应力产生的向上变形 f_p，称为反拱。

预应力混凝土受弯构件在正常使用极限状态下的挠度，应按下列公式验算：

$$f_l - f_p \leqslant [f] \tag{9-111}$$

式中　f_l——预应力混凝土受弯构件按荷载标准组合并考虑荷载长期作用影响的挠度；

f_p——预应力混凝土受弯构件在使用阶段的预加应力反拱值；

$[f]$——挠度限值，查附表 3-1 确定。

预应力混凝土受弯构件按荷载标准组合并考虑荷载长期作用影响的挠度 f_l，可根据构件的刚度 B，用结构力学的方法计算。

在等截面构件中，可假定各同号弯矩区段内的刚度相等，并取用该区段内最大弯矩处的刚度。当计算跨度内的支座截面刚度不大于跨中截面刚度的 2 倍或不小于跨中截面刚度的 1/2 时，该跨也可按等刚度构件进行计算，其构件刚度可取跨中最大弯矩截面的刚度。

当全部荷载中仅有部分为长期作用时，可近似认为，在全部荷载作用下构件的总挠度由荷载短期作用下的短期挠度与荷载长期作用下的长期挠度之和组成。对预应力混凝土受弯构件，全部荷载应按荷载的标准组合值确定，长期荷载应按荷载的准永久组合值确定，则短期荷载即为荷载的标准组合值与荷载的准永久组合值之差。为此，将按荷载标准组合计算的弯矩值分解为两部分，$M_k = (M_k - M_q) + M_q$，则 $(M_k - M_q)$ 相当于短期荷载产生的弯矩，M_q 相当于长期荷载产生的弯矩，故仅需对在 M_q 作用下产生的那部分挠度乘以挠度增大系数，对于在 $(M_k - M_q)$ 作用下产生的短期挠度部分是不必增大的。若短期荷载与长期荷载的分布形式相同，则有

$$\alpha \frac{(M_k - M_q)l_0^2}{B_s} + \theta \cdot \alpha \frac{M_q l_0^2}{B_s} = \alpha \frac{M_k l_0^2}{B} \tag{9-112}$$

由式（9-112）可得，矩形、T 形、倒 T 形和工字形截面受弯构件按荷载的标准组合并考虑荷载长期作用影响的刚度计算公式，即

$$B = \frac{M_k}{M_q(\theta - 1) + M_k} B_s \tag{9-113}$$

式中　M_k——按荷载标准组合计算的弯矩，取计算区段内的最大弯矩值；

M_q——按荷载准永久组合计算的弯矩，取计算区段内的最大弯矩值；

B_s——荷载标准组合作用下受弯构件的短期刚度；

θ——考虑荷载长期作用对挠度增大的影响系数，对预应力混凝土受弯构件，取 $\theta = 2.0$。

在荷载标准组合作用下，预应力混凝土受弯构件的短期刚度 B_s 可按下列公式计算：

（1）要求不出现裂缝的构件（裂缝控制等级为一级、二级）

$$B_s = 0.85 E_c I_0 \tag{9-114}$$

（2）允许出现裂缝的构件（裂缝控制等级为三级）

$$B_s = \frac{0.85 E_c I_0}{\kappa_{cr} + (1 - \kappa_{cr})\omega} \tag{9-115}$$

$$\kappa_{cr} = \frac{M_{cr}}{M_k} \tag{9-116}$$

$$\omega = \left(1.0 + \frac{0.21}{\alpha_E \rho} \right) (1 + 0.45 \gamma_f) - 0.7 \tag{9-117}$$

$$M_{cr} = (\sigma_{pc} + \gamma f_{tk}) W_0 \tag{9-118}$$

$$\gamma_f = \frac{(b_f - b) h_f}{b h_0} \tag{9-119}$$

式中　α_E——钢筋弹性模量与混凝土弹性模量的比值，$\alpha_E = E_s / E_c$；

ρ——纵向受拉钢筋配筋率，对预应力混凝土受弯构件，取 $\rho = (A_p + A_s)/(b h_0)$；

I_0——换算截面惯性矩；

γ_f——受拉翼缘截面面积与腹板有效截面面积的比值；

b_f, h_f——受拉区翼缘的宽度、高度；

κ_{cr}——预应力混凝土受弯构件正截面的开裂弯矩 M_{cr} 与弯矩 M_k 的比值，当 $\kappa_{cr} > 1.0$ 时，取 $\kappa_{cr} = 1.0$；

σ_{pc}——扣除全部预应力损失后，由预加力在受拉边缘产生的混凝土预压应力；

γ——混凝土构件的截面抵抗矩塑性影响系数，其计算与钢筋混凝土受弯构件相同。

对预压时预拉区出现裂缝的构件，B_s 应降低 10%。

预应力混凝土受弯构件在使用阶段的预加应力反拱值 f_p，可用结构力学方法按刚度 $E_c I_0$ 进行计算，并应考虑预压应力长期作用的影响。此时，应将计算求得的预加应力反拱值乘以增大系数 2.0。在计算中，预应力筋的应力应扣除全部预应力损失。

对重要的或特殊的预应力混凝土受弯构件的长期反拱值，可根据专门的试验分析确定或根据配筋情况采用合理的收缩、徐变计算方法经分析确定；对恒载较小的构件，应考虑反拱过大对使用的不利影响。

9.5.3　施工阶段验算
Calculation of Construction Stage

实际工程和试验研究都证明，如果预压区外边缘压应力过大，可能在预压区内产生沿钢筋方向的纵向裂缝，或使受压区混凝土进入非线性徐变阶段，因此必须控制外边缘混凝土的压应力。另外，工程要求预应力混凝土构件预拉区（指施加预应力时形成的截面拉应力区）在施工阶段不允许出现拉应力，即使对部分预应力混凝土结构，预拉区的拉应力也不允许过大，因此应控制预拉区外边缘混凝土的拉应力。对制作、运输及安装等施工阶段预拉区允许出现拉应力的构件或预压时全截面受压的构件，在预加力、自重及施工荷载（必要时应考虑动力系数）作用下，其截面边缘的混凝土法向应力宜符合下列规定（图 9-30）：

$$\sigma_{ct} \leqslant f'_{tk} \tag{9-120}$$

$$\sigma_{cc} \leqslant 0.8 f'_{ck} \tag{9-121}$$

简支构件的端部区段截面预拉区边缘纤维的混凝土拉应力允许大于 f'_{tk}，但不应大于 $1.2 f'_{tk}$。

截面边缘的混凝土法向应力可按下列公式计算：

$$\sigma_{cc} \text{ 或 } \sigma_{ct} = \left| \sigma_{pc} + \frac{N_k}{A_0} \pm \frac{M_k}{W_0} \right| \tag{9-122}$$

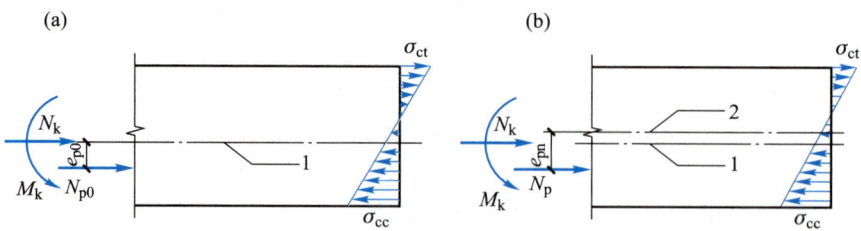

1—换算截面重心轴；2—净截面重心轴。

图 9-30　预应力混凝土构件施工阶段验算

（a）先张法构件；（b）后张法构件

式中　σ_{cc},σ_{ct}——相应施工阶段计算截面边缘纤维的混凝土压应力、拉应力（绝对值）；

f'_{tk},f'_{ck}——与各施工阶段混凝土立方体抗压强度 f'_{cu} 相应的抗拉强度标准值、抗压强度标准值，以线性内插法确定；

N_k,M_k——构件自重及施工荷载的标准组合在计算截面产生的轴力值、弯矩值；

A_0,W_0——验算边缘的换算截面面积和弹性抵抗矩。

当 σ_{pc} 为压应力时，取正值；当 σ_{pc} 为拉应力时，取负值。N_k 以受压为正。当 M_k 产生的边缘纤维应力为压应力时取加号，拉应力时取减号。

施工阶段验算式（9-120）、式（9-121）中，所采用的混凝土强度 f'_{tk},f'_{ck} 值应与应力 σ_{ct},σ_{cc} 出现的时刻相对应，因为此时混凝土不一定达到设计强度值；f'_{tk} 前的系数 1.0,2.0 反映了对预拉区抗裂能力要求的不同；另外，由于施工时各应力值持续时间短暂，随后将很快降低，因而材料强度采用标准值，又由于 $0.8f'_{ck} > f'_c$（f'_c 是与 f'_{ck} 对应的混凝土轴心抗压强度设计值）反映了施工阶段验算时可靠度可以降低一些，即应力限值适当放宽。

对预应力混凝土受弯构件的预拉区，除限制其边缘拉应力值［即按式（9-120）验算］外，还需规定预拉区纵筋的最小配筋率，以防止发生类似于少筋梁的破坏。预应力混凝土结构构件预拉区纵向钢筋的配筋应符合下列要求：

① 施工阶段预拉区允许出现拉应力的构件，预拉区纵向钢筋的配筋率 $(A'_s + A'_p)/A$ 不应小于 0.15%，对后张法构件不应计入 A'_p，其中 A 为构件截面面积。

② 预拉区的纵向普通钢筋的直径不宜大于 14 mm，并应沿构件预拉区的外边缘均匀配置。

③ 施工阶段预拉区不允许出现裂缝的板类构件，预拉区纵向钢筋的配筋可根据具体情况按实践经验确定。

后张法预应力混凝土受弯构件的端部局部受压计算内容与轴心受拉构件相同，不再赘述。

【例 9-1】　后张法预应力混凝土简支梁，跨度 $l = 18$ m，截面尺寸 $b \times h = 400$ mm×1 200 mm。梁上恒载标准值 $g_k = 24$ kN/m，活荷载标准值 $q_k = 16$ kN/m，组合值系数 $\psi_c = 0.7$，准永久值系数 $\psi_q = 0.5$，如图 9-31a 所示。梁内配置有黏结 1×7 标准型低松弛钢绞线束 21Φ^{s}12.7，夹片式 OVM 锚具，两端张拉，孔道采用预埋波纹管成型，预应力筋曲线布置如图 9-31b 所示。混凝土强度等级为 C45。普通钢筋采用 6Φ20 的 HRB400 热轧钢筋。设计工作年限为 50 年，环境类别为一类。裂缝控制等级为二级，即一般要求不出现裂缝。试计算该简支梁跨中截面的预应力损失，并验算其正截面受弯承载力和正截面抗裂能力是否满足要求（按单筋截面）。

【解】　(1) 材料特性

混凝土 C45 : $f_c = 21.1$ N/mm^2, $f_{tk} = 2.51$ N/mm^2, $E_c = 3.35 \times 10^4$ N/mm^2, $\alpha_1 = 1.0$, $\beta_1 = 0.8$。

钢绞线 1860 : $f_{ptk} = 1\,860$ N/mm^2, $f_{py} = 1\,320$ N/mm^2, $E_s = 1.95 \times 10^5$ N/mm^2, $\sigma_{con} = 0.75 f_{ptk} = 1\,395$ N/mm^2。

普通钢筋 : $f_y = 360$ N/mm^2, $E_{s1} = 2.0 \times 10^5$ N/mm^2。

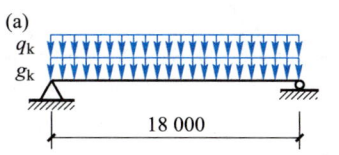 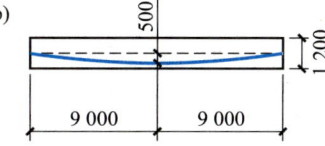

图 9-31　例题 9-1 图

(a) 简支梁上的荷载；(b) 简支梁的预应力筋曲线

(2) 截面几何特性 (为简化, 近似按毛截面计算)

预应力筋截面面积 $A_p = 21 \times 98.7$ mm$^2 = 2\,072.7$ mm^2, 孔道由两端的圆弧段 (水平投影长度为 7 m) 和梁跨中部的直线段 (长度为 4 m) 组成, 预应力筋端点处的切线倾角 $\theta = 0.38$ rad (21.8°), 曲线孔道的曲率半径 $r_c = 18$ m; 受拉普通钢筋截面面积 $A_s = 1\,884$ mm^2。跨中截面 $a_p = 100$ mm, $a_s = 40$ mm。

梁截面面积　　　　$A_n = A_0 = A = bh = 400$ mm $\times 1\,200$ mm $= 4.8 \times 10^5$ mm^2

惯性矩　　　　$I = bh^3/12 = 400$ mm $\times (1\,200$ mm$)^3/12 = 5.76 \times 10^{10}$ mm^4

受拉边缘截面抵抗矩　　　　$W = bh^2/6 = 400$ mm $\times (1\,200$ mm$)^2/6 = 9.6 \times 10^7$ mm^3

跨中截面预应力筋处截面抵抗矩

$$W_p = I/y_p = I/(h/2 - a_p) = 5.76 \times 10^{10} \text{ mm}^4/(600 \text{ mm} - 100 \text{ mm}) = 1.152 \times 10^8 \text{ mm}^3$$

(3) 跨中截面弯矩计算

恒载产生的弯矩标准值 $M_{Gk} = g_k l^2/8 = 24$ kN/m $\times (18$ m$)^2/8 = 972$ kN·m

活荷载产生的弯矩标准值 $M_{Qk} = q_k l^2/8 = 16$ kN/m $\times (18$ m$)^2/8 = 648$ kN·m

跨中弯矩的标准组合值 $M_k = M_{Gk} + M_{Qk} = 972$ kN·m $+ 648$ kN·m $= 1\,620$ kN·m

基本组合的弯矩设计值

$$M = \gamma_G M_{Gk} + \gamma_Q M_{Qk} = 1.3 \times 972 \text{ kN·m} + 1.5 \times 648 \text{ kN·m} = 2\,235.6 \text{ kN·m}$$

(4) 跨中截面预应力损失计算

查表 9-2 得 $\kappa = 0.001\,5$ m^{-1}, $\mu = 0.25$; 由表 9-1 得 $a = 5$ mm。

① 锚具变形损失 σ_{l1}。

按圆弧形曲线计算, 反向摩擦影响长度由式 (9-6) 确定, 即

$$l_f = \sqrt{\frac{aE_s}{1\,000 \sigma_{con}(\mu/r_c + \kappa)}}$$

$$= \sqrt{\frac{5 \text{ mm} \times 1.95 \times 10^5 \text{ N/mm}^2}{1\,000 \times 1\,395 \text{ N/mm}^2 \times (0.25/18 \text{ m} + 0.001\,5 \text{ m}^{-1})}} = 6.74 \text{ m} < 7 \text{ m}$$

因为, $l_f < l/2 = 9$ m, 可知此项损失对跨中截面无影响, 即 $\sigma_{l1} = 0$。

② 摩擦损失 σ_{l2}。

跨中处，$x=9$ m，$\theta=0.38$ rad，则由式（9-7）得

$$\sigma_{l2}=\sigma_{con}\left(1-\frac{1}{e^{\kappa x+\mu\theta}}\right)=1\ 395\ \text{N/mm}^2\times\left(1-\frac{1}{e^{0.001\ 5\ \text{m}^{-1}\times9\ \text{m}+0.25\times0.38\ \text{rad}}}\right)=143.44\ \text{N/mm}^2$$

③ 松弛损失 σ_{l4}（低松弛）。

因 $\sigma_{con}=0.75f_{ptk}$，故采用式（9-12）计算，即

$$\sigma_{l4}=0.2\left(\frac{\sigma_{con}}{f_{ptk}}-0.575\right)\sigma_{con}=0.2\times(0.75-0.575)\times1\ 395\ \text{N/mm}^2=49\ \text{N/mm}^2$$

④ 收缩、徐变损失 σ_{l5}。

设混凝土达到 100% 的设计强度时开始张拉预应力筋，$f'_{cu}=f_{cu,k}=45$ N/mm²。

配筋率

$$\rho=\frac{A_s+A_p}{A_n}=\frac{1\ 884\ \text{mm}^2+2\ 072.7\ \text{mm}^2}{4.8\times10^5\ \text{mm}^2}=0.008\ 24$$

钢筋混凝土的重度为 25 kN/m³，则沿梁长度方向的自重标准值为

$$g_{1k}=25\ bh=25\ \text{kN/m}^3\times0.4\ \text{m}\times1.2\ \text{m}=12\ \text{kN/m}$$

梁自重在跨中截面产生的弯矩标准值为

$$M_{G1k}=g_{1k}l^2/8=12\ \text{kN/m}\times(18\ \text{m})^2/8=486\ \text{kN}\cdot\text{m}$$

第一批损失

$$\sigma_{lI}=\sigma_{l1}+\sigma_{l2}=0+143.44\ \text{N/mm}^2=143.44\ \text{N/mm}^2$$

$$N_{pI}=A_p(\sigma_{con}-\sigma_{lI})=2\ 072.7\ \text{mm}^2\times(1\ 395\ \text{N/mm}^2-143.44\ \text{N/mm}^2)=2\ 594\ 108.4\ \text{N}$$

再考虑梁自重影响，则受拉区预应力筋合力点处混凝土法向压应力为

$$\sigma_{pcI}=\frac{N_{pI}}{A_n}+\frac{N_{pI}(h/2-a_p)-M_{Gk}}{W_p}$$

$$=\frac{2\ 594\ 108.4\text{N}}{4.8\times10^5\ \text{mm}^2}+\frac{2\ 594\ 108.4\ \text{N}\times(600\ \text{mm}-100\ \text{mm})-486\times10^6\ \text{N}\cdot\text{mm}}{1.152\times10^8\ \text{mm}^3}$$

$$=12.44\ \text{N/mm}^2<0.5\ f'_{cu}=20\ \text{N/mm}^2$$

$$\sigma_{l5}=\frac{55+300\dfrac{\sigma_{pc}}{f'_{cu}}}{1+15\rho}=\frac{55\ \text{N/mm}^2+300\ \text{N/mm}^2\times\dfrac{12.44\ \text{N/mm}^2}{45\ \text{N/mm}^2}}{1+15\times0.008\ 24}=122.76\ \text{N/mm}^2$$

⑤ 跨中截面预应力总损失 σ_l 和混凝土有效预应力。

$$\sigma_l=\sigma_{l1}+\sigma_{l2}+\sigma_{l4}+\sigma_{l5}=0+143.44\ \text{N/mm}^2+49\ \text{N/mm}^2+122.76\ \text{N/mm}^2$$

$$=315.2\ \text{N/mm}^2>80\ \text{N/mm}^2$$

$$N_p=(\sigma_{con}-\sigma_l)A_p-\sigma_{l5}A_s$$

$$=(1\ 395-315.2)\ \text{N/mm}^2\times2\ 072.7\ \text{mm}^2-122.76\ \text{N/mm}^2\times1\ 884\ \text{mm}^2=2\ 006\ 821.62\ \text{N}$$

$$e_{pn}=\frac{(\sigma_{con}-\sigma_l)A_py_{pn}-\sigma_{l5}A_sy_{sn}}{N_p}$$

$$=\frac{(1\ 395-315.2)\ \text{N/mm}^2\times2\ 072.7\ \text{mm}^2\times500\ \text{mm}-122.76\ \text{N/mm}^2\times1\ 884\ \text{mm}^2\times560\ \text{mm}}{2\ 006\ 821.62\ \text{N}}$$

= 493.09 mm

截面受拉边缘处混凝土法向预压应力为

$$\sigma_{pc} = \frac{N_p}{A_n} + \frac{N_p e_{pn}}{W}$$

$$= \frac{2\ 006\ 821.62\ \text{N}}{4.8 \times 10^5\ \text{mm}^2} + \frac{2\ 006\ 821.62\ \text{N} \times 493.09\ \text{mm}}{9.6 \times 10^7\ \text{mm}^3} = 14.49\ \text{N/mm}^2$$

预应力筋处混凝土法向预压应力为

$$\sigma_{pc\,\text{II}} = \frac{N_p}{A_n} + \frac{N_p e_{pn}}{W_p} = \frac{2\ 006\ 821.62\ \text{N}}{4.8 \times 10^5\ \text{mm}^2} + \frac{2\ 006\ 821.62\ \text{N} \times 493.09\ \text{mm}}{1.152 \times 10^8\ \text{mm}^3} = 12.77\ \text{N/mm}^2$$

（5）裂缝控制验算

荷载标准组合下

$$\sigma_{ck} = \frac{M_k}{W_0} = \frac{1\ 620 \times 10^6\ \text{N} \cdot \text{mm}}{9.6 \times 10^7\ \text{mm}^3} = 16.9\ \text{N/mm}^2$$

则 $\sigma_{ck} - \sigma_{pc} = 16.9\ \text{N/mm}^2 - 14.49\ \text{N/mm}^2 = 2.41\ \text{N/mm}^2 < f_{tk} = 2.51\ \text{N/mm}^2$，满足要求。

（6）正截面承载力计算

极限状态时，受拉区全部纵向钢筋合力作用位置

$$a = \frac{A_p f_{py} a_p + A_s f_y a_s}{A_p f_{py} + A_s f_y}$$

$$= \frac{2\ 072.7\ \text{mm}^2 \times 1\ 320\ \text{N/mm}^2 \times 100\ \text{mm} + 1\ 884\ \text{mm}^2 \times 360\ \text{N/mm}^2 \times 40\ \text{mm}}{2\ 072.7\ \text{mm}^2 \times 1\ 320\ \text{N/mm}^2 + 1\ 884\ \text{mm}^2 \times 360\ \text{N/mm}^2} = 88.08\ \text{mm}$$

$$h_0 = h - a = 1\ 200\ \text{mm} - 88.08\ \text{mm} = 1\ 111.92\ \text{mm}$$

求相对界限受压区高度 x_b：

按 A_p 计算时 $\qquad h_{0i} = h - a_p = 1\ 200\ \text{mm} - 100\ \text{mm} = 1\ 100\ \text{mm}$

预应力筋合力点处混凝土应力为零时的预应力筋有效应力为

$$\sigma_{p0} = \sigma_{con} - \sigma_l + \alpha_E \sigma_{pc\,\text{II}}$$

$$= 1\ 395\ \text{N/mm}^2 - 315.2\ \text{N/mm}^2 + \frac{1.95 \times 10^5\ \text{N/mm}^2}{3.35 \times 10^4\ \text{N/mm}^2} \times 12.77\ \text{N/mm}^2 = 1\ 154.13\ \text{N/mm}^2$$

$$\frac{x_{bi}}{h_{0i}} = \frac{\beta_1}{1 + \dfrac{0.002}{\varepsilon_{cu}} + \dfrac{f_{py} - \sigma_{p0}}{E_s \varepsilon_{cu}}} = \frac{0.8}{1 + \dfrac{0.002}{0.003\ 3} + \dfrac{1\ 320\ \text{N/mm}^2 - 1\ 154.13\ \text{N/mm}^2}{1.95 \times 10^5\ \text{N/mm}^2 \times 0.003\ 3}} = 0.429$$

$$x_{bi} = 0.429\ h_{0i} = 0.429 \times 1\ 100\ \text{mm} = 471.9\ \text{mm}$$

按 A_s 计算时 $\qquad h_{0j} = h - a_s = 1\ 200\ \text{mm} - 40\ \text{mm} = 1\ 160\ \text{mm}$

$$\frac{x_{bj}}{h_{0j}} = \frac{\beta_1}{1 + \dfrac{f_y}{E_s \varepsilon_{cu}}} = \frac{0.8}{1 + \dfrac{360\ \text{N/mm}^2}{2.0 \times 10^5\ \text{N/mm}^2 \times 0.003\ 3}} = 0.518$$

$$x_{bj} = 0.518\ h_{0j} = 0.518 \times 1\ 160\ \text{mm} = 600.88\ \text{mm}$$

所以 $\qquad x_b = \min(x_{bi}, x_{bj}) = 471.9\ \text{mm}, \qquad \xi_b = \frac{x_b}{h_0} = \frac{471.9\ \text{mm}}{1\ 111.92\ \text{mm}} = 0.424$

由截面法向力的平衡得

$$\alpha_1 f_c b x = f_y A_s + f_{py} A_p$$

解得

$$x = \frac{f_y A_s + f_{py} A_p}{\alpha_1 f_c b}$$

$$= \frac{360\ \text{N/mm}^2 \times 1\ 884\ \text{mm}^2 + 1\ 320\ \text{N/mm}^2 \times 2\ 072.7\ \text{mm}^2}{1.0 \times 21.1\ \text{N/mm}^2 \times 400\ \text{mm}}$$

$$= 404.5\ \text{mm} < x_b = 471.9\ \text{mm}$$

对受拉区全部纵筋合力点取矩,得梁正截面受弯承载力为

$$M_u = \alpha_1 f_c b x \left(h_0 - \frac{x}{2} \right)$$

$$= 1.0 \times 21.1\ \text{N/mm}^2 \times 400\ \text{mm} \times 404.5\ \text{mm} \times (1\ 111.92\ \text{mm} - 404.5\ \text{mm}/2) \times 10^{-6}$$

$$= 3\ 105.60\ \text{kN} \cdot \text{m} > M = 2\ 235.6\ \text{kN} \cdot \text{m}$$

故梁正截面受弯承载力满足要求。

§9.6　预应力混凝土构件的构造要求
Detailing Requirements of Prestressed Concrete Members

9.6.1　先张法构件
Pretensioned Prestressed Concrete Members

1. 预应力筋的间距

先张法预应力筋的锚固及预应力传递依靠自身与混凝土的黏结性能,因此预应力筋之间应具有适宜的间距,以保证应力传递所必需的混凝土厚度。先张法预应力筋之间的净间距不宜小于其公称直径的 2.5 倍和混凝土粗骨料最大粒径的 1.25 倍,当混凝土振捣密实性具有可靠保证时,净间距可放宽为最大粗骨料粒径的 1.0 倍,且间距应符合下列规定:预应力钢丝,不应小于 15 mm;三股钢绞线,不应小于 20 mm;七股钢绞线,不应小于 25 mm。

2. 构件端部的构造措施

先张法预应力传递长度范围内局部挤压造成的环向拉应力容易导致构件端部混凝土出现劈裂裂缝。因此,为保证自锚端的局部承载力,构件端部应采取下列构造措施:

① 对单根配置的预应力筋,其端部宜设置由细钢筋(丝)缠绕而成的螺旋筋。螺旋筋对混凝土形成约束,可以保证构件端部在预应力筋放张时承受巨大的压力而不致发生裂缝或局部受压破坏。

② 对分散布置的多根预应力筋,在构件端部 10d(d 为预应力筋的公称直径)且不小于100 mm 长度范围内,宜设置 3~5 片与预应力筋垂直的钢筋网片;采用预应力钢丝配筋的薄板,在板端 100 mm 长度范围内宜适当加密横向钢筋;槽形板类构件,应在构件端部 100 mm 长度范围内沿构件板面设置附加横向钢筋,其数量不应少于 2 根。这些措施均用于承受预应力筋放张时产生的横向拉应力,防止端部开裂或局压破坏。

③ 预应力筋在构件端部全部弯起的受弯构件或直线配筋的先张法构件,当构件端部与下部支承结构焊接时,应考虑混凝土收缩、徐变及温度变化所产生的不利影响,宜在构件端部可能产生裂缝的部位设置足够的纵向构造普通钢筋。

9.6.2　后张法构件
Post-tensioned Prestressed Concrete Members

1. 预留孔道的尺寸

为了保证钢丝束或钢绞线束的顺利张拉，以及预应力筋张拉阶段构件的承载力，后张法预应力混凝土构件的预留孔道应有合适的直径及间距。

预制构件中预留孔道之间的水平净间距不宜小于 50 mm，且不宜小于粗骨料粒径的 1.25 倍；孔道至构件边缘的净间距不宜小于 30 mm，且不宜小于孔道直径的一半。现浇混凝土梁中，预留孔道在竖直方向的净间距不应小于孔道外径，水平方向的净间距不宜小于 1.5 倍孔道外径，且不应小于粗骨料粒径的 1.25 倍；从孔道外壁至构件边缘的净间距，梁底不宜小于 50 mm，梁侧不宜小于 40 mm；裂缝控制等级为三级的梁，梁底、梁侧分别不宜小于 60 mm 和 50 mm。

预留孔道的内径宜比预应力束外径及需穿过孔道的连接器外径大 6~15 mm；且孔道的截面面积宜为穿入预应力束截面面积的 3.0~4.0 倍；当有可靠经验并能保证混凝土浇筑质量时，预留孔道可水平并列贴紧布置，但并排的数量不应超过 2 束。

在现浇混凝土楼板中采用扁形锚固体系时，穿过每个预留孔道的预应力筋数量宜为 3~5 根；在常用荷载情况下，孔道在水平方向的净间距不应超过 8 倍板厚及 1.5 m 中的较大值。

2. 构件端部锚固区的构造要求

为了防止预应力筋在构件端部过分集中而造成开裂或局部受压破坏，后张法预应力混凝土构件的端部锚固区应按下列规定配置间接钢筋：

① 采用普通垫板时，应进行局部受压承载力计算，并配置间接钢筋，其体积配筋率不应小于 0.5%，垫板的刚性扩散角应取 45°。

② 在局部受压间接钢筋配置区以外，在构件端部长度 l 不小于截面重心线上部或下部预应力筋的合力点至邻近边缘的距离 e 的 3 倍、但不大于构件端部截面高度 h 的 1.2 倍，高度为 $2e$ 的附加配筋区范围内，应均匀配置附加防劈裂箍筋或网片（图 9-32），配筋截面面积可按下式计算，且体积配筋率不应小于 0.5%。

$$A_{sb} \geq 0.18\left(1-\frac{l_l}{l_b}\right)\frac{P}{f_{yv}} \tag{9-123}$$

式中　P——作用在构件端部截面重心线上部或下部预应力筋的合力设计值，对有黏结预应力混凝土构件取 1.2 倍张拉控制力；

l_l, l_b——沿构件高度方向 A_l, A_b 的边长或直径，A_l, A_b 按局部受压承载力计算的有关规定确定；

f_{yv}——附加防劈裂钢筋的抗拉强度设计值。

③ 当构件端部预应力筋需集中布置在截面下部或集中布置在上部和下部时，应在构件端部 $0.2h$ 范围内设置附加竖向防端面裂缝构造钢筋（图 9-32），其截面面积应符合下列公式要求：

$$A_{sv} \geq \frac{T_s}{f_{yv}} \tag{9-124}$$

$$T_s = \left(0.25-\frac{e}{h}\right)P \tag{9-125}$$

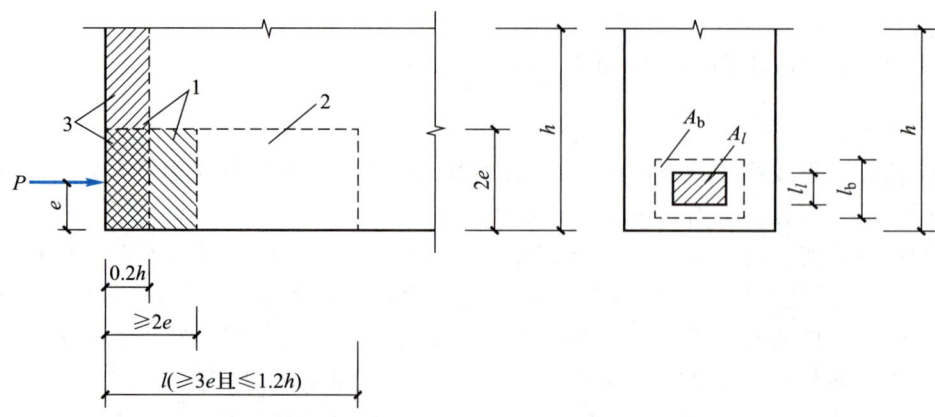

1—局部受压间接钢筋配置区;2—附加防劈裂配筋区;3—附加竖向防端面裂缝配筋区。

图 9-32　防止端部裂缝的配筋范围

式中　T_s——锚固端端面拉力;

P——作用在构件端部截面重心线上部或下部预应力筋的合力设计值,对有黏结预应力混凝土构件取 1.2 倍张拉控制力;

e——截面重心线上部或下部预应力筋的合力点至截面近边缘的距离;

h——构件端部截面高度。

当 e 大于 $0.2h$ 时,可根据实际情况适当配置构造钢筋。竖向防端面裂缝钢筋宜靠近端面配置,可采用焊接钢筋网、封闭式箍筋或其他形式,且宜采用带肋钢筋。

当端部截面上部和下部均有预应力筋时,附加竖向钢筋的总截面面积应按上部和下部的预应力合力分别计算的数值叠加后采用。在构件横向也应按上述方法计算防端面裂缝钢筋,并与上述竖向钢筋形成网片筋配置。

当构件在端部有局部凹进时,应增设折线构造钢筋(图 9-33)或其他有效的构造钢筋。

④ 后张法预应力混凝土构件中,当采用曲线预应力束时,为防止混凝土保护层崩裂,其曲率半径 r_p 宜按下列公式确定,但不宜小于 4 m:

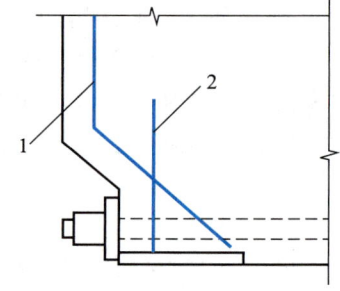

1—折线构造钢筋;2—竖向构造钢筋。

图 9-33　端部凹进处构造钢筋

$$r_p \geq \frac{P}{0.35 f_c d_p}$$

式中　P——预应力筋的合力设计值,对有黏结预应力混凝土构件取 1.2 倍张拉控制力;

r_p——预应力束的曲率半径;

d_p——预应力束孔道的外径;

f_c——混凝土轴心抗压强度设计值,当验算张拉阶段曲率半径时,可取与施工阶段混凝土立方体抗压强度 f'_{cu} 对应的抗压强度设计值 f'_c,根据 f_c 表以线性内插法确定。

对于折线配筋的构件,在预应力束弯折处的曲率半径可适当减小。当曲率半径 r_p 不满足上述要求时,可在曲线预应力束弯折处内侧设置钢筋网片或螺旋筋。

在预应力混凝土结构中,当沿构件凹面布置曲线预应力束时,应进行防崩裂设计。当曲率半径 r_p 满足下列公式要求时,可仅配置构造 U 形插筋(图 9-34)。

$$r_p \geqslant \frac{P}{f_t(0.5d_p+c_p)} \tag{9-126}$$

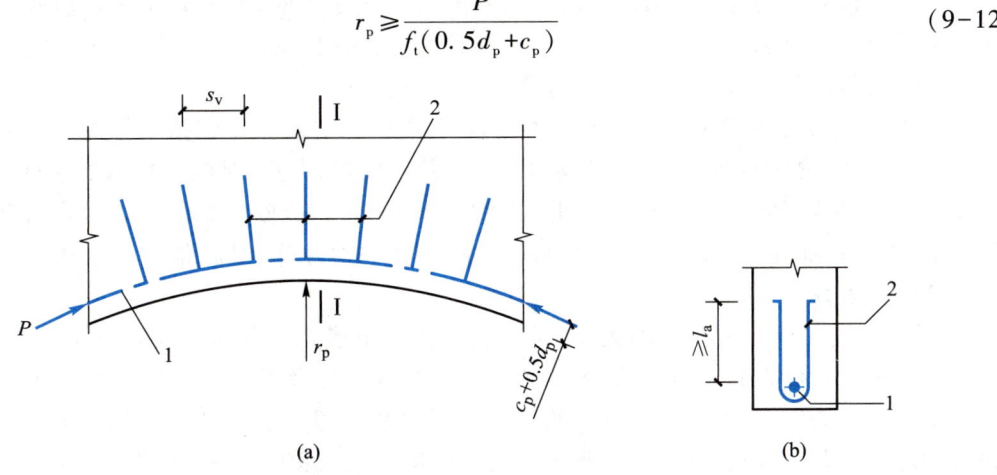

1—预应力束;2—沿曲线预应力束均匀布置的 U 形插筋。

图 9-34 抗崩裂 U 形插筋构造示意

(a)抗崩裂 U 形插筋布置;(b) I—I 剖面

当不满足时,每单肢 U 形插筋的截面面积应按下列公式确定:

$$A_{svl} \geqslant \frac{Ps_v}{2r_pf_{yv}} \tag{9-127}$$

式中 P——预应力筋的合力设计值;

     f_t——混凝土轴心抗拉强度设计值,或与施工张拉阶段混凝土立方体抗压强度 f'_{cu} 相应的抗拉强度设计值 f'_t,根据 f_t 表以线性内插法确定;

     c_p——预应力筋孔道净混凝土保护层厚度;

     A_{svl}——每单肢插筋截面面积;

     s_v——U 形插筋间距;

     f_{yv}——U 形插筋抗拉强度设计值,当大于 360 N/mm^2 时取 360 N/mm^2;

     l_a——实际锚固长度。

U 形插筋的锚固长度不应小于 l_a;当实际锚固长度 l_e 小于 l_a 时,每单肢 U 形插筋的截面面积可按 A_{svl}/k 取值。其中,k 取 $l_e/15d$ 和 $l_e/200$ 中的较小值,且 k 不大于 1.0。

当有平行的几个孔道,且中心距不大于 $2d_p$ 时,预应力筋的合力设计值应按相邻全部孔道内的预应力筋确定。

§9.7 小结
Summary

① 钢筋混凝土构件存在的主要问题是正常使用阶段构件受拉区出现裂缝,即抗裂性能差,刚度小,变形大,不能充分利用高强钢材,适用范围受到一定限制等。预应力混凝土改善了构件的抗裂性能,正常使用阶段可以做到混凝土不受拉或不开裂(裂缝控制等级为一级或二级),因

而适用于有防水、抗渗要求的特殊环境及大跨度、重荷载的结构。

② 在建筑结构及一般工程结构中,通常是通过张拉预应力筋给混凝土施加预压应力的。根据施工时张拉预应力筋与浇灌构件混凝土两者的先后次序不同,分为先张法和后张法两种。先张法依靠预应力筋与混凝土之间的黏结力传递预应力,在构件端部有一定的预应力传递长度;后张法依靠锚具传递预应力,端部处于局部受压的应力状态。

③ 预应力混凝土与普通钢筋混凝土相比应考虑更多问题,其中包括张拉控制应力取值应适当,必须采用高强钢筋和高强度等级的混凝土,以及使用锚、夹具,对施工技术要求更高等。

④ 预应力混凝土构件在外荷载作用后的使用阶段,两种极限状态的计算内容与钢筋混凝土构件类似;为了保证施工阶段构件的安全性,应进行相关的计算,对后张法构件还应计算构件端部的局部受压承载力。

⑤ 预应力筋的预应力损失的大小,关系到在构件中建立的混凝土有效预应力的水平,应了解产生各项预应力损失的原因、掌握损失的分析与计算方法及减小各项损失的措施。由于损失的发生是有先后的,为了求出特定时刻的混凝土预应力,应进行预应力损失的分阶段组合。掌握先张法和后张法各有哪几项损失,以及哪几项属于第一批或第二批损失。认识各项损失沿构件长度方向的分布,从而对构件内有效预应力沿构件长度的分布有清楚的认识。

⑥ 对预应力混凝土轴心受拉构件受力全过程截面应力状态的分析,可得出几点重要结论,并将其推广应用于预应力混凝土受弯构件,使应力计算概念更加简单易记。如:a. 施工阶段,先张法(或后张法)构件截面混凝土预应力的计算可比拟为将一个预加力 N_p 作用在构件的换算截面 A_0(或净截面 A_n)上,然后按材料力学公式计算;b. 正常使用阶段,由荷载标准组合或准永久组合产生的截面混凝土法向应力,也可按材料力学公式计算,且无论先、后张法,均采用构件的换算截面 A_0;c. 使用阶段,先张法和后张法构件特定时刻(如消压状态或即将开裂状态)的承载力计算公式形式相同,即无论先、后张法,均采用构件的换算截面 A_0;d. 计算预应力筋和普通钢筋应力时,只要知道该钢筋与混凝土黏结在一起协调变形的起点应力状态,就可以方便地写出其后任一时刻的钢筋应力(扣除损失,再考虑混凝土弹性伸缩引起的钢筋应力变化),而不依赖于任何中间过程。

⑦ 对预应力混凝土轴心受拉和受弯构件,承载能力极限状态和正常使用极限状态的具体计算内容的理解,应对照相应的普通钢筋混凝土构件,注意预应力混凝土构件计算的特殊性,施加预应力对计算的影响。施工阶段(制作、运输、安装)的计算是预应力混凝土构件特有的,因为此阶段构件内已存在内应力,为防止混凝土被压坏或产生影响使用的裂缝,应进行有关的计算。

思 考 题
Questions

9-1　什么是预应力混凝土? 与普通钢筋混凝土构件相比,预应力混凝土构件有何优缺点?

9-2　为什么预应力混凝土构件必须采用高强钢材,且应尽可能采用高强度等级的混凝土?

9-3　预应力混凝土分为哪几类? 各有何特点?

9-4　施加预应力的方法有哪几种? 先张法和后张法有什么区别? 试简述它们的优缺点及应用范围。

9-5　什么是张拉控制应力 σ_{con}? 为什么张拉控制应力取值不能过高也不能过低?

9-6　预应力损失有哪几种？各种损失产生的原因是什么？计算方法及减小措施如何？先张法、后张法各有哪几种损失？哪些属于第一批，哪些属于第二批？

9-7　什么是预应力筋的松弛？为什么短时的超张拉可以减小松弛损失？

9-8　预应力混凝土构件各阶段应力状态如何？先、后张法构件的应力计算公式有何异同之处？研究各特定时刻的应力状态有何意义？试比较先、后张法应力状态的异同。

9-9　在计算施工阶段混凝土预应力时，为什么先张法用构件的换算截面 A_0，而后张法却用构件的净截面 A_n？在使用阶段为何二者都用 A_0？

9-10　施加预应力对轴心受拉构件的承载力有何影响？为什么？

9-11　预应力混凝土构件中的普通钢筋有何作用？

9-12　什么是预应力筋的预应力传递长度？传递长度内的抗裂能力与其他部位有何不同？何时考虑其影响？

9-13　为什么要对后张法构件端部进行局部受压承载力验算？应进行哪些方面的计算？不满足时采取什么措施？

9-14　预应力混凝土受弯构件的受压区有时也配置预应力筋，有什么作用？这种钢筋对构件的承载能力有无影响？为什么？

9-15　预应力混凝土受弯构件的正截面、斜截面承载力计算与普通钢筋混凝土构件有何异同之处？

9-16　对于不同的裂缝控制等级，预应力混凝土构件的正截面抗裂验算各应满足什么要求？不满足时怎么办？

9-17　预应力混凝土构件的刚度计算与普通钢筋混凝土构件有何不同？挠度计算有何特点？

9-18　预应力混凝土构件为何还应进行施工阶段验算？都验算哪些项目？

习　　题
Exercises

9-1　18 m 跨度预应力混凝土屋架下弦，环境类别为一类，设计工作年限为 50 年，截面尺寸为 150 mm×200 mm，后张法施工，一端张拉并超张拉；孔道直径为 50 mm，充压橡皮管抽芯成型；OVM 锚具；桁架端部构造见图 9-35；预应力筋为钢绞线，$d=12.7$ mm（7Φ4）；普通钢筋为 4Φ12 的 HRB400 热轧钢筋；混凝土强度等级为 C40；裂缝控制等级为二级；永久荷载标准值产生的轴向拉力 $N_{Gk}=280$ kN，可变荷载标准值产生的轴向拉力 $N_{Qk}=110$ kN，可变荷载的准永久值系数 $\psi_q=0.8$；混凝土达 100% 设计强度时张拉预应力筋。

试进行屋架下弦的使用阶段承载力计算、裂缝控制验算及施工阶段验算，由此确定纵向预应力筋数量、构件端部的间接钢筋及预应力筋的张拉控制应力等。

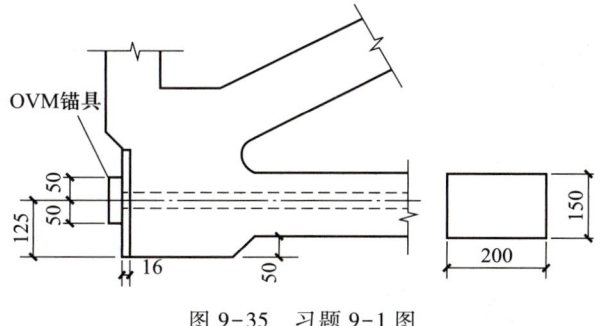

图 9-35　习题 9-1 图

9-2　12 m 预应力混凝土工字形截面梁，环境类别为一类，设计工作年限为 50 年，截面尺寸如图 9-36 所示。采用先张法台座生产,不考虑锚具变形损失,蒸汽养护,温差 $\Delta t = 20$ ℃,采用超张拉。设钢筋松弛损失在放张前已完成 50%,预应力筋采用 $\phi^{HM}5$ 中强度预应力钢丝,张拉控制应力 $\sigma_{con} = \sigma'_{con} = 0.75 f_{ptk}$,箍筋用 HPB300 热轧钢筋,混凝土强度等级为 C40,放张时 $f'_{cu} = 30$ N/mm^2。试计算梁的各项预应力损失。

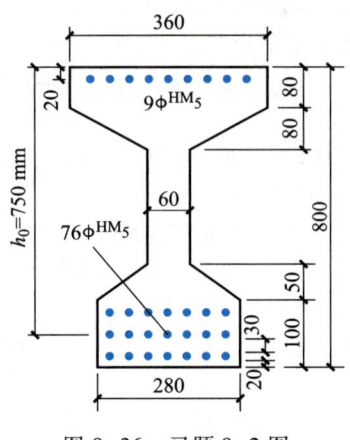

图 9-36　习题 9-2 图

9-3　12 m 预应力混凝土工字形截面梁,环境类别为一类,设计工作年限为 50 年,截面尺寸及有关数据同习题 9-2。设梁的计算跨度 $l_0 = 11.65$ m,净跨度 $l_n = 11.35$ m。均布恒载标准值 $g_k = 15$ kN/m,均布活荷载标准值 $q_k = 54$ kN/m,准永久值系数为 0.5。此梁为处于室内正常环境的一般受弯构件,裂缝控制等级为二级,允许挠度 $[f/l_0] = 1/400$。吊装时吊点位置设在距梁端 2 m 处。要求:(1) 计算使用阶段的正截面受弯承载力;(2) 进行使用阶段的裂缝控制验算;(3) 进行使用阶段的斜截面承载力计算;(4) 进行使用阶段的斜截面抗裂验算;(5) 计算使用阶段的挠度;(6) 进行施工阶段的截面应力验算。

附　　录
Appendixes

附录 1　混凝土强度标准值、设计值和弹性模量
Appendix 1　Characteristic Values and Design Values of Concrete Strength and It's Elastic Modulus

附表 1-1　混凝土强度标准值 N/mm²

强度种类	混凝土强度等级												
	C20	C25	C30	C35	C40	C45	C50	C55	C60	C65	C70	C75	C80
f_{ck}	13.4	16.7	20.1	23.4	26.8	29.6	32.4	35.5	38.5	41.5	44.5	47.4	50.2
f_{tk}	1.54	1.78	2.01	2.20	2.39	2.51	2.64	2.74	2.85	2.93	2.99	3.05	3.11

附表 1-2　混凝土强度设计值 N/mm²

强度种类	混凝土强度等级												
	C20	C25	C30	C35	C40	C45	C50	C55	C60	C65	C70	C75	C80
f_c	9.6	11.9	14.3	16.7	19.1	21.1	23.1	25.3	27.5	29.7	31.8	33.8	35.9
f_t	1.10	1.27	1.43	1.57	1.71	1.80	1.89	1.96	2.04	2.09	2.14	2.18	2.22

附表 1-3　混凝土弹性模量 10⁴ N/mm²

混凝土强度等级	C20	C25	C30	C35	C40	C45	C50	C55	C60	C65	C70	C75	C80
E_c	2.55	2.80	3.00	3.15	3.25	3.35	3.45	3.55	3.60	3.65	3.70	3.75	3.80

附录 2　　钢筋强度标准值、设计值和弹性模量
Appendix 2　Characteristic Values and Design Values of Steel Reinforcement Strength and It's Elastic Modulus

附表 2-1　普通钢筋强度标准值

牌号		符号	公称直径 d/mm	屈服强度标准值 $f_{yk}/(N \cdot mm^{-2})$	极限强度标准值 $f_{stk}/(N \cdot mm^{-2})$
热轧钢筋	HPB300	ϕ	6~14	300	420
	HRB400	Φ	6~50	400	540
	HRBF400	Φ^F			
	RRB400	Φ^R			
	HRB400E	Φ^E			
	HRB500	Φ	6~50	500	630
	HRBF500	Φ^F			
	HRB500E	Φ^E			
冷轧带肋钢筋	CRB550	ϕ^R	4~12	500	—
	CRB600H	ϕ^{RH}	5~12	520	—

注:直径 4 mm 的冷轧带肋钢筋仅用于混凝土制品。

附表 2-2　预应力筋强度标准值

种类		符号	公称直径 d/mm	屈服强度标准值 $f_{pyk}/(N \cdot mm^{-2})$	极限强度标准值 $f_{ptk}/(N \cdot mm^{-2})$
钢绞线	1×3（三股）	ϕ^S	8.6,10.8,12.9	—	1 570
				—	1 860
				—	1 960
	1×7（七股）		9.5,12.7,15.2,17.8	—	1 720
				—	1 860
				—	1 960
			21.6	—	1 860
中强度预应力钢丝	光面螺旋肋	ϕ^{PM} ϕ^{HM}	5,7,9	620	800
				780	970
				980	1 270
消除应力钢丝	光面螺旋肋	ϕ^P ϕ^H	5	—	1 570
				—	1 860
			7	—	1 570
			9	—	1 470
				—	1 570

续表

种类		符号	公称直径 d/mm	屈服强度标准值 $f_{pyk}/(\mathrm{N\cdot mm^{-2}})$	极限强度标准值 $f_{ptk}/(\mathrm{N\cdot mm^{-2}})$
预应力冷轧带肋钢筋	CRB650	ϕ^{R}	5,6	—	650
	CRB650	ϕ^{RH}			
	CRB800	ϕ^{R}	5	—	800
	CRB800	ϕ^{RH}	5,6		
	CRB970	ϕ^{R}	5	—	970
预应力螺纹钢筋	螺纹	ϕ^{T}	18,25,32, 40,50	785	980
				930	1 080
				1 080	1 230

注:极限强度标准值为 1 960 N/mm² 的钢绞线作后张预应力配筋时,应有可靠的工程经验。

附表 2-3　普通钢筋强度设计值　　　　　　　　N/mm²

牌号		抗拉强度设计值 f_y	抗压强度设计值 f_y'
热轧钢筋	HPB300	270	270
	HRB400 HRBF400 RRB400 HRB400E	360	360
	HRB500 HRBF500 HRB500E	435	435
冷轧带肋钢筋	CRB550	400	—
	CRB600H	415	—

注:冷轧带肋钢筋不考虑其抗压强度设计值。

附表 2-4　预应力筋强度设计值　　　　　　　　N/mm²

种类	极限强度标准值 f_{ptk}	抗拉强度设计值 f_{py}	抗压强度设计值 f_{py}'
钢绞线	1 570	1 110	390
	1 720	1 220	
	1 860	1 320	
	1 960	1 390	
中强度预应力钢丝	800	510	410
	970	650	
	1 270	810	

续表

种类	极限强度标准值 f_{ptk}	抗拉强度设计值 f_{py}	抗压强度设计值 f'_{py}
消除应力钢丝	1 470	1 040	410
	1 570	1 110	
	1 860	1 320	
预应力冷轧带肋钢筋	650	430	400
	800	530	
	970	650	
预应力螺纹钢筋	980	650	400
	1 080	770	
	1 230	900	

注:当预应力筋的强度标准值不符合附表2-2的规定时,其强度设计值应进行相应的比例换算。

附表 2-5　热轧钢筋、冷轧带肋钢筋及预应力筋的最大力总延伸率限值　　　　%

牌号或种类	热轧钢筋				冷轧带肋钢筋		预应力筋	
	HPB300	HRB400 HRBF400 HRB500 HRBF500	RRB400E HRB500E	RRB400	CRB550	CRB600H	中强度预应力钢丝、预应力冷轧带肋钢筋	消除应力钢丝、钢绞线、预应力螺纹钢筋
δ_{gt}	10.0	7.5	9.0	5.0	2.5	5.0	4.0	4.5

附表 2-6　钢筋的弹性模量　　　　10^5 N/mm^2

牌号或种类	弹性模量 E_s
HPB300 钢筋	2.10
HRB400、HRB500 钢筋 HRBF400、HRBF500 钢筋 RRB400 钢筋 HRB400E、HRB500E 钢筋 预应力螺纹钢筋、冷轧带肋钢筋	2.00
消除应力钢丝、中强度预应力钢丝	2.05
钢绞线	1.95

附录 3　　构件变形及裂缝限值
Appendix 3　Allowing Values of Deflection and Crack Width of Members

附表 3-1　受弯构件的挠度限值

构 件 类 型	挠 度 限 值
吊车梁：手动吊车	$l_0/500$
电动吊车	$l_0/600$
屋盖、楼盖及楼梯构件：	
当 $l_0 < 7$ m 时	$l_0/200$（$l_0/250$）
当 7 m $\leqslant l_0 \leqslant 9$ m 时	$l_0/250$（$l_0/300$）
当 $l_0 > 9$ m 时	$l_0/300$（$l_0/400$）

注：1. 表中 l_0 为构件的计算跨度，计算悬臂构件的挠度限值时，其计算跨度 l_0 按实际悬臂长度的 2 倍取用。

2. 表中括号内的数值适用于使用上对挠度有较高要求的构件。

3. 如果构件制作时预先起拱，且使用上也允许，则在验算挠度时，可将计算所得的挠度值减去起拱值，对预应力混凝土构件，尚可减去预加力所产生的反拱值。

4. 构件制作时的起拱值和预加力所产生的反拱值，不宜超过构件在相应荷载组合作用下的计算挠度值。

附表 3-2　结构构件的裂缝控制等级及最大裂缝宽度的限值　　　　mm

环境类别	钢筋混凝土结构		预应力混凝土结构	
	裂缝控制等级	$w_{\lim}$	裂缝控制等级	$w_{\lim}$
一	三级	0.30（0.40）	三级	0.20
二 a		0.20		0.10
二 b		0.20	二级	—
三 a、三 b			一级	—

注：1. 对处于年平均相对湿度小于 60% 地区一类环境下的受弯构件，其最大裂缝宽度限值可采用括号内的数值。

2. 在一类环境下，对钢筋混凝土屋架、托架及需作疲劳验算的吊车梁，其最大裂缝宽度限值应取为 0.20 mm；对钢筋混凝土屋面梁和托梁，其最大裂缝宽度限值应取为 0.30 mm。

3. 在一类环境下，对预应力混凝土屋架、托架及双向板体系，应按二级裂缝控制等级进行验算；对一类环境下的预应力混凝土屋面梁、托梁、单向板，应按表中二 a 类环境的要求进行验算；在一类和二 a 类环境下需作疲劳验算的预应力混凝土吊车梁，应按裂缝控制等级不低于二级的构件进行验算。

4. 表中规定的预应力混凝土构件的裂缝控制等级和最大裂缝宽度限值仅适用于正截面的验算；预应力混凝土构件的斜截面裂缝控制验算应符合第 9 章的有关规定。

5. 对于烟囱、筒仓和处于液体压力下的结构，其裂缝控制要求应符合专门标准的有关规定。

6. 对于处于四、五类环境下的结构构件，其裂缝控制要求应符合专门标准的有关规定。

7. 表中的最大裂缝宽度限值为用于验算荷载作用引起的最大裂缝宽度。

附录 4　　　受弯构件正截面承载力计算用 ξ 和 γ_s 表
Appendix 4　Values of ξ and γ_s for Strength of Members with Bending

附表 4-1　钢筋混凝土受弯构件配筋计算用的 ξ 表

α_s	0	1	2	3	4	5	6	7	8	9
0.00	0.000 0	0.001 0	0.002 0	0.003 0	0.004 0	0.005 0	0.006 0	0.007 0	0.008 0	0.009 0
0.01	0.010 1	0.011 1	0.012 1	0.013 1	0.014 1	0.015 1	0.016 1	0.017 1	0.018 2	0.019 2
0.02	0.020 2	0.021 2	0.022 2	0.023 3	0.024 3	0.025 3	0.026 3	0.027 4	0.028 4	0.029 4
0.03	0.030 5	0.031 5	0.032 5	0.033 6	0.034 6	0.035 6	0.036 7	0.037 7	0.038 8	0.039 8
0.04	0.040 8	0.041 9	0.042 9	0.044 0	0.045 0	0.046 1	0.047 1	0.048 2	0.049 2	0.050 3
0.05	0.051 3	0.052 4	0.053 4	0.054 5	0.055 5	0.056 6	0.057 7	0.058 7	0.059 8	0.060 9
0.06	0.061 9	0.063 0	0.064 1	0.065 1	0.066 2	0.067 3	0.068 3	0.069 4	0.070 5	0.071 6
0.07	0.072 6	0.073 7	0.074 8	0.075 9	0.077 0	0.078 0	0.079 1	0.080 2	0.081 3	0.082 4
0.08	0.083 5	0.084 6	0.085 7	0.086 8	0.087 9	0.089 0	0.090 1	0.091 2	0.092 3	0.093 4
0.09	0.094 5	0.095 6	0.096 7	0.097 8	0.098 9	0.100 0	0.101 1	0.102 2	0.103 3	0.104 5
0.10	0.105 6	0.106 7	0.107 8	0.108 9	0.110 1	0.111 2	0.112 3	0.113 4	0.114 6	0.115 7
0.11	0.116 8	0.118 0	0.119 1	0.120 2	0.121 4	0.122 5	0.123 6	0.124 8	0.125 9	0.127 1
0.12	0.128 2	0.129 4	0.130 5	0.131 7	0.132 8	0.134 0	0.135 1	0.136 3	0.137 4	0.138 6
0.13	0.139 8	0.140 9	0.142 1	0.143 3	0.144 4	0.145 6	0.146 8	0.147 9	0.149 1	0.150 3
0.14	0.151 5	0.152 7	0.153 8	0.155 0	0.156 2	0.157 4	0.158 6	0.159 8	0.161 0	0.162 1
0.15	0.163 3	0.164 5	0.165 7	0.166 9	0.168 1	0.169 3	0.170 5	0.171 7	0.173 0	0.174 2
0.16	0.175 4	0.176 6	0.177 8	0.179 0	0.180 2	0.181 5	0.182 7	0.183 9	0.185 1	0.186 4
0.17	0.187 6	0.188 8	0.190 1	0.191 3	0.192 5	0.193 8	0.195 0	0.196 3	0.197 5	0.198 8
0.18	0.200 0	0.201 3	0.202 5	0.203 8	0.205 0	0.206 3	0.207 5	0.208 8	0.210 1	0.211 3
0.19	0.212 6	0.213 9	0.215 1	0.216 4	0.217 7	0.219 0	0.220 3	0.221 5	0.222 8	0.224 1
0.20	0.225 4	0.226 7	0.228 0	0.229 3	0.230 6	0.231 9	0.233 2	0.234 5	0.235 8	0.237 1
0.21	0.238 4	0.239 7	0.241 1	0.242 4	0.243 7	0.245 0	0.246 3	0.247 7	0.249 0	0.250 3
0.22	0.251 7	0.253 0	0.254 3	0.255 7	0.257 0	0.258 4	0.259 7	0.261 1	0.262 4	0.263 8
0.23	0.265 2	0.266 5	0.267 9	0.269 2	0.270 6	0.272 0	0.273 4	0.274 7	0.276 1	0.277 5
0.24	0.278 9	0.280 3	0.281 7	0.283 1	0.284 5	0.285 9	0.287 3	0.288 7	0.290 1	0.291 5
0.25	0.292 9	0.294 3	0.295 7	0.297 1	0.298 6	0.300 0	0.301 4	0.302 9	0.304 3	0.305 7
0.26	0.307 2	0.308 6	0.310 1	0.311 5	0.313 0	0.314 4	0.315 9	0.317 4	0.318 8	0.320 3
0.27	0.321 8	0.323 2	0.324 7	0.326 2	0.327 7	0.329 2	0.330 7	0.332 2	0.333 7	0.335 2

续表

α_s	0	1	2	3	4	5	6	7	8	9
0.28	0.336 7	0.338 2	0.339 7	0.341 2	0.342 7	0.344 3	0.345 8	0.347 3	0.348 8	0.350 4
0.29	0.351 9	0.353 5	0.355 0	0.356 6	0.358 1	0.359 7	0.361 3	0.362 8	0.364 4	0.366 0
0.30	0.367 5	0.369 1	0.370 7	0.372 3	0.373 9	0.375 5	0.377 1	0.378 7	0.380 3	0.381 9
0.31	0.383 6	0.385 2	0.386 8	0.388 4	0.390 1	0.391 7	0.393 4	0.395 0	0.396 7	0.398 3
0.32	0.400 0	0.401 7	0.403 3	0.405 0	0.406 7	0.408 4	0.410 1	0.411 8	0.413 5	0.415 2
0.33	0.416 9	0.418 6	0.420 3	0.422 1	0.423 8	0.425 5	0.427 3	0.429 0	0.430 8	0.432 5
0.34	0.434 3	0.436 1	0.437 9	0.439 6	0.441 4	0.443 2	0.445 0	0.446 8	0.448 6	0.450 5
0.35	0.452 3	0.454 1	0.455 9	0.457 8	0.459 6	0.461 5	0.463 3	0.465 2	0.467 1	0.469 0
0.36	0.470 8	0.472 7	0.474 6	0.476 5	0.478 5	0.480 4	0.482 3	0.484 2	0.486 2	0.488 1
0.37	0.490 1	0.492 1	0.494 0	0.496 0	0.498 0	0.500 0	0.502 0	0.504 0	0.506 0	0.508 1
0.38	0.510 1	0.512 1	0.514 2	0.516 3	0.518 3	0.520 4	0.522 5	0.524 6	0.526 7	0.528 8
0.39	0.531 0	0.533 1	0.535 2	0.537 4	0.539 6	0.541 7	0.543 9	0.546 1	0.548 3	0.550 6
0.40	0.552 8	0.555 0	0.557 3	0.559 5	0.561 8	0.564 1	0.566 4	0.568 7	0.571 0	0.573 4
0.41	0.575 7									

注：$\alpha_s = \dfrac{M}{\alpha_1 f_c b h_0^2}$，$A_s = \xi \dfrac{\alpha_1 f_c}{f_y} b h_0$。

附表 4-2　钢筋混凝土受弯构件配筋计算用的 γ_s 表

α_s	0	1	2	3	4	5	6	7	8	9
0.00	1.000 0	0.999 5	0.999 0	0.998 5	0.998 0	0.997 5	0.997 0	0.996 5	0.996 0	0.995 5
0.01	0.995 0	0.994 5	0.994 0	0.993 5	0.993 0	0.992 4	0.991 9	0.991 4	0.990 9	0.990 4
0.02	0.989 9	0.989 4	0.988 9	0.988 4	0.987 9	0.987 3	0.986 8	0.986 3	0.985 8	0.985 3
0.03	0.984 8	0.984 3	0.983 7	0.983 2	0.982 7	0.982 2	0.981 7	0.981 1	0.980 6	0.980 1
0.04	0.979 6	0.979 1	0.978 5	0.978 0	0.977 5	0.977 0	0.976 4	0.975 9	0.995 4	0.974 9
0.05	0.974 3	0.973 8	0.973 3	0.972 8	0.972 2	0.971 7	0.971 2	0.970 6	0.970 1	0.969 6
0.06	0.969 0	0.968 5	0.968 0	0.967 4	0.966 9	0.966 4	0.965 8	0.965 3	0.964 8	0.964 2
0.07	0.963 7	0.963 1	0.962 6	0.962 1	0.961 5	0.961 0	0.960 4	0.959 9	0.959 3	0.958 8
0.08	0.958 3	0.957 7	0.957 2	0.956 6	0.956 1	0.955 5	0.955 0	0.954 4	0.953 9	0.953 3
0.09	0.952 8	0.952 2	0.951 7	0.951 1	0.950 6	0.950 0	0.949 4	0.948 9	0.948 3	0.947 8
0.10	0.947 2	0.946 7	0.946 1	0.945 5	0.945 0	0.944 4	0.943 8	0.943 3	0.942 7	0.942 2
0.11	0.941 6	0.941 0	0.940 5	0.939 9	0.939 3	0.938 7	0.938 2	0.937 6	0.937 0	0.936 5
0.12	0.935 9	0.935 3	0.934 7	0.934 2	0.933 6	0.933 0	0.932 4	0.931 9	0.931 3	0.930 7

续表

α_s	0	1	2	3	4	5	6	7	8	9
0.13	0.930 1	0.929 5	0.929 0	0.928 4	0.927 8	0.927 2	0.926 6	0.926 0	0.925 4	0.924 9
0.14	0.924 3	0.923 7	0.923 1	0.922 5	0.921 9	0.921 3	0.920 7	0.920 1	0.919 5	0.918 9
0.15	0.918 3	0.917 7	0.917 1	0.916 5	0.915 9	0.915 3	0.914 7	0.914 1	0.913 5	0.912 9
0.16	0.912 3	0.911 7	0.911 1	0.910 5	0.909 9	0.909 3	0.908 7	0.908 0	0.907 4	0.906 8
0.17	0.906 2	0.905 6	0.905 0	0.904 4	0.903 7	0.903 1	0.902 5	0.901 9	0.901 2	0.900 6
0.18	0.900 0	0.899 4	0.898 7	0.898 1	0.897 5	0.896 9	0.896 2	0.895 6	0.895 0	0.894 3
0.19	0.893 7	0.893 1	0.892 4	0.891 8	0.891 2	0.890 5	0.889 9	0.889 2	0.888 6	0.887 9
0.20	0.887 3	0.886 7	0.886 0	0.885 4	0.884 7	0.884 1	0.883 4	0.882 8	0.882 1	0.881 4
0.21	0.880 8	0.880 1	0.879 5	0.878 8	0.878 2	0.877 5	0.876 8	0.876 2	0.875 5	0.874 8
0.22	0.874 2	0.873 5	0.872 8	0.872 2	0.871 5	0.870 8	0.870 1	0.869 5	0.868 8	0.868 1
0.23	0.867 4	0.866 7	0.866 1	0.865 4	0.864 7	0.864 0	0.863 3	0.862 6	0.861 9	0.861 2
0.24	0.860 6	0.859 9	0.859 2	0.858 6	0.857 8	0.857 1	0.856 4	0.855 7	0.855 0	0.854 3
0.25	0.853 6	0.852 8	0.852 1	0.851 4	0.850 7	0.850 0	0.849 3	0.848 6	0.847 9	0.847 1
0.26	0.846 4	0.845 7	0.845 0	0.844 2	0.843 5	0.842 8	0.842 1	0.841 3	0.840 6	0.839 9
0.27	0.839 1	0.838 4	0.837 6	0.836 9	0.836 2	0.835 4	0.834 7	0.833 9	0.833 2	0.832 4
0.28	0.831 7	0.830 9	0.830 2	0.829 4	0.828 6	0.827 9	0.827 1	0.826 3	0.825 6	0.824 8
0.29	0.824 0	0.823 3	0.822 5	0.821 7	0.820 9	0.820 2	0.819 4	0.818 6	0.817 8	0.817 0
0.30	0.816 2	0.815 4	0.814 6	0.813 8	0.813 0	0.812 2	0.811 4	0.810 6	0.809 8	0.809 0
0.31	0.808 2	0.807 4	0.806 6	0.805 8	0.805 0	0.804 1	0.803 3	0.802 5	0.801 7	0.800 8
0.32	0.800 0	0.799 2	0.798 3	0.797 5	0.796 6	0.795 8	0.795 0	0.794 1	0.793 3	0.792 4
0.33	0.791 5	0.790 7	0.789 8	0.789 0	0.788 1	0.787 2	0.786 4	0.785 5	0.784 6	0.783 7
0.34	0.782 8	0.782 0	0.781 1	0.780 2	0.779 3	0.778 4	0.777 5	0.776 6	0.775 7	0.774 8
0.35	0.773 9	0.772 9	0.772 0	0.771 1	0.770 2	0.769 3	0.768 3	0.767 4	0.766 5	0.765 5
0.36	0.764 6	0.763 6	0.762 7	0.761 7	0.760 8	0.759 8	0.758 8	0.757 9	0.756 9	0.755 9
0.37	0.755 0	0.754 0	0.753 0	0.752 0	0.751 0	0.750 0	0.749 0	0.748 0	0.747 0	0.746 0
0.38	0.744 9	0.743 9	0.742 9	0.741 9	0.740 8	0.739 8	0.738 7	0.737 7	0.736 6	0.735 6
0.39	0.734 5	0.733 5	0.732 4	0.731 3	0.730 2	0.729 1	0.728 0	0.726 9	0.725 8	0.724 7
0.40	0.723 6	0.722 5	0.721 4	0.720 2	0.719 1	0.717 9	0.716 8	0.715 6	0.714 5	0.713 3
0.41	0.712 1									

注:$\alpha_s = \dfrac{M}{\alpha_1 f_c b h_0^2}$,$A_s = \dfrac{M}{f_y \gamma_s h_0}$。

附录 5　截面抵抗矩塑性影响系数基本值 γ_m
Appendix 5　Values of Plastic Influence Coefficient γ_m for Section Resistance

附表 5-1　截面抵抗矩塑性影响系数基本值 γ_m

项次	1	2	3		4		5
截面形状	矩形截面	翼缘位于受压区的 T 形截面	对称工字形截面或箱形截面		翼缘位于受拉区的倒 T 形截面		圆形和环形截面
			$b_f/b \le 2$，h_f/h 为任意值	$b_f/b > 2$，$h_f/h < 0.2$	$b_f/b \le 2$，h_f/h 为任意值	$b_f/b > 2$，$h_f/h < 0.2$	
γ_m	1.55	1.50	1.45	1.35	1.50	1.40	$1.6 - 0.24 r_1/r$

注：1. 对 $b_f' > b_f$ 的工字形截面，可按项次 2 与项次 3 之间的数值采用；对 $b_f' < b_f$ 的工字形截面，可按项次 3 与项次 4 之间的数值采用。

2. 对于箱形截面，b 系指各肋宽度的总和。

3. r_1 为环形截面的内环半径，对圆形截面取 r_1 为零。

附录 6　单跨梁板的计算跨度 l_0
Appendix 6　Calculation Span l_0 of Single Span Beams and Single Span Plants

附表 6-1　单跨梁板的计算跨度 l_0

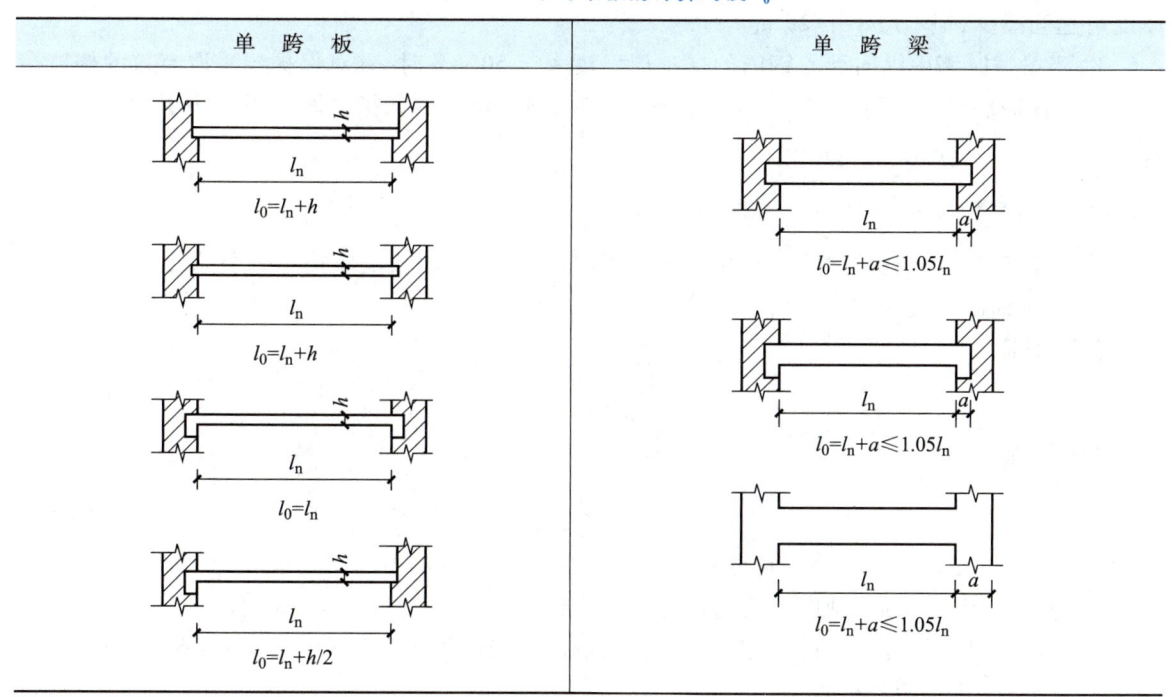

附录 7 混凝土保护层
Appendix 7 Minimum Thickness of Concrete Cover of Longitudinal Steel Reinforcement

1. 构件中普通钢筋及预应力筋的混凝土保护层厚度应满足下列要求：

① 构件中受力钢筋的保护层厚度不应小于钢筋的公称直径 d；

② 设计工作年限为 50 年的混凝土结构，最外层钢筋的保护层厚度应符合附表 7-1 的规定；设计工作年限为 100 年的混凝土结构，最外层钢筋的保护层厚度不应小于附表 7-1 中数值的 1.4 倍。

附表 7-1　混凝土保护层的最小厚度 c　　　　　　　　　　mm

环境类别	板、墙、壳	梁、柱、杆
一	15	20
二 a	20	25
二 b	25	35
三 a	30	40
三 b	40	50

注：1. 混凝土强度等级不大于 C25 时，表中保护层厚度数值应增加 5 mm；

　　2. 钢筋混凝土基础宜设置混凝土垫层，基础中钢筋的混凝土保护层厚度应从垫层顶面算起，且不应小于 40 mm。

2. 当有充分依据并采取下列措施时，可适当减小混凝土保护层的厚度：

① 构件表面有可靠的防护层；

② 采用工厂化生产的预制构件；

③ 在混凝土中掺加阻锈剂或采用阴极保护处理等防锈措施；

④ 当对地下室墙体采取可靠的建筑防水做法或防护措施时，与土层接触一侧钢筋的保护层厚度可适当减少，但不应小于 25 mm。

3. 当梁、柱、墙中纵向受力钢筋的保护层厚度大于 50 mm 时，宜对保护层采取有效的构造措施。当在保护层内配置防裂、防剥落的钢筋网片时，网片钢筋的保护层厚度不应小于 25 mm。

附录 8 钢筋的锚固
Appendix 8 Anchorage of Steel Bars

1. 当计算中充分利用钢筋的抗拉强度时，受拉钢筋的锚固长度应按下列公式计算。

① 基本锚固长度应按下列公式计算：

普通钢筋

$$l_{ab} = \alpha \frac{f_y}{f_t} d \qquad (\text{附 } 8\text{-}1)$$

预应力筋

$$l_{ab} = \alpha \frac{f_{py}}{f_t} d \qquad (\text{附 } 8\text{-}2)$$

式中　　l_{ab}——受拉钢筋的锚固长度；

f_y, f_{py}——普通钢筋、预应力筋的抗拉强度设计值；

　　f_t——混凝土轴心抗拉强度设计值，当混凝土强度等级高于 C60 时，按 C60 取值；

　　d——钢筋的公称直径；

α——钢筋的外形系数,按附表 8-1 取用。

附表 8-1　钢筋的外形系数

钢筋类型	光圆钢筋	带肋钢筋	螺旋肋钢丝	三股钢绞线	七股钢绞线
α	0.16	0.14	0.13	0.16	0.17

注:光圆钢筋末端应做 180°弯钩,弯后平直段长度不应小于 3d,但用作受压钢筋时可不做弯钩。

② 受拉钢筋的锚固长度应根据锚固条件按下式计算,且不应小于 200 mm:

$$l_{\mathrm{a}} = \zeta_{\mathrm{a}} l_{\mathrm{ab}} \qquad\qquad\qquad\text{(附 8-3)}$$

式中　l_{a}——受拉钢筋的锚固长度;

　　　ζ_{a}——锚固长度修正系数,对普通钢筋按本节第 2 点的规定取用,当多于一项时,可按连乘计算,但不宜小于 0.6;对预应力筋,可取 1.0。

梁柱节点中纵向受拉钢筋的锚固要求应按梁柱节点的规定执行。

③ 当锚固钢筋的保护层厚度不大于 5d 时,锚固长度范围内应配置横向构造钢筋,其直径不应小于 d/4;对梁、柱、斜撑等构件间距不应大于 5d,对板、墙等平面构件间距不应大于 10d,且均不应大于 100 mm,此处 d 为锚固钢筋的直径。

2. 纵向受拉普通钢筋的锚固长度修正系数 ζ_{a} 应按下列规定取用:

① 当带肋钢筋的公称直径大于 25 mm 时取 1.10;

② 环氧树脂涂层带肋钢筋取 1.25;

③ 施工过程中易受扰动的钢筋取 1.10;

④ 当纵向受力钢筋的实际配筋面积大于其设计计算面积时,修正系数取设计计算面积与实际配筋面积的比值,但对有抗震设防要求及直接承受动力荷载的结构构件,不应考虑此项修正;

⑤ 锚固钢筋的保护层厚度为 3d 时修正系数可取 0.80,保护层厚度为 5d 时修正系数可取 0.70,中间按线性内插取值,此处 d 为锚固钢筋的直径。

3. 当纵向受拉普通钢筋末端采用弯钩或机械锚固措施时,包括弯钩或锚固端头在内的锚固长度(投影长度)可取为基本锚固长度 l_{ab} 的 60%。弯钩和机械锚固的形式(附图 8-1)和技术要求应符合附表 8-2 的规定。

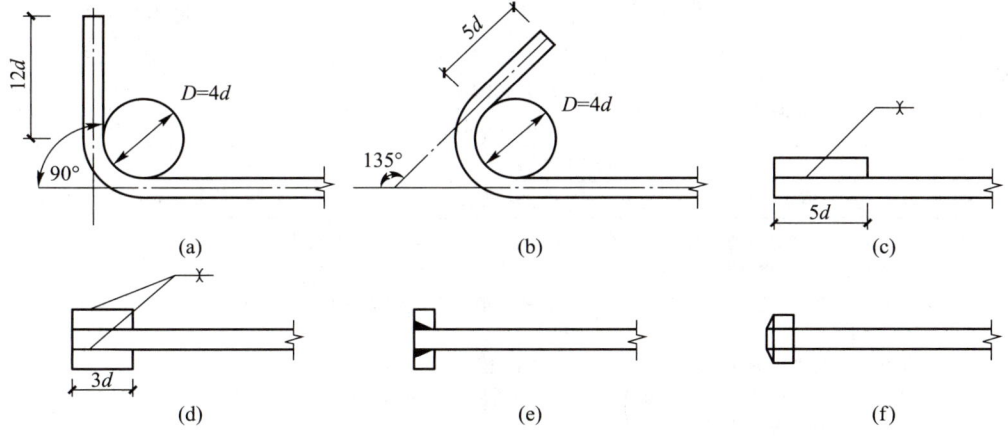

附图 8-1　弯钩和机械锚固的形式和技术要求

(a) 90°弯钩;(b) 135°弯钩;(c) 一侧贴焊锚筋;(d) 两侧贴焊锚筋;(e) 穿孔塞焊锚板;(f) 螺栓锚头

附表 8-2　钢筋弯钩和机械锚固的形式和技术要求

锚固形式	技术要求
90°弯钩	末端 90°弯钩,弯钩内径 4d,弯后直段长度 12d
135°弯钩	末端 135°弯钩,弯钩内径 4d,弯后直段长度 5d
一侧贴焊锚筋	末端一侧贴焊长 5d 同直径钢筋
两侧贴焊锚筋	末端两侧贴焊长 3d 同直径钢筋
焊端锚板	末端与厚度 d 的锚板穿孔塞焊
螺栓锚头	末端旋入螺栓锚头

注:1. 焊缝和螺纹长度应满足承载力要求;
　　2. 螺栓锚头和焊接锚板的承压净面积不应小于锚固钢筋截面面积的 4 倍;
　　3. 螺栓锚头的规格应符合相关标准的要求;
　　4. 螺栓锚头和焊接锚板的钢筋净间距不宜小于 4d,否则应考虑群锚效应的不利影响;
　　5. 截面角部的弯钩和一侧贴焊锚筋的布筋方向宜向截面内侧偏置。

4. 混凝土结构中的纵向受压钢筋,当计算中充分利用其抗压强度时,锚固长度不应小于相应受拉锚固长度的 70%。

受压钢筋不应采用末端弯钩和一侧贴焊锚筋的锚固措施。

受压钢筋锚固长度范围内的横向构造钢筋应符合第 1 点的有关规定。

5. 承受动力荷载的预制构件,应将纵向受力普通钢筋末端焊接在钢板或角钢上,钢板或角钢应可靠地锚固在混凝土中。钢板或角钢的尺寸应按计算确定,其厚度不宜小于 10 mm。

其他构件中受力普通钢筋的末端也可通过焊接钢板或型钢实现锚固。

附录 9　　纵向受力普通钢筋的最小配筋率
Appendix 9　The Minimum Reinforcement Ratio of Longitudinal Steel Reinforcement

1. 钢筋混凝土结构构件中纵向受力普通钢筋的最小配筋率 ρ_{min} 不应小于附表 9-1 规定的数值。

附表 9-1　纵向受力普通钢筋的最小配筋率 ρ_{min}　　%

受力类型			最小配筋率
受压构件	全部纵向钢筋	强度等级 500MPa	0.50
		强度等级 400MPa	0.55
		强度等级 300MPa	0.60
	一侧纵向钢筋		0.20
受弯构件、偏心受拉、轴心受拉构件一侧的受拉钢筋			0.20% 和 0.45f_t/f_y 中的较大值

注:1. 当采用 C60 以上强度等级的混凝土时,受压构件全部纵向普通钢筋最小配筋率应按表中规定增加 0.10%。
　　2. 板类受弯构件(不包括悬臂板和柱支承板)的纵向受拉钢筋,当采用强度等级为 500 MPa 的钢筋时,其最小配筋率应允许采用 0.15% 和 0.45f_t/f_y 中的较大值;对于卧置于地基上的钢筋混凝土板,板中受拉普通钢筋的最小配筋率不应小于 0.15%。
　　3. 偏心受拉构件中的受压钢筋,应按受压构件一侧纵向钢筋考虑。
　　4. 受压构件的全部纵向钢筋和一侧纵向钢筋的配筋率及轴心受拉构件和小偏心受拉构件一侧受拉钢筋的配筋率,均应按构件的全截面面积计算。
　　5. 受弯构件、大偏心受拉构件一侧受拉钢筋的配筋率应按全截面面积扣除受压翼缘面积($b_f'-b$)h_f'后的截面面积计算。
　　6. 当钢筋沿构件截面周边布置时,"一侧纵向钢筋"系指沿受力方向两个对边中一边布置的纵向钢筋。

2. 卧置于地基上的混凝土板,板中受拉钢筋的最小配筋率可适当降低,但不应小于 0.15%。

3. 对结构中次要的钢筋混凝土受弯构件,当构造所需截面高度远大于承载的需求时,其纵向受拉钢筋的配筋率可按下列公式计算:

$$\rho_s \geqslant \frac{h_{cr}}{h}\rho_{min}$$　　　　　　　　　（附 9-1）

$$h_{cr} = 1.05\sqrt{\frac{M}{\rho_{min}f_y b}}$$　　　　　　　　　（附 9-2）

式中　ρ_s——构件按全截面计算的纵向受拉钢筋的配筋率;

　　　ρ_{min}——构件的最小配筋率,按附表 9-1 取用;

　　　h_{cr}——构件截面的临界高度,当小于 $h/2$ 时取 $h/2$;

　　　h——构件的截面高度;

　　　b——构件的截面宽度;

　　　M——构件的正截面弯矩设计值。

附录 10　　　钢筋的连接
Appendix 10　Connection of Steel Bars

1. 钢筋连接可采用绑扎搭接、机械连接或焊接。机械连接接头及焊接接头的类型及质量应符合国家现行有关标准的规定。

混凝土结构中受力钢筋的连接接头宜设置在受力较小处。在同一根受力钢筋上宜少设接头。在结构的重要构件和关键传力部位,纵向受力钢筋不宜设置连接接头。

2. 轴心受拉及小偏心受拉杆件的纵向受力钢筋不得采用绑扎搭接;其他构件中的钢筋采用绑扎搭接时,受拉钢筋直径不宜大于 25 mm,受压钢筋直径不宜大于 28 mm。

3. 同一构件中相邻纵向受力钢筋的绑扎搭接接头宜互相错开。钢筋绑扎搭接接头连接区段的长度为 1.3 倍搭接长度,凡搭接接头中点位于该连接区段长度内的搭接接头均属于同一连接区段(附图 10-1)。同一连接区段内纵向受力钢筋搭接接头面积百分率为该区段内有搭接接头的纵向受力钢筋与全部纵向受力钢筋截面面积的比值。当直径不同的钢筋搭接时,按直径较小的钢筋计算。

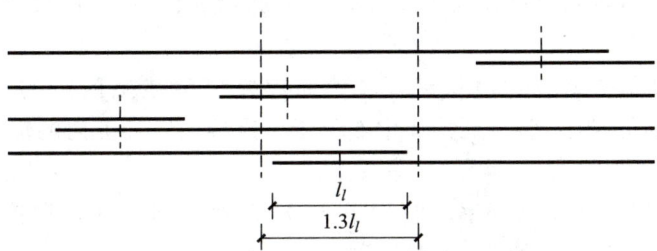

附图 10-1　同一连接区段内纵向受拉钢筋的绑扎搭接接头

注:图中所示同一连接区段内的搭接接头钢筋为两根,当钢筋直径相同时,钢筋搭接接头面积百分率为 50%。

位于同一连接区段内的受拉钢筋搭接接头面积百分率:对梁类、板类及墙类构件,不宜大于 25%;对柱类构件,不宜大于 50%。当工程中确有必要增大受拉钢筋搭接接头面积百分率时,对梁类构件,不宜大于50%;对板、墙、柱及预制构件的拼接处,可根据实际情况放宽。

并筋采用绑扎搭接连接时,应按每根单筋错开搭接的方式连接。接头面积百分率应按同一连接区段内所有的单根钢筋计算。并筋中钢筋的搭接长度应按单筋分别计算。

4. 纵向受拉钢筋绑扎搭接头的搭接长度,应根据位于同一连接区段内的钢筋搭接接头面积百分率按下列公式计算,且不应小于300 mm。

$$l_l = \zeta_l l_a \qquad\qquad (附10-1)$$

式中 l_l——纵向受拉钢筋的搭接长度;

ζ_l——纵向受拉钢筋搭接长度修正系数,按附表10-1取用。当纵向搭接钢筋接头面积百分率为表的中间值时,修正系数可按线性内插取值。

附表10-1   纵向受拉钢筋搭接长度修正系数

纵向搭接钢筋接头面积百分率/%	≤25	50	100
ζ_l	1.2	1.4	1.6

5. 当构件中的纵向受压钢筋采用搭接连接时,其受压搭接长度不应小于纵向受拉钢筋搭接长度的70%,且不应小于200 mm。

6. 在梁、柱类构件的纵向受力钢筋搭接长度范围内的横向构造钢筋应符合附录8第1点的要求;当受压钢筋直径大于25 mm时,尚应在搭接接头两个端面外100 mm的范围内各设置两道箍筋。

7. 纵向受力钢筋的机械连接接头宜相互错开。钢筋机械连接区段的长度为35d,d为连接钢筋的较小直径。凡接头中点位于该连接区段长度内的机械连接接头均属于同一连接区段。

位于同一连接区段内的纵向受拉钢筋接头面积百分率不宜大于50%;但对板、墙、柱及预制构件的拼接处,可根据实际情况放宽。纵向受压钢筋的接头百分率可不受限制。

机械连接套筒的保护层厚度宜满足有关钢筋最小保护层厚度的规定。机械连接套筒的横向净间距不宜小于25 mm;套筒处箍筋的间距仍应满足相应的构造要求。

直接承受动力荷载的结构构件中的机械连接接头,除应满足设计要求的抗疲劳性能外,位于同一连接区段内的纵向受力钢筋接头面积百分率不应大于50%。

8. 细晶粒热轧带肋钢筋及直径大于28 mm的带肋钢筋,其焊接应经试验确定;余热处理钢筋不宜焊接。

纵向受力钢筋的焊接接头应相互错开。钢筋焊接接头连接区段的长度为35d且不小于500 mm,d为连接钢筋的较小直径,凡接头中点位于该连接区段长度内的焊接接头均属于同一连接区段。

纵向受拉钢筋的接头面积百分率不宜大于50%,但对预制构件的拼接处,可根据实际情况放宽。纵向受压钢筋的接头百分率可不受限制。

9. 需进行疲劳验算的构件,其纵向受拉钢筋不得采用绑扎搭接接头,也不宜采用焊接接头,除端部锚固外不得在钢筋上焊有附件。

当直接承受吊车荷载的钢筋混凝土吊车梁、屋面梁及屋架下弦的纵向受拉钢筋采用焊接接头时,应符合下列规定:

① 应采用闪光接触对焊,并去掉接头的毛刺及卷边;

② 同一连接区段内纵向受拉钢筋焊接接头面积百分率不应大于 25%,焊接接头连接区段的长度应取为 45d,d 为纵向受力钢筋的较大直径;

③ 疲劳验算时,焊接接头应符合疲劳应力幅限值的规定。

附录 11　钢筋的公称截面面积、计算截面面积及理论质量
Appendix 11　Area of Bars Section and Mass Per Meter Length

附表 11-1　钢筋的计算截面面积及理论质量

公称直径/ mm	不同根数钢筋的计算截面面积/mm²									单根钢筋理论质量/ (kg·m⁻¹)
	1	2	3	4	5	6	7	8	9	
6	28.3	57	85	113	142	170	198	226	255	0.222
8	50.3	101	151	201	252	302	352	402	453	0.395
10	78.5	157	236	314	393	471	550	628	707	0.617
12	113.1	226	339	452	565	678	791	904	1 017	0.888
14	153.9	308	461	615	769	923	1 077	1 231	1 385	1.21
16	201.1	402	603	804	1 005	1 206	1 407	1 608	1 809	1.58
18	254.5	509	763	1 017	1 272	1 527	1 781	2 036	2 290	2.00(2.11)
20	314.2	628	942	1 256	1 570	1 884	2 199	2 513	2 827	2.47
22	380.1	760	1 140	1 520	1 900	2 281	2 661	3 041	3 421	2.98
25	490.9	982	1 473	1 964	2 454	2 945	3 436	3 927	4 418	3.85(4.10)
28	615.8	1 232	1 847	2 463	3 079	3 695	4 310	4 926	5 542	4.83
32	804.2	1 609	2 413	3 217	4 021	4 826	5 630	6 434	7 238	6.31(6.65)
36	1 017.9	2 036	3 054	4 072	5 089	6 107	7 125	8 143	9 161	7.99
40	1 256.6	2 513	3 770	5 027	6 283	7 540	8 796	10 053	11 310	9.87(10.34)
50	1 963.5	3 928	5 892	7 856	9 820	11 784	13 748	15 712	17 676	15.42(16.28)

注:括号内为预应力螺纹钢筋的数值。

附表 11-2　钢绞线的公称直径、公称截面面积及理论质量

种　　类	公称直径/mm	公称截面面积/mm²	理论质量/(kg·m⁻¹)
1×3	8.6	37.7	0.296
	10.8	58.9	0.462
	12.9	84.8	0.666
1×7 标准型	9.5	54.8	0.430
	12.7	98.7	0.775
	15.2	140	1.101
	17.8	191	1.500
	21.6	285	2.237

附表 11-3　钢丝的公称直径、公称截面面积及理论质量

公称直径/mm	公称截面面积/mm²	理论质量/(kg·m⁻¹)
5.0	19.63	0.154
7.0	38.48	0.302
9.0	63.62	0.499

附表 11-4　每米板宽各种钢筋间距时的钢筋截面面积

钢筋间距/mm	当钢筋直径(单位为 mm)为下列数值时的钢筋截面面积/mm²													
	3	4	5	6	6/8	8	8/10	10	10/12	12	12/14	14	14/16	16
70	101	179	281	404	561	719	920	1 121	1 369	1 616	1 908	2 199	2 536	2 872
75	94.3	167	262	377	524	671	859	1 047	1 277	1 508	1 780	2 053	2 367	2 681
80	88.4	157	245	354	491	629	805	981	1 198	1 414	1 669	1 924	2 218	2 513
85	83.2	148	231	333	462	592	758	924	1 127	1 331	1 571	1 811	2 088	2 365
90	78.5	140	218	314	437	559	716	872	1 064	1 257	1 484	1 710	1 972	2 234
95	74.5	132	207	298	414	529	678	826	1 008	1 190	1 405	1 620	1 868	2 116
100	70.6	126	196	283	393	503	644	785	958	1 131	1 335	1 539	1 775	2 011
110	64.2	114	178	257	357	457	585	714	871	1 028	1 214	1 399	1 614	1 828
120	58.9	105	163	236	327	419	537	654	798	942	1 112	1 283	1 480	1 676
125	56.5	100	157	226	314	402	515	628	766	905	1 068	1 232	1 420	1 608
130	54.4	96.6	151	218	302	387	495	604	737	870	1 027	1 184	1 366	1 547
140	50.5	89.7	140	202	281	359	460	561	684	808	954	1 100	1 268	1 436
150	47.1	83.8	131	189	262	335	429	523	639	754	890	1 026	1 183	1 340
160	44.1	78.5	123	177	246	314	403	491	599	707	834	962	1 110	1 257
170	41.5	73.9	115	166	231	296	379	462	564	665	786	906	1 044	1 183
180	39.2	69.8	109	157	218	279	358	436	532	628	742	855	985	1 117
190	37.2	66.1	103	149	207	265	339	413	504	595	702	810	934	1 058
200	35.3	62.8	98.2	141	196	251	322	393	479	565	668	770	888	1 005
220	32.1	57.1	89.3	129	178	228	292	357	436	514	607	700	807	914
240	29.4	52.4	81.9	118	164	209	268	327	399	471	556	641	740	838
250	28.3	50.2	78.5	113	157	201	258	314	383	452	534	616	710	804
260	27.2	48.3	75.5	109	151	193	248	302	368	435	514	592	682	773
280	25.2	44.9	70.1	101	140	180	230	281	342	404	477	550	634	718
300	23.6	41.9	66.5	94	131	168	215	262	320	377	445	513	592	670
320	22.1	39.2	61.4	88	123	157	201	245	299	353	417	481	554	628

注:表中钢筋直径中的 6/8,8/10,… 系指两种直径的钢筋间隔放置。

附表 11-5　钢筋排成一行时梁的最小宽度 b（一类环境类别）

mm

直径	三根			四根			五根			六根			七根		
	A_s/mm^2	b_1	b_2	A_s/mm^2	b_1	b_2	A_s/mm^2	b_1	b_2	A_s/mm^2	b_1	b_2	A_s/mm^2	b_1	b_2
12	339	180/150	180/180	452	200/200	180/180	565	250/220	250/250	678			791		
14	461	180/180	180/180	615	220/200	220/220	769	250/250	300/250	923	300/300	350/300	1 077		
16	603	180/180	180/180	804	220/200	250/220	1 005	300/250	300/250	1 206	350/300	350/300	1 407	400/350	400/350
18	763	180/180	180/180	1 017	220/220	250/220	1 272	300/250	300/300	1 526	350/300	350/350	1 780	400/350	400/350
20	941	200/180	200/180	1 256	250/220	250/250	1 570	300/300	300/300	1 884	350/350	350/350	2 200	400/350	400/400
22	1 140	200/180	220/200	1 520	250/250	300/250	1 900	350/300	350/300	2 281	400/350	400/350	2 661	450/400	450/400
25	1 473	220/200	220/200	1 964	300/250	300/250	2 454	350/300	350/300	2 945	400/350	450/350	3 436	500/400	500/400
28	1 847	250/200	250/250	2 463	300/300	350/300	3 079	400/350	400/350	3 695	450/400	450/400	4 310	550/450	550/450
32	2 413	300/250	300/250	3 217	350/300	350/300	4 021	450/350	450/400	4 826	500/450	550/450	5 630	600/500	600/500
36	3 054	300/250	300/250	4 072	400/350	400/350	5 089	500/400	500/400	6 107	550/500	600/500	7 125	650/550	650/550
40	3 770	300/300	350/300	5 026	400/350	450/350	6 283	500/450	550/450	7 540	600/500	650/550	8 796	700/600	750/600

注：1. 表中 b_1 为混凝土强度等级大于或等于 C30 时梁截面的最小宽度，b_2 为混凝土强度等级小于或等于 C25 时梁截面的最小宽度；

2. b_1、b_2 栏内横线以上数值用于梁上部，横线以下数值用于梁下部。

附表 11-6　钢筋两个弯钩的长度

钢筋直径/mm	4	5	6	8	10	12	14	16	18	20	22	25	28	32
机器弯钩 6.5d/mm	30	40	40	60	70	80	90	110	120	130	140	170	180	210
手工弯钩 12.5d/mm	50	70	80	100	130	150	180	200	230	250	280	310	350	400

附表 11-7　箍筋末端两个弯钩的长度　　　　　　　　　　　　mm

受力钢筋直径	箍筋直径			
	Φ6	Φ8	Φ10	Φ12
Φ10~25	100	120	140	180
Φ28~32	120	140	160	200

附录 12　　民用建筑楼面均布活荷载的标准值及其组合值、频遇值和准永久值系数

Appendix 12　Characteristic Values, Combination Values, Frequent Values and Quasipermanent Values on Floors in Civil Buildings under Uniform Live Loads

附表 12-1　民用建筑楼面均布活荷载标准值及其组合值系数、
频遇值系数和准永久值系数

项次	类　　别	标准值/ (kN·m^{-2})	组合值 系数 ψ_c	频遇值 系数 ψ_f	准永久值 系数 ψ_q
1	（1）住宅、宿舍、旅馆、医院病房、托儿所、幼儿园	2.0	0.7	0.5	0.4
	（2）办公楼、教室、医院门诊室	2.5	0.7	0.6	0.5
2	食堂、餐厅、试验室、阅览室、会议室、一般资料档案室	3.0	0.7	0.6	0.5
3	礼堂、剧场、影院、有固定座位的看台、公共洗衣房	3.5	0.7	0.5	0.3
4	（1）商店、展览厅、车站、港口、机场大厅及其旅客等候室	4.0	0.7	0.6	0.5
	（2）无固定座位的看台	4.0	0.7	0.5	0.3
5	（1）健身房、演出舞台	4.5	0.7	0.6	0.5
	（2）运动场、舞厅	4.5	0.7	0.6	0.3

续表

项次	类 别		标准值/ (kN·m⁻²)	组合值 系数 ψ_c	频遇值 系数 ψ_f	准永久值 系数 ψ_q
6	（1）书库、档案库、贮藏室（书架高度不超过2.5 m）		6.0	0.9	0.9	0.8
	（2）密集柜书库（书架高度不超过2.5 m）		12.0	0.9	0.9	0.8
7	通风机房、电梯机房		8.0	0.9	0.9	0.8
8	厨房	（1）餐厅	4.0	0.7	0.7	0.7
		（2）其他	2.0	0.7	0.6	0.5
9	浴室、卫生间、盥洗室		2.5	0.7	0.6	0.5
10	走廊、门厅	（1）宿舍、旅馆、医院病房、托儿所、幼儿园、住宅	2.0	0.7	0.5	0.4
		（2）办公楼、餐厅、医院门诊部	3.0	0.7	0.6	0.5
		（3）教学楼及其他可能出现人员密集的情况	3.5	0.7	0.5	0.3
11	楼梯	（1）多层住宅	2.0	0.7	0.5	0.4
		（2）其他	3.5	0.7	0.5	0.3
12	阳台	（1）可能出现人员密集的情况	3.5	0.7	0.6	0.5
		（2）其他	2.5	0.7	0.6	0.5

参考文献
References

［1］ 中华人民共和国住房和城乡建设部.混凝土结构设计标准:GB/T 50010—2010［S］.北京:中国建筑工业出版社,2024.

［2］ 中华人民共和国住房和城乡建设部,国家市场监督管理总局.建筑结构可靠性设计统一标准:GB 50068—2018［S］.北京:中国建筑工业出版社,2018.

［3］ 中华人民共和国住房和城乡建设部,中华人民共和国国家质量监督检验检疫总局.建筑结构荷载规范:GB 50009—2012［S］.北京:中国建筑工业出版社,2012.

［4］ 中华人民共和国住房和城乡建设部,国家市场监督管理总局.工程结构通用规范:GB 55001—2021［S］.北京:中国建筑工业出版社,2021.

［5］ 中华人民共和国住房和城乡建设部,国家市场监督管理总局.混凝土结构通用规范:GB 55008—2021［S］.北京:中国建筑工业出版社,2021.